DIE TECHNIK
DER FERNWIRKANLAGEN

Fernüberwachungs-
und Fernbetätigungseinrichtungen
für den elektrischen Kraftwerks- und Bahnbetrieb,
für Gas-, Wasser- und andere Versorgungsbetriebe

Von Dr.-Ing. W. STÄBLEIN

Mit 172 Abbildungen

München und Berlin 1934

Druck und Verlag von R.Oldenbourg

Druck von R. Oldenbourg, München und Berlin.

Vorwort.

Die Ausdehnung der elektrischen Versorgungsnetze und ihre gegenseitige Kupplung hat das Bedürfnis nach Fernüberwachung und Fernbetätigung bestimmter Netzteile von einer Zentralstelle aus geweckt. Dieses Bedürfnis wurde zunächst und wird auch heute noch zu einem großen Teile mit den allgemein verwendeten Hilfsmitteln der Nachrichtentechnik — Telefonie und Telegrafie — befriedigt. In den letzten Jahren setzten sich jedoch hierfür besondere Einrichtungen immer mehr durch, die eigens für diesen Zweck entwickelt wurden. Wenn auch die Anwendungen für den elektrischen Kraftwerksbetrieb und Bahnbetrieb wegen der großen Ausdehnung ihrer Netze besonders zahlreich sind, so machen doch auch andere Versorgungsnetze, wie Gas- und Wasserwerke, mit Vorteil von den beschriebenen Verfahren Gebrauch.

Sie sind im vorliegenden Buch unter dem Sammelbegriff »Fernwirkanlagen« zusammenfassend dargestellt, worunter diejenigen Einrichtungen verstanden sind, die eine Wirkung von einer Betriebsstelle des Netzes zu einer Überwachungsstelle oder umgekehrt fernübertragen und so den Betriebsmann mit entfernten Teilen seines Netzes ohne weitere menschliche Vermittlung unmittelbar verbinden, ihm Kenntnis geben von entfernt sich abspielenden Vorgängen und ihm die Möglichkeit zu Eingriffen an entfernter Stelle geben.

Der Verfasser verdankt die Kenntnis dieses Zweiges der Elektrotechnik seiner Berufsarbeit bei der Allgemeinen Elektrizitäts-Gesellschaft, Berlin, in der er bei der Entwicklung des gesamten Gebietes in den letzten sieben Jahren mitgearbeitet hat. Für wertvolle technische Anregungen, die er dabei erfahren hat, ist er Herrn Ober-Ing. B r ü c k e l zu Dank verpflichtet.

Wie aus dem Titel hervorgeht, behandelt das Buch »Die Technik der Fernwirkanlagen«, d. h., es gibt keine bloße Beschreibung einzelner Einrichtungen, sondern bemüht sich, die Grundlagen dieser neuen Technik und ihrer Verfahren herauszuarbeiten. Es behandelt die Aufgaben und Lösungen aus den Teilgebieten der Fernmessung, Summenzählung, Fernreglung, Fernsteuerung und Fernmeldung, sowie die für alle Teilgebiete wichtigen Fragen der Übertragung.

Im Hauptteil sind die Verfahren in ihren Grundsätzen vorangestellt, die praktische Ausführung der Apparate und Einrichtungen wird in einem Anhang gebracht, in dem ein reiches, zum Teil schon in der Literatur zerstreut vorhandenes, zum Teil noch unveröffentlichtes Bildmaterial zusammengetragen ist, für dessen Überlassung den einzelnen, darin namentlich genannten Firmen auch an dieser Stelle bestens gedankt sei.

Das Buch ist für den Gebrauch des Studierenden, und vor allem für den in der Praxis stehenden Ingenieur der Elektrizitätswerke und Industrieanlagen bestimmt. Gerade der letztere hat das Bedürfnis, sich über das junge, immer mehr in seinen Betrieb Eingang findende Sondergebiet der Elektrotechnik, das ihm wegen seiner engen Verwandschaft mit der Schwachstromtechnik auch in der Art der Technik selbst meist etwas fremd ist, genau zu unterrichten. Das Buch berücksichtigt vor allem die deutsche Praxis, die, obwohl sie verhältnismäßig spät eingesetzt hat, als führend auf diesem Gebiet bezeichnet werden kann, doch ist auch die ausländische gebührend berücksichtigt. Ein umfangreiches Literaturverzeichnis, auf das im Text häufig verwiesen wird, soll dem ernsthaften Leser, der tiefer eindringen will, ein Hilfsmittel dazu sein.

Berlin, im Juni 1934.

W. Stäblein VDI, VDE.

Inhaltsverzeichnis.

VI

VIII

A. Einleitung.

Die in dem vorliegenden Buch behandelten, zur Erleichterung der Betriebsführung insbesondere im elektrischen Kraftwerks- und Netzbetrieb, aber auch für andere Betriebe mit größerer Ausdehnung, wie Bahnbetriebe, Betriebe für Gas- und Wasserversorgung u. dgl. in den letzten Jahren entwickelten Zweige der Elektrotechnik lassen sich schwer unter einem gemeinsamen Namen vereinigen. Am besten scheint der Begriff Fernwirkanlagen auszudrücken, um was es sich dabei handelt. Man faßt darunter alle Einrichtungen zusammen, die eine Wirkung mit besonderen Hilfsmitteln von einer Betriebsstelle zu einer Überwachungsstelle oder umgekehrt fernübertragen, im einzelnen insbesondere die Übertragung von Meßwerten durch Fernmessung, die Fernein- und -ausschaltung von Schaltern durch Fernschaltung oder Fernsteuerung, die Rückmeldung ihrer Stellungen durch Fernmeldung, die Fernübertragung von Zählerständen durch Fernzählung, die selbsttätige Regelung von Maschinen nach einem durch Fernmessung übertragenen Meßwert mittels Fernregelung.

Der gemeinsame Zweck aller dieser verschiedenartigen Einrichtungen ist die Überwindung der Entfernung zur Erleichterung der Betriebsführung. Denn wie das Telephon zwei räumlich getrennte Menschen zusammenbringt und ihnen über die trennende Entfernung hinweg Mund und Ohr verleiht, so verbinden den Betriebsmann die Fernwirkanlagen mit entfernten Teilen seines Netzes und geben ihm Kenntnis von entfernt sich abspielenden Vorgängen und sind ihm Werkzeug zum Eingriff an entfernter Stelle.

Das Bedürfnis nach Fernwirkanlagen ist mit der Ausdehnung und dem Zusammenschluß der Werke und Netze zu größeren Gebilden erwacht. Ihre Technik ist kaum älter als einige Jahre und hat eine stürmische Entwicklung durchgemacht, die zu einer Vielzahl von Verfahren und Einrichtungen geführt und ihren Abschluß noch nicht vollständig gefunden hat, wenn sie auch kaum mehr große Änderungen bringen dürfte. Sie ist nur teilweise zielbewußt und von Anfang an im Zusammenhang aller Zweige mit der gesamten großen Aufgabestellung erfolgt, sondern hat vielmehr häufig ihren Ausgang von zufällig gestellten Teilaufgaben oder auch von irgendwie brauchbaren, ursprünglich für andere Zwecke bestimmten Apparaten genommen. So sind manche Verfahren trotz der Neuheit der Technik wieder in den Hintergrund getreten und zugunsten von anderen, allgemeiner verwendbaren oder besser anpassungsfähigen oder auch sichereren Verfahren aufgegeben worden.

Die Technik der Fernwirkanlagen liegt wie keine andere im Berührungspunkt von Stark- und Schwachstromtechnik. Auch davon ist die Entwicklung stark beeinflußt worden, je nachdem ob sie im einzelnen Falle von der einen oder der anderen Seite herkam. Die Verfahren der Schwachstrom- oder Nachrichtentechnik sind häufig für die Verwendung im rauhen elektrischen Starkstrombetrieb nicht robust genug oder stellen zu hohe Ansprüche an Bedienung und Pflege. Die der Starkstromtechnik entnommenen oder nach ihren Gesichtspunkten durchgebildeten Apparate lassen oft die Sicherheit oder die mit Rücksicht auf lange Lebensdauer bei ununterbrochenem Betrieb in den Einzelteilen sorgfältig genug durchgebildete Konstruktion vermissen. Heute ist wohl überall die gesunde Mittellinie eingeschlagen, von beiden Seiten sind die Erfahrungen übernommen worden und so stellen die Fernwirkanlagen neuzeitlicher Ausführung für den Betriebsmann Hilfsmittel dar, die ihm eine ganz wesentliche Erleichterung seiner Betriebsführung geben und sich immer mehr durchsetzen.

Es gibt nicht leicht ein Spezialgebiet der Elektrotechnik, das in sich und in seinen Anwendungen so vielseitig wäre wie gerade das Gebiet der Fernwirkanlagen. Um eine kurze Zusammenfassung dieses Gebietes geben zu können, ist daher eine straffe Einteilung des Stoffes notwendig, die Ordnung in die unübersichtlich und nicht zusammenhängend erscheinende Vielzahl von nebeneinanderstehenden Verfahren bringt. Eine Einteilung nach äußeren Merkmalen des Aufbaues und der Konstruktion kann dabei nicht befriedigen, da die Darstellung des Gebietes nach diesen Gesichtspunkten viel Raum in Anspruch nehmen würde und doch noch der Gefahr mangelnder Vollständigkeit ausgesetzt wäre. Erst das Zurückgehen auf die Grundprinzipien der Arbeitsweise erlaubt in einigen typischen Beispielen eine erschöpfende Übersicht über das ganze Gebiet zu geben, die das Wesentliche herausstellt und zum wirklichen Verständnis der gesamten Technik führt.

Die gewählten Beispiele*), bei deren Auswahl Wiederholungen möglichst vermieden wurden, stellen natürlich keine starren Normen dar, sondern eben Beispiele, die oft aus Gründen des besseren Verständnisses und der klareren Darstellung von den in der Literatur beschriebenen oder in der Praxis gebräuchlichen Ausführungen abweichen. Neben ihnen gibt es natürlich noch eine Vielzahl von Verfahren, die nach denselben oder ähnlichen Grundprinzipien arbeiten, sich aber in Einzelheiten der Wirkungsweise oder des Aufbaues unterscheiden. Alle je bekanntgewordenen Verfahren zu beschreiben oder auch nur anzudeuten, würde den zur Verfügung stehenden Raum überschreiten, es muß auf die Fachliteratur, die in einem Anhang aufgeführt ist, verwiesen werden. Man

---

*) Bei der Auswahl unter ähnlichen Verfahren werden deutsche Ausführungen bevorzugt.

wird jedoch in der vorliegenden Zusammenstellung kein wesentliches Arbeitsprinzip unvertreten finden.

Die Einteilung der Verfahren nach ihren Arbeitsgrundlagen ist möglichst straff gehalten und ist, indem sie die gemeinsamen Gesichtspunkte in großen Zusammenhängen herausarbeitet, gleichzeitig bestrebt, zwischen ähnlichen Grundlagen nicht zu trennen, sondern sie zu vereinigen. In manchen Fällen — besonders ist das bei der Fernschaltung der Fall — wird die Einteilung dadurch erschwert, daß sich die Unterschiede bei einzelnen Verfahren verwischen, da sie nach mehreren Prinzipien gleichzeitig arbeiten oder neben ihrem Hauptprinzip noch Merkmale anderer Arbeitsgrundlagen aufweisen. In solchen Fällen, in denen eine Behandlung auch an einer anderen als der gewählten Stelle erfolgen könnte oder sich Verwandtschaften zu anderen Verfahren ergeben, ist der Zusammenhang möglichst gewahrt durch Hinweise, denen nachzugehen zwar nicht unbedingt zum Verständnis der einzelnen Verfahren notwendig ist, die aber das Verständnis für die Technik der Fernwirkanlagen im ganzen vertiefen sollen.

Die Reihenfolge der Behandlung der einzelnen Gebiete entspricht nicht ihrer Bedeutung, sondern den inneren Zusammenhängen.

Die Fernmessung steht an erster Stelle. Sie kann als ein Teil der allgemeinen Meßtechnik aufgefaßt werden, der sich besonders entwickelt und dabei eigene Methoden gefunden hat. Ihre Aufgabe ist die Übertragung eines Meßwertes von der Meßstelle zur Ablese- oder Empfangsstelle. Zu ihrer Lösung nimmt sie eine Umformung der ursprünglichen Meßgröße in ein für die Übertragung besser geeignetes Maß vor, das in der Intensität einer elektrischen Größe oder in dem Zeitmaß von Impulsen bestehen kann.

Als ein besonderer, in Aufgabe und Lösung abweichender Teil tritt aus der Fernmessung die Übertragung von Zählerständen und ihre Summierung hervor. Die in einem besonderen Abschnitt behandelte Fern- und Summenzählung setzt eine fehlerfreie Übertragung voraus, weil sonst die Übereinstimmung der Zählwerke auf die Dauer nicht gewahrt bliebe und sich immer mehr zunehmende Differenzen bilden würden.

Die Fernregelung als automatische Beeinflussung von Maschinen im Anschluß an die Fernmessung eines Meßwertes erfordert eine Betrachtung über den Rahmen des Arbeitsprinzips und der apparativen Ausführung hinaus, da die Wirkung der Regelung nicht nur davon, sondern vor allem von den Verhältnissen im Netz und seinen Rückwirkungen abhängt.

Die Fernschaltung und Fernmeldung, die von einer großen Zahl einzelner Kommandos ein bestimmtes mit der größten Sicherheit übertragen soll, ist ein ganz besonders spröder Stoff für die Darstellung, bei dem es vor allem wichtig ist, daß das Arbeitsprinzip klar herausgearbeitet wird. Die Einteilung ist nach den Grundsätzen der Auswahl des zu übertragenden Kommandos vorgenommen. Die gewählten Beispiele sind ausführlich behandelt, wobei natürlich nicht sämtliche Einzelheiten der Schaltungen gebracht werden konnten, sondern nur ihre wesentlichen Grundlagen, die möglichst deutlich herausgeschält wurden, da gerade auf diesem Gebiet die Gefahr besteht, daß die Grundlagen von der Unmenge mehr oder weniger zufälliger Einzelheiten überwuchert und verdeckt werden.

Ein besonderes Kapitel ist den Übertragungsfragen gewidmet, die bei allen Aufgaben eines besonders wichtige Stellung einnehmen. Neben den Grundlagen für die einfache Übertragung ist vor allem der Mehrfachübertragung und der Schaffung künstlicher Übertragungskanäle besondere Aufmerksamkeit gewidmet. Auch die Frage der Störungen, denen die Übertragung ausgesetzt ist, wird ausführlich besprochen.

Die Anwendung der Fernwirkanlagen im elektrischen Kraftwerksbetrieb ist im Anhang in Beispielen gezeigt, die Ausführungsmöglichkeiten wiedergeben, ohne erschöpfend sein zu können. Bei einer jeden Aufgabestellung werden immer mehrere verschiedene Lösungen möglich sein, die verschiedenen Aufwand erfordern und den Betriebsbedingungen verschieden gut angepaßt sind. Wie z. B. ein einfaches Meßinstrument ganz verschieden anwendbar sein wird bei der Messung von Spannungen, je nachdem, ob es ein Drehspul-, Weicheisen-, Hitzdrahtsystem enthält, so werden auch Fernwirkanlagen nur dann die wichtigsten Aufgaben des Betriebes von vornherein mit vollem Erfolg lösen können, wenn bei ihrer Projektierung alle Betriebsverhältnisse berücksichtigt werden konnten und die am besten geeignete und günstigste Lösung verwendet werden kann. Nur der planmäßige und richtige Einsatz der Hilfsmittel der neuen Technik der Fernwirkanlagen verbürgt, daß der Betrieb daraus den größtmöglichen Nutzen zieht und die wirksamsten Erleichterungen erfährt.

B. Fernmessung.

a) Begriffsbestimmung.

Nach dem heute üblichen Sprachgebrauch versteht man unter »Fernmessung« nicht jede Fernablesung, sondern die Fernübertragung von Meßgrößen unter Benutzung einer Hilfsgröße. Es ist im Wesen der elektrischen Messung begründet, daß die Meßgröße auch an anderen Stellen angezeigt werden kann wie am Ort der Messung selbst. Man kann z. B. die Spannung eines Sammelschienensystems durch Zwischenschaltung von 2 Leitungen an einem ganz entfernt liegenden Punkte anzeigen, während bei anderen physikalischen Meßgrößen eine derartige Fernablesung nicht oder wenigstens nicht ohne weiteres möglich ist. Bei elektrischen Messungen ist es üblich, die Anzeige vieler gleichartiger Meßgrößen, beispielsweise in einer Schaltwarte, zu zentralisieren, ohne daß dabei eine Fernübertragung der Meßgröße in unserem Sinne vorliegt. Es ist darüber hinaus bei elektrischen Messungen sogar gebräuchlich, noch eine Umformung der Meßgröße auf eine für den Anschluß der Instrumente bequemere Größenordnung vorzunehmen, z. B. bei Gleichströmen durch einen Nebenwiderstand, bei Wechselspannungen durch Spannungswandler oder Stromwandler. Man spricht dabei nicht von Fernmessung im eigentlichen Sinne, obwohl bei entsprechender Dimensionierung auf diese Weise ganz beträchtliche Entfernungen überbrückt werden können. Es gibt ferner für nichtelektrische Meßgrößen eine Reihe von elektrischen Meßverfahren (elektrische Temperaturmessung u. dgl.), die ebenfalls die Anzeige der Meßgröße an entfernt liegender Stelle erlauben, aber nicht als Fernmeßverfahren bezeichnet werden.

Wesentlich für den Begriff der Fernmessung ist vielmehr, daß die Meßgröße für den Zweck der Fernübertragung in ein anderes Übertragungsmaß umgewandelt wird.

I. Umwandlung in eine Hilfsgröße.

Diese Hilfsgröße kann an sich beliebiger Natur sein. Sie kann in einer elektrischen für die Fernübertragung bequemeren Meßgröße oder auch in einer zeitlichen Abhängigkeit von Impulsen bestehen.

Die Umwandlung in eine andere elektrische Meßgröße ergibt die Intensitätsverfahren, bei denen eine Stromintensität über die Fernleitung übertragen wird, die den Inhalt der Fernübertragung darstellt, also beispielsweise der Meßgröße proportional ist. Diese Verfahren sind außer-

ordentlich zahlreich ausgebildet worden und unterscheiden sich nicht
nur durch die Art dieser Stromintensität, sondern auch durch die Art
und Weise, in der diese Stromintensität hergestellt wird.

Bei der zweiten Gruppe von Fernmeßverfahren wird die Meßgröße
übertragen in Form von Impulsen, die an der Sendestelle durch einen
Geber erzeugt und an die Empfangsstelle auf beliebige Weise übertragen,
durch Relais aufgenommen und wieder in eine für die Anzeige brauchbare
Form umgewandelt werden.

Während die Intensitätsverfahren in ihren Eigenschaften der Meßtechnik sehr nahe stehen, nähern sich die Impulsverfahren mehr den in
der Nachrichtentechnik üblichen Methoden.

II. Anforderungen.

Die Umwandlung in eine Hilfsgröße stellt natürlich an das Geberinstrument, an die Übertragungsleitungen und an die Empfangsvorrichtungen gewisse Anforderungen, die für die einzelnen Verfahren verschieden sind. Es schließt aber auch die Unmöglichkeit, alle Anforderungen
durch ein bestimmtes Fernmeßverfahren gleichzeitig zu erfüllen, die
Verwendung gerade dieses Fernmeßverfahrens in manchen Fällen aus,
für die andere Verfahren verwendbar sind. Die Intensitätsverfahren
sind dann ungeeignet, wenn man auf der Übertragungsleitung nicht mit
Intensitäten arbeiten kann. Andererseits haben die Impulsverfahren
Eigenschaften, die in manchen Fällen den Intensitätsverfahren gegenüber Nachteile bedeuten. Es gibt kein Fernmessverfahren, das allen überhaupt denkbaren Ansprüchen gleichzeitig und gleich gut gerecht wird.

Der prinzipielle Aufbau einer Fernmeßapparatur ist im allgemeinen
der folgende:

Die Meßgröße wird durch das eigentliche Geberinstrument gemessen,
durch den Fernmeßzusatz am Geberinstrument in die für die Übertragung bestimmte Hilfsgröße umgewandelt, über die Übertragungs-
apparatur zum Empfangsort geleitet, dort durch den Empfangsapparat
aufgenommen und in die für die Anzeige bestimmte Größe umgewandelt
und schließlich im Empfangsinstrument angezeigt, wobei einzelne Glieder
dieser Kette fehlen oder mit anderen vereinigt sein können. Die Anforderungen, die das Fernmeßverfahren stellt, sind demgemäß Anforderungen
an das Geberinstrument, den Übertragungskanal und den Empfänger.

1. Anforderungen an das Geberinstrument.

Die Fernmeßverfahren schließen sich entweder an Zeigerinstrumente
oder an rotierende Instrumente (Zähler) an. Sie sind daher ohne weiteres
auch nur in der Lage, Meßgrößen zu übertragen, die sich mit derartigen
Geberinstrumenten messen lassen. Ein Fernmeßverfahren, das ein
rotierendes Geberinstrument zur Voraussetzung hat, läßt sich nur mit
zusätzlichen Hilfsmitteln zur Übertragung von Meßgrößen verwenden,
die nur mit Zeigerinstrumenten gemessen oder nur in Form eines Zeiger-

ausschlages erfaßt werden können. Dasselbe gilt natürlich auch umgekehrt.

Wichtig ist das von dem Fernmeßzusatz verlangte Drehmoment des Gebers. Man findet hier bei den einzelnen Verfahren sehr große Unterschiede. Es gibt Fernmeßverfahren, die ein Drehmoment voraussetzen, wie es elektrische Meßinstrumente im allgemeinen nicht aufweisen, so daß sie nur zur Übertragung von Stellungen u. dgl. geeignet sind, und Verfahren, die auch die empfindlichsten Meßinstrumente als Geber zulassen. Durch den Anbau des Fernmeßteils, der die Umwandlung der Meßgröße in die für die Übertragung verwendete Hilfsgröße besorgt, erfährt die Genauigkeit des Geberinstrumentes selbst eine gewisse Beeinträchtigung. Die Kleinhaltung dieses Einflusses ist nicht bei allen Verfahren gleich gut gelöst.

Wenn das Geberinstrument neben der Fernübertragung auch noch für eine örtliche Anzeige oder Registrierung verwendet werden kann, so ist das mit Rücksicht auf Kostenersparnis und auf die mit der Einfügung eines jeden weiteren Instrumentes steigende Wandlerbelastung von Vorteil.

Im Gesamtfehler einer Fernmeßübertragung kommt auch der Fehler des Geberinstrumentes selbst vor. Rotierende Instrumente, d. h. Zähler, haben für die gebräuchlichen Leistungs- und Blindleistungsmessungen eine große Genauigkeit, wenn durch den Fernmeßzusatz nicht größere Reibungsarbeit verlangt wird. Bei Zeigerinstrumenten hängt die Genauigkeit von der Art des Ausgangsinstrumentes ab. Im allgemeinen kann man auf der Geberseite die für Betriebsinstrumente übliche Genauigkeit einhalten.

Die Art des Geberinstrumentes ist ferner bestimmend für die Möglichkeit, eine Meßgröße mit wechselndem Vorzeichen übertragen zu können. Fernmeßverfahren, die ein Zeigerinstrument als Geber verwenden, machen dabei kaum Schwierigkeiten, da bei ihnen, wie bei normalen Instrumenten der Nullpunkt in die Mitte gelegt werden kann. Häufig tritt dabei eine Umsetzung auch des Nullwertes in eine endliche Hilfsgröße auf, indem diese nur mit einem einzigen Vorzeichen übertragen wird, der Nullwert also mit einer Größe, die etwa in der Mitte liegt und positive Meßwerte mit größeren, negative mit kleineren Werten der Hilfsgröße übertragen werden. Bei der Verwendung von rotierenden Geberinstrumenten ist die Übertragung mit zwei Energierichtungen so lange einfach, als auch die Hilfsgröße wechselndes Vorzeichen annehmen kann, also z. B. durch Spannungen verschiedener Polarität übertragen wird. Soll die Übertragung jedoch mit einer Hilfsgröße nur eines einzigen Vorzeichens erfolgen, so ist es notwendig, durch eine Zusatzeinrichtung eine Drehzahl zu schaffen, die auch beim Nullwert vorhanden ist und von der sich die Drehzahl der eigentlichen Meßgröße bei negativen Werten abzieht oder zu der sie sich bei positiven Werten addiert.

2. Anforderungen an den Übertragungskanal.

Die Intensitätsverfahren und die Impulsverfahren unterscheiden sich in bezug auf die Anforderungen an den Übertragungskanal grundlegend. Die sämtlichen Impulsmethoden stellen keine anderen Anforderungen als die Verfahren der Telegrafie; es muß auf das Tasten eines Stromkreises beliebiger Art — Gleichstrom, Wechselstrom u. dgl. — auf der Empfangsseite lediglich ein Empfangsrelais zum Ansprechen gebracht werden, wobei die Stromintensität innerhalb gewisser Grenzen schwanken kann. Bei den Intensitätsverfahren hingegen können die Eigenschaften der Übertragungsleitung eine Fälschung des Meßergebnisses herbeiführen, wenn die Intensität, die am Anfang der Leitung vorhanden ist, sich von der Intensität am Ende der Leitung unterscheidet.

Die einzelnen Intensitätsverfahren sind nun sehr verschieden empfindlich in bezug auf die Eigenschaften der Übertragungsleitung, worauf später noch näher eingegangen wird. Hier sei nur allgemein gesagt, daß Verfahren, die mit Wechselstrom-Intensitäten arbeiten, viel weitergehende Ansprüche an die Übertragungsleitung stellen als Gleichstromverfahren, wenn man von dem sog. Frequenzänderungs-Verfahren absieht, bei dem die Meßgröße in Form einer proportionalen Frequenz übertragen wird. Bei den Impulsverfahren sind die Ansprüche an den Übertragungskanal im wesentlichen gegeben durch die verlangte Telegrafiergeschwindigkeit, also entweder durch die Zahl der Impulse in der Sekunde, oder durch die Zeitgenauigkeit der Übermittlung des einzelnen Impulses. Außer den Eigenschaften der verwendeten Relais wird die Telegraphiergeschwindigkeit auch durch die Eigenschaften der Leitung selbst bedingt. Im allgemeinen treten bei der Übertragung eines einzelnen Meßwertes keine besonderen Schwierigkeiten auf, wohl aber bei den später behandelten Verfahren zur Herstellung künstlicher Übertragungskanäle. Diejenigen Fernmeßverfahren sind im Vorteil, die in dieser Beziehung die kleinsten Ansprüche stellen.

Die Zahl der für die Fernübertragung erforderlichen Leitungen sollte möglichst klein sein. Bei der gleichzeitigen Übertragung mehrerer Meßwerte soll ein Teil der Leitungen gleichzeitig für mehrere Meßwertübertragungen benutzt werden können.

3. Anforderungen an den Empfänger.

Die einzelnen Fernmeßverfahren stellen an den für die Anzeige des Meßwertes verwendeten Empfänger ebenfalls verschiedene Anforderungen. Eine Reihe von Fernmeßverfahren setzen Empfangsvorrichtungen besonderer Konstruktion voraus, die natürlich den dabei vorliegenden besonderen Beanspruchungen entsprechend ausgebildet sein müssen. Die meisten Intensitätsverfahren kommen mit normalen Meßinstrumenten auf der Empfangsseite zur Messung der für die Übertragung verwendeten Intensität aus. Sie müssen in ihrer Empfindlichkeit der zur Verfügung stehenden Energie angepaßt sein, die bei den einzelnen Verfahren sehr verschieden ausfällt.

Diejenigen Fernmeßverfahren sind am günstigsten, die zur Betätigung normaler Betriebsinstrumente und Registrierinstrumente, sowie allenfalls von elektrischen Zählern ausreichende Energien zur Verfügung stellen können, weil sonst bei der Erfüllung mancher Forderungen Schwierigkeiten entstehen. So ist es unangenehm, wenn für die Registrierung bei stark schwankender Belastung keine Tintenschreiber, sondern nur ein absatzweise mit Fallbügelmechanismus arbeitender Punktschreiber mit wesentlich geringerem Verbrauch verwendet werden muß, oder wenn die für die Weitergabe eines Meßwertes oder eines aus mehreren Meßwerten gebildeten Summenwertes erforderliche Energie zur Betätigung eines neuen Geberinstrumentes nicht zur Verfügung gestellt werden kann. Verfahren mit geringer Empfangsintensität sind daher nicht so allgemeinverwendbar wie Verfahren mit ausreichender Energie.

Die Fehler des Empfängers kommen als Meßfehler in den Gesamtfehler mit herein. Gleichstromverfahren machen sich die verhältnismäßig große Genauigkeit der Drehspulinstrumente zunutze.

Mit pulsierenden Gleichströmen arbeitende Fernmeßverfahren benötigen Instrumente mit besonders großer Einstellzeit oder Dämpfung.

4. Anforderungen an die gesamte Fernmeßübertragung.

Die Fehler der gesamten Fernmeßübertragung sollen klein sein. Sie setzen sich zusammen aus dem Fehler des eigentlichen Geberinstrumentes, aus dem Fehler des Übertragungsapparates, der die Meßgröße in die zur Fernübertragung benutzte Hilfsgröße umsetzt, aus dem Fehler, der durch die Fernübertragung auf der Leitung zusätzlich hinzukommt, aus dem Fehler des Empfangsapparates, der die Hilfsgröße wieder in die zur Anzeige benutzte Größe umsetzt, sofern ein solcher vorhanden ist und schließlich aus dem Fehler des Empfangsinstrumentes selbst. Es sind also mehrere Fehlerquellen vorhanden, die klein zu halten sind, wenn man eine gute Gesamtgenauigkeit erreichen will. Dies gelingt bei manchen Verfahren so gut, daß die Gesamtgenauigkeit der Fernmeßübertragung durchaus im Rahmen dessen bleibt, was der Betriebsmann von seinen Betriebsmeßgeräten zu verlangen gewohnt ist.

Die Umwandlung der Meßgröße in eine für die Fernübertragung benutzte Hilfsgröße und deren Rückumwandlung in die Anzeige ist natürlich mit einer gewissen Verzögerung behaftet, die bei den einzelnen Verfahren außerordentlich stark verschieden ist. Einige Verfahren weisen so wenig Trägheit auf, wie man bestenfalls erwarten kann, nämlich die Trägheit eines normalen Instrumentes, bei dem ja bei einer Änderung der Meßgröße der Zeigerausschlag auch nicht in jedem Moment der wirklich vorhandenen Meßgröße entspricht. Es verlangt dies allerdings, daß die Umwandlung in die Hilfsgröße selbst ohne Verzögerung erfolgt. Wird diese Umwandlung von einem mechanischen Instrument abgeleitet, so kommt im besten Falle noch die Verzögerung dieses Instrumentes hinzu. Derartig geringe Trägheit wird allerdings nur von einigen Intensitätsverfahren erreicht, während die Impulsverfahren wegen der Umwandlung der Meßgröße in Impulse und der Rückwandlung der Impulse in die Anzeigegröße mit mehr Trägheit behaftet sind und dem häufig genannten Ideal der Fernmessung weniger nahe kommen können, nach dem sich die Anzeige des Fernmeßempfängers von der eines direkten Meßgerätes möglichst wenig unterscheiden soll. Im übrigen wird die Frage der Trägheit der Anzeige meist überschätzt. Hat man sich erst einmal daran gewöhnt, daß Fernmeßübertragungen eben wegen ihres anderen Arbeitsprinzipes nicht so schnell anzeigen können, wie direkt zeigende Instrumente, so stört die Anzeigeverzögerung, von Sonderfällen abgesehen, bei der Benutzung der Fernmeßeinrichtungen nicht.

Es gibt ferner Fernmeßverfahren, die die Meßwerte absatzweise übertragen, und Fernmeßverfahren, die die Übertragung fortlaufend vornehmen. Die absatzweise arbeitenden Verfahren geben die bequeme Möglichkeit, mehrere Meßwerte nacheinander über dieselbe Übertragungsleitung zu übertragen, was an sich die einfachste Art der Mehrfachübertragung darstellt. Eine absatzweise vorgenommene Fernübertragung wird natürlich nicht allen Ansprüchen gerecht, da Vorgänge innerhalb der Übertragungspause nicht erfaßt werden. Sie reichen aber vollständig aus für die laufende Überwachung von Meßwerten zum Zwecke der Lastverteilung, während für Störungsbeobachtungen und Störungsbehebungen eine kontinuierliche Übertragung mit möglichst wenig Trägheit erforderlich ist. Eine solche Fernmessung hat aber auch nur dann Wert, wenn der Beobachter am Fernmeß-Empfangsinstrument auch gleichzeitig Mittel an der Hand hat, die ein schnelles Eingreifen ermöglichen, wie man es innerhalb einer Station oder eines Werkes gewöhnt ist, denn sonst kann die Fernmeßübertragung die örtliche Überwachung des betreffenden Anlageteiles schlecht ersetzen.

Die Meßwerte, die mit einem Fernmeßverfahren übertragen werden sollen, sind meist auch die sonst im Betrieb wichtigen Größen, wie Leistung, Blindleistung, Spannung, Strom, dann Dampfdruck, Wasserstand, Gas- und Wassermengen, ferner Werte, die in Form einer Meßübertragung erfaßt werden können, wie Schieberstellungen u. dgl. Die Übertragung des Leistungsfaktors, vor allem in 4 Quadranten, ist der Fernmessung wenig zugänglich, doch sind auch hierfür Lösungen angegeben worden. Im allgemeinen läßt sich jedoch sagen, daß die Übertragung von Wirk- und Blindleistung genauer wird und ein besseres Bild der wirklichen Belastungsverhältnisse verschafft als die Übertragung des Leistungsfaktors. Es gibt auch Verfahren, die es gestatten, aus der Übertragung der Wirk- und Blindleistung durch Kunstschaltungen die Anzeige des Leistungsfaktors zu ermöglichen.

Leistungs- und Blindleistungswerte werden oft für zwei Energierichtungen gefordert.

III. Besondere Anforderungen.

Von einer Fernmeßübertragung werden häufig noch gewisse Sonder-
aufgaben zu erfüllen sein, für die sich nicht alle Verfahren gleich gut
eignen.

1. Mehrfachübertragung.

Wenn es sich nicht um die Übertragung eines einzelnen Meßwertes
handelt, sondern um die Übertragung mehrerer Meßwerte, oder wenn
die Übertragung beispielsweise von Signal- oder Telephonieströmen
zwischen denselben beiden Orten erforderlich ist, zwischen denen auch
die Meßgröße übertragen werden soll, ist die Frage wichtig, in welchem
Maße das Fernmeßverfahren die Erfüllung dieser Forderungen zuläßt.
Fernmeßverfahren, die mit Wechselstromintensitäten arbeiten, sind
hierfür kaum zugänglich. Verfahren, die mit Gleichstromintensitäten
arbeiten, lassen die Übertragung von Wechselstrom für irgendwelche
andere Zwecke dann zu, wenn die erforderlichen Zusatzglieder, wie
Drosseln u. dgl., mit Rücksicht auf die zur Verfügung stehende Gleich-
stromenergie eingebaut werden können, ohne diese über das zulässige
Maß hinaus zu schwächen.

Bei den Impulsverfahren hängt die Möglichkeit, derartige Schaltungen vorzunehmen, sehr stark ab von den Anforderungen in bezug auf
die Telegraphiergeschwindigkeit und die Zeitgenauigkeit der Impulsübertragung. Je anspruchsvoller das Fernmeßverfahren in dieser Beziehung
ist, desto weniger einfach können die erforderlichen Schaltungen werden.

2. Zählung.

Häufig kommt die Aufgabe vor, den in der Ferne angezeigten Meßwert auch durch Zählung zu erfassen. Es gibt Verfahren, die das sehr
einfach und ohne zusätzlichen Fehler ermöglichen, andere nur unter Verwendung eines Spezialzählers, der natürlich seine eigenen Fehler aufweist,
und es gibt schließlich Verfahren, die eine Zählung auf einfache Weise
überhaupt nicht gestatten. Bei den Verfahren, die die Zählung unter
Verwendung eines Spezialzählers durchführen, sind diejenigen im Vorteil, die von Schwankungen der Hilfsspannungsquelle unabhängig sind.
Ist dies nicht der Fall, so muß ein spannungsunabhängiger Zähler verwendet werden, wie solche eigens für diesen Zweck entwickelt wurden.
Bei denjenigen Fernmeßverfahren, die ein rotierendes Geberinstrument
voraussetzen, ist die Aufgabe der Zählung mehr oder weniger identisch
mit der Aufgabe der Weitergabe eines ferngemessenen Wertes oder
Summenwertes.

3. Summierung.

Eine sehr wichtige Aufgabe, die durch die Fernmessung zu lösen
ist, ist die Summierung von verschiedenen fernübertragenen Werten.

Die Summierungsverfahren, die hierfür ausgebildet worden sind, sind zum Teil derart vollkommen, daß sich diese Art der Summierung auch unter Verhältnissen durchgesetzt hat, die an sich gar keine Fernübertragung nötig machen würden, z. B. für die Bildung der Summenleistung der Generatoren eines Kraftwerkes. Es besteht grundsätzlich der Vorteil, daß Summierungen auch möglich sind bei ungleichartigen Meßgrößen, also z. B. von asynchronen Leistungen oder von Drehstrom- und Gleichstromleistungen.

Besonders gut geeignet für Summierung sind diejenigen Verfahren, bei denen die Anzeige mit Gleichspannungen oder Gleichströmen erfolgt. Auch hier sind die Verfahren im Vorteil, die eine nicht zu kleine Energie zur Verfügung stellen können.

Für die Aufgabe der Summenzählung, d. h. der in der Übertragung selbst fehlerfreien Summierung von Arbeitsmengen oder Zählerständen sind Verfahren durchgebildet worden, die in einem besonderen Abschnitt behandelt werden.

4. Verhalten gegenüber äußeren Einflüssen.

Das Verhalten der einzelnen Fernmeßverfahren gegenüber den Eigenschaften der Übertragungsleitung wurde schon gestreift. Gegenüber Schwankungen der benötigten Hilfsspannungen sind nur die auf Kompensation beruhenden Verfahren von vornherein unempfindlich. Eine große Reihe von Verfahren ist dagegen spannungsabhängig, teilweise ist die Anzeige der Höhe der Hilfsspannung einfach proportional. Eine derartige Spannungsabhängigkeit kann grundsätzlich durch Verwendung von Quotientenmessern, bei Gleichstrom Kreuzspulinstrumenten, für die Anzeige unschädlich gemacht werden.

Das Verhalten der Fernmeßapparate gegenüber Temperaturschwankungen, Frequenzänderungen u. dgl. richtet sich im allgemeinen nach den Eigenschaften der verwendeten Instrumente, wie sie aus der allgemeinen Meßtechnik bekannt sind. Es gibt Verfahren, die diese Einflüsse mehr oder weniger gut kompensieren.

Gegenüber Störspannungen, die in der Übertragungsleitung auftreten, sind alle Verfahren mit Intensitätsübertragung empfindlich, sofern diese Störspannungen von der Art der für die Fernübertragung verwendeten Intensitäten sind. Verfahren mit Wechselstromübertragung sind also gegenüber induzierten Wechselspannungen derselben Frequenz, Gleichstromverfahren gegenüber Fehlerströmen, wie sie bei Erdschlüssen auftreten, empfindlich.

Treten Störspannungen in der Größenordnung von Hochspannungen auf, so sind besondere Maßnahmen an der Übertragungsleitung notwendig, die der Fernhaltung dieser Störspannungen von der Apparatur dienen und die Verwendung von Gleichstrom-Intensitätsverfahren ausschließen.

b) Intensitätsverfahren.

Die größte Zahl aller bisher bekanntgewordenen Fernmeßverfahren gehört zur Gruppe der Intensitätsverfahren, bei denen die Übertragung durch eine auf der Leitung vorhandene Intensität eines Stromes oder einer Spannung erfolgt. Die theoretischen Möglichkeiten für den Aufbau derartiger Fernmeßverfahren auf den verschiedenen meßtechnischen Grundlagen sind sehr zahlreich und für jedes Prinzip ist eine große Zahl von konstruktiven Ausführungen denkbar.

Bei den Intensitäts-Fernmeßverfahren wird die Meßgröße, wie schon erwähnt, umgewandelt in eine andere für die Fernübertragung besser geeignete Stromintensität. Diese Umwandlung kann entweder unmittelbar im Gebermechanismus erfolgen, wobei durch das Prinzip oder die Konstruktion des Geberapparates dafür gesorgt werden muß, daß eine eindeutige Abhängigkeit zwischen Ursprungsgröße und Übertragungsmaß besteht, oder aber durch ein automatisches Kompensationsverfahren, indem irgendeine Wirkung der ursprünglichen Größe kompensiert wird durch eine gleichartige Wirkung der für die Fernübertragung verwendeten Hilfsgröße.

I. Intensitätsverfahren mit unmittelbarer Umwandlung in die Hilfsgröße.

Bei dieser Gruppe von Verfahren liegt die erreichbare Genauigkeit ausschließlich in den Eigenschaften der für die Umwandlung verwendeten Apparate, hängt also vom Meßprinzip und von der Konstruktion ab. Diese Verfahren sind aber auch dadurch in besonderem Maße von äußeren Einflüssen, wie Temperatur, Leitungswiderstand, Höhe der Hilfsspannung u. dgl., abhängig. Die Kleinhaltung dieser Einflüsse zwingt zu besonders vorsichtiger Dimensionierung und gelingt nicht bei allen Verfahren.

Die Umwandlung der Meßgröße in die für die Fernübertragung verwendete Hilfsgröße kann prinzipiell durch Ausnutzung einer Gleichrichter- oder Umformerwirkung oder durch einen die Hilfsspannung erzeugenden, durch das eigentliche Meßsystem angetriebenen Generator oder durch einen mit dem Meßinstrument gekoppelten Verstellwiderstand oder dgl. erfolgen.

1. Gleichrichterverfahren.

Ein einfaches Fernmeßverfahren, das auch in der allgemeinen Meßtechnik üblich ist, besteht darin, die zu messenden Wechselstromgrößen durch Gleichrichter in die für die Fernleitung besser verwendbaren Gleichströme oder Gleichspannungen umzuwandeln*).

Als Gleichrichter können rotierende, durch Synchronmotor angetriebene Kontaktanordnungen**), Glühkathodengleichrichter oder

---

*) Gleichrichterverfahren sind vor allem in Amerika häufig verwendet worden.
**) Vgl. LitV. Clough, 2. Weltkraftkonf. Berlin 1930.

Trockengleichrichter verwendet werden. Allen Verfahren gemeinsam ist, daß sie sich in einfacher Schaltung zunächst nur für die Übertragung von Strömen oder Spannungen eignen und daß statt des in der Meßtechnik üblichen Effektivwertes der Wechselstromgröße der arithmetische Mittelwert gemessen wird, daß also die Messung von der Kurvenform des Wechselstromes abhängt. Die Genauigkeit der Messung wird außerdem ganz wesentlich von den Eigenschaften der verwendeten Gleichrichter beeinflußt, deren Konstanz für Meßzwecke ausreichend sein muß. Am besten ist diese Forderung bei sorgfältig gebauten und gepflegten mechanischen Gleichrichtern erfüllt. Auch die übrigen Gleichrichtertypen lassen sich bei Beachtung entsprechender Vorsicht so dimensionieren, daß ihre Konstanz für Betriebsmessungen ausreicht. Trockengleichrichter haben den Vorteil, daß die Messung ohne jede Hilfsspannung auskommt, jedoch ist die Verwendung der von den Spannungswandlern selbst entnommenen Wechselspannung als Hilfsspannung bei den anderen Gleichrichtertypen möglich und bringt dann keinen Nachteil.

Bei der Fernmessung von Strömen müssen besondere Dimensionierungsregeln beachtet werden. Die für Betriebsmessungen fast allgemein übliche Stromstärke von 5 Ampere auf der Sekundärseite des Stromwandlers ist für die Fernübertragung natürlich nicht geeignet und muß durch Zwischenwandler herabgesetzt werden, da Gleichrichter nur für wesentlich kleinere Stromstärken wirtschaftlich sind und die Fernleitungen ebenfalls nur solche übertragen können. Die Schaltung muß so vorgesehen werden, daß durch zeitweiligen Ausfall des Stromes bei Defektwerden des Gleichrichters bzw. bei Gleichrichtung nur der einen Halbwelle des Wechselstromes der Sekundärkreis der Betriebsstromwandler nicht mit einem zu hohen Widerstand belastet wird. Die Schaltung läuft daher eigentlich darauf hinaus, die Stromstärke für die Fernübertragung in eine ihr proportionale Spannung umzuwandeln, die dann gleichgerichtet wird. Auch sind Vorkehrungen zu treffen, um im Falle von Kurzschlüssen im Netz die Meßapparatur vor Überlastungen zu schützen. Es müssen entweder Überspannungssicherungen angebracht werden oder die Zwischenwandler müssen beispielsweise durch hohe Sättigung bei Überlastung so ausgeführt werden, daß nicht zu große Spannungen entstehen können.

Eine Gleichrichterschaltung zur Fernübertragung von Stromstärken unter Verwendung von Glühkathoden-Gleichrichtern zeigt Abb. 1. Solche Schaltungen sind geeignet zur Übertragung von Meßwerten einer einzigen Phase; durch Summationsschaltungen können auch die Mittelwerte der Phasengrößen erfaßt werden.

Mit Gleichrichterschaltungen ist auch die Übertragung von Wirk- und Blindleistungen oder ähnlichen Größen möglich*), besonders unter

*) Vgl. LitV. Clough, 2. Weltkraftkonf. Berlin 1930.

der fast immer zutreffenden Annahme, daß die Spannung sich nur innerhalb gewisser Grenzen ändert. Bei mechanischen Gleichrichtern, denen z. B. eine mit der Spannung phasengleiche Antriebsspannung zugeführt wird, während eine dem Strom proportionale und phasengleiche Spannung gleichgerichtet wird, erhält man in dem gleichgerichteten Strom eine der Wirkkomponente des Stromes proportionale Gleichstromgröße. Ähnliche Beziehungen gelten, wenn auch von der Höhe der Spannung abhängig, für die Verwendung von Glühkathoden-Gleichrichtern mit Steuergittern, bei denen z. B. die Anodenspannung in der Phase der Spannung, die Gitterspannung in der Phase des zu messenden Stromes zugeführt werden.

Verwandt mit der Gleichrichtermessung ist die Messung mit Thermo-Umformer*), die sich in der allgemeinen Meßtechnik für die Messung von Wechsel-, besonders Tonfrequenz- und Hochfrequenzströmen eingeführt hat. Es wird dabei die dem Quadrat der Stromstärke proportionale

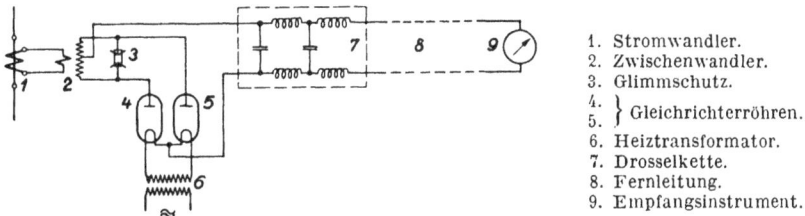

1. Stromwandler.
2. Zwischenwandler.
3. Glimmschutz.
4. } Gleichrichterröhren.
5. }
6. Heiztransformator.
7. Drosselkette.
8. Fernleitung.
9. Empfangsinstrument.

Abb. 1. Fernmessung eines Wechselstromes mit Gleichrichterröhren.

Temperaturerhöhung eines Thermoelementes zur Anzeige benutzt. Dieses Verfahren besitzt eine verhältnismäßig große Trägheit und liefert nur sehr kleine Empfangsenergien. In einer interessanten Schaltung ist die Methode auch zur Messung der Leistung geeignet.

Im ganzen kann gesagt werden, daß die Gleichrichter-Fernmessung an sich für spezielle Fälle brauchbare Einrichtungen ergibt, an die aber im allgemeinen keine besonders hohen Anforderungen gestellt werden können. Die Genauigkeit der Messung ist nicht immer genügend groß, die Verfahren sind ferner nicht besonders anpassungsfähig und nicht im Sinne der früher aufgestellten Forderung erweiterungsfähig. Es können nicht alle Meßwerte übertragen werden, zum Teil erfolgt die Übertragung mit nur sehr kleinen Energien, die zum Betrieb normaler Registrierinstrumente oder Betriebsmeßgeräte nicht ausreichen.

2. Generatorverfahren.

Eine andere Methode zur Umwandlung der Meßgröße in einen proportionalen Gleichstrom lehnt sich an die für die Anzeige von Drehgeschwindigkeiten seit langem übliche Verwendung eines kleinen Gleich-

*) Vgl. LitV. Fawsett, Electrician, Bd. 88. — Schuepp, Bull. SEV 1928.

strom-Hilfsgenerators zur Erzeugung einer der Drehgeschwindigkeit proportionalen Gleichspannung an. Da die Geberinstrumente selbst nur geringe Drehmomente zur Verfügung stellen können und mit Rücksicht auf die Genauigkeit der Messung die von den Gleichstromklemmen abgenommene Energie im Vergleich zur mechanischen Energie des rotierenden Gebers verhältnismäßig klein sein muß, sind nur kleine Energien auf der Empfangsseite verfügbar*), die aber unter Verwendung empfindlicher Instrumente, wie sie gerade für Gleichstrom leicht gebaut werden können, dennoch zur Anzeige bei großen Entfernungen ausreichen.

Die praktische Ausführung des Verfahrens**) sieht vor die Verwendung normaler Zählerelemente als Geber, wobei das Drehmoment und auch die Drehzahl gegenüber normalen Zählern vergrößert sind. Der Zähler trägt auf seiner Achse den Gleichstromgenerator in der Bauart eines Amperestundenzählers mit Scheibenanker, wie in Abb. 2 dargestellt. Der Generator liefert eine Spannung in der Größenordnung von 1 Volt und ist mit etwa 1 mA belastbar. Registrierinstrumente der normalen schreibenden Bauart sind damit nicht zu betreiben.

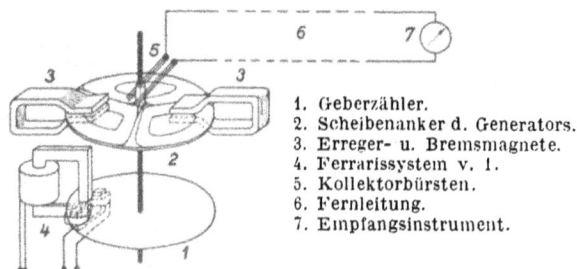

1. Geberzähler.
2. Scheibenanker d. Generators.
3. Erreger- u. Bremsmagnete.
4. Ferrarissystem v. 1.
5. Kollektorbürsten.
6. Fernleitung.
7. Empfangsinstrument.

Abb. 2. Fernmessung nach dem Generatorverfahren.

Praktische Schwierigkeiten macht noch die Welligkeit des Stromes, die davon herrührt, daß der Anker des Gleichstromgenerators im Interesse einer einfachen Bauart nur aus 3 Spulen mit 3 Kollektorlamellen besteht. Ein weiterer schwieriger Punkt ist der Übergangswiderstand an den Bürsten, der wegen der kleinen Spannung eine Rolle spielen kann und zu einer unsicheren Angabe des Meßwertes im Empfangsinstrument führen kann. Bei der Registrierung durch Punktschreiber können daher die einzelnen Punkte eines an sich konstanten Wertes mit größerer Streuung geschrieben werden.

Der wesentliche Vorteil der Methode, den sie mit dem Gleichrichterverfahren mit Trockengleichrichter gemeinsam hat, ist, daß keinerlei

---

*) Vgl. LitV. Keinath, ATM 1932.
**) Ausführungen der Heliowattwerke, Berlin (»Telewatt«), und der Comp. pour la Fabrication des Compteurs, Frankr. Vgl. LitV. Stern, versch. Aufsätze. Vgl. Anhang.

Hilfsspannungen erforderlich sind. Auch Summierungen sind einfach möglich durch Reihenschaltung der von den einzelnen Sendern gelieferten Spannungen. Die anderen Schaltungen zur Summenbildung, die in dem Abschnitt über Summenmessung behandelt sind, sind wegen der kleinen zur Verfügung stehenden Energie kaum anwendbar. Auch die gleichzeitige Einzelanzeige eines für die Summenbildung verwendeten Summanden ist kaum möglich, es ist vielmehr für diesen Fall die Verwendung eines Geberinstrumentes mit zwei getrennten Generatoren vorgesehen.

Das Verfahren setzt rotierende Geberinstrumente voraus und ist daher für die Messung von allen Größen anwendbar, die mit Zählern erfaßt werden können, wie Leistung, Blindleistung, Spannung, Strom u. dgl. Die Genauigkeit ist, abgesehen von den oben erwähnten Fehlermöglichkeiten an sich gut, sie ist allerdings abhängig von einer richtigen Dimensionierung, bei der der mit der Temperatur veränderliche Widerstand der Fernleitung klein gehalten wird gegenüber einem unveränderlichen Vorwiderstand im Empfangsinstrument.

3. Potentiometerverfahren.

Beim Potentiometerverfahren ist mit dem Geberinstrument ein Spannungsteiler gekuppelt, an dem durch eine Abnehmerbürste eine dem

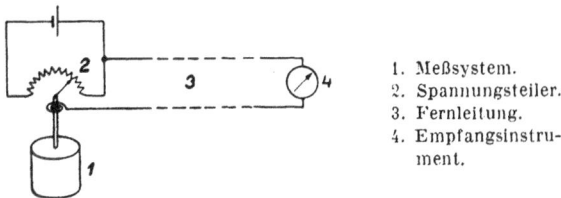

1. Meßsystem.
2. Spannungsteiler.
3. Fernleitung.
4. Empfangsinstrument.

Abb. 3. Potentiometerverfahren.

Zeigerausschlag proportionale Spannung abgegriffen wird*). Da elektrische Geberinstrumente kein sehr großes Drehmoment haben, muß die Konstruktion des Spannungsteilers und der Abgriffbürste entweder außerordentlich fein und sorgfältig durchgebildet werden oder es müssen Hilfskräfte verwendet werden, z. B. ein Fallbügelmechanismus, der den Spannungsteiler periodisch neu einstellt. Damit dabei keine Unterbrechungen des Spannungsabgriffs auftreten, wurde ein Doppelfallbügelgerät**) entwickelt, das mit zwei Abgriffbürsten arbeitet, die abwechselnd auf den Widerstandskörper niedergedrückt werden, so daß immer eine im Eingriff ist. Beide Bürsten sind durch eine schwache Feder miteinander und mit dem Zeiger verbunden, so daß sich der Zeiger des Geber-

---

*) Oder allgemeiner: Es wird im Geber eine mit dem Zeigerausschlag veränderliche Spannung eingestellt, was auch z. B. durch induktive Geber erfolgen kann, bei denen sich mit dem Zeigerausschlag der Wechselinduktionskoeffizient zwischen einer Erregerwicklung und einer Meßwicklung ändert.

**) Vgl. LitV. Schleicher, Siem.-Ztschr. 1927.

gerätes selbst auf einen neuen Wert einstellen kann, wobei allerdings zusätzliche Drehmomente über diese Verbindungsfeder auf ihn ausgeübt werden und er sich bei einer Änderung seiner endgültigen Stellung in einigen Schritten nähert.

Die grundsätzliche Schaltung des Potentiometerverfahrens ist in Abb. 3 gezeigt. Das Verfahren ist an das Vorhandensein einer Hilfsspannungsquelle auf der Geberseite gebunden. Spannungsschwankungen gehen voll in die Messung ein, wenn man nicht unter Zuhilfenahme einer dritten Verbindungsleitung als Empfangsinstrument einen Quotientenmesser verwenden will, wobei dann die Speisung auch von der Empfangsseite erfolgen kann. Zu achten ist besonders auf die Fehler, die entstehen können, wenn die Leitungen zwischen Spannungsquelle und dem Spannungsteiler im Geber Spannungsabfälle durch den Stromverbrauch des Spannungsteilers selbst oder den Verbrauch anderer Apparate aufweisen. Solche Spannungsabfälle sind mit in die Messung einzueichen. Die Summierung von nach dem Potentiometerverfahren übertragenen Werten ist an sich leicht möglich. Bei der Summierung von Werten, die aus verschiedenen Stationen nach der Zentralstelle übertragen werden, ist es sehr unangenehm, daß man dabei die sämtlichen Spannungsquellen in diesen Stationen einpolig miteinander verbinden muß, so daß es im allgemeinen wünschenswert ist, besondere Spannungsquellen für die Fernmessung zu verwenden.

Die Genauigkeit der einzelnen Anzeige hängt im wesentlichen davon ab, inwieweit es gelingt, die Rückwirkung der Reibung auf das Geberinstrument auszuschalten. Auch ist es schwierig, Spannungsteilerwiderstände mit der erforderlich großen Zahl von Stufen bei der gleichzeitigen Notwendigkeit außerordentlich kleiner Abmessungen durchzubilden, so daß sich die einzelnen Stufen nicht mehr störend bemerkbar machen können. Auch ist zu beachten, daß der Widerstand linear geteilt sein muß, wenn man eine lineare Empfängerskala erreichen will. Doch ist dies auch dann noch nicht vollständig zu erreichen, da im Spannungsteilerwiderstand durch den Verbrauch des angeschlossenen Empfangsinstrumentes ein Spannungsabfall auftritt, der in der Mitte des Widerstandes am größten, in den beiden Grenzlagen dagegen Null ist. Dieser Spannungsabfall ist um so größer, je größer der Stromverbrauch des Empfängers im Vergleich zu dem sog. Grundstrom des Spannungsteilers ist, d. h. demjenigen Strom, der durch den Spannungsteiler bei abgehobener Bürste fließen würde.

Für Entfernungen, bei denen die Veränderlichkeit der Leitungswiderstände vernachlässigbar klein ist, also insbesondere für kurze Entfernungen, ist das Verfahren sehr wohl brauchbar und wird vor allem für Meßwerte verwendet, die ein Instrument mit genügend hohem Drehmoment zulassen, also insbesondere zur Fernanzeige von nicht elektrischen Meßwerten.

Bezüglich induktiver Geber bei Wechselstrom gilt das bei den Widerstandsverfahren Gesagte.

4. Widerstandsverfahren.

Das Widerstandsverfahren unterscheidet sich von dem vorher beschriebenen Potentiometerverfahren nur durch die Schaltung. Es wird der Widerstand nicht als Spannungsteiler verwendet, sondern liegt als Widerstand im Zuge der Leitung und ändert damit die im Empfangsinstrument fließende Stromstärke. Das Verfahren gibt also kein lineares Verhalten, da die Stromstärke bei gleicher Spannung umgekehrt proportional dem Widerstandswert ist.

Auch das Widerstandsverfahren wird meist verwendet für die elektrische Anzeige nichtelektrischer Größen*). Als Empfangsinstrument wird ein Quotientenmesser verwendet, um von Spannungsschwankungen unabhängig zu werden. Es müssen dann 3 Leitungen zwischen Sender

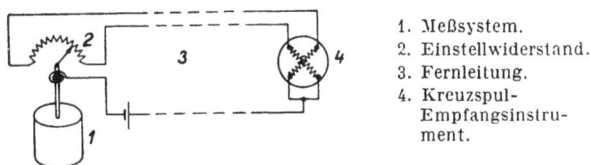

1. Meßsystem.
2. Einstellwiderstand.
3. Fernleitung.
4. Kreuzspul-Empfangsinstrument.

Abb. 4. Widerstandsverfahren.

und Empfänger zur Verfügung stehen, wobei die Schaltung nach Bild 4 den Vorteil hat, daß Kontakt-Übergangswiderstände das Verhältnis der beiden Ströme nicht beeinflussen und außerdem die Wirkung einer Bürstenverschiebung sozusagen verdoppelt wird, indem der Strom in der einen Spule vergrößert, der in der anderen verkleinert wird.

Auch Summationsschaltungen sind für diese Grundschaltung angegeben worden**).

Zur Messung von Werten, die an einem Geberinstrument erfaßt werden, das eine größere Gewichtsbelastung verträgt, hat sich auch die Ausführung des Widerstandes in Form eines sog. Ringrohres eingeführt, in dem durch Quecksilber der in dem abgeschmolzenen Ringrohr***) befindliche Widerstand in Form einer Drahtspirale je nach der Stellung des Rohres mehr oder weniger kurzgeschlossen wird.

Bezüglich der Genauigkeit und der Anwendbarkeit des Verfahrens gilt dasselbe wie für die Potentiometerverfahren.

Es sei noch bemerkt, daß man bei Verwendung von Wechselstrom für die Übertragung statt Ohmscher Widerstände mit Bürstenabgriff

---

*) Ausführungen verschiedener Firmen, z. B. Hartmann & Braun, Frankfurt a. M. Vgl. Anhang.

**) Vgl. LitV. Blamberg, Arch. f. El., Bd. 25.

***) Vgl. LitV. Lohmann und Sieber, Siem.-Ztschr. 1928.

auch induktive Geberapparate verwenden kann, bei denen eine mit der Verschiebung eines Eisenkernes oder mit der Verdrehung eines Drehtransformators veränderliche Wechselspannung induziert wird*). Der Geberapparat hat dann den Vorteil einer sehr robusten Bauart ohne irgendwelche Kontakte, weist aber natürlich ein verhältnismäßig hohes Gewicht auf und ist daher nur für kräftige Instrumente geeignet.

II. Kompensationsverfahren.

Bei der bisher behandelten Gruppe von Intensitätsverfahren erfolgt die Umwandlung der ursprünglichen Meßgröße in das für die Übertragung verwendete Hilfsmaß unmittelbar, ohne daß für den Zusammenhang zwischen Gebergröße und Übertragungsmaß eine andere Vorschrift bestünde als die durch Prinzip und Konstruktion des Geberapparates selbst bedingte. Diese Verfahren sind daher auch nicht in der Lage, irgendwelche Änderungen selbsttätig auszugleichen. Wenn eine solche Anordnung z. B. für einen anderen Leitungswiderstand verwendet werden soll, so ist sie neu zu eichen. Die jetzt zu behandelnden Kompensationsverfahren gleichen dagegen solche Änderungen selbsttätig durch einen Regelvorgang aus, bei dem die Wirkung der ursprünglichen Meßgröße kompensiert wird durch eine gleichgeartete Wirkung der für die Übertragung verwendeten Hilfsgröße. Der Begriff der Kompensation ist dabei im weitesten Sinne zu verstehen und umfaßt alle überhaupt denkbaren Wirkungen. So können beispielsweise für die Kompensation herangezogen werden: Drehmoment, Zeigerausschlag, elektrischer Strom und Spannung, Drehzahl u. dgl.

Bei den Kompensationsverfahren ist daher immer vorhanden: ein Geberinstrument, das eine bestimmte Wirkung hervorruft und ein Kompensationsinstrument, das durch eine gleiche Wirkung die erstere aufhebt. Je nach der Art der für die selbsttätige Regelung verwendeten Wirkung können beide Apparate im Geber konstruktiv vereinigt sein, oder es kann der Kompensationsapparat getrennt davon, beispielsweise an der Empfangsstelle, eingebaut sein.

Die Übereinstimmung zwischen der Wirkung des eigentlichen Geberinstrumentes und der Wirkung des Empfangsinstrumentes wird erzielt durch einen Regelvorgang, der die Hilfsgröße beeinflußt, die auch auf das Kompensationssystem einwirkt. Für diesen Regelvorgang können alle in der Reglertechnik angewandten Verfahren benutzt werden, wie die unmittelbare Regulierung durch Verstellung zwischen dem Geber und dem Kompensationssystem oder eine mittelbare Regelung unter Verwendung eines Hilfsmotors für die Verstellung und schließlich die Schnellregelung unter Verwendung eines dauernd spielenden Kontaktes. Die

---

*) Oder deren Blindwiderstand sich mit der Verschiebung ändert. Vgl. z. B. LitV. Pflier, Siem.-Ztschr. 1927.

Trägheit der Übertragung bei den Kompensationsverfahren hängt im wesentlichen von dem verwendeten Regelverfahren ab; durch falsche Dimensionierung können die auch bei Reglern beobachteten Überregelungen und Pendelungen zustande kommen.

Die Verfahren, bei denen die Kompensation auf der Empfangsseite stattfindet, kann man auch als selbsttätige Nullmethoden bezeichnen, da sie auf den Strom Null in der Übertragungsleitung regulieren.

Die Kompensationsverfahren können unter Zuhilfenahme von Lichtsteuerung, Verwendung von Verstärkerröhren und ähnlichen modernen Hilfsmitteln beliebig empfindlich gemacht werden. Ihre Verwendung setzt sich auch in der allgemeinen Meßtechnik immer mehr durch. So sind Registrierinstrumente bekanntgeworden, die in sich alle Elemente einer automatischen Kompensation enthalten und gestatten, Meßgrößen mit kontinuierlicher Tintenschrift zu registrieren, die an sich nur mit den empfindlichsten Instrumenten gemessen werden können.

1. Kompensationsverfahren mit unmittelbarer Regulierung.

Bei diesen Verfahren wird die Wirkung des Geberinstrumentes unmittelbar durch eine gleiche Wirkung des Kompensationsinstrumentes aufgehoben, wobei die bei Änderung der Meßgröße auftretende Differenzwirkung zur Verstellung des regelnden Teiles benutzt wird. Ein Kennzeichen dieser Verfahren ist, daß die Verstellung mit einer Kraft oder Geschwindigkeit erfolgt, die der auftretenden Differenz selbst proportional ist, so daß es, wenn die Verstellung des regelnden Organes mit Reibung verbunden ist, vorkommen kann, daß die Differenz nicht ganz ausgeregelt wird, sondern in der der Reibung entsprechenden Größe übrigbleibt. Das Verfahren hat also eine gewisse, von der Reibung abhängige Unempfindlichkeit, die sich z. B. so bemerkbar machen kann, daß die Anzeige einunddesselben Wertes nach oben oder unten abweicht, je nachdem, ob dieser Wert bei einer Änderung von oben oder von unten erreicht wird.

Nach diesem Grundprinzip sind an sich sehr viele Lösungen möglich, von denen einige typische Beispiele beschrieben werden.

Abb. 5 zeigt ein derartiges Kompensationsverfahren, das auf der Kompensation der Drehzahlen eines Geberzählers und eines Kompensationszählers beruht. Durch ein Differentialgetriebe werden die beiden Drehzahlen miteinander verglichen und dabei ein Spannungsteiler verstellt, an dem der Stromkreis für den Kompensationszähler und das Empfangsinstrument liegt. Die Stellung des Widerstandes ändert sich nicht, wenn die beiden Drehzahlen einander gleich sind. Bleibt einer der beiden Zähler gegenüber dem anderen zurück, so erfolgt eine Verschiebung des Spannungsabgriffes am Spannungsteiler so lange, bis die Drehzahl des Gleichstromzählers wieder den richtigen Wert angenommen hat. Der Kompensationszähler ist dabei als ein Amperestundenzähler für

Gleichstrom gedacht, bei dem die Drehzahl proportional der Stromstärke ist. Die Stromstärke kann daher als Maß für die ursprüngliche Meßgröße verwendet werden, das Empfangsinstrument wird in Einheiten der ursprünglichen, durch den Ausgangszähler erfaßten Meßgröße geeicht.

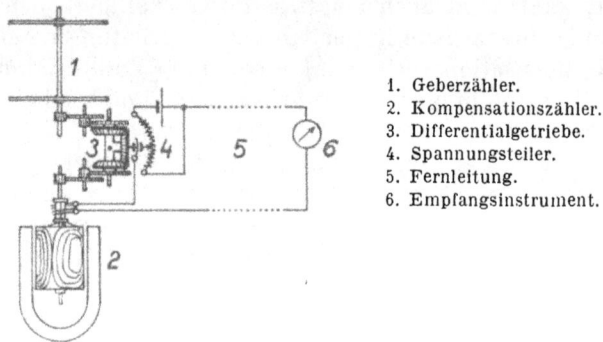

1. Geberzähler.
2. Kompensationszähler.
3. Differentialgetriebe.
4. Spannungsteiler.
5. Fernleitung.
6. Empfangsinstrument.

Abb. 5. Drehzahl-Kompensationsverfahren.

Da die Verhältnisse bei dieser Anordnung sehr übersichtlich sind, seien hier einige Betrachtungen über die grundlegenden Eigenschaften dieser Art von Meßverfahren angeknüpft, sie gelten im wesentlichen für die anderen Kompensationsverfahren ebenfalls. Wir nehmen an, daß sich irgendeine Größe ändert und betrachten, in welcher Weise die Anordnung auf diese Änderung reagiert.

Angenommen, die Drehzahl des Geberzählers sinkt unter den vorher gültigen, über längere Zeit aufrechterhaltenen Wert. Der Amperestundenzähler hatte sich in seiner Drehzahl auf diesen alten Wert einreguliert und läuft nun gegenüber dem neuen Wert zu schnell. Es tritt also in dem Differentialgetriebe eine Differenzdrehzahl auf, durch die der Einstellwiderstand verschoben wird und zwar mit einer Geschwindigkeit, die der jeweils vorhandenen Differenzdrehzahl proportional ist. Würde die im ersten Augenblick der Abweichung auftretende Geschwindigkeit während der ganzen Dauer der Abweichung in gleicher Größe bleiben, so würde eine bestimmte Zeit benötigt werden, um diejenige Verstellung herbeizuführen, die zu der neuen richtigen Drehzahl des Amperestundenzählers gehört. Diese Zeit wird die Zeitkonstante der Anordnung genannt. Da aber im Laufe der Bewegung mit zunehmender Verstellung die Differenzdrehzahl immer kleiner wird, so verkleinert sich auch entsprechend die der Differenzgröße proportionale Verstellgeschwindigkeit.

Die Abweichung wird also nach demselben mathematischen Gesetz herausgeregelt, das beispielsweise als Gesetz der Erwärmungskurve bekannt ist. Die Annäherung an den richtigen Wert erfolgt asymptotisch nach einer Exponentialkurve. Aus der Theorie dieser Kurve ist bekannt, daß die Abweichung in einer Zeit von etwa dem fünffachen Wert der Zeit-konstante bis auf ein praktisch vernachlässigbares Maß verschwunden ist.

Da die Zeitkonstante der Anordnung oder die für eine bestimmte Abweichung geltende Verstellgeschwindigkeit je nach der für die Ver-stellung benutzten Übersetzung verschieden groß gewählt werden kann, hat man es in der Hand, der Anordnung eine beliebige Trägheit zu geben. Bei der Erhöhung der Verstellgeschwindigkeit muß man, außer auf den Umstand, daß man damit die Reibung und die durch die Zähler zu liefernde, auf die Zählerachse bezogene Verstellkraft erhöht, auch auf die Gefahr des Überregelns Rücksicht nehmen. Diese würde dann zu-standekommen, wenn dynamische Massenwirkungen des Zählers eine Rolle spielen, also der Zähler durch den einmal erteilten Schwung we-sentlich über die notwendige Verstellung hinauslaufen würde. Praktisch ist eine derartige Überregulierung nicht zu erwarten, weil man die Ver-stellgeschwindigkeit mit Rücksicht auf die von den Zählern zu leistende Verstellarbeit und die dadurch bedingte Ungenauigkeit wesentlich unter-halb dieser Grenze halten muß.

Wir nehmen ferner an, daß der Ausgangsmeßwert bleibt, sich je-doch die Hilfsspannung ändert. Die Drehzahl des Sendezählers ist die alte, jedoch hat sich die Drehzahl des Kompensationszählers proportional mit der Hilfsspannung geändert, so daß eine Drehzahldifferenz zwischen beiden Zählern auftritt, die zu einer Verstellung des Abgriffes am Span-nungsteiler führt. Als deren Ergebnis stellt sich wieder die richtige ur-sprüngliche Drehzahl des Kompensationszählers ein, wozu allerdings eine geänderte Einstellung des Widerstandes gehört. Der Übergang verläuft in derselben Weise wie vorhin geschildert.

Die Anordnung ist also unabhängig von der Höhe der Hilfsspannung, da Änderungen automatisch herausreguliert werden, allerdings mit einer gewissen Trägheit, so daß eine kleine vorübergehende Beeinträchtigung der richtigen Anzeige auftritt. Langsam vor sich gehende Spannungs-änderungen, wie sie normalerweise auftreten, sind dagegen überhaupt ohne Wirkung.

Eine Änderung des Leitungswiderstandes, die z. B. mit Temperatur-änderungen verbunden sein kann, führt ebenfalls zu einer Änderung der Drehzahl des Kompensationszählers und wird in derselben Weise wie bei der Änderung der Hilfsspannung automatisch herausgeregelt. Die Anordnung ist also auch unabhängig vom Leitungswiderstand, natürlich nur innerhalb gewisser Grenzen. Wenn der Übertragungswiderstand zu hoch wird, kann der zur Übertragung des maximalen Wertes nötige Strom bei der zur Verfügung stehenden Hilfsspannung nicht mehr er-reicht werden.

Nach der gezeichneten Schaltung arbeitet die Einrichtung mit ein-geprägtem Strom, d. h. der in der Fernleitung und im Kompensations-system fließende Strom wird automatisch proportional der ursprünglichen Meßgröße eingeregelt. Durch eine kleine Änderung der Schaltung ließe sich leicht erreichen, daß die an der Fernleitung liegende Spannung der Meßgröße proportional ist, daß also die Schaltung mit eingeprägter Spannung arbeitet. Welche der beiden Schaltungen vorteilhafter ist, hängt von den Umständen ab. Im allgemeinen ist es zweckmäßig, mit eingeprägtem Strom zu arbeiten, da dann Änderungen des Leitungswiderstandes unwirksam gemacht werden.

Abb. 6 zeigt eine andere Ausführung eines trägen Kompensationsverfahrens, bei der die Art des Vergleichs der Drehmomente durch Lichtstrahlen und Photozellen zusammen mit einer Verstärkung der Ströme für ein reibungsfreies Arbeiten der Vergleichsvorrichtung sorgt, so daß

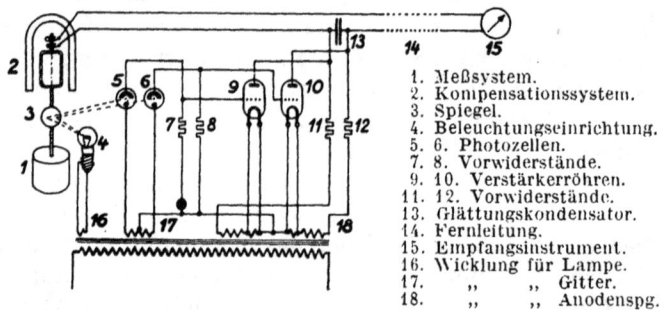

1. Meßsystem.
2. Kompensationssystem.
3. Spiegel.
4. Beleuchtungseinrichtung.
5. 6. Photozellen.
7. 8. Vorwiderstände.
9. 10. Verstärkerröhren.
11. 12. Vorwiderstände.
13. Glättungskondensator.
14. Fernleitung.
15. Empfangsinstrument.
16. Wicklung für Lampe.
17. „ „ Gitter.
18. „ „ Anodenspg.

Abb. 6. Kompensations-Verfahren mit Photozellen.

als Geberinstrument Instrumente mit sehr kleinem Drehmoment verwendet werden können, insbesondere bei einer Abart des Verfahrens, bei der die Zeigerausschläge mit Hilfe von besonders geformten Spiegeln unter Wegfall der mechanischen Kupplung zwischen Geberinstrument und Vergleichsinstrument verglichen werden.

Bei der gezeichneten Schaltung ist die Gleichgewichtslage des gekuppelten Meßsystems dadurch bestimmt, daß die Drehmomente des eigentlichen Geberinstrumentes und des vom verstärkten Strom durchflossenen Kompensationsinstrumentes gleich sind. In dieser Gleichgewichtslage werden die von der Beleuchtungslampe ausgehenden und vom auf der Achse der beiden Systeme befindlichen Spiegel reflektierten Lichtstrahlen so auf die beiden Photozellen verteilt, daß die auf dem Wege über die Gitterspannung der Verstärkerröhren gesteuerten Anodenströme der beiden Röhren einen das Gleichgewicht herstellenden Differenzstrom in dem Kompensationskreis ergeben. Ändert sich die Meßgröße, so ändert sich das Drehmoment des eigentlichen Meßsystems, die Achse mit dem Spiegel wird gedreht und damit wird die Beleuchtung der einen Photozelle verstärkt, während die der anderen geschwächt wird, mit ihr die Anodenströme der beiden Verstärkerröhren, das kompensierende Drehmoment wird dem Drehmoment des Ausgangsinstrumentes angepaßt.

Die Photozellen und Verstärkerröhren arbeiten vollständig verzögerungsfrei, so daß die einzige Trägheit im gekuppelten Meßsytsem liegt. Ist dieses gerade so stark gedämpft, daß es sich aperiodisch einstellt, so sind Überregelungen vermieden und die Trägheit der ganzen Übertragung ist sehr weitgehend der geringsten überhaupt erreichbaren angenähert. Der von der Kompensationsvorrichtung abgegebene Gleichstrom entspricht dem Meßwert mit derjenigen Verzögerung, mit der sich ein Meßinstrument einstellt. Das Empfangsinstrument kann natürlich diesem geänderten Strom auch nur nach Maßgabe seiner eigenen Trägheit folgen, so daß also die gesamte Trägheit sozusagen derjenigen zweier in Reihe geschalteten Instrumententrägheiten entspricht.

Irgendwelche Änderungen, z. B. der Höhe der Hilfsspannung, des Leitungswiderstandes, der Eigenschaften der Photozellen oder der Verstärkerröhren werden automatisch herausgeregelt und sind daher ohne Einfluß auf die Anzeige. Wie bei dem vorhergehenden Verfahren kann statt mit eingeprägtem Strom auch mit eingeprägter Spannung gearbeitet werden.

Je nach der Dimensionierung des Strahlenganges für die Lichtstrahlen, der Form der verwendeten Spiegel usw. gelingt es, die für die Regelung selbst erforderliche Drehung des Systemes beliebig klein zu halten, doch ist auch dann noch immer ein vollständig stetiger Übergang vorhanden. Innerhalb dieses, wenn auch sehr kleinen Weges entspricht einer jeden Drehung eine zugeordnete Änderung des Kompensationsstromes und damit eine bestimmte Differenz im Einstelldrehmoment. Das Verfahren hat also trotz der angewendeten Verstärkung die Eigenschaften einer unmittelbar wirkenden Regelung ohne Hilfsmotor und unterscheidet sich daher auch von einer Schnellregelung, die natürlich mit Lichtsteuerung ebenfalls möglich wäre.

Durch die schon erwähnte optische Kupplung der beiden Meßsysteme, bei der durch passend geformte Spiegel der Zeigerausschlag des Ursprungsinstrumentes mit dem des Kompensationsinstrumentes verglichen wird, wobei die zur Aussteuerung erforderliche Winkelabweichung genügend klein gehalten werden muß, gelingt es, eine Konstruktion zu erreichen, bei der der Ausschlag des Kompensationsinstrumentes mit genügender Übereinstimmung den Ausschlag des eigentlichen Geberinstrumentes wiedergibt, ohne daß dieses irgendeine mechanische Belastung erfährt. Es ergibt sich so ein Kompensationsschreiber außerordentlicher Empfindlichkeit*), d. h. ein Instrument, das ein sehr empfindliches Meßsystem enthält und dabei über das Kompensationssystem genügend Drehmoment für die Registrierung in Tintenschrift entwickelt. Ein solches Instrument kann mit einer kleinen Änderung der Schaltung auch gleichzeitig als Geberinstrument für die Fernübertragung**) verwendet werden.

---

*) Vgl. LitV. La Pièrre, Journ. A. I. E. E. 1932.
**) Vgl. LitV. Johnston, El. World 1932.

Natürlich sind auch noch andere Ausführungsarten mit anderen
Kupplungen denkbar, z. B. über Drehkondensatoren, mit denen Schwin-
gungskreise auf bestimmte Frequenzen abgestimmt werden*). Man
kann derartige Verfahren als Kompensationsverfahren mit unmittelbarer
Regelung über Verstärker bezeichnen.

2. Kompensationsverfahren mit mittelbarer Regelung durch Hilfsmotor.

Im Gegensatz zu der eben beschriebenen Gruppe von Verfahren, bei
der die Verstellung unmittelbar aus dem Zusammenwirken des eigentlichen Meßinstrumentes mit dem Kompensationsinstrument erfolgt, ist
bei der nun zu behandelnden Gruppe ein besonderer Einstellmechanismus
vorhanden, der durch einen von dem Meßsystem gesteuerten Verstellmotor eingestellt wird**). Das Geberinstrument ist dabei mit dem
Kompensationsinstrument zusammengebaut, beide steuern über Kon-

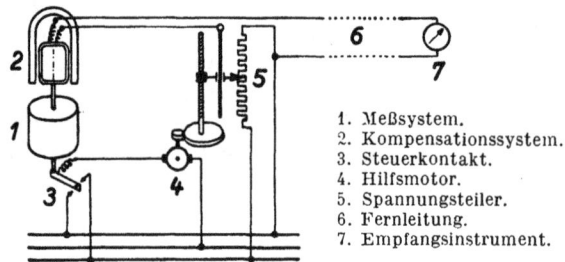

1. Meßsystem.
2. Kompensationssystem.
3. Steuerkontakt.
4. Hilfsmotor.
5. Spannungsteiler.
6. Fernleitung.
7. Empfangsinstrument.

Abb. 7. Kompensations-Verfahren mit Hilfsmotor.

takte, die auch durch körperlose Anordnungen, also beispielsweise Lichtstrahlen, ersetzt sein können, den Verstellmotor im einen oder im anderen
Sinne. Der Verstellmotor läuft dann im einfachsten Falle mit einer
konstanten Geschwindigkeit, so lange der Kontaktschluß andauert.

Abb. 7 zeigt eine derartige Anordnung. Das die ursprüngliche Meßgröße erfassende Meßsystem ist mit dem Kompensationssystem auf einer
Achse zusammengebaut, mit der ein Kontaktarm verbunden ist, der mit
zwei Gegenkontakten Stromschluß herbeiführen kann. Ist der von dem
Kompensationssystem und damit auch vom Empfangsinstrument an-

---

*) Solche Geberinstrumente können auch für die Übertragung nach dem sog.
Frequenzänderungsverfahren benützt werden, wobei z. B. durch ein Schwebungs-
verfahren eine dem Zeigerausschlag entsprechende Frequenz erzeugt wird, die für
die Fernübertragung verwendet wird. Der apparative Aufwand ist verhältnismäßig
groß, insbesondere auch für den Empfang und die Anzeige der Frequenz. Dies ist
wohl auch der Grund, warum dieses Verfahren, obwohl es das einzige von den Leitungseigenschaften weitgehend unabhängige Wechselstromverfahren ist, verhältnismäßig wenig eingeführt ist.

**) Ausführungen verschiedener Firmen, z. B. Hartmann & Braun, Frankfurt a.M.
Vgl. LitV. Palm, E. u. M. 1928. — Berkowitz, Elektro-Journal 1928.

gezeigte Wert zu klein, so sind die beiden Instrumente nicht im Gleichgewicht, es wird der Kontakt auf der einen Seite geschlossen und der
Verstellmotor im Sinne einer Höherregelung eingeschaltet. Der Verstellmotor ändert dann den Verstellwiderstand so lange, bis wieder Gleichgewicht vorhanden ist und der Kontaktschluß aufhört. Da dies immer
mit einer gewissen Trägheit geschieht, so erfolgt die Verstellung weiter
als sie eigentlich notwendig wäre, d. h. der Kontaktarm dreht sich etwas
von dem Gegenkontakt zurück. Damit bei dieser Gelegenheit nicht schon
auf der Gegenseite Kontakt gemacht wird, müssen die beiden festen
Kontakte mit einer um so größeren Toleranz eingestellt werden, je höher
die Verstellgeschwindigkeit gewählt wird, bzw. je größer im Verhältnis
dazu die Trägheit der Anordnung ist. Will man also mit einer nicht zu
großen Toleranz und damit einem nicht zu großen Einstellfehler arbeiten,
so darf die Verstellgeschwindigkeit nicht über ein bestimmtes Maß hinaus
gesteigert werden.

Die Verfahren dieser Gruppe lassen sich natürlich unter vielen Abänderungen konstruktiv anders ausbilden, sie arbeiten im allgemeinen
mit besonderen Zwischenrelais zur Steuerung des Verstellmotors.

3. Kompensationsverfahren mit Kompensation auf der Empfangsseite.

Eine besondere Art von Kompensationsverfahren sind die Verfahren
mit Kompensation auf der Empfangsseite*). Bei ihnen arbeitet die
Regelung so, daß die Übertragungsleitung einen möglichst kleinen Strom,
möglichst den Strom Null, führt. Diese Verfahren haben sich besonders
für die Übertragung mit Wechselstrom eingeführt, wenn erhebliche Drehmomente für die Einstellung des Geberinstrumentes zur Verfügung stehen.

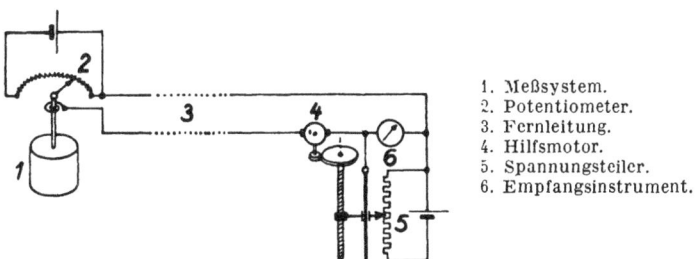

1. Meßsystem.
2. Potentiometer.
3. Fernleitung.
4. Hilfsmotor.
5. Spannungsteiler.
6. Empfangsinstrument.

Abb. 8. Kompensation auf der Empfangsseite.

Abb. 8 zeigt ein solches selbsttätiges Nullverfahren im Anschluß
an das früher behandelte Potentiometerverfahren. Der Geber ist mit
dem dort behandelten Geberinstrument identisch und stellt einen Spannungsteiler entsprechend seinem Ausschlag ein. An diesem wird eine

---

*) Vgl. z. B. LitV. Campos u. Usigli, L'El. 1923.

Spannung abgegriffen, die durch eine gleich große Spannung auf der Empfangsseite kompensiert wird. Diese wird ebenfalls an einem Widerstand abgegriffen, der von dem Verstellmotor in der Bauart eines Amperestundenzählers verstellt wird. Der vom Ausgleichsstrom durchflossene, außerordentlich empfindliche Verstellmotor läuft dabei immer in demjenigen Drehsinn, der die Spannung auf der Empfangsseite der Spannung auf der Geberseite gleich, den Ausgleichsstrom auf der Leitung und damit im Verstellmotor also zu Null macht.

Das Verfahren hat damit die Eigenschaft des früher behandelten Kompensationsverfahrens, bei dem die Verstellung mit einer Geschwindigkeit proportional der Abweichung erfolgt. Die Regelung hat eine bestimmte Empfindlichkeit, die durch den Reststrom gegeben ist, bei dem der Amperestundenzähler nicht mehr läuft.

Das Bemerkenswerte an dieser Anordnung ist, daß man den Abgriff der Spannung auf der Empfangsseite beliebig belasten kann und daß die durch die veränderliche Belastung hervorgerufenen Spannungsabfälle durch die Apparatur selbsttätig herausgeregelt werden. Tritt nämlich infolge einer zusätzlichen Belastung im Spannungsteiler ein Spannungsabfall auf, so fließt daraufhin durch den Verstellmotor über die Fernleitung wieder ein Ausgleichstrom, der den Verstellmotor zum Laufen bringt und wieder zu Null gemacht wird, wobei dann die frühere richtige Spannung wieder erreicht wird. Diese Eigenschaft ist besonders wertvoll für Summenschaltungen, wie später noch gezeigt wird.

In der gezeichneten Schaltung erfolgt die Verstellung mit einer Geschwindigkeit, die der Größe der Abweichung proportional ist. Es ist natürlich ebensowohl möglich, eine Anordnung so zu treffen, daß ein durch ein Relais gesteuerter Hilfsmotor die Verstellung bewirkt. Derartige Anordnungen haben eine von dem im Zuge der Leitung liegenden Nullstromrelais abhängige Empfindlichkeit. Ihre Eigenschaften sind ähnlich wie die der früher behandelten Kompensationsverfahren mit Hilfsmotor. Im einfachsten Falle arbeitet die Regulierung mit einer von der Größe der Abweichung unabhängigen Verstellgeschwindigkeit.

Besonders interessant sind die automatischen Nullverfahren dieser Art mit induktiven Wechselstromgebern und Empfängern. Bei ihnen ergibt sich eine Kompensation einfach dadurch, daß sich das Empfangsinstrument selbst automatisch auf den Ausgleichsstrom Null in der Fernleitung einstellt, ohne daß eine besondere Verstelleinrichtung notwendig wäre. Geber- und Empfängerteile sind dabei vollständig gleich. Es sind mehrphasige und einphasige Ausführungen dieser Art angegeben worden.

Mehrphasige Induktionssysteme*) werden sehr häufig für Stellungsübertragungen verwendet, wenn genügend Drehmoment zur Verfügung

---

*) Ausführungen verschiedener Firmen, z. B. Gen. El. Co. Amerika. Vgl. LitV. Holder, Gen. El. Rev. 1930 (»Selsyn«).

steht. Das Prinzip ihrer Schaltung ist in Abb. 9 gezeigt. Geber und Empfänger sind dabei in der Art von Induktionsmotoren gebaut, sie werden im Ständer oder im Läufer mit einem einphasigen Strom erregt, der auf beiden Seiten synchron und phasengleich sein muß. Es bilden sich dann in den drei Phasenwicklungen des anderen Teiles drei Wechselspannungen aus, die je nach der Stellung des beweglichen Teiles verschieden groß sind. Der Empfänger stellt sich so ein, daß die Spannungen beim Empfänger den Spannungen am Geber gleich werden. Dies ist bei Übereinstimmung der Winkelstellung der beiden Instrumente der Fall. Ist diese Übereinstimmung nicht vorhanden, so werden die Spannungen verschieden, es fließen in den drei Verbindungsleitungen Ausgleichsströme die so gerichtet sind, daß sie mit dem Erregerfeld zusammen ein Drehmoment hervorrufen, das bei Gebern und Empfängern umgekehrt wirkt

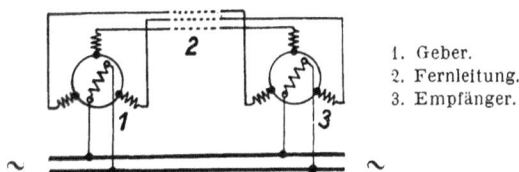

1. Geber.
2. Fernleitung.
3. Empfänger.

Abb. 9. Mehrphasiges induktives Kompensationsverfahren.

und die Übereinstimmung der beiden Stellungen erzwingen will. Da der Geber mechanisch festgehalten ist, stellt sich der freibewegliche richtkraftlose Empfänger auf die richtige Lage ein. Im Gleichgewichtszustand wirkt also weder auf Geber noch Empfänger irgendein Drehmoment, das Drehmoment kommt vielmehr nur bei einer gegenseitigen Verdrehung zustande.

Eine etwa vorhandene Reibung wirkt sich also so aus, daß nicht restlos die Übereinstimmung herbeigeführt wird, sondern ein kleiner, nicht ausgeglichener Rest übrigbleibt, bei dem das Verstelldrehmoment der Größe des Reibungsmomentes entspricht. Bei irgendeiner Änderung der Geberlage folgt der Empfänger nach bis auf die durch die Reibung verursachte Differenz, die Reibungsarbeit während der Verstellung muß durch das Geberinstrument aufgebracht werden.

Die beschriebene mehrphasige Ausführung hat den Vorteil, daß ein Winkelweg von 360° für die Verdrehung ausgenutzt werden kann und den Nachteil, daß außer den zwei Leitungen für die Erregung, die für mehrere Übertragungen gemeinsam sein können, für jede Übertragung 3 Leitungen benötigt werden.

Verzichtet man auf den großen Winkelweg, so kommt man mit einer einphasigen Ausführung aus und erhält die Schaltung nach Abb. 10, die für die Fernübertragung von elektrischen Meßwerten durchgebildet worden ist*). Die Geber und Empfänger sind dabei in der Bauart ferro-dynamischer Instrumente vorgesehen. Das Gebersystem wird mit dem Meßsystem zur Erfassung der ursprünglichen Meßgröße mechanisch ge-kuppelt, während das Empfangssystem ohne Rückstellfeder ausgeführt wird und sich frei nach der Lage des Gebers einstellen kann.

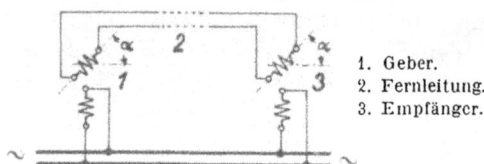

1. Geber.
2. Fernleitung.
3. Empfänger.

Abb. 10. Einphasiges induktives Kompensationsverfahren.

Die Verfahren haben den Vorteil, daß auf der Verbindungsleitung kein Strom fließt, irgendwelche Widerstandsänderungen der Leitung daher nur die Empfindlichkeit der Einstellung beeinträchtigen, nicht aber Meßfehler erzeugen, wie sie bei Verfahren mit dauerndem Energie-verbrauch auf der Empfangsseite vorkommen können. Gefährlich sind dagegen auf der Leitung auftretende Störspannungen.

4. Kompensationsverfahren mit Schnellregelung.

Die Verfahren dieser Art sind dadurch bemerkenswert, daß bei ihnen der stetige Übergang für die Einstellung des einzuregelnden Wertes und auch ein durch Hilfsmotor betätigter Einstellmechanismus überhaupt fehlen, die Einstellung vielmehr durch dauerndes Über- und Unterregeln unter Zuhilfenahme der Trägheit des Stromkreises geschieht. Abb. 11 zeigt das schematische Schaltbild einer solchen Einrichtung**). Mit dem Geberinstrument gekuppelt ist über eine Feder das Kompensations-instrument in der Ausführung eines polarisierten Relais. Die Kupplungs-feder nimmt den wesentlichen Teil des Drehmomentes auf, während die Stromzuführungsfedern zu der beweglichen Spule des Meßsystems mög-lichst richtkraftlos ausgeführt sind. Das Drehmoment wirkt in dem Sinne, daß der Kontakt des polarisierten Relais geschlossen wird. Es schließt sich damit ein Stromkreis über diesen Kontakt, die Wicklung des polari-sierten Relais, die Fernleitung, das Empfangsinstrument und als einen wesentlichen Bestandteil die Drosselspule hoher Induktivität. Die Drossel-spule verhindert, daß sich der durch Hilfsspannung und Gesamtwider-stand des Kreises definierte Beharrungsstrom sehr schnell ausbildet, er steigt vielmehr nach der in Abb. 12 dargestellten Einschaltkurve an. Proportional damit steigt auch das Drehmoment des polarisierten Relais, bei dem wie bei einem Drehspulinstrument das Drehmoment dem durch

---

*) Ausführung Trueb-Taeuber & Co., Schweiz. Vgl. LitV. Taeuber-Gretler und Imhof, versch. Aufsätze.

**) Ausführung Allg. El. Ges. Berlin. Vgl. LitV. Brückel, AEG-Mitt. 1930.

die Spule fließenden Strom proportional ist. Bei einem bestimmten Stromwert überwiegt dieses entgegengerichtete Drehmoment und öffnet

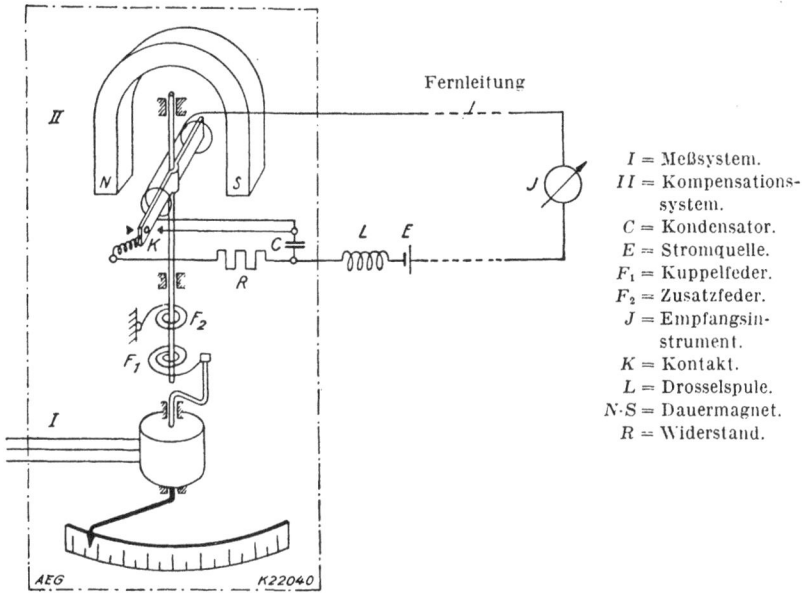

Abb. 11. Kompensationsverfahren mit Schnellregelung.

I = Meßsystem.
II = Kompensationssystem.
C = Kondensator.
E = Stromquelle.
F₁ = Kuppelfeder.
F₂ = Zusatzfeder.
J = Empfangsinstrument.
K = Kontakt.
L = Drosselspule.
N·S = Dauermagnet.
R = Widerstand.

den Kontakt wieder. Der Strom wird dadurch nicht sofort unterbrochen, sondern schließt sich über den dem Kontakt parallel geschalteten Kon-

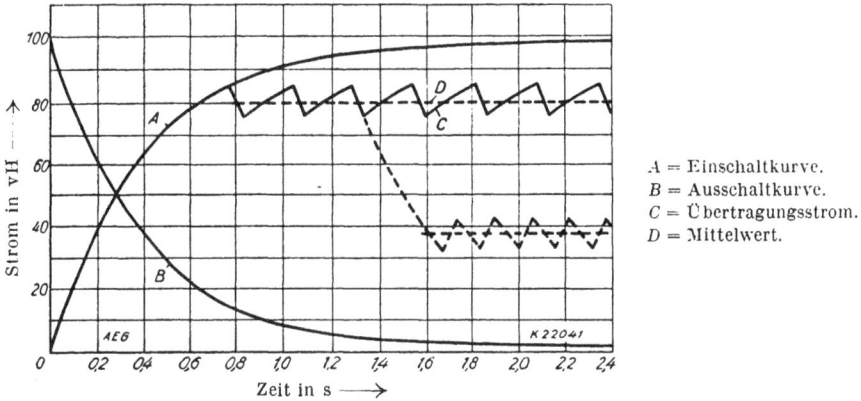

Abb. 12. Stromverlauf beim Kompensationsverfahren mit Schnellregelung.

A = Einschaltkurve.
B = Ausschaltkurve.
C = Übertragungsstrom.
D = Mittelwert.

densator, der infolgedessen aufgeladen wird, wobei der Strom im äußeren Schließungskreise etwa nach der in Abb. 12 dargestellten Ausschaltkurve abfällt. Gleichzeitig sinkt das Drehmoment des Relais mit, so daß bei einem bestimmten Punkt das über die Feder übertragene Drehmoment wieder überwiegt und der Kontakt schließt. Es steigt sodann der Strom wieder an und das beschriebene Spiel wiederholt sich dauernd.

Der Strom pendelt also um einen Mittelwert, der dasselbe Drehmoment erzeugt, wie es auf den Anker des polarisierten Relais über die Kupplungsfedern übertragen wird. Die Größe der Über- bzw. Unterschreitung des Mittelwertes ist dabei von der Einstellung des polarisierten Relais abhängig. Das polarisierte Relais hat, wie jedes Relais dieser Art, die Eigenschaft, daß die Gleichgewichtslage des Ankers in der Mitte labil ist, so daß es entweder auf dem Kontakt oder auf dem Anschlag liegenzubleiben sucht und sich dem Umlegen mit einem Moment widersetzt, das von der Größe des Ausschlagswinkels abhängt. Damit das Relais auch tatsächlich sauber umlegt, ist noch eine Hilfswicklung auf dem Relais angebracht, die von dem Strom durchflossen wird, den der Kondensator aufnimmt und eine Zusatzkraft auf den Anker ausübt, die das Öffnen des Kontaktes beschleunigt, sowie er überhaupt einmal unterbrochen hat. Durch diese Zusatzkraft wird er über die labile Mittellage hinweggebracht und bis auf den Anschlag umgelegt. Die Frequenz des Kontaktspieles, die nach dem Gesagten von dem Kontaktabstand, daneben aber auch von der Neigung der Aus- bzw. Einschaltkurve abhängt, beträgt im Mittel 3—5 pro Sekunde. Sie ist in der Mitte des Bereiches, wo beide Kurven verhältnismäßig steil verlaufen, am größten. Die Über- bzw. Unterschreitung des Mittelwertes beträgt dabei etwa 5—10% des größten Stromwertes.

Das Empfangsinstrument in der Bauart eines normalen Drehspulsystems zeigt den Mittelwert des Stromes an, der im Kompensationsrelais dasselbe Drehmoment erzeugt wie das eigentliche Geberinstrument für die ursprünglich zu messende Meßgröße, das je nach der Art des Meßsystems der einfachen Meßgröße oder deren Quadrat proportional ist. Das Empfangsinstrument kann daher in den Einheiten der ursprünglichen Meßgröße geeicht werden und braucht wegen der in der Frequenz ziemlich hohen, in der Amplitude kleinen Pulsation nicht besonders stark gedämpft zu sein.

Natürlich kann der Übertragungsstrom nicht ausgenutzt werden zwischen 0 und 100% des Beharrungsstromes, der sich bei dauernd geschlossenem Kontakt einstellen würde, sondern liegt zwischen 15 und 75% dieses Grenzstromes. Die normale Hilfsspannung ist 24 Volt, der Normalstrom 1,5—6,5 mA. Die Hilfsstromquelle kann dabei auf der Geber- oder auf der Empfangsseite liegen. Bei dieser Dimensionierung kann ein Leitungswiderstand von etwa 1000 Ohm überbrückt werden, bei höheren Widerständen kann die Betriebsspannung erhöht werden. Es sind damit Entfernungen zu überwinden, wie sie praktisch überhaupt bei durchgeschalteten, mit Gleichstrom zu betreibenden Leitungen auftreten. Durch eine andere Dimensionierung des polarisierten Relais könnte der Stromverbrauch herabgesetzt und damit die maximale Entfernung noch weiter gesteigert werden.

Da auch der Meßwert Null mit einem Strom endlicher Größe übertragen wird, um die Über- und Untersteuerung des Stromes auch in diesem Falle zu ermöglichen, wird auf die Achse des polarisierten Relais durch eine Zusatzfeder ein Drehmoment übertragen, das dem Nullstrom entspricht. Dieses Zusatzmoment und damit der Nullstrom kann nachgestellt werden. Durch Betätigung eines magnetischen Nebenschlusses kann auch der Proportionalitätsfaktor zwischen Drehmoment und eingeregeltem Strom in gewissen Grenzen geändert werden. Die Übertragung des Wertes Null durch einen Strom endlicher Größe hat den Vorteil, daß man am Empfangsinstrument das Fehlen der Hilfsspannung oder einen Leitungsbruch einfach dadurch erkennen kann, daß der Zeiger des Empfangsinstrumentes links vom Nullwert steht. Die erwähnte Zusatzfeder erlaubt bei einer entsprechenden Bemessung auch den Nullpunkt z. B. in die Mitte der Empfängerskala zu verlegen. Das eingestellte Drehmoment muß dann nur so groß sein, daß es der Mitte des Bereiches entspricht. Das Drehmoment des Meßsystems addiert sich bei positiven Werten und subtrahiert sich bei negativen Werten.

Die Übertragung der Meßgröße erfolgt durch eingeprägten Strom, d. h. der in der Fernleitung fließende Strom ist ohne Rücksicht auf den Leitungswiderstand, die Höhe der Hilfsspannung usw. ausschließlich von der ursprünglichen Meßgröße abhängig. Das Verfahren ist in der Übertragung nur mit der sehr geringen elektrischen Trägheit des Stromkreises behaftet, wozu noch die Trägheit des Geber- und des Empfangsinstrumentes kommt, es arbeitet also sehr rasch. Bei einer Änderung der Meßgröße wird das Drehmoment geändert, das auf die Achse des polarisierten Relais einwirkt. Damit setzt das regelmäßige Arbeiten des Kontaktes so lange aus, bis der Strom auf den neuen Wert entweder angestiegen oder abgefallen ist, worauf das regelmäßige Arbeiten in der neuen Einstellung ohne jede Überregelung sich anschließt.

Da das Geberinstrument selbst seinen Ausschlag beibehält, kann es auch für die Anzeige und besonders vorteilhaft für die Registrierung der ursprünglichen Meßgröße, benutzt werden. Das Drehmoment der zu verwendenden Meßsysteme liegt sowieso in der Größenordnung der Systeme für registrierende Instrumente. Der Fehler, der durch die Verschiebung der Nullage zwischen ruhendem und arbeitendem Fernmeßsystem entsteht, ist so klein, daß er vernachlässigt werden kann. Die Verschiebung kommt dadurch zustande, daß bei abgeschalteter Fernmessung der Kontakt dauernd geschlossen ist, während bei arbeitendem Fernmeßsystem die Mittellage definiert ist als Mittellage zwischen Kontakt und Anschlag des polarisierten Relais.

Die Beanspruchung des Kontaktes bei der beschriebenen Einrichtung ist trotz der hohen Kontaktzahl außerordentlich klein, so daß die

Lebensdauer beinahe unbegrenzt ist. Funken treten am Kontakt überhaupt nicht auf, da ja der Strom nicht eingeschaltet und unterbrochen wird, sondern nur der Anstieg bzw. Abfall des Stromes gesteuert wird. Der dem Kontakt parallelliegende Kondensator hat die Wirkung, den im Augenblick der Kontaktöffnung noch über den Kontakt fließenden Strom vollständig aufzunehmen, so daß kein Spannungssprung am Kontakt entsteht.

Verfahren dieser Art sind an sich noch in vielen anderen Ausführungsformen denkbar. Auch Kompensationseinrichtungen auf der Empfangsseite mit Schnellregelung, d. h. mit Über- und Untersteuerung im dauerndem Spiel, sind möglich.

c) Impulsverfahren.

Während die bisher behandelten Intensitätsverfahren der allgemeinen Meßtechnik noch sehr nahe stehen, entfernen sich die Impulsverfahren mehr davon und nähern sich der Nachrichtentechnik*). Bei den Impulsverfahren besteht die für die Übertragung selbst verwendete Hilfsgröße in irgendeinem Zeitmaß des Stromschlusses, so daß allein durch den Wechsel zwischen Stromschluß und Stromunterbrechung die Übertragung der Meßgröße erfolgt, während die in der Leitung fließende Stromart und deren Intensität vollständig belanglos sind, sofern nur der sichere Empfang der Stromzeichen verbürgt ist. Es sind daher für die Übertragung alle Verfahren möglich, die die Telegraphentechnik zur Übermittlung ihrer Signale ausgebildet hat.

Die einzelnen Impulsverfahren unterscheiden sich darin, daß ein verschiedenes Maß für die Zuordnung der Meßgröße verwendet wird. Als Übertragungsmaß kommen in Betracht: die Dauer des Impulses oder der zeitliche Abstand zwischen zwei Impulsen, die Zahl gleichartiger oder auch in Gruppen unterteilter Impulse und schließlich die Zahl der Impulse in der Zeiteinheit, d. h. die Impulshäufigkeit oder Impulsfrequenz.

I. Impulszeitverfahren.

Beim Impulszeitverfahren**) ist die Aufgabe zu erfüllen, eine Abtastung des Zeigerausschlages herbeizuführen, um einen Impuls proportionaler Zeitdauer zu erhalten und am Empfangsort diesen Impuls wieder in einen Zeigerausschlag umzuwandeln. Für diese Aufgabe sind, entsprechend ihrer Eigenart, vor allem mechanische Lösungen gefun-

---

*) Als zwischen Intensitätsverfahren und Impulsverfahren stehend kann man das schon erwähnte Frequenzänderungsverfahren bezeichnen, bei dem eine der Meßgröße zugeordnete Wechselstromfrequenz übertragen wird.

**) Ausführungen Allg. El. Ges. Berlin. Vgl. LitV. Brückel, AEG-Mitt. 1930. — Deutsche Telephonwerke und Kabelindustrie. Berlin. Vgl. LitV. Wilde, El. Wirtsch. 1928.

den worden, doch sind für die Empfangsseite auch elektrische Verfahren vorgeschlagen worden, besonders, um die weitergehenden Aufgaben der Summierung zu erfüllen. Das Prinzip der Übertragung setzt ein absatzweises Arbeiten voraus, kann also die Meßgröße nur in Form von dauernd wiederholten Stichproben übermitteln, nicht aber über den Verlauf zwischen zwei Übertragungsvorgängen Auskunft geben. Die gesamte für eine einwandfreie Übertragung nötige Zeitdauer von Impuls und Pause zusammen ist stark verkürzt worden bis in die Größenordnung von 1 Sekunde, so daß eine derartige Übertragung einen Empfang der Meßgröße ergibt, der sich von einer direkten Messung kaum noch unterscheidet, jedoch ist auch diese kurze Zeitdauer für manche Zwecke, wie z. B. Regulierung bei sehr raschen Änderungen noch nicht besonders gut geeignet. Man kann daher die Forderung nach derartigen kurzen Übertragungszeiten im allgemeinen als übertrieben bezeichnen, besonders, wenn man bedenkt, daß sie mit einer außerordentlichen Beanspruchung aller Konstruktionsteile verbunden ist.

Gerade die absatzweise erfolgende Übertragung hat aber andererseits den Vorteil, daß sie eine außerordentlich einfache Art der Mehrfachübertragung zuläßt, bei der die einzelnen Meßgrößen in Form von nacheinander übertragenen Impulsen über einfache Verteiler auf der Sende- und auf der Empfangsseite den zugehörigen Empfängern zugeführt werden, die dann während der Übertragungspause vermöge ihrer Wirkungsweise den letzten Meßwert bis zum Eintreffen eines neuen Meßwertes beibehalten.

1. Geberinstrumente.

Die Abtastung des Geberinstrumentes hat durch eine Einrichtung zu erfolgen, die mit konstanter Geschwindigkeit arbeitet, wozu meist ein Synchronmotor verwendet wird, doch sind in einzelnen Fällen auch Uhrwerke in Anwendung gekommen. Die Abhängigkeit von der Netzfrequenz, die sich bei Synchronmotoren ergibt, kann leicht in Kauf genommen werden, denn meist ist am Sende- und Empfangsort sowieso dieselbe Frequenz vorhanden, sodaß die Abhängigkeit ganz herausfällt, aber auch wenn das nicht der Fall sein sollte, können dadurch kaum größere Fehler entstehen, da die Frequenz diejenige Größe im Kraftwerksbetrieb ist, die am genauesten konstant gehalten wird.

Die Abtastung des Geberinstrumentes liefert meist noch nicht einen Impuls bestimmter Zeitdauer, sondern zwei einzelne Impulse, die der Nullstellung und der Zeigerstellung zugeordnet sind und in einem zeitlichen Abstand voneinander stehen, der dem Ausschlag proportional ist. Durch einfache Relaisschaltungen können diese Impulse umgesetzt werden in einen einzigen Impuls entsprechend der Zeitdauer, sie können aber auch getrennt übertragen und getrennt den Empfangsinstrumenten zugeführt werden.

Eine Konstruktion, bei der die Abtastung auf mechanischem Wege unter Verwendung eines umlaufenden Abtastarmes erfolgt, ist in Abb. 13 dargestellt. Vor das eigentliche Geberinstrument ist der von einem Synchronmotor angetriebene Abtastmechanismus gesetzt. Der rotierende Arm trägt ein Gummirad, mit dem er über die Skala läuft und dabei den Instrumentenzeiger auf diese niederdrückt, wodurch ein Kontakt gegeben wird, der ein Relais zum Ansprechen bringt. Dadurch wird der Impuls beendet, der vorher beim Durchlaufen der Nullage begonnen worden war. Das Gummirad hält den Zeiger beim Überstreichen fest,

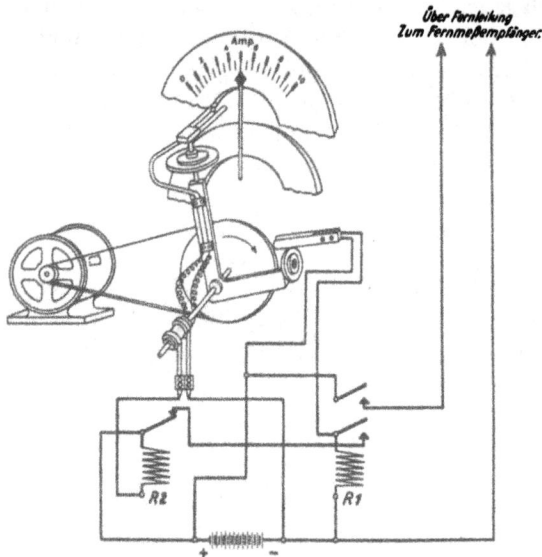

Abb. 13. Impuls-Zeitverfahren, Geberinstrument mit umlaufendem Abtastarm.

und zwar nur während einer sehr kurzen Zeit. Es ermöglicht so einen verhältnismäßig robusten Kontakt und gestattet dem Zeiger im übrigen fast während der ganzen Zeit eine freie Einstellung.

Bei einer anderen Konstruktion nach Abb. 14 wird die umlaufende Bewegung nicht auf dem ganzen Umfang ausgeführt, sondern nur aus der Nullage des Zeigers heraus bis zum Erreichen des Zeigerkontaktes. Der Abtastarm wird dabei mit dem dauernd laufenden Synchronmotor gekuppelt, gleichzeitig beginnt der auf die Leitung gehende Impuls. Beim Erreichen des Zeigerkontaktes wird das Relais zum Abfallen gebracht, ebenso fällt der Kuppelmagnet wieder ab und der Zeiger wird durch eine Rückstellfeder wieder in seine Ruhelage zurückgeführt. Der Kontaktdruck kann bei dieser Anordnung unter Ausnutzung des Berührungsstoßes so hoch gemacht werden, daß eine absolut sichere Kontaktgabe erreicht wird ohne Festhaltung des Zeigers. Es ist dazu nur notwendig, daß als Geber ein Instrumentensystem mit verhältnismäßig großer Masse verwendet wird, die sich dem von der Abtastfeder übermittelten Bewegungsimpuls widersetzt und so auf dynamischem Wege den Kontakt-

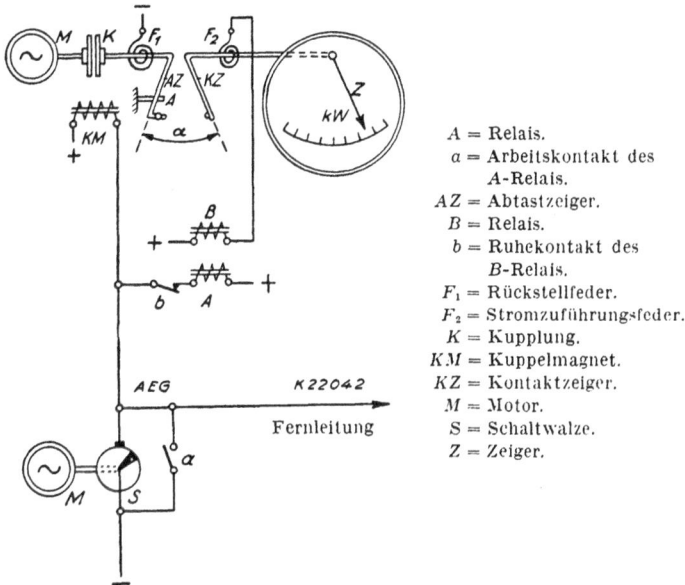

A = Relais.
a = Arbeitskontakt des A-Relais.
AZ = Abtastzeiger.
B = Relais.
b = Ruhekontakt des B-Relais.
F_1 = Rückstellfeder.
F_2 = Stromzuführungsfeder.
K = Kupplung.
KM = Kuppelmagnet.
KZ = Kontaktzeiger.
M = Motor.
S = Schaltwalze.
Z = Zeiger.

Abb. 14. Impuls-Zeitverfahren, Geberinstrument mit rückfallendem Abtastarm.

druck erreicht, der ein Vielfaches des sich aus dem Drehmoment des Meßsystems allein ergebenden statischen Kontaktdruckes ist.

Eine andere sich besonders für sehr kurze Impulse eignende Art der Impulsgabe ist in Abb. 15 dargestellt. Der Impuls wird dabei in seiner

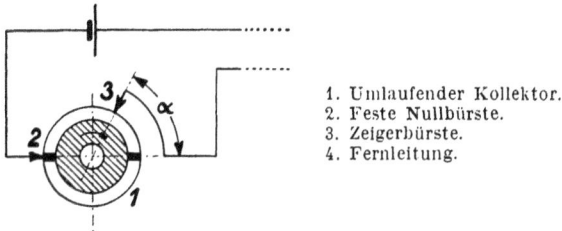

1. Umlaufender Kollektor.
2. Feste Nullbürste.
3. Zeigerbürste.
4. Fernleitung.

Abb. 15. Impuls-Zeitverfahren, Geberinstrument mit umlaufendem Kollektor.

Länge gegeben durch die Zeit, innerhalb deren die feste Bürste und die vom Zeiger eingestellte Bürste gleichzeitig auf demselben Segment des dauernd umlaufenden Kollektors schleifen. Diese Zeit ist abhängig von dem Winkel, den die Zeigerbürste gegenüber ihrer Ruhelage einnimmt. Da die Abmessungen dieser Einrichtung sehr klein gehalten werden können, ist auch die Reibung klein, besonders weil es sich um die Reibung der Bewegung und nicht um die der Ruhe handelt. Die Genauigkeit des Geberinstrumentes wird also nur sehr wenig beeinträchtigt, jedoch ist zu bemerken, daß die Genauigkeit des Abtastmechanismus selbst bei den erforderlichen kleinen Abmessungen stark von der Einstellung und auch von der Abnutzung abhängig ist.

Statt eines materiellen Kontaktes am Geberinstrument können natürlich auch andere Abtastvorrichtungen vorgesehen werden, so eine Abtastung durch Lichtstrahlen unter Verwendung von Photozellen u. dgl. Sie haben den Vorteil, das Meßsystem selbst nicht mechanisch zu belasten und die Verwendung beliebig empfindlicher Instrumente zuzulassen, jedoch den Nachteil eines verhältnismäßig großen Aufwandes.

2. Mechanische Empfänger.

Auf der Empfangsseite liegt die Aufgabe vor, den Impuls von einer dem Meßwert proportionalen Zeitdauer wieder in den Zeigerausschlag umzuwandeln. Auch hierfür ist es naheliegend, mechanische Anordnungen zu verwenden, die während der Impulsdauer auf den Ausschlag auflaufen und so den Zeigerausschlag des Gebers wiederholen. Derartig einfache Anordnungen sind aber für die Anzeige nicht ohne weiteres verwendbar, da sie den Zeiger immer wieder auf Null zurückfallen lassen würden. Sie sind dagegen für einfache Punktschreiber brauchbar, bei denen der erreichte Zeigerstand nur so lange festgehalten werden muß, bis durch den Fallbügel der Punkt geschrieben wurde und der Zeiger wieder in seine Nullage zurückfallen kann. Für die Anzeige und die Registrierung mit fortlaufender Tintenschrift ist es dagegen notwendig, den Zeiger nur die Bewegung machen zu lassen, die von dem bisherigen Zeigerstand in den neuen überführt, wozu ein Zwischenmechanismus erforderlich ist.

Abb. 16 gibt eine Lösung dieser Aufgabe, bei der der Zeiger durch einen Zwischenzeiger eingestellt wird, der seinerseits wieder von dem während der Impulsdauer aus der Nullage heraus bewegten Antriebsarm in die richtige Stellung gebracht wird. Wenn ein Impuls auf der Fernleitung eintrifft, so werden gleichzeitig der Kuppelmagnet und die beiden Sperren erregt. Durch den Kuppelmagneten wird der Antriebsarm Z_1 mit dem dauernd laufenden Motor gekuppelt. Durch die Lösung der Sperre Sp_1 wird der Zwischenzeiger Z_2 freigegeben und fällt auf den Antriebszeiger Z_1 zurück, während gleichzeitig die Sperre Sp_2 eingreift und so den Hilfszeiger Z_3 mit dem Ablesezeiger Z festhält. Z_1 und Z_2 werden also auf einen Winkelausschlag gebracht, der der Dauer des Impulses entspricht. Nach Beendigung des Impulses fällt Z_1 sofort in seine Ruhelage zurück, während Z_2 in der erreichten Stellung festgehalten wird. Ist der neue Meßwert kleiner als der vorhergehende, so fällt nach Beendigung des Impulses Z_3 und damit der Ablesezeiger Z auf den erreichten

Wert zurück, während bei größeren Meßwerten der Zeiger unter der einseitig wirkenden Sperre Sp_2 durchbewegt wurde. Der Zeiger wird also tatsächlich immer nur um die Differenz zwischen altem und neuem Wert verstellt.

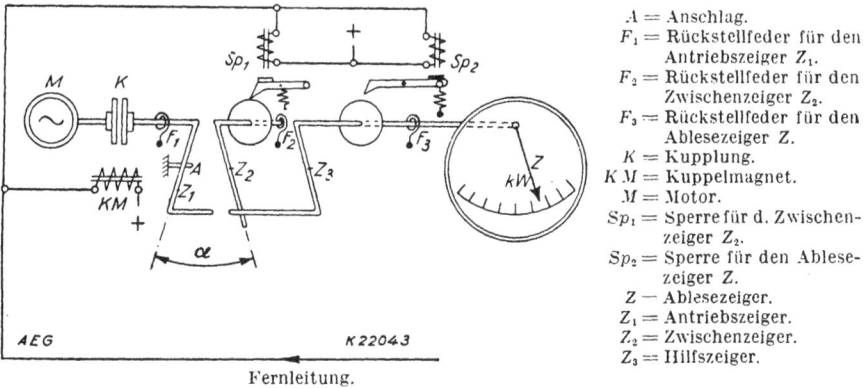

A = Anschlag.
F_1 = Rückstellfeder für den Antriebszeiger Z_1.
F_2 = Rückstellfeder für den Zwischenzeiger Z_2.
F_3 = Rückstellfeder für den Ablesezeiger Z.
K = Kupplung.
K M = Kuppelmagnet.
M = Motor.
Sp_1 = Sperre für d. Zwischenzeiger Z_2.
Sp_2 = Sperre für den Ablesezeiger Z.
Z — Ablesezeiger.
Z_1 = Antriebszeiger.
Z_2 = Zwischenzeiger.
Z_3 = Hilfszeiger.

Fernleitung.

Abb. 16. Impuls-Zeitverfahren, Empfangsinstrument.

Andere Lösungen der Aufgabe sind möglich, gemeinsam ist ihnen, daß mehrere Zwischenzeiger vorhanden sind, die den eigentlichen Zeiger einstellen.

Da die Empfangsinstrumente nach dem Impulszeitverfahren verhältnismäßig viel Drehmoment aufweisen, können sie leicht als Ausgangsinstrumente für weitere Fernmeßübertragungen verwendet werden. So macht man bei Summierungen vorteilhaft davon Gebrauch, ein Potentiometer nach Abb. 3 durch den Zeiger des Empfangsinstrumentes verstellen zu lassen, womit die Summierung wesentlich einfacher gelöst werden kann als mit Impulsen, für die verhältnismäßig verwickelte Konstruktionen erforderlich wären, wenn die verschiedenen zu summierenden Werte größenordnungsmäßig ungleich sind.

Das Impulszeitverfahren ist, wie erwähnt, besonders gut geeignet für die Übertragung mehrerer Werte nacheinander über dieselbe Übertragungsleitung, da es ein absatzweise arbeitendes Meßverfahren ist und die Empfangsinstrumente an sich schon die Aufgabe lösen, den einmal eingestellten Wert bis zum Eintreffen des nächsten Wertes festzuhalten. Die Verteilungsapparatur, die den jeweils am Geberort eingeschalteten Geber mit dem entsprechenden Empfangsinstrument verbindet, kann sehr einfacher Natur sein, z. B. darin bestehen, daß umlaufende Verteiler vorgesehen werden, die nach einem bestimmten Zeitplan die Verbindungen vornehmen, wobei die Antriebsgeschwindigkeit für beide Verteiler angenähert dieselbe ist. Eine größere Pause sorgt für die richtige Zuordnung. Während dieser Pause läuft der Empfängerverteiler auf die Ausgangsstellung und wartet auf den ersten Impuls vom Sendeverteiler.

Dies ist eine ganz einfache Anwendung des für Fernmeldung später erläuterten Start-Stop-Verfahrens.*)

Man macht beim Impulszeitverfahren noch besonders vorteilhaft davon Gebrauch, Meßwerte nicht als Augenblickswerte zu übertragen, sondern als Mittelwerte über eine bestimmte Zeit; allerdings nur dann, wenn die Aufgabe mehr in der tarifmäßigen Überwachung der Meßwerte besteht. Das Geberinstrument ist dann ein Zähler mit angebautem Zeiger, der in der für die Mittelwertbildung vorgesehenen Zeit einen bestimmten Ausschlag erreicht. Dieser kann ebenso übertragen werden, wie früher für die Abtastung von Augenblickswerten erläutert. Solche Mittelwerte haben u. U. den Vorteil, daß sie bei unruhigen Belastungen eine wesentlich ruhiger verlaufende Kurve ergeben und so die Überwachung erleichtern, da die Anzeige von irgendwelchen willkürlich herausgegriffenen Zufallswerten vermieden wird, die ein ganz falsches Bild zu geben imstande wären. Die Registrierkurve von Mittelwerten hat die Eigenschaft, daß sie durch Planimetrierung die richtige Arbeitsmenge liefern kann, was bei zufällig herausgegriffenen Augenblickswerten nicht der Fall ist.

3. Elektrische Empfangsanordnungen.

Außer der mechanischen Anzeige von Impulszeiten gibt es noch Verfahren zur elektrischen Anzeige, die sich besonders für kurze Impulszeiten eignen und einen ununterbrochen sich dauernd in gleichen Abständen wiederholenden Gang der Übertragung voraussetzen. Abb. 17

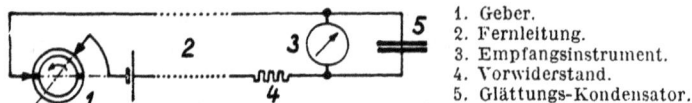

1. Geber.
2. Fernleitung.
3. Empfangsinstrument.
4. Vorwiderstand.
5. Glättungs-Kondensator.

Abb. 17. Impuls-Zeitverfahren, elektrische Anzeige.

zeigt eine derartige Anordnung mit einem Geberinstrument nach Abb. 15. Die Anzeige geschieht durch ein Drehspulinstrument, das den Mittelwert des Stromes mißt. Während der Dauer des Stromschlusses fließt der sich aus Hilfsspannung und Ohmschen Widerstand nach dem Ohmschen Gesetz ergebende Strom. Während der Dauer der Unterbrechung fließt kein Strom. Der vom Instrument angezeigte Mittelwert ist also abhängig vom Verhältnis der Schließungszeit des Stromes zu dem ganzen Impulsabstand. Der im Instrument fließende Strom kann durch Anlegen eines Kondensators, zweckmäßigerweise eines Elektrolytkondensators, geglättet werden, wenn das Empfangsinstrument an sich nicht genügend Dämpfung aufweist. Die Anzeige ist natürlich von der Höhe der Hilfsspannung abhängig, doch kann dies durch Verwendung eines Kreuzspulinstrumentes vermieden werden, bei dem die eine Spule von dem Meß-

*) Vgl. S. 149.

strom, die andere von einem der Hilfsspannung proportionalen Strom durchflossen wird. Ein derartiges Instrument gibt dann das Verhältnis der Impulsdauer zum Impulsabstand an, weswegen man auch von einem Impulsverhältnisverfahren spricht.

Bei dem Impulszeitverfahren mit mechanischer Anzeige ist die erreichte Genauigkeit von dem zeitgenauen Arbeiten aller Teile vom Geber über die verwendeten Relais bis zum Empfangsapparat abhängig. Da die Ansprech- und Abfallzeiten derartiger elektromagnetischer Betätigungsorgane sowohl Schwankungen mit der Höhe der angelegten Spannung als auch sonstigen Beeinflussungen unterworfen sind, kann man zwar die Mittelwerte dieser Verzögerungen mit in die Messung hineineichen, muß aber deren Schwankungen als Meßfehler in Kauf nehmen. Sie machen sich besonders bei sehr kurzen Impulszeiten bemerkbar. Bei der elektrischen Anzeige wird ein Teil dieser Störungen unwirksam, weil eine Reihe von mechanischen Gliedern wegfällt, so daß man dabei mit absolut kürzeren Impulszeiten arbeiten kann.

II. Impulszahlverfahren.

Die Aufgabe, der Meßgröße ein Übertragungsmaß zuzuordnen, das nur aus Impulsen, gebildet wird, kann auch in der Weise gelöst werden, daß hierfür die Zahl der Impulse verwendet wird. Da die Zahl der Impulse nicht beliebig groß gemacht werden kann, bedingt dies eine Übertragung in einer von vornherein vorgegebenen stufenförmigen Unterteilung.

Man muß dabei unterscheiden zwischen Verfahren, die mit lauter gleichartigen Impulsen und Verfahren, die mit ungleichartigen Impulsen arbeiten. Beiden gemeinsam ist, daß sie die Meßgröße nach einzelnen Punkten der Skala übertragen, Zwischenwerte dagegen nicht vermitteln können.

Bei der Verwendung von gleichartigen Impulsen ist die Feinheit der Stufung ausschließlich abhängig von der Zahl der verwendeten Impulse. Um eine einigermaßen befriedigende Genauigkeit zu erzielen, muß die Zahl der Impulse verhältnismäßig hoch sein. Ein Ausführungsbeispiel dieser Art*) zeigt Abb. 18. Mit dem Meßsystem verbunden ist eine Kontaktfeder 4, die durch den Druckring 5 beim Ansprechen des Magneten 6 auf den der Skala entsprechenden Kontakt der Kontaktbahn 3 niedergedrückt wird. Die Messung wird von außen her angereizt, der Übertragungsvorgang geht so vor sich, daß ein Schrittwähler, wie er in der automatischen Telephonie verwendet wird, nacheinander die Kontakte dieser Kontaktbahn absucht, wobei er bei jedem Schritt einen Impuls in die Leitung gibt. Er unterbricht seinen Gang an derjenigen Stelle, an der er die unter Strom stehende Kontaktlamelle gefunden hat. Es wird damit eine Zahl von Impulsen auf die Leitung gegeben, die der

---

*) Ausführung Metropolitan Vickers, England.

Meßgröße entspricht. Auf diese Impulszahl spricht ein Schrittwähler auf der Empfangsseite an, der ebenfalls jeweils einen Schritt macht und daher in seiner Stellung die Meßgröße wiedergibt. Diese Stellung wird durch einen Zeiger angezeigt.

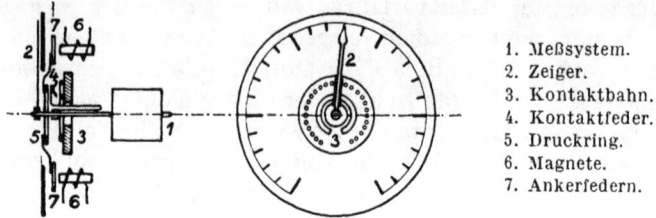

1. Meßsystem.
2. Zeiger.
3. Kontaktbahn.
4. Kontaktfeder.
5. Druckring.
6. Magnete.
7. Ankerfedern.

Abb. 18. Impuls-Zahlverfahren, Geber.

In dem gezeichneten Beispiel sind 25 Stufen vorhanden, die den Meßwert mit einer Genauigkeit von $\pm 2\%$ zu übertragen gestatten. Es sind dazu maximal 26 Impulse erforderlich, der erste für die Übertragung des Wertes Null. Zu ihrer Übermittlung ist eine Zeit in der Größenordnung von mehreren Sekunden notwendig. Bei der beschriebenen Ausführung ist die Übertragung nicht besonders gegen den Ausfall von Impulsen gesichert, was aber mit den bei der Fernmeldung beschriebenen Methoden ohne weiteres möglich wäre.*)

Bei gleichartigen Impulsen hat es wenig Zweck, die Zahl der Impulse zur Erzielung einer höheren Genauigkeit zu erhöhen. Zweckmäßiger ist es vielmehr, ungleichartige Impulse zu verwenden. Die einfachste Maßnahme dieser Art ist die Unterhaltung in Dekaden, indem die Meßgröße in ihren Zehnern und Einern getrennt übertragen wird in der Weise, daß zuerst die Zehner für sich allein — 1 Impuls für 0, 2 Impulse für 1 usw. — übertragen werden, dann ebenso die Einer; beide Impulsgruppen werden dabei z. B. durch eine größere Pause getrennt. Auf diese Weise lassen sich die Angaben des Zählerstandes verschiedener Zahlenrollen durch die Übertragung der Stellungen der einzelnen Zahlenrollen wiedergeben. Man bekommt so durch eine Gesamtzahl von beispielsweise 22 Impulsen die Meßgröße mit insgesamt 100 Stufen übertragen, so daß man nur rund $^1/_5$ der Impulszahl benötigt, wie bei einfacher Zuordnung mit gleichartigen Impulsen.

Die günstigsten Verhältnisse in bezug auf die Impulszahl erhält man, wenn man die bekannte Tatsache zu Hilfe nimmt, daß die Aufteilung einer Zahl nach der Dualzahlreihe, d. h. nach Potenzen von 2**), die ge-

---

*) Vgl. S. 134.

**) Das entspricht also einem Zahlensystem, bei dem die Rolle der Zahl Zehn in unserem Dezimalsystem von der Zahl Zwei übernommen wird. Im Dezimalsystem unterscheidet man den Einer $1 = 10^0$, den Zehner $10 = 10^1$, den Hunderter $100 = 10^2$ usw., beim Dualsystem sind die weiter unten genannten Potenzen von Zwei als Einheiten vorhanden. Vgl. Seite 147, 183.

ringste Zahl von Elementen erfordert, wobei eine jede durch diese
Potenzen dargestellte Einheit nur in der Weise übertragen werden muß,
ob sie vorhanden oder nicht vorhanden ist. Die Zahl der Meldungen
innerhalb einer jeden Einheit ist also gegenüber der dekadischen Unterteilung, wo sie 11 betrug, auf 2 zusammengeschrumpft. Die einzelnen
Einheiten haben folgende Werte:

$$\text{Exponent } 0 \;\ldots\; 2^0 = 1$$
$$\text{»} \quad\quad 1 \;\ldots\; 2^1 = 2$$
$$\text{»} \quad\quad 2 \;\ldots\; 2^2 = 4$$

. . . .

Es lassen sich z. B. durch insgesamt 7 Impulse, bei denen allerdings
einzelne fehlen können und dann als fehlend übertragen werden müssen,
insgesamt 127 Stufen erreichen. Die Zahl 100 wird dann beispielsweise
übertragen als $1 \times 2^6 + 1 \times 2^5 + 0 \times 2^4 + 0 \times 2^3 + 1 \times 2^2 + 0 \times 2^1$
$+ 0 \times 2^0 = 100$. Die 7 Impulse können dabei nacheinander übertragen
werden, wobei ihre Reihenfolge sie kennzeichnet. Diese Übertragung
geschieht am besten durch umlaufende Verteiler nach dem Start-Stop-
Prinzip, über das bei der Fernmeldung noch Näheres zu sagen sein wird.*)
Überhaupt sind die Impulszahlverfahren zur Meßwertübertragung den
Verfahren zur Auswahl eines bestimmten Vorganges bei der Fernmeldung
nachgebildet, so daß grundsätzlich alle dort beschriebenen Verfahren
auch zur Meßwertübertragung brauchbar sind, falls man eben den Meßwert in einer bestimmten Zahl von Stufen übermitteln will.

Die beschriebenen Verfahren mit ungleichartigen Impulsen verlangen, wenn man nicht von der Übertragung des Standes von Zahlenrollen und der Wiedergabe der einzelnen Zahlenrollenstände Gebrauch
macht, eine Umsetzung der Meßgröße und eine Rückumwandlung zur
Anzeige. Die mechanischen Lösungen für die Umsetzung der Meßgröße
in die Impulsreihen lehnen sich an die zur Berechnung der Zusammensetzung nötige Rechenoperation an. Es wird dabei nacheinander automatisch festgestellt, ob der Potenzwert mit dem höchsten Exponenten
in dem Meßwert enthalten ist. Ist dies der Fall, so wird dieser Potenzwert abgezogen und mit dem Rest weiter ebenso verfahren, bis sämtliche
Werte nacheinander durchgeprüft sind. Die Einrichtung zur Darstellung
des Meßwertes in einer derartigen Potenzreihe ist also in ihrer Aufgabe
verhältnismäßig kompliziert und läßt daher auch keine besonders einfachen Anordnungen zu.

Auf der Empfangsseite geschieht die Rückwandlung der Impulsreihe
für die Anzeige durch Zusammensetzen der einzelnen den Potenzen entsprechend abgestuften Teilbeträgen zu einer Summe. Hierfür können die
sämtlichen bei der Summierung behandelten Verfahren verwendet werden. Es ist dazu eine Reihe von Relais notwendig, eines für jede Einheit,

---

*) Vgl. S. 149.

die beim Vorhandensein eines Impulses dieser Einheit ansprechen und den betreffenden Summanden zuschalten.

III. Impulshäufigkeitsverfahren.

Als Übertragungsmaß, in das die Meßgröße für die Übertragung umgewandelt wird, ist schließlich die Häufigkeit oder Frequenz der Impulse verwendbar, d. h. ihre Zahl in der Zeiteinheit. Als Geberinstrument dient dabei ein Zähler, der mit einer Kontaktvorrichtung versehen ist und je nach seiner Umdrehungsgeschwindigkeit mehr oder weniger Impulse in der Zeiteinheit aussendet. Bei der Übertragung von Leistungen hat, da die Drehzahl des Zählers der Leistung proportional ist, ein jeder Impuls die Wertigkeit einer bestimmten Arbeitsmenge. Auf der Empfangsseite muß daher durch Abzählen der Impulse während einer bestimmten Zeit oder durch fortlaufende Mittelwertbildung die Zahl der Impulse in der Zeiteinheit festgestellt werden und in einen Zeigerausschlag umgewandelt werden, wofür verschiedene Wege zur Verfügung stehen:

1. Mechanische Empfänger.

Die einfachste Anzeige mit mechanischen Empfangsapparaten benutzt den bei Zählern üblichen Höchstlastanzeiger, bei dem ein Zeiger durch jeden Impuls um einen bestimmten Schritt vorwärtsbewegt, nach Ablauf einer konstanten Zeit ausgelöst wird und wieder auf Null zurückfällt. Durch einen Zwischenzeigermechanismus, ähnlich wie bei den Empfangsinstrumenten nach dem Impulszeitverfahren, gelingt es, den eigentlichen Zeiger auf dem früher erreichten Ausschlag stehen zu lassen und nur auf den neuen Wert überzuführen. Empfangsapparaturen dieser Art sind vor allem für die Messung von Wassermengen seit langem üblich. Zur Messung anderer Größen haben sie den Nachteil, daß sie eine verhältnismäßig sehr große Trägheit aufweisen, da ja für die Bildung des Mittelwertes eine größere Zahl von Impulsen und damit eine längere Zeit erforderlich ist.

Es sind auch mechanische Anzeigeapparate bekanntgeworden, die den Mittelwert nicht über von vornherein festgelegte Zeiträume bilden, sondern ihn fortlaufend feststellen. Das Prinzip besteht darin, daß mit jedem eintreffenden Impuls durch ein Klinkwerk ein bestimmter Schritt gemacht wird und diese schrittförmige Bewegung durch zwischengeschaltete Energiespeicher in Form von Schwungmassen und Federn in eine gleichmäßige Drehung umgewandelt wird, die dann, z. B. mit Hilfe eines Ferntachometers, gemessen wird. Solche Einrichtungen sind jedoch ziemlich kompliziert und durch die weiter unten beschriebenen Anordnungen entbehrlich geworden, die auf einer automatischen Kompensation beruhen. Sie werden aber gelegentlich in anderen Ausführungsformen für besondere Zwecke verwendet, z. B. zur Weitergabe von Summenwerten ohne zusätzlichen Fehler.

2. Empfang mit Stromstoß-Mittelwertbildung.

Die Aufgabe, die Frequenz der eintreffenden Impulse anzuzeigen, kann auch dadurch gelöst werden, daß ein jeder Impuls in einen Stromstoß mit einer ganz bestimmten elektrischen Energie umgewandelt wird und der zeitliche Mittelwert dieser Stromstöße gemessen wird. Solche Stromstöße können z. B. durch die Ladung von Kondensatoren*) her-

neuere Schaltung:

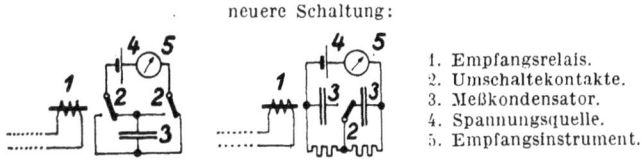

1. Empfangsrelais.
2. Umschaltekontakte.
3. Meßkondensator.
4. Spannungsquelle.
5. Empfangsinstrument.

Abb. 19. Impuls-Frequenzverfahren, Empfang mit Kondensatorumladung.

vorgerufen werden, wie in Abb. 19 dargestellt. Die Schaltung ist doppelt wirkend, d. h. es wird ein Stromstoß beim jedesmaligen Umlegen des Empfangsrelais, also beim Ansprechen und auch beim Abfallen, hervorgerufen. Da der Kondensator außerdem umgepolt wird, muß er sich von der positiven Spannung auf die negative Spannung umladen und

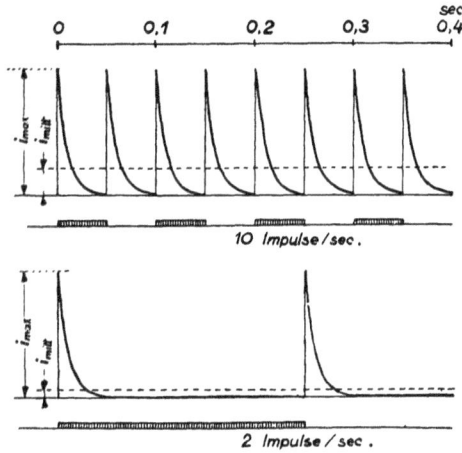

Abb. 20. Stromkurven der Kondensatorumladung.

umgekehrt. Der Strom i, der dabei im Mittel fließt, ist also bei der Impulsfrequenz f, wenn mit C die Kapazität des Kondensators bezeichnet wird,

$$i = 2f \times C \times 2\,U,$$

also z. B. $f = 10$ Impulse pro Sekunde, $U = 60$ V, $C = 1$ uF, $i = 2 \times 10 \times 10^{-6} \times 2 \times 60 = 2,4 \times 10^{-3}$ A oder 2,4 mA.

*) Ausführung Westinghouse, Amerika. Vgl. z. B. Smith u. Pierce, Journ. A. I. E. E. 1924. — Ausführung Siemens & Halske, Berlin. Vgl. LitV. Schleicher, versch. Aufsätze.

Diese Beziehung gilt aber nur, wenn die Konstanten des Kreises tatsächlich so ausgelegt sind, daß die Umladung vollständig abgeklungen ist, bevor die nächste erfolgt. Der zeitliche Verlauf einer Umladung ist in Abb. 20 wiedergegeben. Sie verläuft nach einer Exponentialfunktion. Im Augenblick der Umschaltung fließt derjenige Strom, der sich aus Spannung und Ohmschem Widerstand errechnet. Der Strom wird immer kleiner, da sich der Kondensator allmählich auflädt. Nach theoretisch unendlich langer Zeit fließt überhaupt kein Strom mehr, weil sich der Kondensator auf die volle Spannung aufgeladen hat. Bezeichnet man den im ganzen Kreis vorhandenen Ohmschen Widerstand mit R, so verläuft die Stromkurve nach der Umladung nach der Beziehung:

$$i = \frac{2\,U}{R}\left(1 - e^{-\frac{1}{RC}}\right)$$

oder nach Einführung der Zeitkonstante $T = RC$

$$i = \frac{2\,U}{R}\left(1 - e^{-\frac{1}{T}}\right)$$

Wegen der bis zur nächsten Umladung noch nicht ganz restlos vollzogenen Aufladung des Kondensators ist die Funktion, nach der der Mittelwert des Stromes i_m mit der Impulsfrequenz f zusammenhängt,

$$i_m = 4\,CUf\,\frac{1 - e^{-\frac{1}{2fT}}}{1 + e^{-\frac{1}{2fT}}}$$

Bei Frequenzen, die kleiner sind als etwa $0,1 \times \frac{1}{T}$, ergibt sich, daß der größte Wert der Stromspitze mindestens 5 mal so groß ist als der Mittelwert i_m. Da der Stromverlauf sich bei kleinerer Impulsfrequenz nicht ändert, sondern nur der Abstand zwischen 2 Umladungen größer wird, wird das Verhältnis bei kleineren Meßwerten und damit kleinerer Impulsfrequenz noch viel ungünstiger. So ist z. B. das Verhältnis bei einem Wert der Meßgröße von 10% auf 1:50 gestiegen, d. h. der maximale Wert des Stromes ist 50 mal so groß wie der vom Empfangsinstrument anzuzeigende Mittelwert.

Aus diesen Überlegungen geht die Hauptschwierigkeit für das Empfangsinstrument hervor. Dieses muß nämlich auf einen aus Ladestromstößen zusammengesetzten Strom einen ruhigen Zeigerstand bewahren. Dies wird um so schwieriger, je kleiner der Meßwert und damit die Impulsfrequenz wird. Instrumente normaler Bauart reichen im allgemeinen nicht aus, es müssen solche mit ballistischen Eigenschaften sein, d. h. mit einem verhältnismäßig hohen Trägheitsmoment bei kleiner Richtkraft. Die anzeigenden Drehspulinstrumente, wie sie für wärmetechnische Messungen verwendet werden, haben an sich etwa die gewünschten Eigenschaften, jedoch lassen sich Betriebsmeßgeräte und vor allem registrierende Instrumente mit Tintenschrift nicht mit den verlangten Eigenschaften bauen. Es muß dann vor dem Instrument eine Glättung des Stromes erreicht werden, wobei aus Widerständen oder Drosselspulen und Kondensatoren aufgebaute Glättungsketten verwendet werden können.

Die Frage der Erzielung eines ruhigen Zeigerstandes und die hierfür notwendigen Maßnahmen haben zwangläufig zur Folge, daß die für diesen Fall benötigte Anzeigeträgheit sich auch bei einer Änderung der Meßgröße bemerkbar macht. Die Einstellverzögerung beträgt einige Sekunden und ist mit der prozentualen Schwankung des Zeigers für eine bestimmte, z. B. die niedrigste Impulsfrequenz durch eine Beziehung verknüpft derart, daß die Einstellverzögerung um so größer wird, je kleiner für diese Impulsfrequenz die als zulässig anzusehende Zeigerschwankung sein soll*).

Die mittlere Stromstärke ist außer der Frequenz der Impulse auch der Kapazität und der Hilfsspannung U proportional. Zur Erreichung einer genügenden Konstanz müssen daher Meßkondensatoren verwendet werden, die nicht stärkeren Kapazitätsschwankungen unterworfen sind. Die Abhängigkeit von der Hilfsspannung kann durch Verwendung von Kreuzspulinstrumenten beseitigt werden, deren eine Spule an der Hilfsspannung liegt. Das Instrument mißt so das Verhältnis des Strommittelwertes der Kondensatorumladungen zu einem der Hilfsspannung proportionalem Strom.

Die Wahl der Impulsfrequenz für die Übertragung ist bei dem Verfahren bedingt durch folgende Forderungen, die sich zum Teil widersprechen und zwischen denen eine mittlere Linie eingehalten werden muß.

Mit Rücksicht auf das Empfangsinstrument und die Kleinhaltung der Anzeigeverzögerung wäre es erwünscht, die Impulsfrequenz möglichst hoch zu wählen. Das bedingt jedoch wieder Schwierigkeiten auf der Geberseite und für die Übertragung. Beim Geberzähler ist die Aufgabe zu lösen, bei Nennlast des Zählers eine verhältnismäßig hohe Impulszahl zu geben, also eine große Zahl von Kontaktschlüssen und Unterbrechungen herbeizuführen. Hierfür werden meist kollektorartige Unterbrecher verwendet, die direkt auf der Systemachse des Zählers sitzen oder über eine Zahnradübersetzung von ihr angetrieben werden. Die normale Drehzahl von Zählern bei Nennlast ist etwa in der Größenordnung von einer Umdrehung je Sekunde. Will man normale Zählerteile verwenden, so erreicht man ohne allzugroße Einbuße an Genauigkeit etwa eine Steigerung der Drehzahl auf das Doppelte, also etwa 2 Umdrehungen je Sekunde. Ein auf der Zählerachse sitzender Kollektor muß dann für die Aussendung von 12 Impulsen je Sekunde also auf 2 Umdrehungen 12 Unterbrechungen oder auf 1 Umdrehung 6 Unterbrechun-

*) Vgl. LitV. Hudec, ETZ 1931.

gen liefern. Der Kollektor muß 6 stromführende und 6 isolierte Lamellen aufweisen, also 12teilig sein und einen bestimmten Mindestdurchmesser erhalten, auf dem die beiden Bürsten mit einem bestimmten, Reibung verursachenden Kontaktdruck schleifen. Die Reibung ist proportional dem Produkt aus Kontaktdruck, Reibungskoeffizient und Kollektordurchmesser. Sie ruft einen zusätzlichen Fehler für den Zähler hervor.

Ordnet man, was im Interesse einer bequemeren Auswechselung vorteilhaft sein kann, den Kollektor auf einer Übersetzungsachse an, so werden die Verhältnisse wegen der Verluste im Getriebe höchstens verschlechtert, da auch bei einer von 1:1 abweichenden Übersetzung der auf die Zählerachse selbst reduzierte Kollektordurchmesser dieses Mindestmaß einhalten muß. Ein mit einer solchen Kontaktvorrichtung versehener Zähler hat also eine gegenüber einem normalen Zähler nicht unerheblich vermehrte Reibung, so daß an ihn nicht die hohen Anforderungen gestellt werden können, wie an einen zur Verrechnung bestimmten Zähler ganz normaler Bauart. Solange man sich also nicht entschließt, mechanische Kontakte am Zähler durch reibungsfrei wirkende Vorrichtungen, z. B. durch Lichtstrahlen unter Verwendung von Photozellen, zu ersetzen, solange steht die Kontaktvorrichtung am Geberzähler einer Erhöhung der Impulsfrequenz stark hindernd im Wege.

Auch für die Übertragung ist es viel angenehmer, eine nicht sehr hohe Impulsfrequenz zu verwenden mit Rücksicht auf die Beanspruchung der Relais und die Anforderungen an den Übertragungskanal selbst. Die Beanspruchung der Relais im Dauerbetrieb ist eine ganz beträchtliche*). Wenn immer Vollast übertragen werden müßte, so würden bei 12 Impulsen je Sekunde im Tage rund 1 Million, im Jahre rund 365 Millionen Schaltungen erforderlich sein. Diese Zahl reduziert sich natürlich im Verhältnis der mittleren Belastung zur Nennlast, wofür allgemeine Annahmen nicht gemacht werden können. Im Falle einer Spannungsmessung z. B. wird der Nennwert, von kleineren Schwankungen abgesehen, immer in voller Höhe übertragen werden müssen.

Im übrigen ist über das Verfahren zu sagen, daß es sich durch ein sehr einfaches Grundprinzip auszeichnet und bei sorgfältiger Dimensionierung aller Einzelteile auch über die Schwierigkeit der außerordentlich hohen Beanspruchung gebracht werden kann.

Statt der Umladung von Kondensatoren kann man auch von anderen Einrichtungen Gebrauch machen, die bei jedem Impuls eine bestimmte Elektrizitätsmenge liefern. Es sind hierfür auch Drosselspulen vorgeschlagen worden**), die umgepolt werden und dabei ihre magnetische Energie in elektrische umwandeln oder Transformatoren, deren Primär-

*) Vgl. LitV. John, Siem.-Ztschr. 1933.
**) Ausführung Heliowattwerke, Berlin. Vgl. den Diskussionsbeitrag von Stern in LitV. Brückel, VDE-Fachber. 1931.

wicklung umgepolt an eine Gleichspannung gelegt wird, wobei beim jedesmaligem Umpolen in der Sekundärwicklung ein Stromstoß entsteht. Der sich einstellende Mittelwert des Stromes wird gemessen. Bei Verwendung von Transformatoren mit Eisenkern ist zu beachten, daß nicht die ganze magnetische Energie im Sekundärkreis wirksam ist, sondern zum Teil in Form von Verlusten in anderen Teilen, z. B. im Eisen verbraucht wird. Die Energie für die Anzeige wird nicht mehr unabhängig vom eingeschalteten Widerstand gewonnen, sondern ändert sich bei Änderung des Widerstandes. Das Verfahren ist daher in der Dimensionierung empfindlicher als das Verfahren mit Kondensatorumladung. Durch Verwendung von eisengesättigten Transformatoren ist der Versuch gemacht worden, den Mittelwert des Stromes unabhängig von der Höhe der Hilfsspannung zu machen. Die erreichbare Genauigkeit und zeitliche Unveränderlichkeit dürfte jedoch bei dem Verfahren nicht allzu groß sein.

3. Empfang mit automatischer Kompensation.

Die Aufgabe, die eintreffende Impulsfrequenz auf der Emfangsseite in eine für die Anzeige brauchbare Stromstärke umzuwandeln, kann auch durch eine automatische Kompensation[*]) gelöst werden. Da es am einfachsten ist, aus den betreffenden Impulsen eine Drehzahl herzustellen, die der Umdrehung des Sendezählers proportional ist, entsteht dabei eine Anordnung ähnlich der in Abb. 5 dargestellten. Es kommt dabei darauf an, einen Amperestundenzähler so zu steuern, daß seine Drehzahl der des Geberzählers proportional ist, wobei der hierzu erforderliche, den Amperestundenzähler durchfließende Strom im Empfangsinstrument gemessen wird.

Das Prinzip ist in Abb. 21 gezeigt. Die Impulse werden von dem Empfangsrelais empfangen und über dessen Wechselkontakt auf die 2 Magnetspulen eines Drehmagneten gegeben. Die Spulen werden abwechselnd erregt, der Drehmagnet schaltet dabei je um einen halben Schritt weiter, da die Zähne der Polschuhe so versetzt sind. Eine passende Abschrägung der Zähne sorgt dafür, daß die Weiterbewegung immer in demselben Drehsinn erfolgt. Der an der Achse des Drehmagneten befestigte Bürstenarm 7 macht also die Drehung des Ausgangszählers in irgendeinem Maßstab mit, so daß ein mit der Achse gekuppeltes Zählwerk imstande ist, den Zahlenrollenstand des Ausgangszählers wiederzugeben.

Ein Amperestundenzähler wird selbsttätig so eingeregelt, daß er dieselbe Drehzahl mitmachen muß. Die Regelung geschieht über den als Vorwiderstand geschalteten Widerstand 9, dessen einzelne Stufen an die Lamellen des Widerstandskollektors geführt sind. Die Größe des einge-

---

[*]) Ausführung Allg.El.Ges. Berlin (»Impuls-Kompensations-Verfahren«). Vgl. LitV. Dallmann, AEG-Mitt. 1932.

schalteten Vorwiderstandes ist durch die relative Lage der Bürste auf dem Widerstandskörper gegeben. Bei jedem Schritt des Drehmagneten wird der Widerstand um eine Stufe verkleinert, der Amperestundenzähler bekommt einen um eine Stufe größeren Strom und beschleunigt sich, wobei er im Verlauf seiner Drehung auf die vorher berührte Lamelle zurückschaltet.

Bei konstantem Meßwert erhält also der Amperestundenzähler im Mittel einen Strom, der zwischen den den beiden Lamellen entsprechenden Stromwerten liegt. Dieser Mittelwert ist gerade so groß, daß der

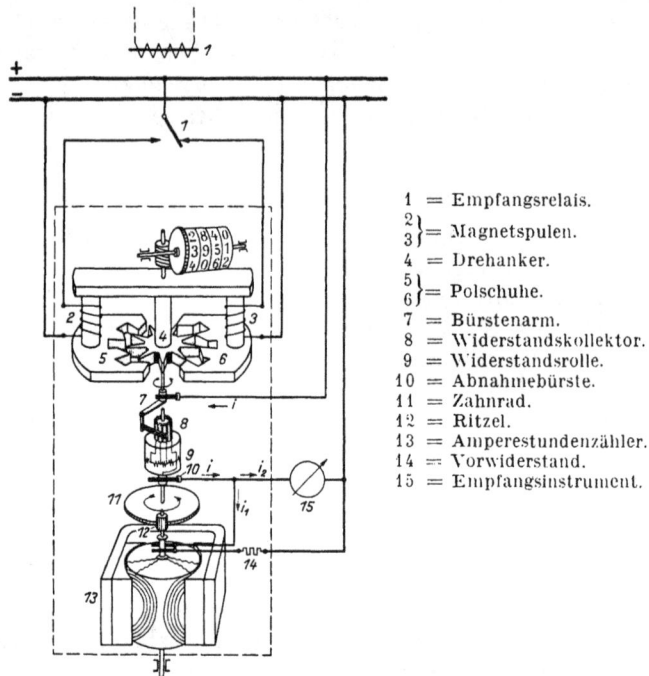

1 = Empfangsrelais.
2 \
3 / = Magnetspulen.
4 = Drehanker.
5 \
6 / = Polschuhe.
7 = Bürstenarm.
8 = Widerstandskollektor.
9 = Widerstandsrolle.
10 = Abnahmebürste.
11 = Zahnrad.
12 = Ritzel.
13 = Amperestundenzähler.
14 = Vorwiderstand.
15 = Empfangsinstrument.

Abb. 21. Impuls-Kompensationsverfahren.

Amperestundenzähler diejenige Drehzahl macht, die mit der durch den Drehmagneten eingeprägten Drehzahl übereinstimmt. Er ist ein Maß für die ursprüngliche Meßgröße.

Es wird jedoch nicht der Strom des Amperestundenzählers gemessen, sondern ein Spannungsabfall, den der Strom in der Wicklung des Amperestundenzählers und einem in Reihe damit geschalteten Vorwiderstand hervorruft. Diese Schaltung hat den Vorteil einer vollkommenen Temperaturkompensation. Der Amperestundenzähler an sich ist nämlich, da er mit Rücksicht auf kleinen Stromverbrauch nicht wie die für Verrechnungszwecke gebräuchlichen Zähler mit einem größeren Strom im

Nebenschluß betrieben werden kann, stark temperaturabhängig. Dies rührt davon her, daß die zur Bremsung dienenden Wirbelströme, die durch die Bewegung der die Wicklungen tragenden Aluminiumtrommel im Feld des permanenten Magneten entstehen, mit steigender Temperatur höhere Widerstände im Aluminium vorfinden und daher weniger kräftig ausgebildet werden. Die Widerstandsänderung beträgt für 10^0 Temperaturänderung rund 4%, so daß also, da ja dieselbe Drehzahl erreicht werden muß, wie sie durch den Drehmagneten eingeprägt ist, der Strom im Amperestundenzähler um 4% kleiner wird. Die Wicklung des Zählers zusammen mit dem kupfernen Vorwiderstand weist nun dieselbe Widerstandsänderung auf, wirkt aber im umgekehrten Sinne, so daß bei einer Temperaturerhöhung von 10^0 der um 4% kleinere Strom in dem um 4%

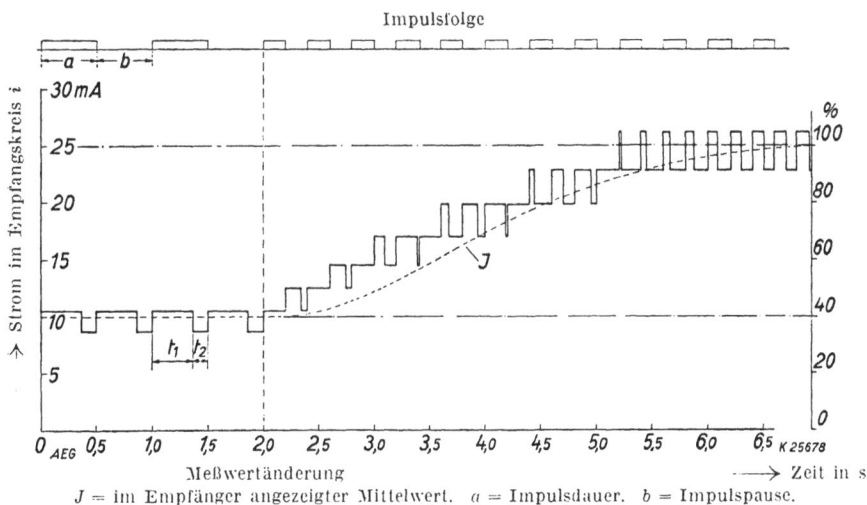

Abb. 22. Stromverlauf beim Impuls-Kompensationsverfahren.

höheren Widerstand wieder denselben Spannungsabfall hervorruft. Mißt man also mit einem parallel geschalteten Voltmeter, so ist das Ergebnis vollständig temperaturunabhängig. Daneben hat die Schaltung auch noch den weiteren Vorteil, daß sich dieser Spannungsabgriff verhält wie eine Spannungsquelle ohne inneren Spannungsabfall, was besonders bei Summierungen von Vorteil ist, aber auch z. B. die Parallelschaltung eines weiteren Empfangsinstrumentes ohne weiteres gestattet, ohne daß dadurch eine neue Abgleichung stattfinden müßte.

Wichtig ist der Zusammenhang zwischen der Zahl und der Abstufung der einzelnen Widerstandstufen einerseits und der Güte und der Verzögerung der Anzeige andererseits. Um dies zu übersehen, muß der zeitliche Verlauf des Stromes im Amperstundenzähler etwas näher untersucht werden, wozu auf Abb. 22 verwiesen wird. In diesem ist der Übergang von der Impulsfrequenz 1 Impuls je Sekunde, auf die Frequenz 2,5 Impulse je Sekunde dargestellt, wobei 2,5 Impulse je Sekunde als Nennwert mit 25 mA im Amperestundenzähler wiedergegeben werden und als 100% bezeichnet sind. Es sind dabei die Stufen des Stromes mit 8,5; 10,5; 12,5; 14,5; 17,0; 20,0; 23,0; 26,5 mA zu erkennen, bei deren Abstufung darauf Rücksicht genommen ist, daß die Stufen bei größeren Werten gröber sein können, weil dabei die Abstände zwischen den Schritten kleiner sind und infolgedessen die eigene Dämpfung des Empfangsinstrumentes wirksamer wird als bei kleinen Werten, wo die Schritte langsamer aufeinander folgen.

Im ersten Abschnitt ist eine konstante Belastung des Geberzählers von 40% der Nennlast angenommen, die schon einige Zeit angedauert hat, so daß der stationäre Zustand erreicht ist. Der Mittelwert des Stromes muß also 10 mA betragen. Er kommt so zustande, daß während der Zeit $t_1 = 0,375$ s die Bürste auf der Stufe 10,5 mA, während der Zeit $t_2 = 0,125$ s auf der Stufe 8,5 mA stehen. Ändert sich der Meßwert plötzlich auf 100%, so wird die Impulsfolge häufiger und es kommt der Übergang auf den neuen Beharrungszustand. Dieser ist zu ermitteln unter Berücksichtigung des Umstandes, daß bei jedem Ansprechen des Drehmagneten eine kleinere Widerstandsstufe, also eine höhere Stromstufe eingeschaltet wird, während der Amperestundenzähler immer nach Zurücklegung einer bestimmten Zahl vom Umdrehungen eine Stufe zurückschaltet. Der Übergang verläuft also nach der gezeichneten Kurve, wobei angenommen ist, daß der Amperestundenzähler selbst keine Massenträgheit besitzt, sondern sich in jedem Augenblick mit derjenigen Geschwindigkeit dreht, die seinem Strom entspricht.

In Wirklichkeit sorgt die Masse dafür, daß er einer Änderung nicht so schnell folgen kann, was im Sinne einer Verkürzung der Übergangszeit wirkt. Das wird klar, wenn man überlegt, daß die kürzeste Einstellzeit dann erreicht würde, wenn der Amperestundenzähler so lange seine alte Geschwindigkeit beibehalten würde, bis gerade der neue Stromwert erreicht ist, dann aber unverzögert plötzlich mit der neuen Geschwindigkeit weiterlaufen könnte. Die Massenträgheit des Amperestundenzählers wirkt in diesem erwünschten Sinne. Nach Erreichen des neuen Beharrungszustandes ist der Mittelwert des Stromes 25 mA und wird dadurch erzielt, daß innerhalb der 0,2 s betragenden Zeit zwischen 2 Schritten des Drehmagneten die Bürste auf der Stufe 23,0 mA während einer Zeit von 0,086 s, während der Restzeit von 0,114 s dagegen auf der Stromstufe 26,5 mA steht.

Die Abstufung ist, wie erwähnt, so gewählt, daß die einzelnen Stufen um so kleiner werden, je kleiner der Stromwert selbst ist. Es bleibt daher das Verhältnis der Stromschwankung im Vergleich zum Mittelwert über den ganzen Bereich etwa konstant und beträgt ungefähr $1/_8$, d. h. die Stromänderung zwischen 2 Stufen beträgt rund $1/_8$ des Mittelwertes.

Diese kleine Stromschwankung ist eine kennzeichnende Eigenschaft dieses Verfahrens im Gegensatz zu den Stromstoßverfahren, bei denen die Stromschwankung ein Mehrfaches des Mittelwertes selbst beträgt. Die Erzielung einer ruhigen Anzeige ist also hier viel einfacher, das Empfangsinstrument braucht nicht besonders stark gedämpft zu sein. Andererseits ist die Verwendung einer wesentlich niedrigeren Impulsfrequenz für Nennlast zulässig, was mit Rücksicht auf die Beanspruchung der Übertragungsorgane vorteilhaft ist.

Die Trägheit liegt hier in der Regel- oder Kompensationsvorrichtung und nicht im Empfangsinstrument. Sie kann durch passende Dimensionierung beliebig groß gemacht werden, im Gegensatz zu der Trägheit von Instrumenten selbst, die mit zunehmender Trägheit ein immer ungünstigeres Verhältnis zwischen Einstellmoment und Systemgewicht bekommen. Bei der im Beispiel betrachteten Dimensionierung beträgt die Trägheit einige Sekunden.

Die Genauigkeit des Verfahrens ist sehr groß, da die für die Bewegung des Widerstandes nötige Reibungsarbeit zum größten Teil von dem Drehmagneten geleistet wird. Ein besonderer Vorteil des Verfahrens ist ferner, daß durch ein am Drehmagneten angebautes Zählwerk beispielsweise mit Maximumanzeige u. dgl. parallel zu der eigentlichen Fernmeßanzeige noch Vorrichtungen betrieben werden können, die außer dem Fehler des Geberzählers keine weiteren zusätzlichen Fehler enthalten. Die von der Empfangseinrichtung zur Verfügung gestellte Energie ist verhältnismäßig sehr groß und kann durch entsprechende Dimensionierung praktisch beliebig weit getrieben werden.

d) Summenmessung.

Sehr häufig wird mit der Aufgabe der Fernmessung die Aufgabe der gleichzeitigen Summierung gleichartiger Meßwerte gestellt. Die meisten Fernmeßverfahren sind daher auch besonders mit Berücksichtigung dieser Forderung entwickelt. Bei der Bildung der Summe ist die dafür gewählte Schaltung abhängig von der Arbeitsweise des Fernmeßverfahrens. Am beweglichsten sind die rein elektrischen Anzeigeverfahren, wobei sich wieder besonders die mit Gleichstrom arbeitenden Verfahren gut eignen.

Die besonderen Anforderungen an die Summierung, die natürlich nicht alle gleichzeitig aufzutreten brauchen, die aber doch von den Fernmeßverfahren nach Möglichkeit erfüllt werden sollten, sind die folgenden:*)

    a) Es soll die Summation einer beliebigen Zahl von Summanden beliebiger Größe möglich sein.

---

*) Vgl. LitV. Stäblein, E. u. M. 1932.

b) Ein- und derselbe Summand soll in mehreren unabhängigen Summenbildungen verwendbar sein, so daß z. B. außer der Gesamtsumme auch beliebige Teilsummen gebildet werden können.

c) Daneben soll die Einzelanzeige der Summanden möglich sein.

d) Die gebildete Teil- oder Gesamtsumme soll durch Fernmessung wieder weiterübertragen werden können.

e) Wenn die Nennwerte der Summanden verschiedene Größe haben, sollen sie trotzdem mit Strom oder Spannung derselben Größe gebildet werden können, da dann die Geber und Empfänger einheitliche Ausführungen aufweisen und die verschiedenen Maßstäbe im Geber durch Anschluß an Wandler verschiedener Übersetzungen und beim Empfänger durch verschiedene Skalen berücksichtigt werden können.

Natürlich müssen daneben die Fernmeßverfahren noch grundsätzlich eine lineare Abhängigkeit aufweisen, d. h. die Spannung oder der Strom, in denen die Meßgröße für den Empfang dargestellt wird, müssen der Meßgröße einfach proportional sein, weil sonst die Summenbildung ihren Sinn verliert, von Sonderfällen abgesehen, wie z. B. der Bildung der Scheinleistung aus Wirk- und Blindleistung. Ist diese lineare Abhängigkeit nicht vorhanden, so dürfen die Abweichungen wenigstens nicht groß sein.

Die einzelnen Fernmeßverfahren sind nicht alle geeignet, diesen Anforderungen allen gleichzeitig gerecht zu werden. In den meisten Fällen ist die Erfüllung nur mit einem Fehler möglich, dessen Kleinhaltung die Beachtung gewisser Dimensionierungsregeln verlangt. Es hängt dies im wesentlichen von dem verwandten Grundprinzip ab.

I. Schaltungen zur Summen- und Differenzbildung.

Die Grundprinzipien der Fernmeßverfahren kann man zur systematischen Einteilung und Beurteilung der Summierungsschaltungen in drei Hauptgruppen unterteilen, die sich verschieden verhalten, und zwar sind dies:

a) Verfahren mit eingeprägter Spannung, bei denen die erzeugte oder eingestellte Spannung dem Meßwert proportional ist;

b) Verfahren mit eingeprägtem Strom, bei denen der eingeregelte Strom dem Meßwert proportional ist;

c) Verfahren, bei denen ein Widerstand proportional der Meßgröße eingestellt wird. Sie stehen zwischen den beiden Hauptgruppen und können in Schaltungen entsprechend der einen oder anderen Hauptgruppe verwendet werden.

In den folgenden Abbildungen sind zunächst die einfachen Schaltungen zur Bildung der Summe oder Differenz mehrerer Meßgrößen

ohne Rücksicht auf Einzelanzeige oder Teilsummenbildung wiedergegeben.

Bei den Meßverfahren mit eingeprägter Spannung, bei denen also
die Meßgröße für die Anzeige umgeformt wird in eine proportionale Spannung, besteht die Möglichkeit, die Spannungen durch Reihenschaltung
zu summieren, wie es in Abb. 23 gezeigt ist. Die einzelnen Spannungen

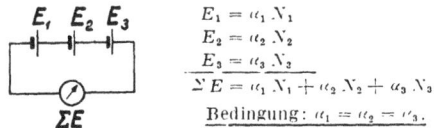

$$E_1 = a_1 N_1$$
$$E_2 = a_2 N_2$$
$$E_3 = a_3 N_3$$
$$\Sigma E = a_1 N_1 + a_2 N_2 + a_3 N_3.$$
$$\text{Bedingung: } a_1 = a_2 = a_3.$$

Abb. 23. Summation durch Reihenschaltung der den
einzelnen Meßgrößen proportionalen Spannungen.

E_1, E_2, E_3 sind dabei den Leistungen N_1, N_2, N_3 proportional. Da die
Spannungen einfach in Reihe geschaltet sind, müssen die Proportionalitätsfaktoren bei allen Summanden die gleichen sein, die Spannungen
also bei der Summation von Werten verschiedener Größenordnung in
ihren Nennwerten verschieden groß sein, was der Forderung gleicher
Dimensionierung der Geber widerspricht. Im übrigen wird die Summe
richtig gebildet, wenn nicht die Rückwirkung des ja durch alle Geber
fließenden Stromes, auch wenn sie selbst den Meßwert Null haben, die
ursprüngliche Messung verfälscht, was bei manchen Verfahren möglich ist.

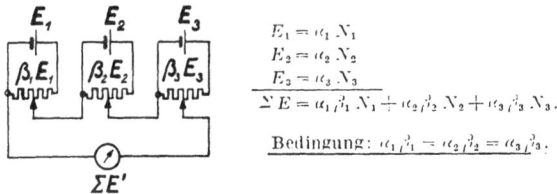

$$E_1 = a_1 N_1$$
$$E_2 = a_2 N_2$$
$$E_3 = a_3 N_3$$
$$\Sigma E = a_1 \beta_1 N_1 + a_2 \beta_2 N_2 + a_3 \beta_3 N_3.$$
$$\text{Bedingung: } a_1 \beta_1 = a_2 \beta_2 = a_3 \beta_3.$$

Abb. 24. Summation durch Reihenschaltung der den einzelnen
Meßgrößen proportionalen Teilspannungen.

In Abb. 24 ist eine Schaltung für Verfahren mit eingeprägter Spannung aufgezeichnet, bei der nicht die vollen Spannungen der Geber für
die Summenbildung verwendet werden, sondern durch Spannungsteiler
gelieferte Teilspannungen, deren Größe so gewählt ist, daß damit der
verschiedene Maßstab der einzelnen Meßgrößen berücksichtigt wird. Es
ist dabei möglich, die Bereiche der den Leistungen N_1, N_2, N_3 proportionalen Spannungen E_1, E_2, E_3 ohne Rücksicht auf die Größe der Nennleistungen gleichzumachen und durch die in den Spannungsteilern ein-
zustellenden Proportionalitätsfaktoren β_1, β_2, β_3 dafür zu sorgen, daß die
zu summierenden Teilspannungen gleichen Maßstab, d. h. gleiches Ver-
hältnis $\dfrac{\text{kW}}{\text{Volt}}$ erhalten. Eine solche Schaltung bedeutet natürlich, daß

nicht die ganze verfügbare Energie des Gebers dem Summenempfangs-
instrument zugeführt wird, sondern nur ein Bruchteil davon.

In Abb. 25 ist die Reihenschaltung der Spannungen vermieden, die
nur bei vollständig getrennten Hilfsspannungsquellen oder bei denjenigen Fernmeßverfahren, die die Spannung selbst erzeugen, wie z. B.
beim Generatorverfahren ohne Nachteil ist, dagegen bei auch für andere
Zwecke benötigten Hilfsspannungsquellen praktisch unmöglich ist. Sie

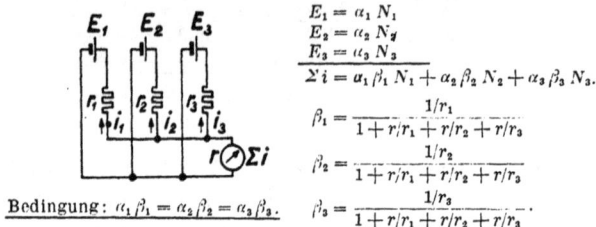

$$E_1 = \alpha_1 N_1$$
$$E_2 = \alpha_2 N_2$$
$$E_3 = \alpha_3 N_3$$
$$\Sigma i = \alpha_1 \beta_1 N_1 + \alpha_2 \beta_2 N_2 + \alpha_3 \beta_3 N_3.$$

$$\beta_1 = \frac{1/r_1}{1 + r/r_1 + r/r_2 + r/r_3}$$
$$\beta_2 = \frac{1/r_2}{1 + r/r_1 + r/r_2 + r/r_3}$$
$$\beta_3 = \frac{1/r_3}{1 + r/r_1 + r/r_2 + r/r_3}.$$

Bedingung: $\alpha_1 \beta_1 = \alpha_2 \beta_2 = \alpha_3 \beta_3$.

Abb. 25. Summation durch Mittelung der den einzelnen Meßgrößen
proportionalen Spannungen.

ist ersetzt durch eine Mittelung der Spannungen mit Hilfe von Strömen
i_1, i_2, i_3, die über Vorwiderstände r_1, r_2, r_3 entnommen werden und das
Summeninstrument mit dem Eigenwiderstand r durchfließen. Das Ver-
hältnis dieser Widerstände ergibt die Einflußfaktoren β_1, β_2, β_3, die gestatten, die Einflüsse verschieden zu machen, d. h. ungleich große Summanden unter Verwendung an sich gleicher Spannungen zu summieren.

Diese Schaltung hat Ähnlichkeit mit der für die Meßverfahren mit
eingeprägtem Strom verwendeten, wie sie in Abb. 26 gezeigt ist. Die

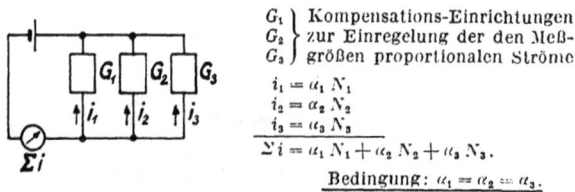

G_1 } Kompensations-Einrichtungen
G_2 } zur Einregelung der den Meß-
G_3 } größen proportionalen Ströme

$$i_1 = \alpha_1 N_1$$
$$i_2 = \alpha_2 N_2$$
$$i_3 = \alpha_3 N_3$$
$$\Sigma i = \alpha_1 N_1 + \alpha_2 N_2 + \alpha_3 N_3.$$

Bedingung: $\alpha_1 = \alpha_2 = \alpha_3$.

Abb. 26. Summation durch Zusammenfassung der den einzelnen Meßgrößen
proportionalen Ströme.

mit G_1, G_2, G_3 bezeichneten Gebereinrichtungen oder auch Empfänger-
einrichtungen regeln den Strom so ein, daß er der Meßgröße proportional
ist. Diese Einrichtungen können entweder Kompensationseinrichtungen
sein, die den Strom unabhängig von der Höhe der Hilfsspannung einstellen, oder auch Einrichtungen, die den Strom auf Grund ihres Wider-
standsverhaltens abhängig von der Höhe der Hilfsspannung halten, z. B.
können es auch Empfangseinrichtungen für das Impulsfrequenzverfahren
mit Kondensatorumladung sein, wie sie in Abb. 19 für die einfache Messung

gezeigt sind. Es sind dabei die einzelnen Ströme i_1, i_2, i_3 den Meßwerten N_1, N_2, N_3 proportional. Die Proportionalitätsfaktoren müssen gleich sein, die Ströme also bei verschiedenen Bereichen auch in ihren Nennwerten verschieden groß werden, so daß die Forderung nach einheitlichen Gebern nicht erfüllt ist.

Dies wird durch Verwendung eines Stromteilers nach Abb. 27 erreicht. Entsprechend dem umgekehrten Verhältnis der Widerstände

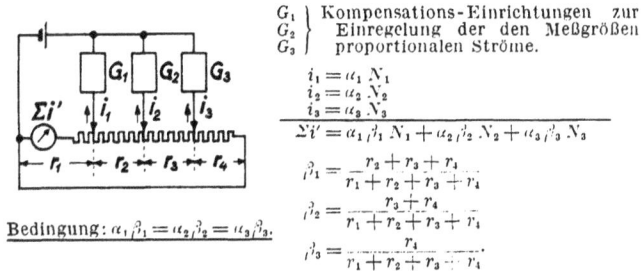

$\left.\begin{array}{l} G_1 \\ G_2 \\ G_3 \end{array}\right\}$ Kompensations-Einrichtungen zur Einregelung der den Meßgrößen proportionalen Ströme.

$$i_1 = \alpha_1 N_1$$
$$i_2 = \alpha_2 N_2$$
$$i_3 = \alpha_3 N_3$$

$$\Sigma i' = \alpha_1 \beta_1 N_1 + \alpha_2 \beta_2 N_2 + \alpha_3 \beta_3 N_3$$

$$\beta_1 = \frac{r_2 + r_3 + r_4}{r_1 + r_2 + r_3 + r_4}$$

$$\beta_2 = \frac{r_3 + r_4}{r_1 + r_2 + r_3 + r_4}$$

$$\beta_3 = \frac{r_4}{r_1 + r_2 + r_3 + r_4}$$

Bedingung: $\alpha_1 \beta_1 = \alpha_2 \beta_2 = \alpha_3 \beta_3$.

Abb. 27. Summation der den einzelnen Meßgrößen proportionalen Ströme mit Stromteiler.

teilt sich dabei ein jeder Strom auf die beiden Zweige auf, wobei die durch das Summeninstrument fließenden Teilströme auf denselben Maßstab $\frac{kW}{mA}$ gebracht werden. Die Aufteilung und damit die Summenbildung ist streng richtig, allerdings geht ein Teil der zur Verfügung stehenden Energie ungenutzt verloren.

Auch die Differenzbildung ist ganz ähnlich möglich, so zeigt Abb. 28 die Differenzbildung mit eingeprägten, den Meßwerten proportionalen

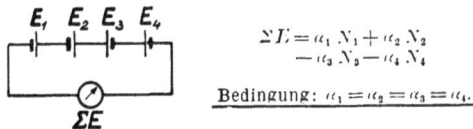

$$\Sigma E = \alpha_1 N_1 + \alpha_2 N_2 - \alpha_3 N_3 - \alpha_4 N_4$$

Bedingung: $\alpha_1 = \alpha_2 = \alpha_3 = \alpha_4$.

Abb. 28. Summen- und Differenzbildung durch Reihenschaltung der den Meßwerten proportionalen Spannungen.

Spannungen durch Reihenschaltung, ähnlich wie in Abb. 23. Die Summanden mit negativem Vorzeichen sind mit umgekehrter Polarität angeschlossen.

Für die Summation von eingeprägten, den Meßwerten proportionalen Strömen unter Verwendung von Stromteilern zur Berücksichtigung des Maßstabes kann ebenfalls das Prinzip der umgekehrten Polarität nach Abb. 29 angewendet werden. Die mit negativem Vorzeichen einzusetzenden Summanden sind an den anderen Pol einer Dreileiterbatterie gelegt, wie die positiven Summanden. Es ist dazu eine Batterie mit

Mittelpunktsanzapfung nötig, oder auch ein Spannungsteiler, an dessen Mittelpunkt der Empfangskreis angeschlossen wird.

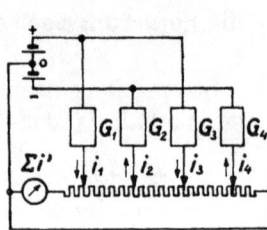

Abb. 29. Summen- und Differenzbildung bei eingeprägten Strömen mit Dreileitersystem.

In Abb. 30 werden dagegen nur Ströme gleicher Polarität verwendet und die Summanden mit negativen Vorzeichen an die andere Hälfte des doppelten Stromteilers geführt, in dessen Mitte das Empfangsinstru-

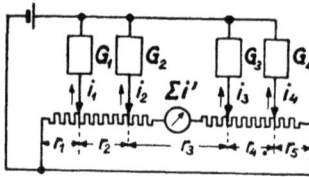

Abb. 30. Summen- und Differenzbildung bei eingeprägten Strömen mit doppeltem Stromteiler.

ment liegt. Die Richtung ihrer durch das Instrument fließenden Teilströme ist daher umgekehrt wie die der anderen, so daß die Differenzbildung zustande kommt.

Schließlich sei noch darauf hingewiesen, daß natürlich die Summen- oder Differenzbildung auch in der Weise möglich ist, daß die Meßgröße derart in einen Strom- oder Spannungswert umgewandelt wird, daß in dem Meßinstrument auch bei der Meßgröße Null eine gewisse endliche Strom- oder Spannungsgröße vorhanden ist, zu der sich bei positivem Meßwert ein Anteil hinzuaddiert, bei negativem Meßwert subtrahiert. Auch in der Summe ist dann dem Summenwert Null bereits ein Strom- oder Spannungswert endlicher Größe zugeordnet. Wird die Summenspannung oder der Summenstrom größer, so ist die Summe positiv, wird sie aber kleiner, so ist die Summe negativ. Die Empfangsinstrumente für die Summe müssen dann natürlich ebenso wie die für die Einzelwerte eine entsprechende Nullpunktsunterdrückung aufweisen.

Schließlich ist noch zu erwähnen, daß die Summen- oder Differenzbildung auch in der Weise durchgeführt werden kann, daß Summeninstru-
mente mit mehreren getrennten Wicklungen verwendet werden, die entweder in demselben oder in umgekehrtem Sinne zur Summierung oder
Differenzbildung von Strömen durchflossen werden.

II. Fehler bei der Summenbildung und Rückwirkung auf die Einzelanzeige.

Die sämtlichen betrachteten Summenbildungen sind theoretisch
streng richtig, sofern die eingeprägten Spannungen oder Ströme den ursprünglichen Meßgrößen proportional sind und nichtproportionale Rückwirkungen des sich einstellenden Belastungsstromes auf den Geber vermieden werden. Besondere Beachtung verdienen diejenigen Verfahren,
bei denen die Ströme oder Spannungen zeitlichen Änderungen unterworfen sind und in ihrem Mittelwert der Meßgröße proportional sind,
ohne daß dieser, wie es bei den Kompensationsverfahren der Fall ist,
entsprechend der Meßgröße eingeregelt wird. Derartige Verfahren sind
z. B. das Impulszeitverfahren mit elektrischer Anzeige, das Impulsfrequenzverfahren mit Kondensatorumladung, bei dem die Verhältnisse
allerdings nur durch komplizierte Rechnungen zu übersehen sind und ein
Verfahren der folgenden Art, das zwar praktisch bisher nicht angewendet
wurde, bei dem sich aber die auftretenden Erscheinungen sehr klar übersehen lassen.

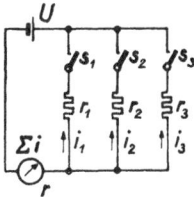

$\Sigma i = i_1 + i_2 + i_3.$ $\varrho = $ zeitliches Schließungsver-
hältnis.

1. Bei aufeinanderfolgenden Kontaktschlüssen:

$$\Sigma i = \varrho\, U \left[\frac{1}{r + r_1} + \frac{1}{r + r_2} + \frac{1}{r + r_3}\right].$$

2. Bei gleichzeitigen Kontaktschlüssen:

$$\Sigma i = \varrho\, \frac{U}{r}\, \frac{\frac{r}{r_1} + \frac{r}{r_2} + \frac{r}{r_3}}{1 + \frac{r}{r_1} + \frac{r}{r_2} + \frac{r}{r_3}}.$$

Abb. 31. Summation von Strömen, die mit zeitlichen Schwankungen als Mittelwerte
gemessen werden.

Es ist dabei eine Schaltung nach Abb. 31 zugrunde gelegt, bei der
drei Summanden summiert werden sollen, wobei aus einer Spannungs-
quelle über Vorwiderstände r_1, r_2, r_3 Ströme i_1, i_2, i_3 entnommen werden,
deren Mittelwert gemessen wird und die durch eine je während eines
Drittels der Periode für jeden Summanden erfolgenden Abtastung mit
den Kontakten s_1, s_2, s_3 gewonnen werden. Wenn der Widerstand des
Summeninstrumentes r nicht vernachlässigbar klein ist, hängt der Wert
des Summenstromes $i_1 + i_2 + i_3$ offenbar davon ab, in welcher zeitlichen
Abhängigkeit die Kontakte s_1, s_2, s_3 schließen. Der größte Wert des
Summenstromes wird erreicht, wenn niemals 2 Kontakte gleichzeitig
geschlossen sind, also s_1, s_2, s_3 unmittelbar aufeinanderfolgend geschlossen

werden. Es fließt dann gleichzeitig immer nur einer der 3 Ströme. Der beispielsweise für den Strom i_1 maßgebende Widerstand ist bedingt durch die Reihenschaltung von r und r_1. Der kleinste Wert des Summenstromes wird dagegen erreicht, wenn die Kontakte immer gleichzeitig geschlossen sind. Nimmt man z. B. der Einfachheit wegen an, daß die 3 Widerstände r_1, r_2, r_3 gleich groß seien und nennt das Verhältnis $\frac{r}{r_1} = \lambda$, so ist der Wert des Summenstromes, wenn man mit ϱ das Verhältnis der Kontaktzeit zur Gesamtzeit bezeichnet, für den Größtwert $\varrho \, \dfrac{3\,U}{r} \, \dfrac{\lambda}{1+\lambda}$ für den Kleinstwert $\varrho \dfrac{3\,U}{r} \, \dfrac{\lambda}{1+3\lambda}$.

Der vom Summeninstrument angezeigte Wert kann also je nach dem zeitlichen Zusammenfall der Kontaktschlüsse zwischen diesen beiden Grenzwerten liegen, wodurch u. U. Schwebungen der Anzeige erzeugt werden können, wenn die Schließungsfrequenzen der einzelnen Kontakte verschieden sind, jedoch ziemlich nahe zusammenfallen. Die Summenbildung ist also nur angenähert und nicht mehr streng richtig. Sie wird es allerdings wieder, wenn es gelingt, z. B. durch Parallelschaltung eines Glättungskondensators zum Summeninstrument, dafür zu sorgen, daß der Strom im Empfangsinstrument und damit der Spannungsabfall an diesem keine zeitlichen Schwankungen mehr aufweist, sondern genau dem Mittelwert entspricht. Da dies aber praktisch nicht ganz möglich ist, kann durch diese Maßnahme die Gefahr solcher Schwebungsanzeige zwar verkleinert, aber nicht ganz vermieden werden, und es ist daher notwendig, die Dimensionierung so vorzunehmen, daß das Verhältnis möglichst klein wird, d. h. daß der Widerstand des Summeninstrumentes gegenüber dem der einzelnen Vorwiderstände möglichst klein wird. Ähnliche Gesichtspunkte gelten auch für die Summierung nach dem Impulsfrequenzverfahren mit Kondensatorumladung, bei dem der Summenwert ebenfalls von den zeitlichen Verschiebungen zwischen den Umladezeiten der einzelnen Kreise abhängen kann.

Bei der gleichzeitigen Einzelanzeige und der Bildung von Teilsummen können ebenfalls Fehler auftreten, wie für den Fall der Schaltung mit Summation der eingeprägten Spannungen nach Abb. 25 gezeigt sei, wobei die Schaltung nach Abb. 32 betrachtet wird. Es sind dabei im Interesse einer einfachen Überlegung nur 2 Summanden mit gleicher Wertigkeit angenommen, die auch noch einzeln angezeigt werden sollen. Die Widerstände der Empfangsinstrumente für die Einzelanzeige sind R, während die inneren Widerstände und etwaigen Leitungswiderstände r' sind. Durch die Einzelempfangsinstrumente fließen die Ströme i'_1 bzw. i'_2, durch das Summeninstrument mit dem Widerstand r über die Vorwiderstände r'' die Ströme i''_1 und i''_2. Die für die Einzelanzeige maßgebenden Ströme i'_1 oder i'_2 sind nicht nur von den eigentlich zu messenden Spannungen E_1 oder E_2, sondern auch noch von der anderen Summandenspannung abhängig. Wichtig ist das Verhältnis β, in dem die andere Summandenspannung einwirkt. Dieses Verhältnis wird durch die Größe der Widerstände bestimmt und wird in zwei Fällen zu Null, wenn entweder die Widerstände R der Einzelempfangsinstrumente oder die inneren Widerstände r' der Spannungsquelle Null werden. Während

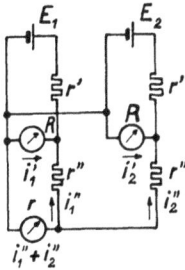

$$i_1' = \alpha E_1 + \alpha \beta E_2$$
$$i_2' = \alpha E_2 + \alpha \beta E_1$$
$$\alpha = f(r, R, r', r''),$$
$$\beta = \cfrac{1}{1 + \cfrac{r''}{r'} + 2\,r''\left(\cfrac{1}{R} + \cfrac{1}{r'}\right) + \cfrac{(r'')^2}{r'}\left(\cfrac{1}{R} + \cfrac{1}{r'}\right)}.$$

Abb. 32. Summation mit Einzelanzeige bei eingeprägten Spannungen.

der erste Fall schon aus dem Grunde ausscheidet, weil dann für die Summenbildung keine Energie mehr zur Verfügung steht, ist der zweite Fall bei denjenigen Kompensationsverfahren erfüllt, die, wie z. B. in Abb. 21 gezeigt, auf eine der Meßgröße proportionalen Spannung regulieren und sich wie eine Spannungsquelle ohne inneren Spannungsabfall verhalten.

Überhaupt läßt sich ganz allgemein sagen, daß bei allen Schaltungen, bei denen dieselbe Spannung mehrmals für Einzelanzeige und Summenbildung verwendet wird, der innere Spannungsabfall die auftretenden Fehler bedingt. Will man also kleine Fehler, so muß man die inneren Spannungsabfälle klein halten, entweder durch kleine innere Widerstände oder durch kleinen Verbrauch der angeschlossenen Instrumente und Summenschaltungen.

Die eingangs aufgestellten Forderungen für die Summierung lassen sich bei den einzelnen Verfahren wie folgt erfüllen:

α) Die Summation beliebig vieler Größen ist in allen Fällen entweder streng richtig oder angenähert möglich, angenähert nur bei Widerstands- und verwandten Verfahren, bei denen aus einer Hilfsspannung eine der Meßgröße proportionale Stromstärke über Vorrichtungen entnommen wird, die nicht eine Kompensation der Stromstärke vornehmen.

β, γ) Die beliebig vielmalige Verwendung desselben Summanden in Summen- und Einzelanzeige ist theoretisch nur bei denjenigen Kompensationsverfahren mit eingeprägter Spannung möglich, die eine eingeprägte Klemmenspannung ohne inneren Spannungsabfall liefern.

Bei den anderen Spannungsverfahren scheitert die allgemeine Forderung daran, daß mit Rücksicht auf die entstehenden Fehler der Stromverbrauch der angeschlossenen Instrumente zu klein gehalten werden müßte. Bei den Verfahren mit eingeprägtem Strom kann einundderselbe Strom überhaupt nur in zwei unabhängigen Summen verwendet werden, und zwar einmal in der Hinleitung, einmal in der Rückleitung. Bis dahin ist die Summenbildung streng richtig. Darüber hinausgehende Aufgaben können noch angenähert gelöst werden, doch läßt sich dies auch nicht beliebig weitgehend durchbilden.

Es muß jedoch darauf hingewiesen werden, daß es bei einzelnen Verfahren, z. B. beim Impulsfrequenzverfahren mit Kondensatorumladung, verhältnismäßig billig und einfach ist, Meßwerte in viele unabhängige Ströme umzuwandeln, die dann Rückwirkungen nicht mehr ausgesetzt sind, vorausgesetzt, daß eine genügend leistungsfähige Spannungsquelle zur Verfügung steht, die nicht selbst merklichen Spannungsabfall aufweist.

δ) Die weitere Übertragung der Summe hängt im wesentlichen davon ab, ob genügend Energie zum Betrieb der Zwischengeber zur Verfügung gestellt werden kann, die häufig mehr Energie erfordern als einfache Anzeigeinstrumente. Der gesteigerte Energieverbrauch ist auch besonders bei denjenigen Verfahren zu beachten, bei denen rotierende Geberinstrumente Voraussetzung sind. Bei vielen Verfahren ist er gleichzeitig mit einer Vergrößerung der Fehler mindestens für Teilsummen und Einzelanzeige verbunden.

ε) Die gleichmäßige Durchbildung der Geber ohne Rücksicht auf den Nennmeßbereich unter nachträglicher Berücksichtigung der Maßstäbe in der Summe ist mit einer nicht vollständigen Ausnutzung der vorhandenen Energie in der Summenbildung verbunden und erfordert daher erst recht, daß eine genügende Energie zur Verfügung gestellt werden kann.

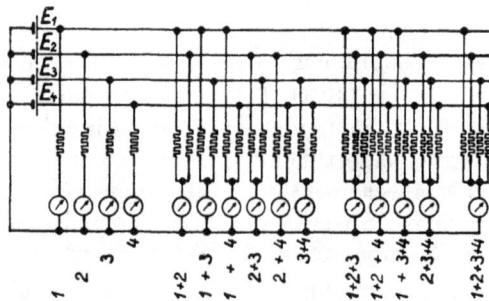

Abb. 33. Alle bei 4 Summanden möglichen Summen.

Daß sehr weitgehende Aufgaben gelöst werden können, zeigt Abb. 33, bei der z. B. 4 Meßwerte in allen überhaupt möglichen Verbindungen angezeigt werden, ohne daß die Meßspannung für jeden Verwendungszweck neu gebildet wird. Dies setzt, wie gesagt, voraus, daß ein Verfahren mit eingeprägter Spannung verwendet wird, das ohne inneren Spannungsabfall die Klemmenspannung dem Meßwert proportional einregelt. Aus diesen 4 Meßwerten können insgesamt 15 Anzeigen gewonnen werden, und zwar 4 Einzelanzeigen, 6 Anzeigen von Summen zu zweien, 4 Anzeigen von Summen zu dreien, 1 Anzeige der Summe aller 4 Meßwerte. Jeder Meßwert kommt dabei in 8 Anzeigen vor.

III. Weiterübertragung der Summe.

Die Weiterübertragung der Summe verlangt nach obigem, daß genügend Energie für den anzuschließenden Summengeber zur Verfügung gestellt werden kann. Es ist natürlich auch möglich, Summen von Meßgrößen, die nach einem Meßverfahren übertragen worden sind, mit einem anderen Meßverfahren weiter zu übertragen, was gelegentlich Vorteile bieten kann oder notwendig wird, wenn die erste verwendete Übertragung z. B. mit Gleichstrom erfolgt, während die Summe mit einem Impulsverfahren weiter übertragen werden muß.

Bei denjenigen Fernmeßverfahren, die von der Höhe der Hilfsspannung abhängig sind, entstehen beim Weitergeben der Summe durch rotierende Geberinstrumente Schwierigkeiten. Es sind für diesen Zweck spannungsunabhängige Zähler gebaut worden, deren wesentliche Eigenschaft die ist, daß sie mindestens zusätzlich Bremsmomente bekommen, die von der Hilfsspannung abhängig gemacht sind. Ein Amperestundenzähler, bei dem der permanente Magnet durch einen Elektromagneten ersetzt ist, dessen Wicklung an der Hilfsspannung angeschlossen ist, hat eine von der Höhe der Hilfsspannung unabhängige Drehzahl, da das Triebmoment und ebenso das Bremsmoment von der Spannung quadratisch abhängig sind. Es dürfen jedoch keine Remanenzerscheinungen auftreten.

e) Sonderaufgaben.

Mit der durch die Umwandlung der Meßgröße in eine andere Form geschaffenen Vereinheitlichung der verschiedenen Meßwerte lassen sich auch Aufgaben lösen, die sonst ihrer Verwirklichung große Widerstände entgegensetzen. So ist es bei der Summierung natürlich ohne weiteres möglich, Leistungen ganz verschiedener Art zu summieren, z. B. Drehstromleistungen mit Leistungen eines Gleichstromnetzes. Auch lassen sich neue Meßwerte aus den alten ableiten, z. B. durch Verhältnis- oder Produktenbildung. Auch tritt häufig die Aufgabe auf, die durch die Fernmessung erfaßten Werte fortlaufend zu zählen. Alle diese Aufgaben lassen sich bei den verschiedenen Meßverfahren in verschiedenem Maße erfüllen.

I. Zählung der durch Fernmessung übertragenen Meßwerte.

Die Zählung der durch Fernmessung erfaßten Meßwerte hat den Zweck, das Zeitintegral des Meßwertes fortlaufend zu ermitteln. Wird z. B. eine Leistung fernübertragen, so kann durch fortlaufende Integration dieser Leistung die abgegebene Arbeitsmenge ermittelt werden. Die Lösung dieser Aufgabe geschieht unter Benutzung der auch sonst in der Meßtechnik üblichen Verfahren. Man muß dabei unterscheiden zwischen den Fernmeßverfahren, die mit Intensitäten arbeiten und den Impulsverfahren. Bei den Intensitätsfernmeßverfahren können natürlich nur rein elektrische Zähler verwendet werden, also z. B. Amperestundenzähler oder Voltstundenzähler. Es ist jedoch dazu eine verhältnismäßig große Energie notwendig, die nicht immer zur Verfügung steht. Ist die Anzeige spannungsabhängig, so muß ein spannungsunabhängiger Zähler benutzt werden. Bei Verfahren mit wenig Energie, bei denen ein normaler Zähler nicht verwendbar ist, besteht die Möglichkeit, eine Zählung durch Addition der in gleichmäßigen Zeitabständen ermittelten Ausschläge eines Empfangsinstrumentes durchzuführen, indem durch einen Fallbügelmechanismus der Zeigerausschlag festgehalten und ein Abtastorgan um diesen Zeigerausschlag bewegt wird, wobei der zurückgelegte Weg auf ein Zählwerk übertragen wird. Dies wird in verhältnismäßig kleinen, gleichen Abständen wiederholt. Bei allen Zählverfahren, die auf die Intensität der Hilfsgröße zurückgehen, ist natürlich mit den unvermeidlichen Fehlern zu rechnen, so daß also ein Zählwerk am Sende- und ein Zählwerk am Empfangsort notwendigerweise gewisse Abweichungen voneinander aufweisen.

Bei den Impulsverfahren, und zwar beim Impulsfrequenzverfahren, gibt es dagegen die Möglichkeit, die Zählung im Anschluß an die Impulse selbst durchzuführen und damit von eigenen Fehlern freizumachen. So gibt z. B. der Drehmagnet des Impulskompensators nach Abb. 21 die Möglichkeit, ein Zählwerk für die Wiedergabe des Zählwerksstandes des Sendezählers ohne zusätzlichen Fehler anzubauen. Solange die Impulsübertragung überhaupt in Ordnung ist und nicht durch äußere, mit der Messung selbst nicht zusammenhängende Umstände gestört wird, ist die Übertragung des Zählerstandes absolut fehlerfrei. Der einzige auftretende Fehler ist der Fehler des Geberzählers selbst. Diese Eigenschaft, daß ein Impuls der Wertigkeit einer bestimmten Zahl von Kilowattstunden entspricht, ist natürlich jedem Impulsfrequenzverfahren eigentümlich, jedoch ist gerade beim Impulskompensationsverfahren die für die Zählung notwendige mechanische Summierung der Impulse durch einen Drehmagneten schon gelöst, so daß sich die Einschaltung eines besonderen Antriebes für das Zählwerk erübrigt.

Bei den Impulszahlverfahren ist die Zählung ebenso möglich und arbeitet fehlerfrei, wenn man dafür sorgt, daß die bei einer jedesmaligen

Übertragung unvermeidlichen, in den Einheiten des Impulszahlver-
fahrens nicht mehr auszudrückenden Restbeträge zu der nächsten Übertragung noch hinzuaddiert werden.

Beim Impulszeitverfahren besteht die Aufgabe der Zählung auf der
Empfangsseite darin, die durch Umwandlung der eintreffenden Impulse
gewonnenen Winkelwege mechanisch zu summieren. Ein derartiges Zählwerk enthält also einen für die Impulsdauer kuppelbaren Antrieb durch
eine Vorrichtung mit konstanter Geschwindigkeit, also z. B. einen Synchronmotor. Die Zählung ist mit dem Fehler der Umwandlung in den
Zeitimpuls und der Rückumwandlung des Impulses in einen Ausschlag
behaftet und ergibt daher keine restlose Übereinstimmung zwischen Geber
und Empfänger.

Die Aufgabe der Zählung kann auch in Verbindung mit örtlicher
Summenzählung auftreten, worüber im nächsten Hauptkapitel noch
Genaueres gesagt werden wird.

II. Quotienten- und Produktenbildung.

Aus verschiedenen in die gleiche Größe umgewandelten Meßgrößen
lassen sich durch Quotienten- oder Produktenbildung oder andere Zu-
sammenfassungen auch neue Meßwerte bilden, die für manche Anwendungen der Fernmessung interessant sind.

So ergibt z. B. die Anzeige des Verhältnisses der beiden Gleichströme
oder Spannungen, deren eine der Wirkleistung, deren andere der Blindleistung proportional ist, in einem Kreuzspulinstrument die Tangente des
Phasenwinkels zwischen Strom und Spannung oder mit einer anderen
Beschriftung der Skala auch den Leistungsfaktor. Hat man also
eine Übertragung von Wirk- und Blindleistung, so kann man eine
Anzeige des Leistungsfaktors in verhältnismäßig einfacher Weise anschließen.

Mißt man durch Fernmessung die aufgenommene Leistung einer
Maschine oder einer Anlage und ebenso die abgegebene Leistung, so kann
man durch ein Kreuzspulinstrument das Verhältnis der beiden, d. h.
den Wirkungsgrad der Anlage anzeigen. Da die Fernmessung erlaubt,
verschiedenartige Größen in demselben Übertragungsmaß darzustellen,
so kann auch z. B. der Gesamtwirkungsgrad eines Turbinenaggregates
einschließlich des thermischen Wirkungsgrades zur Anzeige gebracht
werden, wenn man die zugeführte Dampfmenge als primäre und die abgegebene elektrische Leistung als sekundäre Größe mißt und das Verhältnis beider bildet. Dabei ist allerdings konstanter Druck und konstante
Dampftemperatur vorausgesetzt. Es ist ferner bei allen diesen Anzeigen
zu bedenken, daß die unvermeidlichen Fehler der Umwandlung in die
Hilfsgröße gerade auf derartige Anzeigen einen sehr starken Einfluß
haben, da die beiden Größen an sich ziemlich gleich sind und die Fehler

der Umsetzung in die Hilfsgröße in die Größenordnung der zu messenden Unterschiede kommen können*).

Auch Produktenbildung ist möglich. Setzt man z. B. Strom und Spannung eines Wechselstromsystems je für sich in eine proportionale Gleichspannung um, wie das z. B. nach dem Gleichrichterverfahren Abb. 1 möglich ist und speist damit die beiden Spulen eines wattmetrischen Systems, so erhält man eine Anzeige der Scheinleistung. Ähnlich ist die Anzeige oder Zählung einer Wärmemenge möglich, wenn man das Produkt aus stündlicher Dampfmenge und Dampftemperatur bildet.

Die Scheinleistung kann auch auf Grund eines anderen Bildungsgesetzes dargestellt werden. Wenn man Wirk- und Blindleistung je mit einem Gleichstrom oder einer Gleichspannung proportionaler Größe überträgt, so kann man, indem man z. B. zwei damit gespeiste Instrumente mit quadratischem Skalencharakter mechanisch miteinander kuppelt und so die Summe ihrer Drehmomente bildet, die Scheinleistung ebenfalls im quadratischen Maßstab anzeigen.

---

*) Ähnlich wie auch bei direkten Wirkungsgradmessungen.

C. Fern- und Summenzählung.

a) Begriffsbestimmung.

Eine besondere aus dem Rahmen der Fernmessung herausfallende Aufgabe ist die Aufgabe der Fern- und Summenzählung. Man versteht darunter die Aufgabe, den Zählerstand eines Zählwerkes fortlaufend auf ein getrenntes Zählwerk so zu übertragen, daß bei der Übertragung selbst kein zusätzlicher Fehler auftritt, bzw. ein Zählwerk so zu betreiben, daß es die Summe der Zählerstände einer Reihe von Zählwerken anzeigt. Diese Übertragung muß, sollen im Laufe der Zeit nicht unkontrollierbare Differenzen entstehen, möglichst vollkommen fehlerfrei geschehen. Natürlich kann eine derartige Fehlerfreiheit nicht in allen Fällen erreicht werden, denn elektrische Übertragungen sind ihrer Natur nach von Störungen nicht absolut frei. Das Maß dieser Störungsfreiheit ist bei den einzelnen Übertragungsarten verschieden. Eine einfache Leitungsübertragung mit Hilfsspannung erreicht eine sehr hohe Störfreiheit, hat aber trotzdem nicht die absolute Sicherheit, wie sie ein in einem Gehäuse befindlicher verschlossener Apparat aufweisen kann. Wesentlich unsicherer sind künstlich geschaffene Übertragungskanäle mit Hochfrequenz u. dgl., bei denen der Ausfall einer Röhre oder eine von außen kommende Störung die Verbindung trennen können.

Andererseits stellt die Aufgabe selbst an die Verfahren und an die Apparate gewisse Anforderungen, die wohl beachtet werden müssen, wenn eine möglichst hohe Sicherheit erreicht werden soll, wie sie sich unter den gegebenen Übertragungsverhältnissen überhaupt erreichen lassen kann. Wie schon bei der Zählung im Anschluß an Fernmessung erwähnt wurde, sind es die Impulsmethoden, die eine fehlerfreie Übertragung erlauben, so daß also bei einer Summenzählanlage die Fehler der Summe sich nur aus dem Einzelfehler der einzelnen Geberzähler zusammensetzen und zusätzliche Fehler nicht hinzukommen.

Es werden Zähler mit Kontaktvorrichtungen verwendet, die für eine bestimmte Zahl von Zählerumdrehungen und damit für eine bestimmte Zahl von Kilowattstunden oder anderen Einheiten einen einmaligen Kontaktschluß hervorrufen und einen Impuls aussenden, der von dem Empfangszählwerk aufgenommen wird und das Zählwerk um einen entsprechenden Schritt fortschaltet. Bei Summenzählung kommen von allen Summandenzählern derartige Impulse, sie sind alle auf dasselbe Zählwerk zu übertragen, ohne daß einer verloren geht.

Der Zweck einer Summenzählung ist in vielen Fällen neben der Zählung der Summe die Bildung von Maximumwerten von Summen, d. h. die Feststellung der Zahl der in der zugrunde gelegten Zeiteinheit, meist eine Viertelstunde, abgegebenen Kilowattstunden oder damit gleichbedeutend, bei gleichmäßiger gedachter Belastung die während dieser Zeiteinheit vorhandene mittlere Leistung in Kilowattstunden. Für ihre Aufzeichnungen sind Registrierapparate oder auch druckende Apparate in Betrieb.

In manchen Fällen ist die Aufgabe der Summenzählung kombiniert mit der Aufgabe der Fernmessung oder Summenmessung, sei es, daß im Anschluß an die Fernübertragung eines Meßwertes derselbe Meßwert auch in die interne Summenzählung der Empfangsstation mit aufgenommen werden soll oder daß eine Summe von Leistungen gleichzeitig ihrem Momentanwert nach angezeigt oder registriert und die Summenarbeit gezählt oder das Summenmaximum bestimmt werden soll.

I. Interne Summenzählung.

Die häufigste Aufgabe der Summenzählung ist, die Summe einer Reihe von durch Zähler innerhalb einer Station gezählten Arbeitsmengen fortlaufend zu bilden. Die Verbindungsleitungen zwischen den Zählern und den Summenzählapparaten sind dabei kurz und brauchen in ihrer Zahl nicht beschränkt zu werden, so daß es möglich ist, diejenige Zahl von Leitungen zu verwenden, die mit Rücksicht auf eine möglichst hohe Sicherheit erwünscht ist.

Wichtig ist die Frage der für die Betätigung verwendeten Spannung. Während man einerseits die Ansicht vertreten findet, daß die an einen jeden Zähler angeschlossenen Teile der Apparatur von einer Spannung an diesem Zähler, also etwa von dem Spannungswandler des betreffenden Zweiges, gespeist werden sollen, setzt sich in zunehmendem Maße die Speisung der ganzen Summenzählanlage aus einer getrennten Schwachstromquelle durch, da diese dann in sehr einfacher Weise überwacht werden kann und vor allem die sämtlichen Betätigungsmagneten u. dgl. für den Gleichstrombetrieb mit einer viel höheren Sicherheit gebaut werden können als Wechselstrommagnete und es ferner nicht sehr angenehm ist, an der Klemmleiste eines Apparates wie eines Summenzählwerkes die Spannungen einer ganzen Reihe von Spannungswandlern gemeinsam zu haben.

Häufig ist bei der Summenzählung eine Teilsummenbildung und Zusammenfassung der Teilsummen zu einer Gesamtsumme durchzuführen. Auch Differenzen sind zu bilden. Überhaupt soll bei der Summenzählung, ähnlich wie bei der Summenmessung, eine Summe von beliebig vielen Summanden mit wechselndem Vorzeichen gebildet werden können.

II. Fernzählung.

Die Aufgabe der Fernzählung ist, einen Zählerstand auf ein entferntes Zählwerk fernzuübertragen. Da dies fehlerfrei geschehen soll, kommen nur Impulsmethoden in Betracht. Es gibt grundsätzlich zwei Lösungsmöglichkeiten. Man kann einmal die Übertragung fortlaufend vornehmen wobei dann jeweils nach einer bestimmten Zahl von Zählerumdrehungen ein Impuls auf die Leitung übertragen und das Zählwerk um eine Einheit weitergeschaltet wird. Das hat den Nachteil, daß einmal aufgetretene Fehler dauernd weitergeschleppt werden, falls sie nicht durch einen Eingriff beseitigt werden oder auch nur zur Kenntnis genommen und von da ab berücksichtigt werden. Die anderen Verfahren, die diese Nachteile nicht aufweisen, haben die Fernübertragung des Zählerstandes als solchen zur Grundlage und entsprechen den im Kapitel Fernmessung unter Impulszahlverfahren genannten Übertragungsmethoden. Sie sind verhältnismäßig umständlich und müssen gegen Falschmeldungen auch noch besonders geschützt werden. Bei den fortlaufend arbeitenden Verfahren kann man ebenfalls mit Vorteil von Sicherstellungsmethoden für die Übertragung der Impulse Gebrauch machen, die eine Erhöhung der Sicherheit bringen, allerdings auch einen größeren Aufwand zur Folge haben. Es ist jedoch nicht möglich, eine unbedingte Sicherstellung gegen alle Störquellen zu schaffen, so daß die Anwendung der Fernzählung zu reinen Verrechnungszwecken nicht möglich ist, auch mit Rücksicht darauf, daß solche Einrichtungen ihrer Natur nach nicht beglaubigungsfähig sind. Doch bleibt für Kontrollmaßnahmen und zur Ermöglichung einer wirtschaftlichen Betriebsführung ein genügend großer Aufgabenkreis.

III. Anforderungen an die einzelnen Apparate.

Die fehlerlose Übertragung und Summierung stellt an die einzelnen Apparate und Anlagenteile bestimmte auf eine möglichst hohe Sicherheit zielende Anforderungen. Beim Geberzähler soll außer einer absolut sicheren Kontaktgabe auch eine möglichst reibungslose Kontaktgabe erreicht werden. Bei den Summenzählwerken ist die Forderung nach einem betriebssicheren Arbeiten an erster Stelle zu nennen, dann sollen die Apparate möglichst die Ausführung moderner Zähler haben in bezug auf die Art des Zählwerkes und der Tarifeinrichtungen, wie Doppeltarifzählwerke, Maximumanzeige, Registrierung u. dgl. An die Impulsübertragung schließlich sind die Anforderungen einer möglichst hohen Sicherheit zu stellen.

1. Anforderungen an den Geberzähler.

Der Geberzähler weist als wichtigstes Glied für die Summenzählung die zum Aussenden der Impulse bestimmte Kontaktvorrichtung auf. Sie muß mit sehr großer Sicherheit ohne Pflege und Überwachung dauernd arbeiten, kann aber andererseits nicht robust gebaut werden, da sie dann zu viel Reibungswiderstand aufweist und dem Zähler zu viel mechanische Energie entnimmt, was sich in einem vergrößerten Fehler bemerkbar macht. Aus diesem Grunde, wie auch mit Rücksicht auf die Vermeidung einer unnötigen Beanspruchung aller Teile, ist es zweckmäßig, die Häufigkeit der Impulse so klein wie möglich zu machen. Sie muß sich nach der Aufgabe richten. Soll z. B. das Viertelstundenmaximum einer Summe von 2 Summanden gebildet werden, so dürfte es genügen, wenn das Maximum bei Nennlast mit etwa 200 Impulsen gebildet wird, da dann 1 Impuls nur etwa $\frac{1}{2}\%$ der ganzen Skala ausmacht. Sind beide Summanden gleich, so entfallen daher auf einen Zähler bei Nennlast 100 Impulse in 15 min oder 1 Impuls in 9 s. Bei der üblichen Zählerdrehzahl von etwa $\frac{1}{2}$ Umdrehung pro s bei Nennlast muß also bei etwa 5 Zählerumdrehungen 1 Impuls gegeben werden. Je kleiner diese Verhältniszahl ist, desto stärker ist der Zähler mechanisch belastet, desto weniger Genauigkeit kann man von ihm verlangen. Eine besondere Beachtung muß auch trotz der Feinheit der Kontaktvorrichtung die sichere Kontaktgabe finden, die noch besonders dadurch erschwert wird, daß sie bei allen Drehzahlen, auch bei ganz langsamer Bewegung, sauber und eindeutig sein soll und nicht durch Unterbrechungen, beispielsweise infolge von Erschütterungen, mehrmaligen Kontaktschluß vortäuschen darf.

Zur Erreichung dieses Zieles sind zwei Wege eingeschlagen worden. Der eine ist die Ausführung des Kontaktes als Schnappkontakt, indem die Kontaktschließung ebenso wie die Öffnung durch Freigabe der in einer gespannten Feder aufgespeicherten Energie plötzlich unabhängig von der Geschwindigkeit des Zählers erfolgt. Da bei manchen Summenzählverfahren die Dauer des Kontaktschlusses zeitlich begrenzt sein muß, weil sonst eine mehrmalige Fortschaltung des Summenzählwerkes erfolgt, wird damit auch gleichzeitig die Aufgabe gelöst, den Kontakt unabhängig von der Zählerbewegung nach kurzer Zeit wieder zu unterbrechen. Der andere Weg zur Sicherstellung einer eindeutigen Impulsgabe ist, jeden Schritt aus zwei Teilschritten aufzubauen, die nur zusammen eine Weiterschaltung bewirken können. Die Kontaktvorrichtung wird doppelt ausgeführt, indem nacheinander zwei Kontakte geschlossen werden, die entweder polarisierte Impulse oder Impulse auf getrennten Leitungen geben. Die Kontaktvorrichtung braucht dabei nur so angeordnet zu sein, daß eine gleichzeitige Schließung beider Kontakte unmöglich ist, vielmehr die Zurücklegung eines bestimmten Weges durch den Zähler für den Übergang vom einen Kontakt auf den anderen erforderlich ist. Es ist dann auch durch Unterbrechung irgendeines der beiden Kontakte nicht möglich, eine mehrmalige Impulsgabe vorzutäuschen. Auch kann die Kontaktschließung in diesem Falle beliebig lange andauern.

Für die Summierung ist es meist erforderlich, daß die von den einzelnen Summanden herrührenden Fortschaltungen jeweils auf dieselbe Maßeinheit bezogen werden, auch wenn die Nennleistungen der Ausgangszähler wegen des Anschlusses an verschiedene Wandler verschieden groß sind. Bei den mechanischen Summenzählwerken ist es zwar an sich möglich, mit Impulsen verschiedener Wertigkeit zu arbeiten, d. h. die Übersetzungen an den Kontaktvorrichtungen der Zähler alle gleich, die Übersetzungen der Antriebsorgane zur Summenachse aber verschieden zu machen. Es ist jedoch zweckmäßiger und auch bei manchen Summenzählverfahren notwendig, die Übersetzungen schon an den Zählern so einzurichten, daß ein jeder Impuls, von welchem Zähler er auch komme, dieselbe Zahl von Kilowattstunden bedeutet, so daß die Impulse alle gleichwertig sind. Dies verlangt, daß die Übersetzungen an der Zählerkontaktvorrichtung leicht auf die notwendigen Werte gebracht werden können. Das bietet im allgemeinen keine besonderen Schwierigkeiten, da ja bei den Zählwerken der Zähler selbst ein ganz ähnliches Problem zu lösen ist, wenn sog. Primärzählwerke, d. h. auf die primären Daten der Wandler bezogene Zählwerke, verwendet werden, die die unmittelbare Ablesung der in den Abzweigen abgegebenen Kilowattstunden ermöglichen, ohne daß eine Multiplikation mit einer aus den Wandlerübersetzungen zu errechnenden Konstanten nötig ist.

Zähler für zwei Energierichtungen müssen entweder eine Kontaktvorrichtung haben, die die Drehrichtung des Zählers unterscheiden oder, es muß ein wattmetrisches Relais oder sonst eine Umschaltevorrichtung verwendet werden zum Umschalten der Impulsleitungen, da die Impulse immer auf getrennte Apparateteile geleitet werden müssen, wenn sie ihr Vorzeichen wechseln. Auch bei Zählern, für die normalerweise nur eine Energierichtung vorhanden ist, ist zweckmäßigerweise die Impulsgabe für die andere Drehrichtung, falls diese im Störungsfalle vorkommen sollte, zu sperren, wie ja auch in diesem Falle Zählwerke mit Rücklaufhemmung verwendet werden müssen.

2. Anforderungen an die Summierwerke.

Die Summierwerke, die die Aufgabe haben, die einlaufenden Impulse der einzelnen Summanden je durch einen Vorschub bestimmter Größe aufzunehmen, müssen natürlich absolut zuverlässig arbeiten. Von mehreren Summanden gleichzeitig einlaufende Impulse dürfen nicht zum Teil verloren gehen, was durch verschiedene Anordnungen erreicht wird. Sie müssen ferner erlauben, neue Kontaktvorrichtungen zur Weitergabe der Summe an eine Hauptsumme anzuordnen.

Die Aufgabe, bei jedem eintreffenden Impuls einen und nur einen Schritt weiterzuschalten, ist im Dauerbetrieb gar nicht so einfach zu erfüllen und erfordert die Beachtung gewisser Konstruktionsgrundsätze. Die Lösung erfolgt meist so, daß durch den Impuls ein Schrittschaltwerk betätigt wird, bei dem ein Magnet auf ein Klinkenrad einwirkt und dieses entweder beim Ansprechen oder beim Abfallen oder in beiden Fällen um einen Zahn weiterschaltet. Kraftänderungen des Magneten durch Änderung der zugeführten elektrischen Spannung dürfen keinen Einfluß auf den Hub haben, da sonst mehr als 1 Schritt oder weniger als 1 Schritt weitergeschaltet werden kann. Auch darf dem Klinkwerk nicht eine derartige Beschleunigung erteilt werden, daß es durch die aufgespeicherte Energie über das vorgeschriebene Maß hinausgeschleudert wird. Werke, die diesen Anforderungen genügen, sind entweder nach den bewährten Konstruktionsgrundsätzen der automatischen Telephontechnik oder der Nebenuhrentechnik gebaut, oder sie enthalten Vorrichtungen, die durch einen Hilfsmotor angetrieben werden, der durch die Impulse für einen bestimmten Schritt freigegeben wird.

Als Anzeigeorgane enthalten die Summierwerke meist Zählwerke der üblichen Bauart. Für die Anzeige des Maximums über bestimmte Zeiten werden Skalen mit Zeigern verwendet, aber auch Zählwerke, die auf Null zurückgestellt werden können. Die Registrierung des Maximums erfolgt meist in der auch bei Zählern gebräuchlichen Weise, indem eine Schreibfeder aus der Nullstellung heraus bis auf den nach Ablauf einer bestimmten Zeitspanne erreichten Wert bewegt wird und dann wieder auf Null zurückfällt. Auch kommen Werke in Gebrauch, die den Zählerstand oder das erreichte Maximum auf einen Papierstreifen abdrucken.

3. Anforderungen an die Übertragung.

Bei Fernzählung ist die Sicherstellung der Impulsübertragung gegen das Ausbleiben von Impulsen oder das verstümmelte Ansprechen der Empfangsrelais die wichtigste Maßnahme zur Erzielung einer möglichst hohen Betriebssicherheit. Es sind dafür eine Reihe von technischen Maßnahmen denkbar, die aber meist nicht sehr einfach sind, sondern z. B. für Hochfrequenzübertragung verhältnismäßig kompliziert werden und auch dann keinen vollständigen Schutz gegen das Ausbleiben von Impulsen darstellen können, sondern nur auf Sende- und Empfangsseite zur Anzeige bringen können, ob und aus welchem Grunde die Übertragung der Impulse nicht durchgeführt werden kann.

Einrichtungen einfachster Art bestehen z. B. darin, daß man mit 3 Leitungen arbeitet, Leitung a, Leitung b und gemeinsamer Rückleitung. Auf der Sendeseite wird der Impuls in zwei Teilschritten gegeben, indem abwechselnd Leitung a und Leitung b an Spannung gegen die gemeinsame Rückleitung gelegt wird. Ist Leitung a unter Spannung, so wird die eine Betätigungsspule des Fortschaltwerkes gespeist und schaltet um einen Teilschritt weiter. Dadurch wird auf der Empfangsseite ebenfalls eine Umschaltung vorgenommen, derart, daß Leitung a und Fortschaltspule 1 von der Rückleitung abgetrennt wird und dafür Leitung b über Fortschaltspule 2 mit der Rückleitung verbunden wird. Ein weiterer

Teilschritt kann erst dann gemacht werden, wenn von der Sendeseite her Spannung an Leitung b gegeben wird, worauf die zweite Betätigungsspule des Fortschaltmagneten anspricht, den zweiten Teilschritt macht und wieder auf Leitung a und Fortschaltspule 1 umschaltet. Auf diese Weise kann auch auf der Sendeseite kontrolliert werden, ob das Empfangsorgan richtig arbeitet. Man braucht nur festzustellen, ob jede der beiden Leitungen von der Empfangsseite her unterbrochen wird, nachdem sie auf der Sendeseite an Spannung gelegt worden war. Dies ist mit Hilfe einer einfachen Relaisschaltung möglich. Es wird für diese Kontrolle das sog. Ruhestromprinzip verwendet, bei dem die Leitung auf der Empfangsseite aufgetrennt und dies in der Sendestelle festgestellt werden kann.

Ist eine solche Schaltung nicht möglich, weil nicht genügend Leitungen zur Verfügung stehen, so kann auch ein polarisierter Betrieb statt dessen verwendet werden, bei dem statt mit 2 Leitungen mit 2 Polaritäten gearbeitet wird. Ist auch dies nicht möglich, so kann das Prinzip der impulsmäßigen Quittierung verwendet werden, bei dem eine Impulsübertragung dadurch zustandekommt, daß ein Impuls von der Sendestelle nach der Empfangsstelle übertragen wird und der Empfang dieses Impulses quittiert wird durch einen von der Empfangsstelle zur Sendestelle zurückgehenden Impuls. Das Ausbleiben dieses Impulses kann dann zur Meldung der Störung benutzt werden. Dieses Verfahren ist jedoch verhältnismäßig teuer, besonders wenn die Kosten der Übertragung, wie z. B. bei Hochfrequenzbetrieb, an sich sehr hoch sind, weil man die doppelte Verkehrsrichtung benötigt.

Grundsätzlich kann man sagen, daß alle diejenigen Sicherstellungsmethoden, die für die Fernschaltung und Fernmeldung verwendet werden können, auch für die Impulsübertragung bei der Summenzählung anwendbar sind. Doch dürften die Fälle, in denen sich ein solcher Aufwand wirklich verlohnt, verhältnismäßig selten sein.

b) Summenzählverfahren mit mechanischer Summierung durch getrennte Antriebsglieder.

Die eine Hauptgruppe der Summenzählverfahren arbeitet in der Weise, daß jedem Summanden ein getrenntes Antriebsglied in dem Summenzählwerk zugeordnet ist und die Summenachse um die Summe aller von den einzelnen Antriebsgliedern eingeleiteten Schritte bewegt wird. Diese Bewegung kann durch direkten Antrieb durch die Impulse erfolgen oder durch einen Hilfsmotor, dessen Bewegung durch die Impulse freigegeben wird. Die Impulse können dabei ganz unabhängig kommen.

I. Summationsgetriebe.

Als summierendes Getriebe wird ein Differentialgetriebe*) verwendet,
wie es Abb. 34 zeigt. Es ist darin ein derartiges Getriebe dargestellt
für die Summation von insgesamt 4 Werten. Die 4 getrennten Antriebsorgane betätigen je paarweise die beiden Kegelräder eines Differential-
getriebes mit gleichem Drehsinn. Die Umdrehungen des Zwischenrades
werden ebenfalls wieder durch ein weiteres Differentialgetriebe summiert.
Wegen des pyramidenförmigen Aufbaues ist dieses Getriebe auch Pyra-
midenrelais genannt worden.

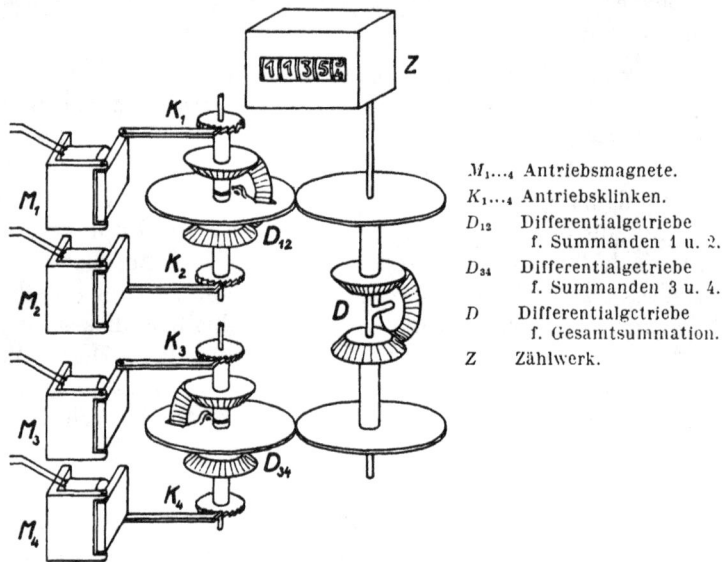

$M_1...4$ Antriebsmagnete.
$K_1...4$ Antriebsklinken.
D_{12} Differentialgetriebe
f. Summanden 1 u. 2.
D_{34} Differentialgetriebe
f. Summanden 3 u. 4.
D Differentialgetriebe
f. Gesamtsummation.
Z Zählwerk.

Abb. 34. Summationsgetriebe.

Durch Wahl verschiedener Zähnezahlen für die Klinkenräder oder
durch Einfügung von Zwischenübersetzungen kann der von den einzelnen
Summandenimpulsen auf die Endachse übertragene Schritt verschieden
groß gemacht werden, so daß die Möglichkeit besteht, die verschiedenen
Größen der Nennleistungen der einzelnen Zähler im Summationsgetriebe
zu berücksichtigen und die Zähler alle mit gleicher Übersetzung, also verschiedener Impulswertigkeit, auszuführen.

Das Getriebe ist bei umgekehrter Drehrichtung eines Antriebes auch
in der Lage, statt der Summe Differenzen zu bilden. Das Klinkenrad darf
jedoch nicht durch Schritte des anderen Antriebes des Differentialge-
triebes durchgedreht werden. Wenn die Reibung, die das Zwischenrad

---

*) Ausführungen verschiedener Firmen, vgl. Anhang. Vgl. a. LitV. Paschen,
Siem.-Ztschr. 1930.

findet, größer ist als die Reibung des Antriebskegelrades der anderen Seite, so besteht die Gefahr, daß das Zwischenrad stehen bleibt und das Klinkenrad gedreht wird. Um dies zu vermeiden, muß zusätzlich gebremst werden oder die Antriebsvorrichtung muß noch besser so ausgebildet werden, daß die Einleitung der Bewegung nicht vom Klinkenrad aus, sondern nur von der Klinke aus möglich ist.

II. Verfahren mit mechanischen Speichergliedern.

Ein Verfahren mit mechanischen Speichergliedern ist in Abb. 35 dargestellt*). Die Weiterschaltung der Zählwerkachse erfolgt durch

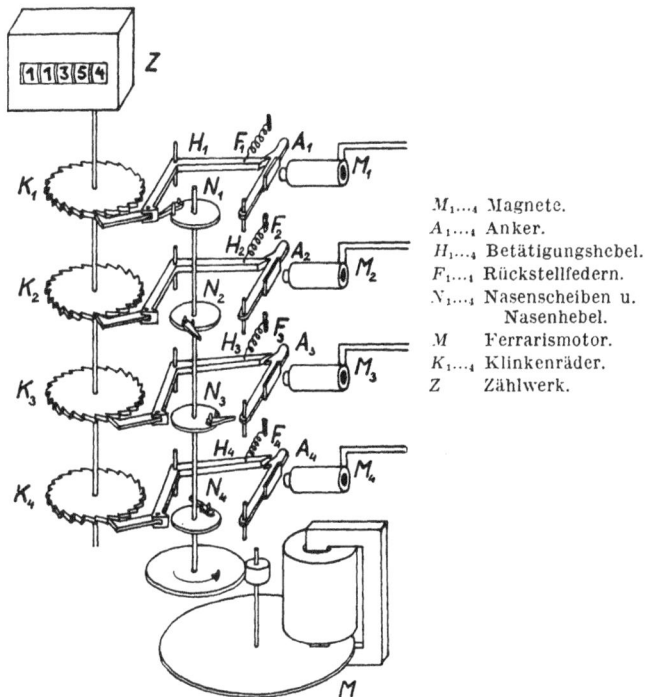

$M_{1...4}$ Magnete.
$A_{1...4}$ Anker.
$H_{1...4}$ Betätigungshebel.
$F_{1...4}$ Rückstellfedern.
$N_{1...4}$ Nasenscheiben u. Nasenhebel.
M Ferrarismotor.
$K_{1...4}$ Klinkenräder.
Z Zählwerk.

Abb. 35. Summenzählwerk mit mechanischen Speichergliedern.

einen Hilfsmotor. Die Impulse laufen auf den Magneten M ein, die den Anker A kurzzeitig anziehen und dabei den Betätigunghebel H aus der ihn festhaltenden Nase des Ankers freigeben. Der Betätigungshebel dreht sich unter dem Einfluß der Feder F in die bei den Summanden 3 und 4 gezeichnete Lage, in der er verharrt, bis die federnden Nasenscheiben N, die von dem Ferrarismotor FM mit bestimmter Geschwindigkeit gedreht werden, mit dem Nasenhebel in den Zahn des Betätigungshebels

---

*) Ausführung Landis & Gyr, Schweiz. Vgl. LitV. J a n i c k i, versch. Aufsätze

eingreifen und ihn wieder in die normale Lage zurückdrehen. Das Klinkenrad *K* wird dabei um einen Schritt weiter gedreht und der Betätigungshebel schnappt wieder in den Zahn des Ankers *A*. Durch die Versetzung der Nasenhebel *N* ist dafür gesorgt, daß die einzelnen Schritte nur nacheinander gemacht werden können.

Für das richtige Arbeiten ist die Einhaltung gewisser Bedingungen notwendig. Die Impulse müssen bei allen Zählerdrehzahlen, auch bei ganz langsamen, mindestens so kurz sein, wie es der für die Rückstellung des Betätigungshebels durch einen Nasenhebel erforderlichen Zeit entspricht. Der kleinste Impulsabstand bei größter Belastung muß größer sein als die Umlaufzeit der Nasenhebelwelle. Ferner muß die Justierung aller Klinken so gut vorgenommen werden, daß bei einer Vorbewegung durch irgendeinen Klinkenhebel um einen Schritt alle übrigen Klinken in den nächsten Zahn einfallen.

Es ist denkbar, daß ein Impuls unterdrückt wird, wenn er gerade in demjenigen Augenblick kommt, in dem der Nasenhebel sich unter dem Zahn des Betätigungshebels befindet und diesen hindert, in seine Betätigungslage zurückzufallen. Dieser Fehler würde verhältnismäßig häufig eintreten, wenn ein fester Nasenhebel verwendet würde. Der Nasenhebel ist aber federnd ausgeführt und hat, ebenso wie der Zahn des Betätigungshebels, eine scharfe Schneide, so daß er in jedem Falle abgleitet und eine richtige Fortschaltung ergibt, denn entweder gleitet er zurück, dann folgt die Betätigung sogleich nach, oder er gleitet nach vorn ab, dann folgt die Fortschaltung beim nächsten Umlauf.

Das Summationsgetriebe erfordert natürlich Impulse gleicher Wertigkeit. Bei verschiedenen Nennwerten der Summanden müssen verschiedene Übersetzungen an den Kontaktvorrichtungen der Zähler eingebaut werden.

c) Verfahren mit unmittelbarer Impulssummierung.

Im Gegensatz zu diesen Verfahren, bei denen ein jeder Summand sein eigenes Antriebsglied hat, stehen die Verfahren, bei denen die Impulse unmittelbar summiert werden und gesammelt auf einen gemeinsamen Antrieb für das Summenzählwerk gegeben werden. Dabei müssen natürlich die Impulse alle gleichwertig sein, also verschiedene Nennleistungen durch verschiedene Zählerübersetzungen ausgeglichen werden. Da die Impulse von dem Zähler zu beliebigen Zeiten kommen können, sind zur Vermeidung von Auslassungen Speichereinrichtungen für die Impulse notwendig, wenn man nicht die Impulse an sich sehr kurz macht und die für das Zusammenfallen von Impulsen dann noch vorhandene Fehlerwahrscheinlichkeit in Kauf nehmen will.

I. Verfahren mit Schnellschaltung und geringer Fehlerwahrscheinlichkeit.

Ein solches Verfahren zeigt Abb. 36*). Als Zählwerk ist ein polarisiertes Werk verwendet, die Zählerkontakte sind doppelt und polen die Leitung um. Die Speisung der ganzen Schaltung erfolgt durch eine Batterie, die im Anfang der ganzen Schaltung vor dem Zählerkontakt 1 liegt. Die Zählerkontakte sind so eingerichtet, daß sie in möglichst kurzer

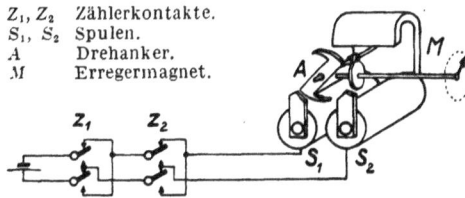

Abb. 36. Summenzählung mit Schnellschaltung.

Zeit von der einen Schaltstellung in die andere Schaltstellung umschalten und ebenso wieder zurückschalten. Das Zählwerk arbeitet mit einer möglichst hohen Geschwindigkeit.

Ein Fehler kann dadurch entstehen, daß zwei Zählerkontakte genau gleichzeitig umlegen und dadurch die vorher vorhandene Polarität bleibt, das Zählwerk also statt 2 Schritte überhaupt keinen Schritt macht. Die Wahrscheinlichkeit für das Auftreten dieses Fehlers hängt ab von dem Verhältnis derjenigen Zeit, die das Zählwerk für einen Impuls braucht zum mittleren Impulsabstand. Bei einer Mindestdauer des Impulses für ordnungsmäßiges Umlegen des Antriebes von z. B. 0,10 s und einem mittleren Impulsabstand von 5 s wird das Zählwerk in etwa 0,4% aller Fälle bei Nennlast nicht in der Lage sein, richtig umzulegen, so daß es um diesen Fehlerbetrag zu wenig zeigt. Dies ist allerdings nur als mittlerer Fehler anzusprechen, denn über kürzere Zeit können sich die Fehler häufen oder auch seltener sein.

Das Verfahren hat den Vorzug einer außerordentlichen Einfachheit, arbeitet allerdings nicht absolut genau.

II. Verfahren mit Impulsspeicherung.

Von dem Fehler, der entstehen kann, wenn mehrere Zählerkontakte gleichzeitig schließen, sind die Verfahren mit Impulsspeicherung frei. Diese Verfahren lassen sich in allen möglichen Übergangsformen von dem mechanischen Speicher, wie er in Abb. 35 dargestellt ist, bei dem allerdings noch für jeden Summanden ein getrenntes Antriebsglied vorgesehen ist, über teils mechanische, teils elektrische Speichereinrichtungen bis zu rein elektrischen Speicherverfahren ausführen. Dabei wird mit Vorteil von der Technik der Schaltungen Gebrauch gemacht, wie sie in

---

*) Ausführung Sangamo El. Co., Amerika.

der automatischen Telephonie üblich sind. Auch können die in der automatischen Telephonie üblichen Relais verwendet werden, die mit mehreren unabhängigen Kontaktsätzen arbeiten und eine außerordentlich hohe Sicherheit aufweisen. Es wird dann vorzugsweise Gleichstrom als Hilfsspannung verwendet, da sich damit die Schaltungen wesentlich günstiger durchführen lassen.

Durch einen umlaufenden Verteiler können die Impulse derart auf das Summenzählwerk gegeben werden, daß die in den Speichergliedern, z. B. Relais, von der Zählerkontaktvorrichtung abgenommenen Impulse nur nacheinander entsprechend dem Umlauf des Verteilers wirksam werden können.

Eine Impulsspeicherung ausschließlich durch Verwendung von elektromagnetischen Relais stellt das Relaiskettenverfahren*) nach

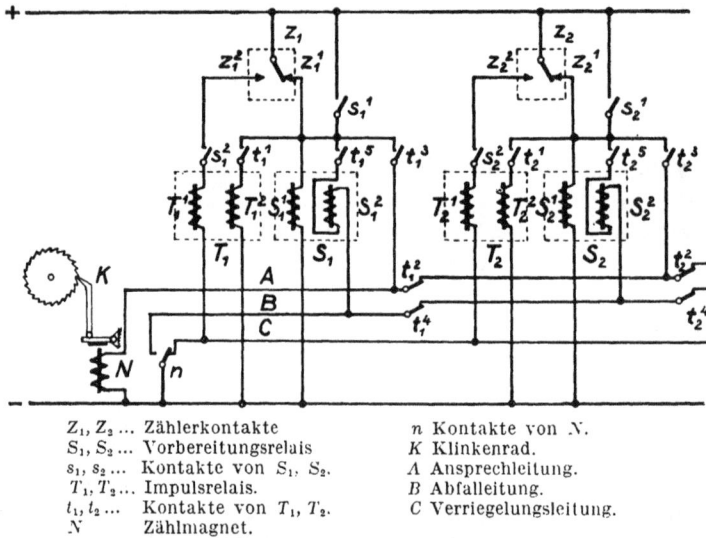

$Z_1, Z_2 \ldots$	Zählerkontakte	n Kontakte von N.
$S_1, S_2 \ldots$	Vorbereitungsrelais	K Klinkenrad.
$s_1, s_2 \ldots$	Kontakte von S_1, S_2.	A Ansprechleitung.
$T_1, T_2 \ldots$	Impulsrelais.	B Abfalleitung.
$t_1, t_2 \ldots$	Kontakte von T_1, T_2.	C Verriegelungsleitung.
N	Zählmagnet.	

Abb. 37. Summenzählung nach dem Relaiskettenverfahren.

Abb. 37 dar, bei dem auch doppelt wirkende Zählerkontakte angewendet sind. Die Schaltung ist für 2 Summanden 1 und 2 in der aufgelösten Darstellung gezeichnet, wie sie in der Technik der automatischen Telephonie und auch bei der Fernmeldung üblich ist**). Die Schaltung kann nach rechts beliebig für weitere Summanden verlängert werden. Für jeden Summanden ist eine Zählerkontaktvorrichtung Z mit den beiden Kontakten z^1 und z^2 vorhanden, ferner 2 Relais, ein Vorbereitungsrelais S und ein Impulsrelais T mit je 2 Wicklungen, den Einschaltewicklungen S^1 bzw. T^1 und der Abschaltwicklung S^2 bzw. der Haltewicklung T^2. Die

---

*) Ausführung Allg. El. Ges. Berlin.
**) Vgl. S. 137.

Relais sind in einer Kette geschaltet über Ruhekontakte der T-Relais und arbeiten zusammen mit dem Zählwerk N, das gleichzeitig eine Klinke K und einen Wechselkontakt n betätigt.

Für einen einzelnen Summanden, zunächst für sich allein betrachtet, spielt sich ein Betätigungsvorgang wie folgt für den ersten Summanden beschrieben ab: Schließt der Zählerkontakt z_1^1, so spricht das Relais S_1 auf seiner Ansprechwicklung S_1^1 an und überbrückt sofort mit seinem Arbeitskontakt s_1^1 den Zählerkontakt z_1^1, so daß dieser entlastet wird und ohne Beanspruchung abschalten kann. Das Relais S_1 hält sich weiterhin, die Schaltung ist für den nächsten Schritt vorbereitet. Dieser erfolgt dann, wenn der Zählerkontakt z_1^2 geschlossen wird. Er schaltet über den durch das Halten des S-Relais geschlossenen Arbeitskontakt s_1^2 das Relais T_1 mit seiner Ansprechwicklung T_1^1 ein, das dann über seine Kontakte t_1^2 und t_1^4 die weiteren Summandenschaltungen auf den Leitungen A und B abtrennt und mit seinem Arbeitskontakt t_1^3 Spannung auf die Wicklung des Zählrelais N gibt. Dieses spricht an und trennt damit die Leitung C ab, so daß jetzt vorläufig kein weiteres T-Relais mehr ansprechen kann. Statt dessen erhält die Leitung B Spannung. Da sie durch den Kontakt t_1^4 weiterhin abgetrennt ist, ist nur die Abschaltewicklung S_1^2 über die Kontakte s_1^1 und t_1^5 angeschaltet. Der in der Abschaltewicklung S_1^2 fließende Strom hebt die von der Wicklung S_1^1 herrührenden Amperewicklungen auf, das Relais S_1 fällt infolgedessen ab und die Kontakte s_1^1 und s_1^2 öffnen. Damit wird aber die ganze Schaltung spannungslos, denn z_1^1 ist noch geöffnet. Es fallen also das Zählrelais N und das Relais T_1 ab. Letzteres hat eine Abfallverzögerung durch eine Kurzschlußwicklung auf dem Relaiskern, so daß es gegenüber N verzögert abfällt. Wenn dies geschehen ist, ist die Weitergabe des Impulses an das Zählwerk beendet, das einen einzigen Schritt gemacht hat. Die Schaltung ist für den nächsten Schritt von irgendeinem Zähler her vorbereitet.

Jeder Summand arbeitet in genau der gleichen Weise. Es bleibt nur der Fall zu betrachten, wenn zwei oder mehrere Zählerkontakte z^2 gleichzeitig schließen. Angenommen, dies geschehe so genau übereinstimmend, daß beide T-Relais gleichzeitig ansprechen, so hat das in der Schaltung weiter voranliegende T-Relais insofern dem anderen gegenüber den Vorzug, als es ihm durch seine Ruhekontakte t^2 und t^4 die Spannung auf der A- und B-Leitung wegnimmt. Das Relais mit der höheren Summandennummer ist daher von der Schaltung abgetrennt und beeinträchtigt die vorher betrachtete Arbeitsweise der Schaltung nicht. Ist der Impuls des vorhergehenden Summanden an das Zählwerk weitergegeben, hat also das Zählrelais N angesprochen und ist ebenso wie das T-Relais dieses Summanden wieder abgefallen und damit der Ruhekontakt t^2 wieder geschlossen und die A-Leitung durchgeschaltet, so erhält über den Kontakt t^3 des bereits vorher eingeschalteten T-Relais der nächsten Summandenschaltung das Zählrelais N wieder Spannung und spricht erneut an, worauf sich der vorher besprochene Schaltvorgang für diesen Summanden wiederholt.

Es wird so durch ein einmaliges Ansprechen des Zählrelais jeweils ein zusammengehöriges Relaispaar für einen Summanden abgeschaltet, wobei die Reihenfolge der Kontaktschlüsse der einzelnen Zählerkontakte beliebig sein kann. Sie können alle gleichzeitig ansprechen, ohne daß ein Impuls verlorengeht, nur müssen gewisse Bedingungen eingehalten werden. Diese beziehen sich größtenteils auf das Arbeiten des Zähler- kontaktes und schreiben vor, daß die Kontakte z^1 und z^2 niemals gleich- zeitig geschlossen sein dürfen, daß z^2 eine gewisse Mindestzeit lang schließen muß, die so lange ist, daß während dieser Zeit das Zählrelais mindestens einmal ansprechen kann. Sonst besteht die Gefahr, daß durch z^2 das zugehörige T-Relais nicht eingeschaltet wird, wenn zufällig gerade der Ruhekontakt n des Zählrelais geöffnet ist. Der geringste Ab- stand zwischen den Kontaktschlüssen von z^2 und z^1 muß auch beim schnellsten Lauf des Zählers mindestens so groß sein, daß während dieser Zeit die gesamte Schaltung durch wiederholtes Ansprechen des Zählrelais N und Abschaltung aller Relaisgruppen zur Auflösung gebracht werden kann, damit nicht bei zufällig gleichzeitigem Ansprechen aller T-Relais ein Relais der niedrigeren Summandennummern bereits wieder anspricht, bevor das Relais der letzten Gruppe zum Abfallen gebracht wurde und dadurch ein Impuls verlorengehen kann.

Bei Beachtung aller dieser Bedingungen arbeitet aber die Schaltung mit einer außerordentlich hohen Zuverlässigkeit, weil sie zu einer ganz zwangläufigen Schaltfolge durchgebildet ist. Die Schaltung hat den Vorteil, daß sie beliebig erweiterungsfähig ist. Die Hinzunahme neuer Summanden erfordert nur eine Erweiterung der Schaltung, nicht aber eine mechanische Änderung des Summierwerkes.

d) Gleichzeitige Summenmessung und Summenzählung.

Eine häufig auftretende Aufgabe verlangt die gleichzeitige Summen- messung und Summenzählung, d. h. die Anzeige oder Registrierung der Summe einer Reihe von Leistungen und gleichzeitig die Zählung der Summe der einzelnen Arbeitsmengen, oft verbunden mit einer Fern- übertragung der Summe. Dabei ist an die Definition der Summenzäh- lung zu erinnern, bei der eine fehlerfreie Bildung der Summenarbeit ge- fordert wurde. Es kommen also nur Impulsmethoden der beschriebenen Art in Betracht, bei denen die Summierung der Impulse durchgeführt wird, die je die Wertigkeit einer bestimmten Zahl von Kilowattstunden haben. Die absolute Summe der Impulse stellt die Summe aller durch alle Zähler gemessenen Kilowattstunden dar, die mittlere Impulshäufig- keit, d. h. die durchschnittliche Zahl der Impulse in der Zeiteinheit ist ein Maß für die Zahl der Kilowattstunden in der Sekunde oder für die Leistung in Kilowatt. Das früher beschriebene Impulsfrequenz-Fernmeßverfahren ist also seiner Natur nach das für die Bildung der Summenleistung am besten geeignete, da es ja dieses Prinzip zur Arbeitsgrundlage hat. Während aber beim einfachen Impulsfrequenzverfahren die einzelnen Impulse bei zweckmäßiger Konstruktion der Zählerkontakte in gleichmäßigen Zeitabständen kommen, ist das bei der Summierung mit Impulsen nicht der Fall, unabhängig davon, welches Summierungsprinzip verwendet wird. Angenommen, es seien 5 Summanden zu summieren, wobei 5 Impulsreihen von den 5 Sendezählern ausgehen, so kann, wenn auch selten, aber immerhin denkbar, der Fall vorkommen, daß mehrere oder alle diese Zähler so gleichmäßig belastet sind, daß die von ihnen kommenden Impulse über längere Zeit in etwa gleichen Abständen gegeben werden und noch dazu zeitlich zusammenfallen. Es können also über eine mehr oder weniger lange Zeit immer 5 Impulse gleichzeitig oder kurz hintereinander eintreffen, worauf eine längere Pause folgt. Die Anzeige oder Registrierung soll dabei noch nicht schwanken, stellt also an die Glättung der Anzeige, die schon beim normalen Impulsfrequenzverfahren als sehr wichtig dargestellt wurde, noch wesentlich größere Anforderungen.

Da die Summenzählverfahren für die Impulse zum großen Teil bestimmte zeitliche Beschränkungen haben, kann im allgemeinen die Impulshäufigkeit an sich schon nicht so hoch gewählt werden wie beim normalen Impulsfrequenz-Fernmeßverfahren. Wegen der geschilderten Zusammenballung der Impulse ist die Trägheit der Anzeige nicht auf die mittlere Impulshäufigkeit der Summe, sondern auf die des einzelnen Summanden abzustellen, die Trägheit muß also sehr hoch gewählt werden. So große Trägheiten lassen sich aber mit dem normalen Impulsfrequenzverfahren nicht mehr erreichen, so daß besondere Mittel dafür vorgesehen werden müssen. Diese bestehen z. B. in mechanischen Speichereinrichtungen in der Art der in Abb. 38 dargestellten*).

Diese Summenimpulse laufen, z. B. durch das Relaiskettenverfahren gesammelt, auf den Antriebsmagneten Z und schalten das Klinkenrad K weiter. Dieses zieht über den Mitnehmerhebel H die Feder F auf, die ihr Drehmoment über geeignete Übersetzungen auf die Achse der Bremsscheibe B überträgt. Diese Scheibe stellt wegen ihres Schwungmomentes zusammen mit der Feder F ein mechanisch schwingungsfähiges Gebilde dar, das durch den Bremsmagneten M gebremst wird. Durch die Wahl der Federkonstanten und des Schwungmomentes der Scheibe und der durch den Magneten einstellbaren Dämpfung kann man eine derartige Trägheit erreichen, daß auch bei langsamer Zählerdrehung, also kleinen Meßwerten, durch die Zusammenballung der Impulse nicht

---

*) Ausführung Allg. El. Ges. Berlin.

Schwebungen in der Häufigkeit der über die Kontaktvorrichtung k weiterzugebenden Impulse auftreten, mit denen man dann in einer für die normalen Impulsfrequenz-Fernmeßverfahren geeigneten Impulshäufigkeit weitergehen kann. Es läßt sich dadurch auch gleichzeitig durch passende Wahl der mechanischen Übersetzungen eine Umsetzung der Impulsfrequenzen erreichen. Eine Anordnung, die die Impulse vergleichmäßigen soll, weist natürlich andererseits auch gegenüber Änderungen der Meßgrößen eine erhebliche Trägheit auf, die jedoch in Kauf

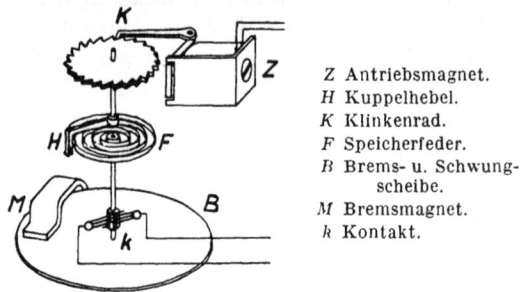

Z Antriebsmagnet.
H Kuppelhebel.
K Klinkenrad.
F Speicherfeder.
B Brems- u. Schwung-
   scheibe.
M Bremsmagnet.
k Kontakt.

Abb. 38. Impulsübersetzer mit Federspeicher.

genommen werden muß, da eben die Zusammenballung der Impulse der einzelnen Summanden bei allen impulsmäßig arbeitenden Summationsverfahren auftreten kann und vom Empfangsinstrument ferngehalten werden muß.

Ist die Trägheit nicht zulässig, so bleibt nichts anderes übrig, als Summenzählung und Summenmessung ganz zu trennen und mit getrennten Verfahren und getrennten Apparaturen durchzuführen oder bei der Summenzählung auf die Fehlerfreiheit zu verzichten und mit Verfahren zu arbeiten, die nur ein angenähertes Resultat geben und sich an die Summenmessung mit ihren zusätzlichen Fehlern anschließen.

Für Wasser- und andere Mengenmessungen wird die Anzeige des augenblicklichen Durchflußwertes oft ersetzt durch eine Mittelung, d. h. die Feststellung der Zahl der Impulse während einer bestimmten Zeit *). Dies ist natürlich ohne weiteres möglich und entspricht bei elektrischen Messungen der Bildung des Summenmaximums.

---

*) Vgl. S. 44.

D. Fernregelung und elektrische Regler.

Häufig tritt die Aufgabe auf, im Anschluß an die Fernübertragung eines Meßwertes eine automatische Regelung dieses Wertes durchzuführen. Das Ergebnis einer solchen Regulierung hängt stark von dem Verhalten des Netzes ab, das gute Funktionieren der Apparatur selbst ist nur ein Teil der Vorbedingungen für das einwandfreie Arbeiten. Die Anpassung der Regelapparatur an die Netzverhältnisse und die Verwendung eines geeigneten Regelprinzips sind für das Betriebsverhalten von ausschlaggebender Bedeutung. Die damit zusammenhängenden Fragen gehören zu den schwierigsten, aber auch den interessantesten, die die Anwendung der Technik der Fernwirkanlagen im elektrischen Kraftwerksbetrieb stellen kann.

Wegen der Rückwirkung auf das Netz steht besonders die Regelung der Leistung und die Regelung der Frequenz im Vordergrund. Andere elektrische Größen können nach ähnlichen Gesichtspunkten geregelt werden.

a) Begriffsbestimmung und Aufgabestellung.

Unter Fernregelung wollen wir ähnlich wie bei der Fernmessung Regulierungen verstehen, die sich anschließen an eine Umformung der ursprünglich zu regelnden Meßgröße in eine andere für die Fernübertragung oder auch für die Regelung selbst besser geeignete Hilfsgröße. Mit Rücksicht auf allgemeine Verwendbarkeit der Regelapparate und auf das Zusammenarbeiten verschiedener Regler kann es zweckmäßig sein, auch Regulierungen von Meßgrößen, die an sich diese Umformung nicht nötig hätten, mit solchen Verfahren vorzunehmen. Es wird daher zwischen Fernregelung und Nahregelung kein Unterschied gemacht, sondern es werden alle Regler und Regulierungen beschrieben, die sich an elektrische Fernmeßverfahren anschließen, während andere Regelverfahren nur insoweit betrachtet werden, als sie zum Verständnis der Regelung und der Betriebsverhältnisse im Netz erforderlich sind. Auch normale Spannungsregler, die ja im Kraftwerksbetrieb sehr häufig sind, werden nicht weiter betrachtet, obwohl sich gerade unter ihnen ebenfalls rein elektrische Regler befinden.

Diejenige Meßgröße, die meist für die Regelung in Betracht kommt, ist die Leistung. Hierbei tritt die Aufgabe auf, eine von einem Generator abgegebene Leistung konstant oder nach vorgeschriebenem Fahrplan zu halten oder die Aufgabe, einen Verbraucher so zu regeln, daß er aus einem Netz eine bestimmte Leistung entnimmt oder schließlich eine Übergabeleistung zwischen 2 Netzen einzuregeln*). Ähnliche Aufgaben können auch für die Regelung der Blindleistung gestellt werden sowie für die Regelung der Spannung. Die Regelung der Frequenz ist von der Regelung der Leistung nicht zu trennen und gerade für große weitverzweigte Netze von außerordentlicher Wichtigkeit. Es kann sich dabei um die Regelung des Momentanwertes der Frequenz handeln oder auch um die Regelung des Integralwertes der Frequenz, d. h. der Uhrzeit oder Synchronzeit.

I. Regelung der Leistungsabgabe von Generatoren.

Wegen der Eigenschaften der normal verwendeten Drehzahlregler für die Kraftmaschinen besteht zwischen der Drehzahl und der abgegebenen Leistung eines Generators im Wechselstrombetrieb ein ganz bestimmter Zusammenhang, der bei einer Änderung der Frequenz des Netzes dazu führt, daß sich auch die Leistungsabgabe des Generators ändert. Will man diese Beteiligung an den Leistungsschwankungen des Netzes vermeiden, so muß man zu besonderen Maßnahmen greifen, die in Eingriffen oder Änderungen am Drehzahlregler selbst, die aber auch in der Verwendung besonderer Leistungsregler bestehen können. Damit kann die abgegebene Leistung auf einem einstellbaren Wert gehalten werden, wobei dieser in verschiedener Weise gegeben werden kann von einer einfachen einmaligen Einstellung des Sollwertes bis zu einem automatischen Fahrplan. Der Sollwert für die abzugebende Leistung kann übrigens auch ein veränderlicher Wert sein, z. B. die von irgendeinem Verbraucher aufgenommene Leistung, um die meist stark schwankende Belastung dieses einen Verbrauchers unabhängig von den übrigen Maschinen bevorzugt auf die geregelte Maschine zu übernehmen und dadurch das Netz von der Unruhe zu entlasten. Derartige Regulierungen sind auch zweckmäßig als Ausgleich von Maschinenbelastungen, wenn z.B. eine Gruppe von Maschinen gemeinsam reguliert werden soll und jede einzelne Maschine einen Anteil der Gesamtabgabe erhalten soll. In manchen Fällen hängt die durch die Regelung beeinflußte Größe mit der zu regulierenden Größe nur durch das Netz zusammen, d. h. eine Änderung der zu regelnden Größe, des sog. Istwertes, kann auch unabhängig von der Regelung dadurch stattfinden, daß sich an irgendeiner anderen Stelle, z. B. bei einem Verbraucher oder bei einem anderen Generator die Leistung ändert, was die Regelung wesentlich erschwert.

II. Regelung der von einem Verbraucher aufgenommenen Leistung.

Bei der Regelung der von einem Verbraucher aufgenommenen Leistung können die Anforderungen an die Regelung sehr verschieden sein.

---

*) Vgl. z. B. LitV. Leonpacher, ETZ 1929.

Es kann sich z. B. darum handeln, einen an sich sehr unruhigen Verbraucher zu beruhigen, was durch Maßnahmen beim Verbraucher, z. B. die Aufstellung von Schwungradumformern, erfolgen kann, hier aber nicht in das Gebiet der Betrachtung fällt. Die Aufgabe kann aber auch so lauten, bei einem Verbraucher mit Fremdbezug und Eigenerzeugung die letztere so zu regeln, daß die Abnahme vom Netz möglichst ruhig und ohne Schwankungen bleibt. Solche Regelungen unterscheiden sich dann nicht von den allgemeinen Regelaufgaben der Leistungsregelung. Es kommen aber daneben auch Aufgabestellungen vor, bei denen eine Regulierung nur aus Tarifgründen erfolgen muß, z. B. als Folge eines Höchstlasttarifes, bei dem die Leistungsgebühr von dem Höchstwert des im Monat überhaupt erreichten Wertes der während einer Viertelstunde bezogenen Arbeitsmenge abhängig ist. In einem solchen Fall besteht ein ganz erhebliches Interesse daran, eine Überschreitung der Tarifgrenze auf jeden Fall zu vermeiden. Dies kann in der Weise erreicht werden, daß der Viertelstundenwert selbst und nicht die Momentanleistung überwacht wird. Statt also die Leistung dauernd zu regulieren, läßt man kurzzeitig beliebige Über- und Unterschreitungen dieser Leistung zu und überwacht nur den Mittelwert der Leistung über einen mehr oder weniger festen Zeitraum, indem man entweder fortlaufend den Mittelwert über eine bestimmte Zeitdauer bildet und nur reguliert, wenn sich dieser Mittelwert über die vorgeschriebene Grenze bewegt, oder sozusagen in Stichproben das Entstehen des Viertelstundenwertes verfolgt, also z. B. in mehreren Stufen nach einem Bruchteil der Zeit von 15 min kontrolliert, ob der nach dieser Zeit bei konstant bleibender Belastung in der Höhe der zulässigen mittleren Belastung vorgesehene Wert überschritten wird. Das hat den Vorteil, daß man sehr genau an die zulässige Grenze herangehen kann, verlangt allerdings, daß die Kontrolle sich über genau dieselben Zeitabstände erstreckt wie die Bildung des für die Verrechnung maßgebenden Höchstwertes selbst. Wenn dies nicht zu erreichen ist, ist es besser, die mittlere Belastung über eine kürzere Zeit zugrunde zu legen und dafür zu sorgen, daß diese nicht überschritten wird, wobei man einen kleinen Betrag unter der überhaupt zulässigen Grenze bleibt. Der Eingriff der Regelung kann automatisch erfolgen, man kann sich aber auch darauf beschränken, eine Alarmvorrichtung zu betätigen und etwa noch anzuzeigen, welche Überschreitung der Tarifgrenze droht. Die Regelung kann im einfachsten Fall die Gesamtbelastung oder aber auch einzelne Teile der angeschlossenen Anlage in einer vorauszubestimmenden Reihenfolge für eine bestimmte Zeit abschalten.

Auch die Regelung der Eigenerzeugung kann bei Verbrauchern, die ihre Energie teils selbst decken, teils aus einem fremden Netz beziehen, nur nach dem Mittelwert geschehen. Solche Regler brauchen verhältnismäßig wenig einzugreifen, sondern haben nur zum Ziel, den Viertelstunden- oder Stundenwert möglichst genau einzuhalten, während die

Abweichung des Augenblickswertes belanglos ist. Diese Regelaufgabe erinnert an die weiter unten beschriebene Aufgabe der Frequenzintegralregelung, bei der es in gewissen Fällen auch nicht auf die genaue Einhaltung der augenblicklichen Frequenz, sondern nur ihres Integrals, d. h. der Synchronuhrzeit ankommt.

III. Regelung der Übergabeleistungen zwischen zwei Netzen.

Die schwierigste Aufgabe für die Leistungsregelung kann sich bei zwei gekuppelten Netzen ergeben, wenn die Übergabeleistung an der Kuppelstelle eingeregelt werden soll und diese Übergabeleistung klein ist gegenüber der Netzgröße. Diese Regulierung kann durch Beeinflussung einer Maschine in einem Kraftwerk der beiden Netze, mehrerer Maschinen in einem Kraftwerk und schließlich mehrerer Kraftwerke desselben oder auch der beiden Netze erfolgen. Daneben gibt es in beiden Netzen noch Kraftwerke, die für die Einhaltung der Frequenz verantwortlich sind, und andere Kraftwerke, die nach Fahrplan vorausbestimmte Leistungen haben.

Die Aufgaben müssen auf die einzelnen Netze und auf ihre Kraftwerke planmäßig verteilt werden*). Man muß bei diesen Verpflichtungen des Gemeinschaftsbetriebes unterscheiden zwischen solchen, die nur das eigene Netz, nicht aber das fremde betreffen, und solchen, die beide Netze gemeinsam angehen. Diese letzteren sog. äußeren oder externen Verpflichtungen schließen die Einhaltung einer bestimmten Frequenz und die Einhaltung einer bestimmten Übergabe- oder Austauschleistung zwischen den beiden Netzen ein. Die für das andere Netz belanglose Verteilung der anfallenden Verbraucherleistungen auf die einzelnen Kraftwerke des eigenen Netzes sind dagegen innere oder interne Verpflichtungen. Die meist übliche Abgrenzung der externen Verpflichtungen ist die, daß das eine Netz mit einem bestimmten Kraftwerk die Einhaltung der Frequenz übernimmt, während das andere Netz die Einhaltung der vereinbarten Übergabeleistung auf sich nimmt. Sind die Netze an mehr als einer Stelle miteinander gekuppelt oder sind mehr als zwei Netze in Verbindung, so wird die Zahl der externen Verpflichtungen entsprechend größer. Ihre Einhaltung ist nicht immer möglich durch Beeinflussung der von den Kraftwerken abgegebenen Leistung allein, besonders nicht bei im Ringschluß betriebenen Netzen, d. h. bei solchen Netzen, bei denen geschlossene Leitungsanordnungen vorhanden sind, innerhalb deren gewisse Stationen auf mehr als einem einzigen Weg mit Energie beliefert werden können.

IV. Frequenzregelung.

Mit der Regelung von Übergabeleistungen steht die Regelung der Frequenz in einem engen Zusammenhang. Die Frequenzregelung hat

*) Vgl. z. B. LitV. Piloty, ETZ 1929.

dabei die Aufgabe, für eine genaue Einhaltung der Frequenz zu sorgen, denn je genauer die Frequenz gehalten wird, desto besser werden die Verhältnisse im ganzen Netz definiert, da sich die Maschinen an Leistungsverschiebungen weniger beteiligen. Auch ist es sehr zweckmäßig, die Haltung der Frequenz nicht einer einzigen Maschine oder einem einzigen Kraftwerk als Aufgabe zuzuweisen, sondern auf mehrere Kraftwerke zu verteilen, also mehrere Frequenzstützpunkte zu schaffen. Es verlangt dies natürlich die Anwendung von Regelverfahren und Apparaturen, die einen derartigen Parallelbetrieb zulassen, was nicht bei allen Reglern der Fall ist.

Außer dieser Frequenzregelung zur Erleichterung des Parallelbetriebes der Netze und Kraftwerke kann eine Frequenzregelung auch noch aus dem Grunde erforderlich sein, die Drehzahl an sich so genau wie möglich konstant zu halten. Diese Aufgabe, die bei Antriebsmotoren für gewisse Zwecke besonders wichtig ist, spielt im Kraftwerksbetrieb nicht so sehr eine Rolle, wie die sich aus dem Parallelbetrieb ergebenden Forderungen. Daneben kann auch eine genaue Frequenzhaltung verlangt werden derart, daß angeschlossene Synchronuhren genaue Zeit halten, also die Regelung des Integralwertes der Frequenz in Übereinstimmung mit der Uhrzeit. Auch für diesen Zweck sind Regler entwickelt worden.

V. Regelung der Blindleistung und der Spannung.

Für die Blindleistung können genau dieselben Aufgaben auftreten wie für die Wirkleistung. Auch ihre Erfüllung ist auf ähnliche Weise möglich. Während die Regelung der Wirkleistung auf die Antriebsmaschine des Generators einzuwirken hat, muß die Regelung der Blindleistung auf die Erregung des Generators einwirken, genau wie die Regelung der Spannung auch. Für die Blindleistungen werden meist keine unabhängigen Sollwerte oder Fahrpläne vorgeschrieben, sondern von der Wirkleistung abhängige. Im einfachsten Fall wird z. B. die Einhaltung der Blindleistung Null, also des Leistungsfaktors Eins gefordert. Statt für die Blindleistung können auch Regelverfahren für die Einhaltung der Spannung in gewissen Netzpunkten vorgesehen werden.

b) Allgemeine Grundlagen der Regelung.

Die Darstellung der Grundlagen der Regelung im Kraftwerksbetrieb und der Regelung überhaupt muß sich zunächst mit den für die Frequenz- und Leistungsregelung ganz allgemein verwendeten Drehzahlreglern für Kraftmaschinen beschäftigen, deren Eigenschaften für alle Regelprobleme im Kraftwerksbetrieb deswegen wichtig sind, weil die Drehzahlregler neben den besonderen Leistungs- oder sonstigen Regelapparaturen entweder für die geregelten Maschinen noch beibehalten werden*) oder aber mindestens für die anderen Maschinen des Netzes in Betrieb sind und daher deren Verhalten bestimmen.

I. Die Drehzahlregler der üblichen Bauart für die Kraftmaschinen.

Die schematische Darstellung eines Drehzahlreglers zeigt Abb. 39. Der Regler enthält ein Tachometer zur Messung der Drehzahl, aus ein paar Fliehkraftgewichten bestehend, die gegen die Schwerkraft oder

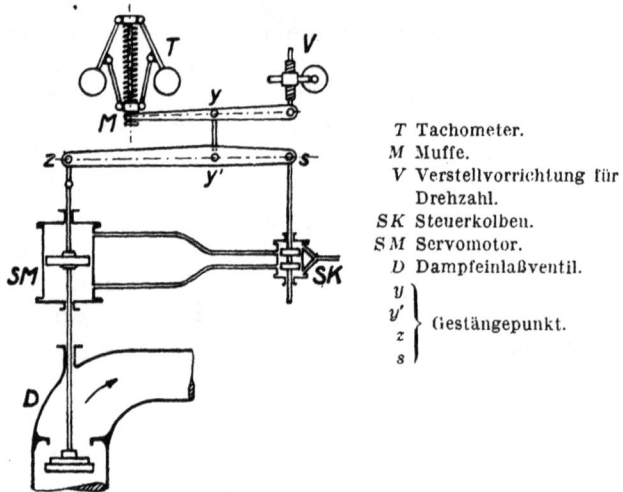

T Tachometer.
M Muffe.
V Verstellvorrichtung für
Drehzahl.
SK Steuerkolben.
SM Servomotor.
D Dampfeinlaßventil.

$\left.\begin{array}{l} y \\ y' \\ z \\ s \end{array}\right\}$ Gestängepunkt.

Abb. 39. Schema eines Drehzahlreglers.

gegen eine Federkraft je nach ihrer Drehzahl verschiedene Lagen einnehmen und diese über die Muffe M auf das Gestänge des Reglers übertragen; dann einen Ölsteuerkolben SK, der den Öldruck auf einen Servomotor SM freigibt und damit das Dampfeinlaßventil oder allgemein das Steuerventil für die Kraftmittelzufuhr der Maschine steuert. Über das Reglergestänge ist eine Verbindung zwischen Muffe, Steuerkolben und Servomotor für das Einlaßventil erreicht. Sie ergibt die für die Wirkungsweise des Reglers überaus wichtige Rückführung. Die Einstellung des Reglers kann von Hand oder über den sog. Verstellmotor durch die Verstellvorrichtung V geändert werden.

Die Arbeitsweise des Reglers ist die folgende: Betrachtet man zunächst die Gleichgewichtslage, so ergibt sich ein ganz bestimmter Zusammenhang zwischen Drehzahl und eingestelltem Ventilhub. Für jede Drehzahl hat die Muffe M des Tachometers T eine bestimmte Lage, die bei einer festen Einstellung der Verstellvorrichtung V eine bestimmte

---

*) Vgl. z. B. LitV. Buchally u. Leopold, ETZ 1932.

Höhenlage des Gestängepunktes y und des Punktes y' des Reglergestänges bedingt. Wenn der Regler im Gleichgewicht ist, steht der Steuerkolben SK in der gezeichneten Mittellage. Damit erhalten aber auch der
Gestängepunkt z und der Servomotor und das Ventil eine ganz bestimmte
Lage. Es strömt also eine bestimmte Dampfmenge zu, was eine ganz bestimmte Leistungsabgabe ergibt. Eine Abweichung der Drehzahl nach
oben hebt die Muffenstellung, damit auch die Punkte y und y' und S.
Der Ölzutritt zum oberen Öldruckrohr wird freigegeben, das Ventil durch
Servomotor stärker geschlossen, bis wieder die neue Gleichgewichtslage
erreicht ist, der eine kleinere Ventilöffnung und damit eine kleinere Leistungsabgabe entspricht.

Die Abhängigkeit zwischen eingeregelter Drehzahl und Leistungsabgabe verläuft etwa nach der bekannten Kurve der Drehzahlcharakteristik Abb. 40. Sie stellt in ihrem allgemeinen Verhalten eine flach-

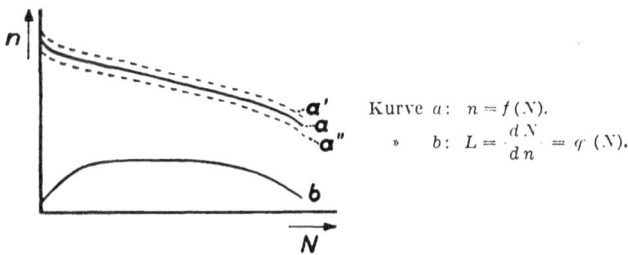

Kurve a: $n = f(N)$.
» b: $L = \dfrac{dN}{dn} = \varphi(N)$.

Abb. 40. Drehzahlcharakteristik eines Drehzahlreglers.

geneigte Gerade dar, bei der die Drehzahl n mit zunehmender Leistung N
leicht abfällt. In Wirklichkeit läßt sich ein ganz geradliniger Verlauf
nicht erreichen, ist auch insofern nicht ganz erwünscht, als eine größere
Steilheit in der Nähe der vollständigen Entlastung das Parallelschalten
der Maschinen erleichtert und ebenso ein stärkerer Abfall bei voll be-
lasteter Maschine die Überlastung verhindert. Bei Dampfturbinen mit
mehreren nacheinander arbeitenden Ventilen können auch stärkere
Krümmungen in der Kurve vorkommen, die die Maschinen in ihren einzelnen Belastungsgebieten verschieden empfindlich machen. Wichtig
für das Parallelarbeiten der Maschinen miteinander ist die ebenfalls
eingetragene Kurve $L = \dfrac{dN}{dn} = \varphi(N)$. L wird die Leistungszahl genannt
und meist in kW/1 % Drehzahländerung oder auch in kW/Periode ausge-
drückt. Die Neigung der Kurve der Drehzahlcharakteristik ermöglicht
es, zwei Maschinen parallel arbeiten zu lassen.

Dies geht aus Abb. 41 hervor, in der die Charakteristiken zweier
Maschinen im Parallelbetrieb gezeichnet sind, und zwar in üblicher Weise
unter der Voraussetzung, daß beide Maschinen zusammen eine gewisse
Leistung aufbringen müssen, die sich verschieden auf die beiden Ma-

schinen verteilt. Um diese Gesamtbelastung N bequem aus dem Diagramm entnehmen zu können, ist die Kurve für die eine der beiden Maschinen nach links umgeklappt, die Leistung N_1 wird also nach links aufgetragen. Beträgt der Gesamtverbrauch N', so wird der Anteil N'_1 von Maschine 1, der Anteil N'_2 von Maschine 2 gedeckt. Die Frequenz ist dabei f'. Nun wird angenommen, daß der Verbrauch um den Betrag ΔN auf N'' steigt. Nach Beendigung des Regelvorganges, also nach dem

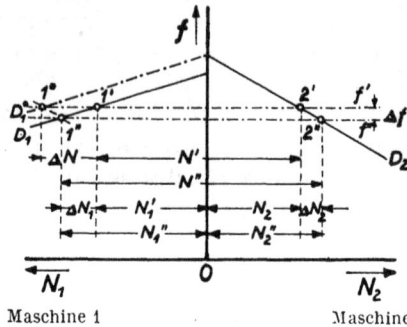

Abb. 41. Drehzahlcharakteristiken zweier parallelarbeitender Maschinen.

Erreichen des Gleichgewichtszustandes beider Regler, ist der Anteil der Maschine 1 auf N_1'', der von Maschine 2 auf N_2'' gestiegen. Die Frequenz ist dabei um den Betrag Δf gefallen auf f''.

Beträgt die Leistungszahl der Maschine 1 L_1, die der Maschine 2 L_2, so bestehen folgende Zusammenhänge:

$$\Delta N_1 = \Delta N \, \frac{L_1}{L_1 + L_2}; \quad \Delta N_2 = \Delta N \frac{L_2}{L_1 + L_2}; \quad \Delta f = \frac{\Delta N}{L_1 + L_2}.$$

Die Laständerung verteilt sich also auf die beiden parallel arbeitenden Maschinen im Verhältnis ihrer Leistungszahlen. Dies gilt ganz allgemein für beliebig viele parallel arbeitende Maschinen. Je steiler also die Drehzahlcharakteristik, desto weniger beteiligt sich die Maschine an Lastschwankungen im Netz, je flacher sie verläuft, desto mehr übernimmt sie die Aufrechterhaltung der Frequenz. Die bleibende Frequenzänderung Δf wird um so größer, je kleiner die Summe der Leistungszahlen aller im Betriebe befindlichen Maschinen ist. Will man diese bleibende Frequenzänderung nicht dauernd in Kauf nehmen, so kann man sie durch eine Verstellung des Reglers wieder herausregeln. Eine derartige Verstellung kann bei den Reglern nach Abb. 39 mit der Verstellvorrichtung V vorgenommen werden. Durch Änderung der Höhenlage des Punktes v wird bei gleicher Muffenstellung M die Lage des Punktes y geändert. Dies wirkt sich im Reguliergestänge so aus, daß eine neue Gleichgewichtslage des Punktes z und damit eine neue Ventilstellung und eine neue Leistungsabgabe eingestellt wird. Die Charakteristik a nach Abb. 40

wird zu sich parallel gehoben oder gesenkt, was durch die Kurven a' und a'' angedeutet ist. Will man also die bleibende Frequenzänderung Δf wieder rückgängig machen, beispielsweise durch Verstellung des Reglers der Maschine 1, so kann diese durch Heben der Drehzahlcharakteristik von der Kurve $D_1{}^*$ auf die Kurve D_1 erfolgen. Der Betriebspunkt wird dabei von $1''$ auf 1^* verlegt.

II. Allgemeine Anforderungen an die Regler und an die Regulierung.

Der übliche Drehzahlregler ist ein sehr bekannter typischer Vertreter, an dem die Eigenschaften der Regler am besten übersehen werden können, weil sein Verhalten allgemein bekannt ist. Wir haben vorher nur die Eigenschaften des Reglers im Beharrungszustand besprochen, nicht aber die während eines Regeleingriffes selbst auftretenden Verhältnisse. Der Übergang von dem einen Arbeitspunkt auf einen anderen erfolgt im allgemeinen in Form einer Schwingung oder Pendelung. Die dynamischen Eigenschaften und auch die Eigenschaften des Reglers im Beharrungszustand hängen in erster Linie von der Arbeitsweise und dem Arbeitsprinzip, weniger dagegen von der konstruktiven Ausführung des Reglers ab.

Der betrachtete Drehzahlregler gehört zur Klasse der indirekt wirkenden Regler. Über die Einteilung der Regler ist bei der Besprechung der Fernmeßverfahren nach dem Kompensationsprinzip*) schon einiges gesagt. Als elektrische Regler der hier zu behandelnden Art kommen vor allem indirekte Regler mit Servomotor in Betracht, für einzelne Fälle, in denen die Über- und Untersteuerung mit entsprechender Verzögerung durch eine im System vorhandene Trägheit möglich ist, auch die Schnellregelung, die insbesondere auch für Spannungsregelung (Tirrillregler) bekanntgeworden ist. Direkt wirkende Trägregler werden nur für einfache Verhältnisse, z. B. als Spannungsregler für Beleuchtungszwecke verwendet, da die hierfür nötigen großen Verstellkräfte von elektrischen Reglern im allgemeinen nicht aufgebracht werden können.

Ein indirekt wirkender Regler als elektrischer Regler weist als Hauptbestandteil einen Vergleichsapparat auf, in dem der Vergleich zwischen Soll- und Istwert erfolgt, meist mit einer Kontaktvorrichtung, die den Verstellmotor für den Eingriff in die geregelte Maschine steuert, der in verschiedener Weise erfolgen kann, beispielsweise durch einen Motor, der direkt die Ventilöffnung verstellt, aber auch über den sog. Tourenverstellmotor des Drehzahlreglers nach Abb. 39, wodurch die Charakteristik des Drehzahlreglers gehoben oder gesenkt und damit in der beschriebenen Weise die Leistungsabgabe geändert wird.

Wie es vom Drehzahlregler her bekannt ist, sind die Eigenschaften eines indirekt wirkenden Reglers folgende: Die geregelte Größe kann

---

*) Vgl. S. 20.

durch den Regler nicht starr festgehalten werden, Abweichungen sind vielmehr unvermeidlich. Diese rühren einerseits von der Unempfindlichkeit des Reglers her, innerhalb deren er nicht ansprechen kann, andererseits können bei der Ausregelung von Änderungen auch kurzzeitige größere Abweichungen auftreten, sind sogar notwendig, damit überhaupt eine Regelung zustandekommt. Ihre Größe und auch der zeitliche Verlauf des Regelvorganges hängt bei sonst gleichen Verhältnissen insbesondere ab von der eingestellten Verstellgeschwindigkeit für die durch den Regler beeinflußte Größe. Diese hat eine obere Grenze, die außer durch die Eigenschaften des Reglers selbst auch durch die der geregelten Maschinen und des gesamten Netzes gegeben ist. Bei Überschreitung dieser Grenze neigt der Regler zu Überregelungen und Pendelungen. Sehr rasch verlaufenden Änderungen der zu regelnden Größe gegenüber hängt das Verhalten der geregelten Maschine zunächst nicht von den viel trägeren Reglern ab, sondern von anderen Einflüssen. So wird z. B. die Leistungsverteilung bei durch Drehzahlregler geregelten Maschinen im Falle eines Belastungsstoßes durch die synchronisierenden Kräfte und die Massenträgheiten der Generatoren bestimmt, bevor die Regler eingreifen. Das Verhalten einer durch einen elektrischen Leistungsregler beeinflußten Maschine wird im ersten Augenblick durch die gleichen Faktoren, dann aber auch durch den Drehzahlregler bestimmt, falls er im Betrieb ist und erst im weiteren Verlauf durch den Leistungsregler.

An allgemeinen Anforderungen an eine elektrische Regelapparatur sind zur Erreichung eines möglichst günstigen Verhaltens die folgenden anzustreben, bei deren Aufzählung gleichzeitig einige grundlegende Begriffe erläutert werden.

Die Unempfindlichkeit des Vergleichsorgans zum Vergleich von Soll- und Istwert, d. h. derjenige Wert der Abweichung der beiden Größen voneinander, bis zu dem kein Eingreifen der Regelapparatur erfolgt, soll zur Erzielung einer genauen Regelung möglichst klein sein, im übrigen bequem eingestellt werden können, um Überregelungen zu vermeiden, die aus einem zu kleinen Unempfindlichkeitsgrad des Reglers je nach den Betriebsverhältnissen entstehen können.

Trägheitserscheinungen beim Vergleich zwischen Soll- und Istwert sind möglichst zu vermeiden, da sie ebenfalls die Gefahr von Überregelungen und Pendelungen begünstigen.

Die Verstellgeschwindigkeit für die beeinflußte Größe soll bequem einstellbar sein. Es ist im allgemeinen am günstigsten, wenn der Eingriff der Regelung progressiv erfolgt, d. h. wenn die Größe der Einwirkung abhängt von der Größe der Abweichung. Es sind jedoch auch Regelungen verwendbar, die diese Eigenschaften nicht haben, sondern beim Auftreten einer Abweichung mit konstanter Verstellgeschwindigkeit arbeiten. Dies ist auch z. B. bei dem in Abb. 39 gezeichneten normalen Drehzahlregler der Fall. Wenn die Öffnung des Steuerkolbens freigegeben wird, wird der Servomotor und damit das Ventil mit konstanter Geschwindigkeit bewegt, die sich aus den Widerstandsverhältnissen in der Ölführung bestimmt.

Da in vielen Fällen die Verstellung der Regelvorrichtung durch einen Motor erfolgt, dessen Drehzahl nicht beliebig einstellbar ist, wird es oft vorgezogen, die mittlere Verstellgeschwindigkeit der gewünschten Größe dadurch zu erreichen, daß der Motor an sich mit konstanter Geschwindigkeit läuft, daß man ihn aber nicht dauernd laufen läßt, sondern ihn während eines Regelvorganges mehrmals impulsweise einschaltet. Eine progressive Regelung kann dabei auf verschiedene Weise erreicht werden, indem z. B. der Motor in gleichen Zeitabständen eingeschaltet wird, jeweils für eine Zeitdauer, die der Größe der Abweichung proportional ist oder aber indem der Motor jeweils während der gleichen Zeitdauer läuft, aber in Abständen, die umgekehrt von der Größe der Abweichung abhängen. Jede beliebige Abstufung kann für die Erreichung des gewünschten Zweckes gewählt werden. Die Regelung in einzelnen Stufen hat daneben auch noch den Vorteil, daß sie die Wirkung einer allenfalls vorhandenen Zeitverzögerung mehr oder weniger ausschaltet, da nach einer erfolgten Verstellung erst eine gewisse Zeit gewartet wird, in der sie sich auswirken kann, bevor die nächste Verstellung kommt.

Im übrigen ist die bequeme Einstellung der mittleren Geschwindigkeit außerordentlich wichtig, da von ihrer richtigen Wahl die Güte des Regelergebnisses abhängt. Wenn sie zu klein ist, wird die Abweichung nicht rasch genug herausgeregelt, wenn sie zu groß ist, entstehen leicht Überregelungen und Pendelungen. Es kann zweckmäßig sein, die mittlere Verstellgeschwindigkeit nicht einfach der Größe der Abweichung proportional zu machen, sondern bei größeren Abweichungen schneller oder langsamer zu verstellen, als es der einfachen Proportionalität entsprechen würde.

III. Astatische und statische Regulierung.

Die im Aufbau und in der Wirkungsweise einfachste Regelung ist die sog. astatische Regelung, die auf dem Vergleich zwischen Soll- und Istwert der geregelten Größe beruht und keinen Zusammenhang zwischen der geregelten Größe und der durch die Regelung beeinflußten Größe kennt. Um die Eigenschaften eines astatischen Reglers kennenzulernen, wollen wir uns als Beispiel einen rein astatischen Drehzahlregler vorstellen. Er würde aus dem Regler nach Abb. 39 entstehen, wenn man den Verbindungshebel z—y'—s weglassen und von der Bewegung des Punktes y unmittelbar den Steuerkolben SK verstellen lassen würde und hätte die Eigenschaft, daß er bei jeder Abweichung der Drehzahl vom Sollwert eingreifen und erst wieder ins Gleichgewicht kommen würde, wenn die Drehzahl einen Wert innerhalb der Ansprechtoleranz des Reglers erreicht hätte. Die Drehzahl der Maschine würde also unabhängig von der Leistung konstant gehalten werden. Die Charakteristik eines solchen Reglers wäre im Gegensatz zu der eines statischen Reglers nach Abb. 40 eine horizontale Gerade.*)

Die Abhängigkeit der Drehzahl von der Leistung bei der statischen Regelung wird durch die sog. Rückführung gegeben, d. h. durch die Verbindung der Gestängepunkte nach Abb. 39. Auch bei rein elektrischen Reglern sind Rückführungen möglich. Mit einem Leistungsregler, der eine Übergabeleistung $\ddot{U}$ zwischen zwei Netzen einzuregeln hat durch Beeinflussung der von der geregelten Maschine abgegebene Leistung G,

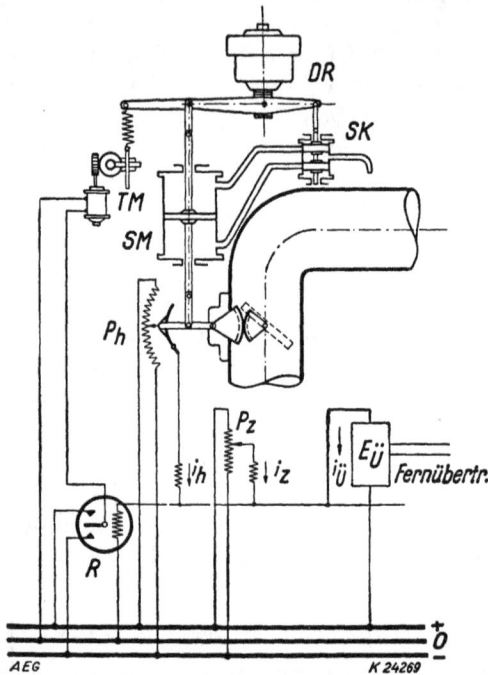

Abb. 42. Schema einer statischen Leistungsregelung.

läßt sich eine statische Leistungsregelung, d. h. eine Regelung mit einer Abhängigkeit der Maschinenleistung G von der Übergabeleistung $\ddot{U}$, erzielen durch eine Anordnung nach Abb. 42**).

Dabei ist angenommen, daß der Meßwert der Übergabeleistung in dem Empfangsapparat E_a umgewandelt wird in einen proportionalen Gleichstrom i_a, der den Istwert für den Vergleich in dem Regulierrelais R darstellt, durch das der Tourenverstellmotor TM für den Drehzahlregler

---

*) Ein solcher Drehzahlregler ist nach dem später Ausgeführten wegen der Pendelungsgefahr und der Unmöglichkeit des Parallelarbeitens mit anderen Reglern im praktischen Betrieb unbrauchbar.

**) Vgl. z. B. LitV. Stäblein, VDE-Fachber. 1931.

gesteuert wird. Die Rückführung wird gegeben durch den Strom i_h, der von dem mit dem Ventil verbundenen Potentiometer P_h entnommen wird und in seiner Größe von der Stellung dieses Potentiometers und damit von der Ventilstellung abhängig ist. Nimmt man zunächst an, daß der von dem Zusatzpotentiometer P_z abgegebene Strom i_z Null ist, so muß, wenn das Regulierrelais R im Gleichgewicht sein soll, die Summe von i_h und $i_{ü}$ Null sein. Das Potentiometer wird also eine ganz bestimmte Stellung einnehmen und damit ist dem Meßwert der Übergabeleistung $\ddot{U}$ eine ganz bestimmte Einstellung des Ventils und damit eine bestimmte Leistungsabgabe des Generators G zugeordnet. Ändert sich $\ddot{U}$ und damit $i_{ü}$, so wird sich auch P_h verschieben und damit G ändern, bis wieder Gleichgewicht vorhanden ist. Mit dem Zusatzpotentiometer P_z kann noch ein Zusatzstrom i_z hinzugegeben werden, so daß die Summe der drei Ströme $i_{ü}$, i_h und i_z Null sein muß.

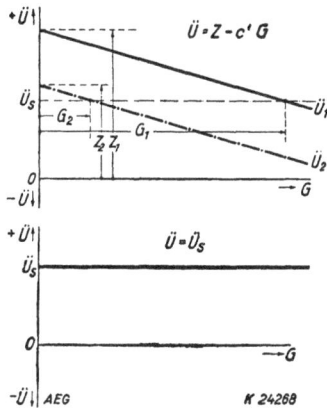

Abb. 43.
Charakteristiken der statischen und der astatischen Leistungsregelung.

Da $i_{ü}$ der Übergabeleistung $\ddot{U}$ proportional, also $i_{ü} = c_{ü} \cdot \ddot{U}$ ist, i_h der von der Maschine abgegebenen Leistung G, also $i_h = c_g \cdot G$, und i_z proportional gesetzt werden kann einem Leistungswert Z, also $i_z = -c_{ü} \cdot Z$, so folgt aus der Gleichgewichtsbedingung für das Regulierrelais $i_{ü} + i_h + i_z = 0$, daß die Leistungswerte $\ddot{U}$, G und Z in folgendem Zusammenhang stehen müssen:

$$\ddot{U} = -\frac{c_g}{c_{ü}} G + Z = -c' G + Z.$$

Dies stellt die Charakteristik des statischen Leistungsreglers dar, Abb. 43. Sie hat den allgemeinen Verlauf wie für den normalen Drehzahlregler in Abb. 40 wiedergegeben und ist ebenfalls eine geneigte Gerade, bei der mit steigender Maschinenleistung G eine abnehmende Übergabeleistung $\ddot{U}$ eingeregelt wird. Durch die Änderung des Wertes Z, also durch Verschiebung des Zusatzpotentiometers P_z kann die Charakteristik im ganzen gehoben oder gesenkt werden. So kann die Übergabeleistung mit ihrem vorgeschriebenen Sollwert $U = U_s$ entsprechend der Charakteristik mit der Maschinenleistung G_1 erreicht werden, wenn der Zusatzwert auf Z_1 eingestellt wird, dagegen mit G_2, wenn Z_2 eingestellt ist. In derselben Abbildung ist unter dieser Darstellung auch die Charakteristik eines rein astatischen Reglers wiedergegeben, die eine horizontale Gerade ist, wobei die Reglergleichung einfach lautet: $U = U_s$.

Unterschiede zwischen astatischem und statischem Regler in der Wirkungsweise und im Verhalten bestehen sowohl im Gleichgewichtszustand als auch während eines Reguliervorganges. Die Gleichgewichtslage des astatischen Reglers ist nur vorhanden, wenn die einzuregelnde Größe genau ihren Sollwert aufweist, wobei Abweichungen davon nur innerhalb des Unempfindlichkeitsgrades des Reglers auftreten können. Zwei ohne jede Unempfindlichkeit arbeitende astatische Regler können daher nicht unabhängig voneinander parallel arbeiten, da die Verteilung der Leistung auf die beiden damit geregelten Maschinen nicht zwangsläufig bestimmt ist, sondern sich willkürlich bis zur vollständigen Entlastung der einen Maschine und der vollständigen Belastung der anderen Maschine verschieben kann. Auch wenn man zwei astatische Regler mit größerem Unempfindlichkeitsgrad parallel arbeiten läßt, wird das Ergebnis insofern unbefriedigend sein, als immer der eine der beiden Regler die kleinere Unempfindlichkeit aufweisen wird, sich also stärker an der Regelung beteiligen wird als der andere. Ist darüber hinaus der eine Regler bei Abweichungen nach oben, der andere bei Abweichungen nach unten empfindlicher, so wird vorzugsweise der eine nach oben, der andere nach unten arbeiten, die Last wird also von dem einen Regler allmählich auf den anderen verschoben. Demgegenüber ist das Parallelarbeiten von statischen Reglern ohne weiteres möglich und ergibt definierte Verhältnisse, da zu einem jeden Wert der geregelten Größe, also z. B. Übergabeleistung bei jedem Regler, ein ganz bestimmter Wert der Maschinenleistung gehört, so daß dadurch die Leistungsverteilung vorgeschrieben ist, ebenso wie dies an Hand von Abb. 41 für die statischen Drehzahlregler auseinandergesetzt wurde.

Auch im eigentlichen Regelvorgang*) unterscheiden sich die beiden Regelungsarten wesentlich. Dieser Unterschied kommt davon her, daß beim astatischen Regler kein Zusammenhang besteht zwischen geregelter Größe und Maschinenleistung, während beim statischen Regler dieser Zusammenhang vorhanden ist. Bei der astatischen Regulierung hängt also das Erreichen der Gleichgewichtslage nach einer Abweichung ausschließlich von den äußeren Betriebsverhältnissen, also von den Eigenschaften des Netzes ab. Angenommen, die zu regelnde Größe weicht plötzlich von ihrem Sollwert ab, so erfolgt eine Verstellung, die so lange anhält, bis der Vergleich der zu regelnden Größe mit ihrem Sollwert

---

*) Also in dem, wie man sagen kann, dynamischen Verhalten.

Übereinstimmung ergibt. Wenn aus irgendeinem Grunde die zu regelnde Größe nicht der Verstellung rechtzeitig nachfolgt, so besteht die Gefahr einer Überregelung, wie das in Abb. 44 dargestellt ist, unter der vereinfachenden Annahme, daß die geregelte Größe zwar alle durch die Verstellung der beeinflußten Größe G erzwungenen Änderungen mitmacht, aber um eine konstante Zeit $\lambda\,T$ verzögert. Die Kurven sind gezeichnet für den Fall, daß die Verstellung von G proportional der Abweichung zwischen Soll- und Istwert erfolgt, also mit einer Geschwindigkeit

$$\frac{dg}{dt} = \frac{S - \ddot{U}}{T}$$

wobei die Zeitkonstante T diejenige Zeit darstellt, die erforderlich wäre, um die gesamte Abweichung mit der ursprünglich vorhandenen Verstell-

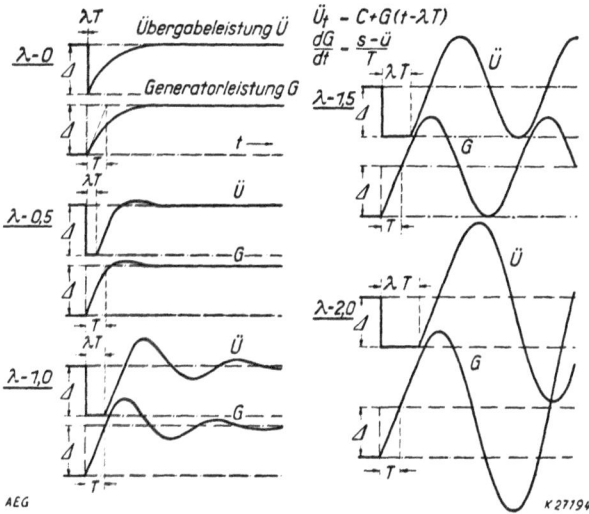

Abb. 44. Beeinflussung einer astatischen Leistungsregelung durch eine Verzögerungszeit.

geschwindigkeit herauszuregeln. Das Verhalten der Regelung hängt nun ganz von der Größe des Verhältniswertes λ für die Verzögerungszeit ab. Wenn keine Verzögerung vorhanden ist, also bei $\lambda = 0$, erfolgt auf eine plötzliche Änderung von $\ddot{U}$ um $\Delta\ddot{U}$ die Verstellung von G nach einer Exponentialkurve, die bekanntlich dann zustande kommt, wenn die Änderungsgeschwindigkeit einer Größe immer der Abweichung dieser Größe von einem bestimmten Wert proportional ist. Bei $\lambda = 0,5$ findet bereits eine leichte Überregelung statt, die eine Verstellung über den an sich nötigen Betrag Δ hinaus bringt, jedoch klingt diese noch sehr schnell ab. Bei $\lambda = 1,0$ beträgt die Überregelung bereits etwa 50%, das Abklingen der Pendelungen erfolgt langsamer. Bei $\lambda = 1,5$ wird die Überregelung schon 100%, d. h. die Verstellung über den notwendigen Betrag hinaus erreicht den Betrag der Abweichung Δ. Die Pendelungen klingen nicht mehr ab, sondern bleiben in ihrer Größe erhalten. Bei $\lambda = 2{,}0$ vergrößert sich sogar jedesmal die Überregelung, so daß ständig zunehmende Ausschläge entstehen, die so lange anwachsen, bis sich entweder die Netzverhältnisse ändern oder bis eine Abschaltung erfolgt.

Wenn auch die Kurven für eine verhältnismäßig rohe Annahme, nämlich die einer konstanten Verzögerungszeit, gezeichnet sind, so bleiben die Eigenschaften der Regelung doch ganz ähnliche, auch wenn diese Annahme nur angenähert zutrifft und die Verzögerung nicht einer konstanten Zeit, sondern irgendeiner anderen Abhängigkeit entspricht.

Verzögerungen dieser Art können schon durch die für die Regelung benötigte Apparatur verursacht werden, wenn die Regelung z. B. im Anschluß an eine trägheitsbehaftete Fernmessung des zu regelnden Wertes erfolgt. Auch in der geregelten Maschine liegt eine gewisse Verzögerung, da die Änderung der Maschinenleistung auf einen gegebenen Regelimpuls hin wegen der notwendigen Beschleunigungen und des dazwischen geschalteten Drehzahlreglers ebenfalls verzögert zustande kommt. Solche Verzögerungen können aber auch aus dem Netz selbst kommen. Im Falle der Kupplung zweier Netze, von denen das eine für die Einhaltung der Frequenz, das andere für die Einhaltung der Übergabeleistung zwischen den beiden Netzen sorgt, wirkt sich die Beeinflussung der Leistungsabgabe des geregelten Kraftwerkes auf die Übergabeleistung mit Verzögerung aus. Der ganze Vorgang zerfällt, ohne daß in Wirklichkeit eine scharfe Trennung vorhanden wäre, in drei Zeitabstände. Im ersten Zeitabschnitt wird die Überschußleistung zur Beschleunigung der Schwungmassen verwendet. Die Verteilung der Laständerung auf die beiden Netze wird durch das Verhältnis ihrer reduzierten, d. h. auf gleiche Maschinendrehzahl bezogenen Schwungmassen bedingt. Im zweiten Zeitabschnitt greifen die Drehzahlregler ein. Sie setzen mit dem Verhältnis ihrer Leistungszahlen die Leistungsverteilung auf beide Netze fest. Im letzten Abschnitt endlich wird die entstandene Frequenzabweichung durch den Frequenzhalter beseitigt, der dabei die Leistungsänderung mehr oder weniger vollständig übernimmt.

Aus dem Verhalten des Netzes, das in zwei besonders bemerkenswerten Ergebnissen zusammengefaßt werden kann, nämlich in der Tatsache, daß im Netz Verzögerungserscheinungen auftreten, die zusammen mit den sonst vorhandenen Verzögerungen die Gefahr von Pendelungen ergeben und in der Tatsache, daß die Wirkung eines Regelschrittes um einen bestimmten Betrag je nach den Umständen verschieden große Verschiebungen der geregelten Größe ergeben kann, folgt, daß die statische Regelung der astatischen Regelung auch im Verhalten während eines Regelvorganges selbst überlegen ist. Dies beruht auf der Abhängigkeit der durch die Regelung verstellten Leistung der Generatoren von der geregelten Größe, also z. B. der Übergabeleistung. Verzögerungen gegenüber wirkt sich diese Abhängigkeit so aus, daß die ganze Regelung früher ins Gleichgewicht kommt, die Gefahr von Überregelungen also vermindert wird und der unvollständigen Auswirkung der Verstellung auf die geregelte Größe gegenüber wirkt sie sich ebenfalls vorteilhaft aus, was man am besten übersieht, wenn man den extremen Fall betrachtet, daß eine Verstellung der Generatorleistung G überhaupt keine Auswirkung auf die zu regelnde Größe zur Folge hätte. In diesem Fall würde die astatische Regelung dauernd die Leistung weiter ändern, während die statische Regelung im Gleichgewicht ist, wenn die der Neigung der Charakteristik entsprechende Verschiebung der Generatorleistung zustande gekommen ist.

Allerdings ist die Eigenschaft einer jeden statischen Regelung die, daß ein unausgeregelter Rest in der zu regelnden Größe übrig bleibt, wenn die Regelung selbst zur Ruhe gekommen ist. Dies ist die sog. bleibende Änderung der statischen Regelung, deren Größe von der Neigung der Charakteristik abhängt.

IV. Statische Regelung mit astatischer Korrektur.

Will man diese bleibende Änderung der statischen Regelung nicht in Kauf nehmen, so muß man über die eigentliche statische Regelung eine astatische Regelung*) überlagern, die diese bleibende Änderung noch beseitigt. Als ein aus der Reguliertechnik bekannter, wenn auch selten angewendeter Regler dieser Art ist ebenfalls zunächst ein Drehzahlregler zu nennen, und zwar der sog. Isodromregler, wie er im Schema in Abb. 45 dargestellt ist**). Der wesentliche Bestandteil, der den Isodromregler von einem gewöhnlichen statischen Regler unterscheidet, ist die nachgiebige Rückführung, die durch die Ölbremse B zusammen mit dem Drosselventil DV gebildet wird. Der Beharrungszustand des Reglers ist dadurch gegeben, daß der Punkt f des Reglergestänges durch die beiden Federn F_1 und F_2 in der Gleichgewichtslage gehalten wird, daß also f eine ganz bestimmte Höhenlage einnimmt, die dem Punkt y, d. h. dem Muffenhub des Tachometers, ebenfalls eine ganz bestimmte Lage zuweist, wenn der Punkt s und damit der Steuerkolben seine Ruhelage einnimmt. Der Regler ist also nur dann in Ruhe, wenn eine ganz bestimmte Drehzahl eingeregelt ist.

In dieser Beziehung unterscheidet sich der Isodromregler nicht von dem astatischen Regler, wohl aber in dem Verlauf des Regelvorganges selbst. Dies wird besonders klar, wenn man annimmt, daß die Ölbremse nur verhältnismäßig langsame Verschiebungen zuläßt, so daß der Regler zunächst die Eigenschaft eines rein statischen Reglers besitzt mit starrer Rückführung. Erst mit einer langsameren Geschwindigkeit, die durch

---

*) Auch Nachregelung genannt.
**) Vgl. Lit.V. Tolle, Regelung der Kraftmaschinen. **, AEG-Mitt. 1932. — Kieser, El. Wirtsch. 1931.

das Drosselventil DV für den Ölumlauf einstellbar ist, kann der Reglerhebel, dem Zug der Feder F_1 oder F_2 nachgebend, sich langsam in seine Nullstellung begeben.

Durch die Verstellvorrichtung V kann die Nullstellung der beiden Federn und damit die Drehzahl geändert werden, auf die der Regler einregelt. Ein solcher Isodromregler hat also kurzzeitigen Abweichungen gegenüber die Eigenschaft eines statischen Reglers, jedoch ohne dessen bleibende Drehzahländerung. Er regelt vielmehr auf eine von der Maschinenbelastung unabhängige Drehzahl ein und hat deshalb die Eigen-

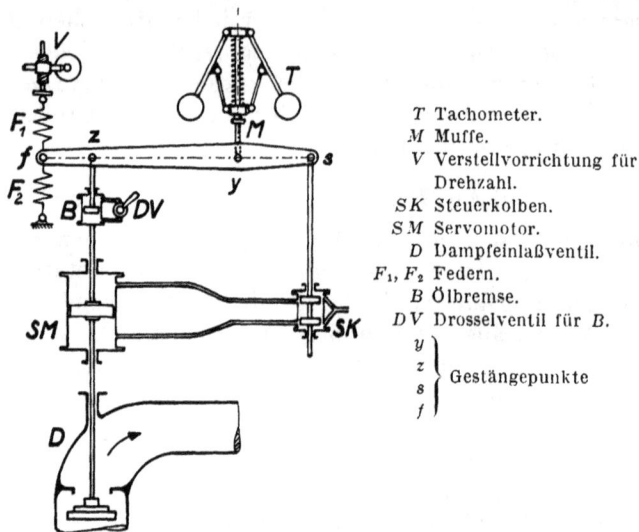

T	Tachometer.
M	Muffe.
V	Verstellvorrichtung für Drehzahl.
SK	Steuerkolben.
SM	Servomotor.
D	Dampfeinlaßventil.
F_1, F_2	Federn.
B	Ölbremse.
DV	Drosselventil für B.
y z s f	Gestängepunkte

Abb. 45. Schema eines Isodromreglers.

schaft, daß er sämtliche Lastschwankungen des Netzes an sich zieht. Ein Isodromregler zur Frequenzhaltung hat daher nur Sinn, wenn die Größe der von ihm geregelten Maschine in einem vernünftigen Verhältnis zur Größe des gesamten Netzes steht. Im übrigen enthält der Isodromregler sozusagen zwei Reglerelemente, einen statischen Regler für kurzzeitige Änderungen und einen langsamer wirkenden astatischen Regler, der die bleibende Änderung des statischen Regleranteils ausgleicht.

Eine solche Arbeitsweise ist auch mit einem elektrischen Regler zu erreichen, wie es beispielsweise in Abb. 46 schematisch gezeigt ist. Die Schaltung stellt eine Weiterbildung des in Abb. 42 gezeichneten elektrischen Leistungsreglers dar. Die neu vorgesehene astatische Korrektur besteht in einer automatischen Verstellung des im Potentiometer P_z für den Zusatzwert eingestellten Stromwertes i_z, die entsprechend dem Ausfall des Vergleichs mit dem im Sollwertgeber *SG* eingestellten Sollwert durch den Verstellmotor VM_z erfolgt, wobei im Regulierrelais R_2 der Vergleich mit dem Sollwert durchgeführt wird. Die beiden Regulierrelais R_1 und R_2 sind mit zwei Spulen gleicher Windungszahl ausgeführt. Im Regulierrelais R_1 sind wirksam die Ströme $i_{ü}$, der dem Meßwert der einzuregelnden Übergabeleistung $Ü$ proportional ist und von dem

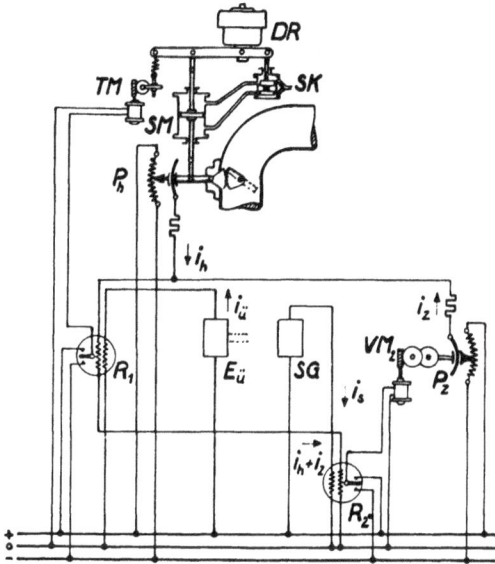

DR Drehzahlregler.
SK Steuerkolben.
SM Servomotor.
TM Tourenverstellmotor.
P_h Potentiometer für Hub des Ventils, liefert i_h.
P_z Potentiometer für Zusatzwert, liefert i_z.
$E_ü$ Empfangsapparat für Meßwert der Übergabeleistung, liefert $i_ü$.
SG Sollwertgeber, liefert i_s.
VM_z Verstellmotor für P_z.
R_1 Regulierrelais, steuert TM.
R_2 Regulierrelais, steuert VM_z.

Gleichgewichtsbedingungen: Für R_1: $i_ü + i_h + i_z = 0$; $\longrightarrow TM$.
 » R_2: $i_s + i_h + i_z = 0$; $\longrightarrow VM_z$.

Abb. 46. Schema einer statischen Leistungsregelung mit astatischer Korrektur.

Empfangsapparat der Fernmessung $E_ü$ geliefert wird, i_h, der von dem Potentiometer am Ventil der Maschine P_h aufgenommen wird und der Ventilstellung oder auch angenähert der Leistung proportional ist, und schließlich i_z, der von dem Zusatzpotentiometer P_z kommt. Das Regulierrelais R_1 ist also im Gleichgewicht, wenn die Summe dieser drei Ströme Null ist, wie es für die Anordnung nach Abb. 42 beschrieben wurde. Das Regulierrelais R_2 für die astatische Korrektur vergleicht nun den von dem Sollwertgeber *SG* gelieferten Strom und den Summenstrom $i_h + i_z$. Weicht das Ergebnis des Vergleiches von Null ab, so wird P_z im einen oder anderen Sinne verstellt und damit das Gleichgewicht erreicht, wobei über das Regulierrelais R_1 die Maschinenleistung, damit aber letzten Endes aber auch die Übergabeleistung $Ü$ geändert wird. Weicht die Übergabeleistung $Ü$ plötzlich ab, so erfolgt zunächst, ohne daß sich i_z wesentlich ändern würde, eine Einstellung der Maschinenleistung, bis die Gleichgewichtsbedingung für die statische Regulierung durch das Regulierrelais R_1 erfüllt ist. Es ist dabei eine bleibende Abweichung von U nicht herausgeregelt worden. $i_ü$ und damit natürlich auch $i_h + i_z$ entsprechen nicht dem Sollwert i_s, so daß die astatische Korrektur über das Regulierrelais R_2 eingreifen muß und i_z ändert. Damit spricht aber auch R_1 wieder an und verstellt die abgegebene Maschinenleistung G und damit auch i_h weiter, bis die Abweichung von U gegenüber dem Sollwert beseitigt ist. Die beiden Regulierungen arbeiten an sich natürlich gleichzeitig, doch kommt ihr Verhalten wegen der verschiedenen Verstellgeschwindigkeit dem beschriebenen sehr nahe.

Man könnte auch das Regulierrelais R_2 so schalten, daß es den Strom i_s mit dem Strom $i_ü$, d. h. unmittelbar die Übergabeleistung mit ihrem Sollwert vergleicht, statt daß man den Umweg über die Stromsumme $i_h + i_z$ geht. Doch hat die gezeigte Schaltung den Vorteil, daß die Zusatzregelung auch bei abgeschalteter Maschinenregelung sich auf den eingestellten Sollwert richtig einregelt und daß ferner das Verhalten der Regelung im ganzen bei einer Änderung noch besser wird.

Eine derartige Regelung wirkt also ähnlich wie eine Isodromregelung der Drehzahl, indem sie zunächst wie eine rein statische Regelung arbeitet und die bleibende Abweichung der statischen Regelung durch die astatische Korrektur beseitigt.

Bei der Inbetriebnahme einer statischen Regelung für die Übergabeleistung muß nach ganz ähnlichen Gesichtspunkten verfahren werden wie bei der Synchronisierung einer durch statische Drehzahlregler geregelten Maschine auf das Netz, in dem die Charakteristik der statischen Regelung durch Verstellen des Zusatzwertes Z so gehoben oder gesenkt wird, daß sie bei der gerade vorhandenen Leistung G des geregelten Kraftwerkes durch den Punkt $U = 0$ geht. Die erwähnte astatische Korrektur besorgt das automatisch, wenn der Sollwert auf Null eingestellt ist.

Zur Beurteilung des statischen Verhaltens der Regelung ist eine diagrammatische Darstellung in einem Koordinatensystem mit der Leistung der geregelten Generatoren als Abszisse und der eingeregelten Übergabeleistung als Ordinate sehr zweckmäßig*). Ähnlich wie man über das Verhalten von Drehzahlreglern im Netz auch durch das Aufzeichnen der Charakteristik Klarheit gewinnt, geben solche Diagramme über den Parallelbetrieb von mehreren Leistungsreglern Aufschluß. Bezeichnet man mit U die Übergabeleistung der beiden Netze, mit G die vom geregelten Kraftwerk abgegebene Leistung, mit C die von den Kraftwerken des auch G enthaltenden Netzes über den eigenen Verbrauch hinaus erzeugte Leistung, so ergibt sich, da die erzeugte Leistung gleich der verbrauchten sein muß, erstens die natürliche Charakteristik der

---

*) Vgl. LitV. Stäblein, E. u. M. 1932.

beiden Netze $\dot{U} = C + G$, zweitens die Charakteristik der statischen Regelung $\ddot{U} = Z - c' \cdot G$. Der Gleichgewichtszustand ist dadurch gekennzeichnet, daß er beide Bedingungen, die Netzbedingung und die Reglerbedingung, gleichzeitig erfüllen muß.

Natürlich gelten solche Diagramme nur unter der Annahme, daß die anderen Werte und auch die Frequenz während des betreffenden Überganges absolut konstant bleiben. Im wirklichen Betrieb verwischt sich das Bild durch dauernde Änderung der übrigen Größen natürlich mehr oder weniger, doch sind die Diagramme trotzdem sehr wertvoll, um einen Überblick über das Verhalten der Regelung zu bekommen, auch die Verhältnisse bei der Parallelschaltung mehrerer Regler zu verfolgen. Die Möglichkeit zu der Parallelschaltung gibt die sog. Statik des Reglers,

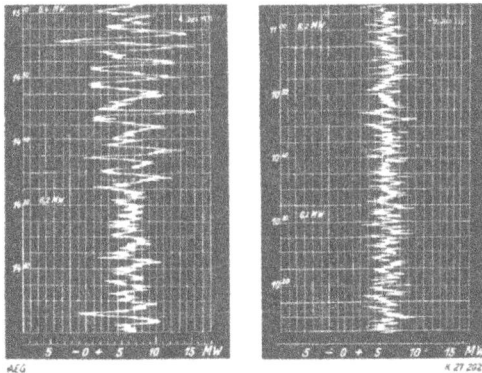

Abb. 47. Vergleich der Betriebsergebnisse einer astatischen und einer statischen Leistungsregelung mit astatischer Korrektur.

d. h. die Neigung seiner Charakteristik, die eine ganz bestimmte, wohl definierte Leistungsverteilung auf die parallel arbeitenden Regler vorschreibt.

Die statische Leistungsregelung mit astatischer Korrektur ist in bezug auf Wirkungsweise und Anwendungsmöglichkeiten, insbesondere des Parallelbetriebes, die universellste und beste Regelung, doch ist sie im Aufbau komplizierter als eine rein astatische Regelung. Die letztere ist aber nur in einfacheren Fällen brauchbar und kann bei schwierigeren Verhältnissen nicht einwandfrei arbeiten. Versuche in großen Netzen haben diesen Unterschied deutlich gezeigt, wie aus den Registrierkurven in Abb. 47 hervorgeht, die die Übergabeleistung zwischen zwei großen Netzen darstellt, die mit einer astatischen Regelapparatur und mit einer statischen Regelapparatur mit astatischer Korrektur automatisch gehalten wurde. Man erkennt deutlich die Pendelungen bei der astatischen Regelung. Der Sollwert wird bei der statischen Regelung viel besser eingehalten, wenn natürlich auch nicht die starre Festhaltung der Leistung gelingt. Dabei ist zu bedenken, daß die Schwankungen der Übergabe-leistung im Verhältnis zur Gesamtleistung der beiden Netze außerordent-lich klein sind. Sie betragen nur wenige Promille. Unter diesen Um-ständen ist das Ergebnis der Regelung als außerordentlich befriedigend anzusehen.

V. Leistungsregelung in geschlossenen Ringen.

Für die Leistungsregelung bestehen Beschränkungen schon in der Aufgabestellung, sofern mehr als eine Leistung in einem Netzgebilde geregelt werden soll. Wir hatten festgestellt, daß die äußeren Verpflich-tungen des Netzes in der Haltung der Frequenz oder in der Einhaltung einer Übergabeleistung bestehen. Sie können nun nicht wahllos aufge-stellt werden, insbesondere sind gewisse Betriebszustände von vornherein unmöglich, besonders in dem Fall, daß zwischen zwei beliebigen Punkten des Netzgebildes mehr als eine einzige Verbindung besteht. Kann die Energie von einem Punkt eines anderen Netzes über mehr als eine einzige Verbindungsstrecke fließen, so entsteht eine Vieldeutigkeit in der Auf-gabestellung dadurch, daß es nicht möglich ist, durch Regelung eines Kraftwerkes den Weg für den Energiefluß vom einen zum anderen Punkt vorzuschreiben. Die Verteilung der Energie auf die einzelnen Wege richtet sich vielmehr nach dem Widerstand der Leitungsstrecken, der für den Energiefluß vorhanden ist.

Es muß als normal gelten, daß nicht mehr externe Verpflichtungen vorgeschrieben werden können als Netze vorhanden sind. Da eine davon immer die Haltung der Frequenz sein muß, bleibt für die Zahl der mög-lichen Fahrplanregelungen die Zahl der Netze vermindert um 1, bei zwei gekuppelten Netzen also eine einzige.

Bei der Kupplung von zwei Netzen über zwei Kuppelstellen können für die Leistungsregelung vorgesehen werden die Einhaltung der Leistung an der Stelle 1 oder die Einhaltung der Leistung an der Stelle 2 oder die Einhaltung der Leistungssumme der Stellen 1 und 2 zusammen. Regelt man 1 oder 2 allein, so ist die Leistung der anderen Stelle durch die Spannungsverteilung in der geschlossenen Masche bestimmt, d. h. wenn die Leistung in 1 z. B. gesteigert wird, so wird auch die Leistung in 2 an-wachsen, und zwar in einem solchen Maße, daß der Leistungsfluß von dem Punkt der Erzeugung der Leistung im Netz A bis zu dem Punkt des Verbrauches im Netz B auf beiden Wegen über 1 und 2 denselben Spannungsabfall zur Folge hat. Da sich das je nach dem Schaltzustand ändern kann, ist die Gesamtlieferung des einen Netzes an das andere nicht fahrplanmäßig vorgeschrieben, sondern hängt vom Betriebszustand ab, ist also durch eine Vorschrift für die Leistung der einen Kuppelstelle nicht vollständig gegeben. Bei der Einhaltung der Leistungssumme beider Kuppelstellen zusammen ist zwar die Gesamtlieferung des einen Netzes an das andere restlos erfaßt, doch kann die Verteilung auf die beiden

Kuppelstellen nicht vorgeschrieben werden. Bei der Kupplung zweier Netze scheint dies nicht von besonderer Bedeutung zu sein, doch hat es bei verwickelteren Netzgebilden gewisse Folgen, die mit einer freizügigen unabhängigen Betriebsweise und vor allem Tarifpolitik im Widerspruch stehen. Betrachten wir z. B. das Schema dreier im Ring gekuppelter Netze nach Abb. 48. Die 3 Netze A, B und C sind über die 3 Kuppelstellen je miteinander gekuppelt. Nach der obigen Regel können außer der Haltung der Frequenz als erste äußere Verpflichtung noch zwei

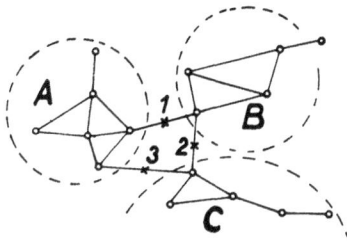

Abb. 48.
Schema dreier im Ring
gekuppelter Netze.

weitere Leistungsverpflichtungen eingehalten werden. Es kann also z. B. das Netz A die Frequenz halten, die Netze B und C können je eine bestimmte Leistung nach Fahrplan regeln, also z. B. das Netz B die Leistung an der Kuppelstelle 1, das Netz C die Leistung an der Kuppelstelle 2. Die Leistung an der Kuppelstelle 3 dagegen ist nicht mehr vorgegeben und stellt sich je nach den Betriebszuständen verschieden ein. Eine Erhöhung der Lieferung von A nach B über die Kuppelstelle 1 hat auch zwangsläufig eine Erhöhung der Lieferung von A nach C über die Kuppelstelle 3 zur Folge.

Wie im vorigen Fall besteht auch die Möglichkeit, die Leistungssummen einzuregeln, also z. B. derart, daß Netz B die Summe der an A und C über die Kuppelstellen 1 und 2 abgegebenen Leistungen konstant hält, und Netz C die Summe von 2 und 3. Im Gegensatz zu der vorher erläuterten Betriebsweise sind dann die Leistungsabgaben eines jeden Netzes an die benachbarten Netze zusammen vorgeschrieben, nicht aber die Lieferungen eines jeden Netzes an ein bestimmtes anderes. Dies steht u. U. mit den abgeschlossenen Lieferungsverträgen insofern im Widerspruch, als diese die Lieferung an bestimmten Punkten einzeln vorschreiben.

Natürlich hat die Leistungsverteilung innerhalb eines solchen geschlossenen Ringes ihre ganz bestimmten Gesetze, denen sie unterworfen ist. Diese Gesetze leiten sich her aus den beiden Kirchhoffschen Sätzen, nach denen erstens die Summe der in einen Knotenpunkt zufließenden und abfließenden Ströme Null sein muß und zweitens die Summe der Spannungsabfälle in einer Leitungsmasche gleich der Summe der darin wirksamen elektromotorischen Kräfte sein muß. Es kann jedoch hier nicht näher darauf eingegangen werden.

Die Beeinflussung der Leistungsverteilung in einem einen Ringschluß enthaltenden Netzgebilde derart, daß in jedem Zweig eines geschlossenen Ringes eine vorgeschriebene Leistung fließt, ist nur möglich, wenn man eine Spannung in den Zug der Leitung einfügt, wobei wegen des vorwiegend induktiven Widerstandes der Leitungen diese Spannung nicht in Richtung des Spannungsvektors liegen, sondern diesen stark drehen muß, also quer zum Spannungsvektor liegt. Einen hierfür geeigneten Transformator nennt man Querspannungstransformator. Die Spannung muß natürlich, wenn man die Leistungsverteilung beliebig einstellen soll, regelbare Größe aufweisen*).

In gewissen Fällen kann die Einfügung einer solchen Querspannung durch einen Querspannungstransformator entbehrt werden, wenn ein Netz mit mehreren Kraftwerken einen wesentlichen Teil des Leitungsringes enthält. Dieses Netz muß dann mit zwei Werken zwei Übergabeleistungen einhalten, kann also seine Leistungserzeugung nicht mehr beliebig auf seine einzelnen Kraftwerke verteilen, sondern muß sich dabei nach externen Verpflichtungen richten und auf seinen eigenen Leitungsstrecken gewisse Leistungen verschieben, um den erforderlichen Spannungsabfall zu erzeugen. Es ist klar, daß es dazu nur insoweit in der Lage ist, als es mit der Leistungsfähigkeit seiner Kraftwerke bzw. dem Leistungsverbrauch in den einzelnen Knotenpunkten nachkommen kann. Das Verfahren ist also nicht allgemein anwendbar. Für den allgemeinen Fall bleibt vielmehr die Verwendung eines Querspannungstransformators die einzige praktisch brauchbare Lösung.

Die Einhaltung der äußeren Verpflichtungen eines Netzes muß nun nicht unbedingt in der Weise durchgeführt werden, daß ein einzelnes Kraftwerk dieses Netzes dafür verantwortlich ist. Die Verantwortlichkeit kann auch zwischen mehreren Werken desselben Netzes oder auch mehrere Netze geteilt werden, wozu die statische Leistungsregelung die Möglichkeit ergibt. Es können z. B. die Werke 1, 2, 3 eine Übergabeleistung in der Weise regeln, daß bei einer Änderung dieser Übergabeleistung um die Leistungseinheit, z. B. 1 MW, Kraftwerk 1 seine Leistung um x, Werk 2 um y, Werk 3 um z MW ändern. Diese Größen werden gegeben durch die Neigung der Charakteristiken der Regler, die Leistungsverteilung ist stabil und eindeutig.

VI. Frequenz- und Leistungsregelung.

Solche Aufgaben führen gleichzeitig zu der Frequenzregelung über, denn wie die Einhaltung von Übergabeleistungen, so kann auch die Haltung der Frequenz auf mehrere Werke aufgeteilt werden. Dies er-

---

*) Vgl. z. B. LitV. Schmidt, Siem.-Ztschr. 1932. — Groß, E. u. M. 1931.

fordert eine statische Frequenzregelung, die bei den für die Haltung der Frequenz verantwortlichen Werken über die Genauigkeit der üblichen Drehzahlregler hinausgehen muß, die an sich schon die für diese Regelung gewünschten Eigenschaften hätten. Wie früher dargelegt, gibt die Statik der Drehzahlregler die Möglichkeit des Parallelbetriebes, wobei die Neigung der Drehzahlcharakteristiken für die Leistungsverteilung maßgebend ist. Ein Laststoß wird von den einzelnen Maschinen im Verhältnis der Leistungszahlen der Drehzahlregler aufgenommen. Das Werk, das sich an der Haltung der Frequenz vor allem beteiligen soll, muß also eine ganz besonders große Leistungszahl, im extremen Fall die Leistungszahl unendlich, d. h. eine ganz horizontale Drehzahlcharakteristik erhalten. Einen Drehzahlregler dieser Art haben wir in dem Isodromregler mit nachgiebiger Rückführung kennengelernt, der im Beharrungszustand einen astatischen Frequenzregler, während des Überganges aber einen Regler mit den Eigenschaften eines statischen Reglers darstellt.

Eine statische Frequenzregelung kann auch durch einen elektrischen Regler erhalten werden, der auf den Verstellmotor des Drehzahlreglers einwirkt, wobei wesentlich geringere Neigungen der Charakteristiken bei einer sehr kleinen Unempfindlichkeit erreicht werden können. Sie lassen sich besonders vorteilhaft so bauen, daß die Neigung ihrer Charakteristik nach Wunsch eingestellt werden kann, so daß sich die damit geregelten Maschinen an der Frequenzhaltung in einem nach Wunsch einstellbaren Maß beteiligen.

Die Regelung der Frequenz kann nun noch nach einem anderen Gesichtspunkt*) erfolgen, indem sie sich anschließt an den Integralwert der Frequenz, d. h. die Uhrzeit einer an das Netz gelegten Synchronuhr. Nimmt man die astronomische Zeit als Sollwert, so ergibt sich eine Uhrzeitregulierung, die wieder astatisch oder statisch gemacht werden kann. Während eine astatische Regelung dieser Art nur imstande ist, den Mittelwert der Frequenz und damit auch die Uhrzeit genau konstant zu halten, gibt die statische Uhrzeitregelung wie eine jede statische Regelung die Möglichkeit, ohne eine bleibende Frequenzänderung, d. h. ohne statischen Frequenzregler trotzdem die Frequenzhaltung auf mehrere Kraftwerke zu verteilen. Die Charakteristik eines solchen statischen Uhrzeitreglers ist, wenn man als Abszisse die Maschinenleistung und als Ordinate die Uhrzeitabweichung oder die Gangdifferenz der Synchronuhr gegenüber der astronomischen Uhr aufträgt, eine geneigte Gerade wie bei allen statischen Reglern. Setzt man voraus, daß für alle Regler dieselbe astronomische Uhr als Sollwertgeber verwendet wird, so ist die Gangdifferenz für alle Maschinen dieselbe. Es besteht also eine ganz eindeutige Zuordnung zwischen der Maschinenleistung und dieser Gang-

*) Vgl. z. B. LitV. Schäff, ETZ 1933.

differenz. Damit wird aber auch die Lieferungsverteilung auf die einzelnen Maschinen oder Kraftwerke zwangsläufig vorgegeben. Durch Heben oder Senken dieser Charakteristik kann in derselben Weise wie beim einfachen Drehzahlregler die Leistung der Maschinen gegenüber dem übrigen Netz geändert werden.

Der Vorteil dieser Art von Regelung ist, daß bei der Frequenzhaltung mit mehreren Werken die Leistungsverteilung statisch bestimmt ist, ohne daß dazu eine statische Regelung der Frequenz und damit eine bleibende Abweichung der Frequenz notwendig wäre. Die Frequenz selbst wird sozusagen astatisch geregelt, da eine weitere Verschiebung der Gangdifferenz nur dann nicht erfolgt, wenn die Frequenz genau ihren richtigen Wert hat. Eine derartige Regelung ist aber auch ohne weiteres möglich, wenn die Solluhrzeit nicht durch eine gemeinsame astronomische Uhr, sondern in jedem Werk durch eine besondere Uhr gegeben wird. Bekanntlich lassen sich Uhren mit einer außerordentlich hohen Ganggenauigkeit bauen, so daß die mittlere Gangabweichung der einzelnen Uhren gegeneinander nicht sehr groß wird. Stimmen zwei Sollwertuhren nicht genau überein, so bedeutet das eine langsame Verschiebung der Leistungen der durch sie geregelten Maschinen oder Kraftwerke. Die Größe dieser Verschiebung hängt von der mittleren Gangdifferenz der beiden Uhren und der Neigung der Charakteristiken ab. Ist die Charakteristik z. B. so geneigt, daß zwischen Vollast und Leerlauf der Maschine eine Gangdifferenz von z. B. 1 s besteht, so bedeutet eine Gangabweichung der beiden astronomischen Uhren gegeneinander von 0,2 s im Tag, daß sich die Belastungsverteilung der beiden Maschinen in 24 h um $1/_5$ der Nennlast verschiebt. Da aber sowieso in viel kleineren Zeitabständen von Hand in die Leistungsverteilung eingegriffen werden muß, ist dies absolut belanglos und macht die statische Uhrzeitregelung trotzdem zu einer brauchbaren Regelung für die verteilte Frequenzhaltung.

Daneben hat die Uhrzeitregelung natürlich auch noch den großen Vorteil, daß der Betrieb von Synchronuhren im Netz ohne weiteres möglich wird, da eben die Frequenz nach der richtigen Uhrzeit geregelt wird. Es ist zwar mit Hilfe von sog. Periodenkontrolluhren, d. s. Uhren mit zwei Zeigern, einem von einem Synchronmotor vom Netz her angetriebenen und einem durch eine astronomische Uhr angetriebenen, die stets in Deckung bleiben müssen, auch leicht möglich, durch Regelung von Hand die Uhrzeit richtig zu halten, doch löst die Frequenz-Integraloder Uhrzeitregelung diese Aufgabe ohne weiteres automatisch.

Die Anwendung von derartigen elektrischen Frequenzreglern, seien es statische Frequenz- oder statische Uhrzeitregler, gestattet nun bei entsprechender Ausbildung der Apparaturen eine Kombination zwischen Leistungs- und Frequenzregelung*) in der Weise, daß ein und dasselbe

---

*) Vgl. LitV. Piloty, VDE-Fachber. 1931.

Kraftwerk oder einunddieselbe Maschine nach einem aus beiden Größen zusammengesetzten Regelkriterium geregelt wird, so daß sich die geregelte Einheit z. B. an der Haltung einer Übergabeleistung und gleichzeitig an der Haltung der Frequenz beteiligt, indem die Leistungsabgabe bei einer Änderung der Übergabeleistung um 1 MW mit x MW, bei einer Änderung der Frequenz um 0,1 Per./sec mit y MW beteiligt wird. Derartig geregelte Einheiten tragen dann zu einer Betriebsführung auf breiterer Grundlage bei, indem sie selbsttätig sich auf Änderungen hin an dem Ausgleich beteiligen, wobei die Leistungsverteilung nicht von dem zufälligen Ergebnis des Regeleingriffs, sondern von vorgeschriebenen einstellbaren Verhältniszahlen abhängt. Irgendwelche Änderungen machen sich also nicht mehr bei einzelnen Maschinen besonders störend bemerkbar, sondern verteilen sich auf das ganze Netz viel gleichmäßiger und sind deshalb viel weniger gefährlich und unangenehm. Auch können plötzliche Lastanstiege und Lastabfälle mühelos nach einem vorher festgesetzten Schlüssel mindestens so gut bewältigt werden, daß ein Eingreifen von Hand viel später zu erfolgen braucht und viel weniger ausmachen muß als ohne diese Regulierung.

Wenn man sehr rasch wirkende Frequenzintegralregelungen aufbauen will, so ist es unzweckmäßig, von einer astronomischen Uhr auszugehen, da eine Pendeluhr nicht die Möglichkeit des kontinuierlichen Vergleiches gibt. Wenn man ein Sekundenpendel verwendet, so hat man nur alle Sekunden Gelegenheit, den Vergleich durchzuführen. Es ist für solche Fälle vorgeschlagen worden, statt der Uhrzeit eine Normalfrequenz als Sollwert zu verwenden, die z. B. durch eine besondere Leitung von einer Zentralstelle aus zu den einzelnen Werken übertragen wird oder die in allen Stationen getrennt durch genau geregelte Einrichtungen, beispielsweise mit Stimmgabelsendern, erzeugt wird.

Es hängt von der Art des Vergleichs zwischen der Istfrequenz und der Sollfrequenz ab, ob man es mit einer Regelung des Augenblickswertes der Frequenz oder einer reinen Frequenzintegralregelung zu tun hat. Die letztere kommt z. B. zustande, wenn die Verstellung der Maschinen abhängig gemacht wird von der Vektordrehung der beiden Frequenzen gegeneinander, also z. B. durch einen Motor erfolgt, der als doppelt gespeister Induktionsmotor mit der Differenz der beiden Frequenzen läuft. Er kommt und bleibt nur dann in Ruhe, wenn nicht nur die Momentanwerte, sondern auch die Integralwerte der beiden Frequenzen übereinstimmen, sein insgesamt durchlaufener Weg entspricht der Gangdifferenz oder Abweichung der Frequenzintegrale.

c) Leistungsregelung und Leistungsregler.

Wenden wir uns nun der apparativen Seite der Regelung zu, so sind vor allem die Apparate zum Vergleich von Soll- und Istwert und die

Apparate zum Einstellen des Sollwertes zu betrachten, für die bequem bedienbare Ausführungen den praktisch auftretenden Aufgaben angepaßt entwickelt wurden.

Bei den Vergleichsapparaten unterscheidet man Regulierrelais zum Vergleich elektrischer Meßgrößen, sei es der Leistung selbst oder einer durch Fernmessung abgeleiteten Größe, und Regelapparate, die sich an Fernmeßverfahren zur impulsmäßigen Übertragung der Meßgröße unmittelbar an die Impulse anschließen, ohne den Weg über die aus den Impulsen abgeleiteten Meßgrößen zu gehen. Solche Regelverfahren gibt es im Anschluß an die Impulszeitfernmessung und die Impulsfrequenzfernmessung. Die Sollwertgeber schließlich lassen sich einteilen in solche, bei denen ein einzelner Wert von Hand fest eingestellt wird, und solche, die eine selbsttätige zeitliche Änderung des Sollwertes einzustellen gestatten.

I. Regulierrelais zur Regelung nach einer elektrischen Meßgröße.

Diese Regulierrelais sind entweder solche, bei denen ein Vergleich des Istwertes, also z. B. der unmittelbar gemessenen Leistung, oder des ferngemessenen in einen proportionalen Gleichstrom umgewandelten Meßwertes mit einem ebenso in Form einer elektrischen Größe gegebenen Sollwert erfolgt, oder solche, bei denen der Sollwert in einer anderen Form, also z. B. als Federspannung eingeführt wird. Im ersteren Falle besteht das eigentliche Relais aus zwei mechanisch verbundenen Meßsystemen, einem für den Istwert, einem für den Sollwert, im anderen Falle aus einem einzelnen System für die Istwertmessung. Der Vergleich zwischen Soll- und Istwert kann insbesondere bei den Gleichstromverfahren auch einfach schaltungsmäßig erfolgen, indem beide in Form von proportionalen Gleichströmen umgekehrter Polarität aus einem Dreileitersystem entnommen werden oder sonst eine der für Differenzbildung bei der Summenmessung behandelten Schaltungen angewendet wird.

Da nicht für alle Schaltungen einfache Kontaktgabe möglich oder erwünscht ist, wird bei einer Reihe von Konstruktionen Wert darauf gelegt, die Kontaktgabe in Form von einzelnen Impulsen erfolgen zu lassen. Im einfachsten Fall genügt es, die Kontaktgabe durch einen zwischengeschalteten Unterbrecher*) sozusagen zu zerhacken, so daß immer wieder Pausen entstehen, in denen die ganze Anordnung Zeit findet, den Verstellimpuls auf die geregelte Größe auswirken zu lassen, oder aber es werden Einrichtungen vorgesehen, die eine Dosierung der Kontaktzeiten herbeiführen. Solche Einrichtungen werden gelegentlich als Rückführungen bezeichnet, ohne daß sie es sind in dem Sinne, wie man sonst in der Theorie der Regler den Begriff versteht. Man könnte sie vielmehr unechte Rückführungen nennen. Sie bestehen aus einem

---

*) Vgl. z. B. LitV. Buchally u. Leopold, ETZ 1932.

Apparat, der durch eine Verstellvorrichtung gleichzeitig mit der Verstellung der Maschinen selbst betätigt wird und so eingestellt wird, daß er ungefähr dieselbe Verstellung durchführt, wie es von der geregelten Maschine oder dem geregelten Netz erwartet wird, ohne dessen Verzögerungen aufzuweisen. Dieser Rückführapparat begrenzt, wenn er die zu seinem eigenen Abgleich führende Verstellung vorgenommen hat, zunächst die Regelung. Der ganze Regelapparat wird für eine bestimmte Zeit außer Tätigkeit gesetzt und dann der Vergleich zwischen Soll- und Istwert, wie er sich inzwischen eingestellt hat, nochmals durchgeführt. Die bei dem unvollkommen bemessenen Regelschritt nicht erreichte Übereinstimmung wird durch eine erneute kleinere Verstellung angenähert.

Eine unechte Rückführung kann im einfachsten Fall darin bestehen, daß der Soll- oder auch der Istwert, wenn der Vergleich der beiden eine Nichtübereinstimmung ergeben hat, um einen bestimmten Betrag verfälscht wird, und zwar in dem Sinne, als ob die Verstellung bereits erfolgt

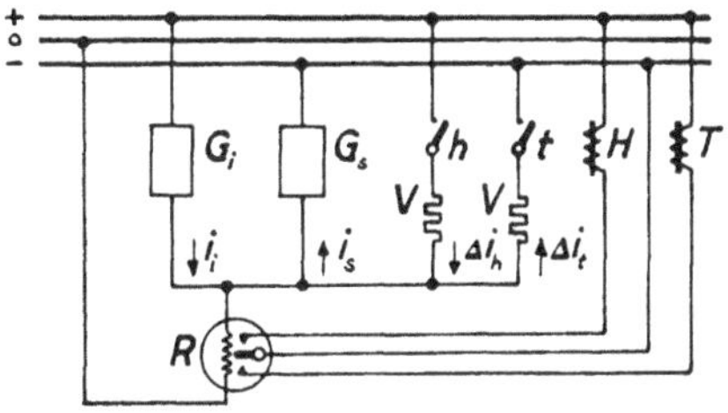

G_i Geberinstrument für Istwert, liefert i_i.
G_s Geberinstrument für Sollwert, liefert i_s.
H Zwischenrelais für Höherregelung.
T Zwischenrelais für Tieferregelung.
h Kontakt von H.
t Kontakt von T.
V Vorwiderstände.
R Regulierrelais.

Abb. 49. Schema einer Regelung mit unechter Rückführung um konstanten Betrag.

und der Vergleichsapparat eher zu Ruhe gekommen wäre. Die Regelung wird dabei unterbrochen, danach werden wieder die unverfälschten Werte verglichen und deren Übereinstimmung geprüft. Stimmen sie noch nicht überein, so wird ein neuer Regelimpuls durchgegeben, der die Fälschung erneut einschaltet usw. Eine solche Schaltung ist in Abb. 49 für den Fall einer Regelung im Anschluß an Gleichstromfernmessung dargestellt. Die Fernmeßgeber G_1 für den Istwert und G_s für den Sollwert liefern dabei Gleichströme, die dem Meßwert proportional sind und die in ihrer Differenz auf das Regulierrelais R wirken. Ist der Differenzstrom i_i-i_s positiv, der Istwert also größer als der Sollwert, so spricht das Regulierrelais im einen Sinne an und schaltet das Zwischenrelais T für die Tieferregelung ein. Dieses legt mit seinem Kontakt t den über den Vorwiderstand V entnommenen Strom i_t ein, der den Istwert sozusagen verkleinert, also das Ergebnis der Regelung vorausnimmt. Hat das Regulierrelais den Abgleich mit dem gefälschten Wert erreicht, so fällt das Zwischenrelais T mit etwas Verzögerung ab. Daraufhin verschwindet auch die Fälschung des Istwertstromes. Es findet wieder der richtige

Vergleich statt. Durch den verzögerten Abfall ist gegenüber dem Abgleich des gefälschten Wertes eine gewisse Überregulierung eingetreten, die so dimensioniert werden kann, daß sie möglichst gut die im Netzbetrieb selbst auftretende Überregelung wiedergibt. Es wird dann die Abgleichung auch für den wahren Istwert einigermaßen stimmen, denn auch der Istwert ist nach beendeter Regelung noch weiter über denjenigen Wert hinausgestiegen, den er im Augenblick des Abschaltens hatte. Stimmt dies nicht ganz, so kommt ein neuer Regelimpuls zustande, der ebenfalls wieder vorzeitig unterbrochen wird. So wird der richtige Wert in einigen Schritten einreguliert, deren Zahl sich bei richtiger Einstellung der Verzögerungszeiten und der Größe der Fälschungsströme sehr klein halten läßt.

Diese grundsätzliche Lösung kann noch wesentlich verfeinert werden, indem die Fälschung des Ist- oder auch des Sollwertes von dem Wert der ursprünglich vorhandenen Abweichung abhängig gemacht wird, indem die Verzögerungszeiten einstellbar gemacht werden usw.*). Es lassen sich mit dieser Art der Begrenzung der Regelschritte bei richtiger Einstellung und Dimensionierung für einigermaßen konstante Verhältnisse brauchbare Regulierungen aufbauen, doch muß, da ja die unechte Rückführung die Eigenschaften des Netzes wiedergeben soll, bei wechselnden Netzverhältnissen durch Nachstellung für angenäherte Übereinstimmung der Eigenschaften gesorgt werden. Darin unterscheidet sich die unechte Rückführung von der echten Rückführung, die mit einer statischen Regelung verbunden ist. Die echte Rückführung einer statischen Regelung ist immer an die Eigenschaften der geregelten Maschine angepaßt. Eine genaue Einstellung der Regelung in bezug auf günstigste Verstellgeschwindigkeit, Neigung der Reglercharakteristik usw. ist jedoch auch bei der statischen Regelung zweckmäßig, wenn stets die bestmöglichen Resultate erreicht werden sollen, doch ist die Einstellung nicht so empfindlich wie bei einer unechten Rückführung.

Eine Dosierung der Regeleinwirkungen kann auch auf die Weise erreicht werden, daß die Verstellgeschwindigkeiten oder auch die Laufdauer in einigen Stufen bemessen werden, wobei die Einschaltung der einzelnen Stufen von der Größe der Abweichung abhängig gemacht wird. Es sind auch Lösungen angegeben worden für eine gleichmäßige Abstufung der Laufzeit eines einzelnen Regelimpulses nach der Größe der Abweichung. Meist erfolgt das in der Weise, daß die Gegenkontakte, mit denen der Relaiskontakt bei Abweichung den Höher- oder Tiefer-regelkreis schließt, nicht fest angeordnet sind, sondern selbst eine Bewegung ausführen, indem sie sich dem Zeigerkontakt periodisch nähern und wieder entfernen. Der Zeigerkontakt ist dann meist federnd ausgeführt und kann diese erzwungene Bewegung zum Teil mitmachen, gibt

---

*) Vgl. LitV. Latzko u. Plechl, E. u. M. 1929.

also bei Vorhandensein einer Abweichung einen periodischen Kontakt-schluß. Die Dauer der einzelnen Regelimpulse ist dabei von der Größe der Abweichung abhängig.

Ein solches Regulierrelais ist in prinzipieller Darstellung in Abb. 50 gezeigt*). Das Meßwerk M des Relais bewegt den Kontaktarm k, der zwei federnde Kontaktstücke k_1 und k_2 trägt. Ist Gleichgewicht vor-handen, d. h. steht der Kontaktarm in der Mitte, so werden diese Kon-taktstücke von den Zacken der beiden Zackenscheiben nicht berührt. Die Zackenscheiben rotieren mit der durch einen Motor angetriebenen Achse a. Ist die Abweichung nach irgendeiner Seite klein, so wird das Kontaktstück immer nur während eines kleinen Teiles des Umlaufes von den Zacken berührt. Es kommen so kurze Regelimpulse zustande. Bei

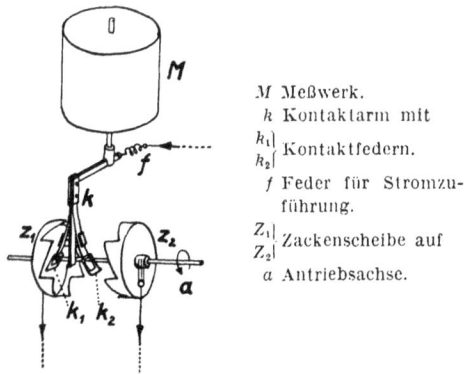

M Meßwerk.
k Kontaktarm mit
$\left.\begin{array}{l}k_1\\k_2\end{array}\right|$ Kontaktfedern.
f Feder für Stromzu-
führung.
$\left.\begin{array}{l}Z_1\\Z_2\end{array}\right|$ Zackenscheibe auf
a Antriebsachse.

Abb. 50. Regulierrelais mit progressiver Impulsgabe.

größerer Abweichung werden die Impulse länger. Ihre Dauer ist wenig-stens bis zu einer bestimmten Grenze etwa der Abweichung proportional. Durch die Form der Zacken kann jede beliebige Abhängigkeit der Impuls-länge von der Abweichung erreicht, durch den Abstand der Zacken und die Drehzahl der Achse die zwischen zwei Regelimpulsen auftretende Pausenzeit eingestellt werden. Die Federn der Kontaktstücke werden so bemessen, daß eine schwache Federung vorhanden ist, die eine verhält-nismäßig große Durchbiegung zuläßt und ein starkes Abweichen des Kontaktarmes selbst vermeidet. Obwohl das Drehmoment des Regulier-relais selbst klein ist, kann doch ausreichender Kontaktdruck erreicht werden, da die ansteigenden Zacken den Kontaktarm beiseite zu drücken bestrebt sind und daher auf das Kontaktstück die hierzu erforderliche Kraft übertragen. Die dauernde Bewegung des Kontaktes sorgt gleich-zeitig für eine selbsttätige Reinigung der Kontaktfläche, so daß immer gute Kontaktgabe vorhanden ist.

---

*) Ausführung Allg. El. Ges. Berlin.

II. Regelung im unmittelbaren Anschluß an Impulsfernmeßverfahren.

Bei der Verwendung von Impulsfernmeßverfahren zur Fernübertragung des zu regelnden Istwertes ergibt sich die Möglichkeit, die Regelung am Empfangsort der Fernmessung unmittelbar von den eintreffenden Impulsen abzuleiten, ohne den eigentlichen Empfangsapparat für die Anzeige der Meßgröße zu Hilfe zu nehmen. Dies ist grundsätzlich sowohl beim Impulszeitverfahren als auch beim Impulsfrequenzverfahren möglich. Es ist dazu erforderlich, auch den Sollwert bzw. bei statischer Regelung die Maschinenleistung ebenfalls in Impulse derselben Art umzuwandeln. Ein Nachteil dieser Art von Regelung ist, daß sie weniger leicht einstellbar ist als eine Regelung, die sich an elektrische Meßgrößen anschließt, doch ergibt sich dafür vielfach eine einfachere Ausführung

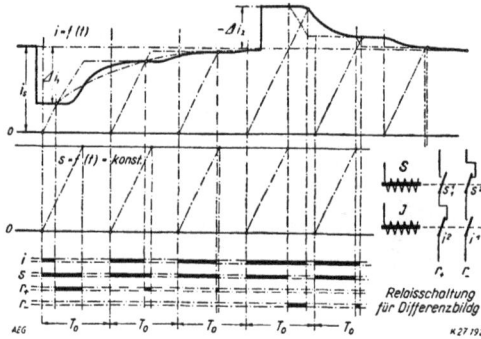

Abb. 51. Schema einer Regelung im Anschluß an das Impuls-Zeit-Fernmeßverfahren.

der gesamten Regelapparatur. Besonders deutlich wird das beim Impulszeitfernmeßverfahren, bei dem für die eigentliche Regelung als Vergleichsapparatur nur zwei einfache Relais*) erforderlich werden, von denen das eine während der Impulszeit des Istwertes anspricht, das andere während der Impulszeit des gleichzeitig durch Abtastung des Sollwertgebers gegebenen Sollwertes, wie es in Abb. 51 dargestellt ist. Es ist darin gleichzeitig auch der zeitliche Verlauf einer Regelung mit den zugehörigen Meß- und Regelimpulsen aufgezeichnet, und zwar oben der Verlauf des Istwertes i, darunter der als konstant angenommene Sollwert s, darunter die Impulse für den Istwert i und den Sollwert s, die Regelimpulse für Höherregelung r_+ und Tieferregelung r_-. In den regelmäßigen Zeitabständen T_0 wird der Geber für den Istwert etwa durch eine Schaltwalze zur Abgabe des Istwertimpulses i angereizt. Der eintreffende Istwertimpuls nimmt den Sollwertgeber in Betrieb, der seinerseits den Sollwertimpuls s abgibt. Beide Impulse beginnen praktisch gleichzeitig. Die Bewegung des Abtastkontaktes wird durch die schrägen gestrichelten

*) Ausführung Allg. El. Ges. Berlin. Vgl. LitV. Stäblein, VDE-Fachber. 1931.

Linien angedeutet. Sie erfolgt mit gleichförmiger Geschwindigkeit bis zur Erreichung des Zeigerkontaktes, also bis zum Schnitt mit der Kurve des Ist- oder des Sollwertes, worauf der Impuls beendet wird und der Abtastarm in seine Ruhelage zurückkehrt.

Die Regelimpulse werden durch die beiden Relais S und I in der gezeichneten Schaltung gebildet. Das Relais S spricht an während des Sollwertimpulses s, das Relais I während des Istwertimpulses i. Die zwei Regelstromkreise r_+ und r_- enthalten abwechselnd je einen Ruhe- oder Arbeitskontakt der beiden Relais, so daß sie nur während der Zeit durchgeschaltet sind, während der der Sollwertimpuls länger ist als der Istwertimpuls (r_+) oder umgekehrt der Sollwertimpuls kürzer ist als der Istwertimpuls (r_-).

In dem Diagramm ist angenommen, daß der Istwert plötzlich um den Betrag Δi_1 nach unten abweicht. Es entsteht zunächst ein Regelimpuls r_+ von verhältnismäßig großer Dauer, der eine Änderung der abgegebenen Leistung verursacht, die sich aber im Istwert mit einer gewissen Verzögerung auswirkt. Würde sich der Istwert unverzüglich ändern, so würde er während der Dauer des Regelimpulses nach der gestrichelten Geraden ansteigen. Das Verhältnis zwischen der Abweichung von Ist- und Sollwert und der durch den Regelimpuls bewirkten Änderung des Istwertes ist wesentlich für das Verhalten der Regelung, die unter den gemachten Annahmen eine rein astatische Regelung darstellt. Solange die Verstellung kleiner ist als die diese Verstellung verursachende Abweichung, ist der Verlauf der Regelung durch immer kleiner werdende Regelschritte im selben Sinne, also durch eine asymptotische Ausregelung der Abweichung gekennzeichnet.

Weiterhin ist noch eine Abweichung Δi_2 des Istwertes nach oben angenommen, die auf eine ähnliche Weise ausgeregelt wird. Der Abstand der einzelnen Schritte T_0 wird zweckmäßigerweise so gewählt, daß sich jeder Regelschritt angenähert voll auswirken kann, bevor der nächste kommt. Grundsätzlich genau so läßt sich natürlich auch eine statische Regelung aufbauen, indem der Impuls der zu regelnden Größe nicht mit dem Sollwert unmittelbar, sondern mit der Maschinenleistung verglichen wird, die ebenfalls als ein Zeitimpuls dargestellt und ähnlich wie es für den Sollwert beschrieben wurde, als ein gleichzeitig mit dem Istwertimpuls beginnender Impuls mit diesem verglichen wird. Auch eine astatische Korrektur kann in derselben Weise durchgeführt werden, indem in einer zweiten überlagerten Regelung der Sollwert als Impuls wirkt, der mit dem Istwert verglichen wird und den Zusatzwert für die erste rein statische Regelung verstellt, also deren Charakteristik hebt oder senkt.

Im Anschluß an das Impulsfrequenzfernmeßverfahren ist ein Regler vorgesehen worden, Abb. 52, dessen Prinzip darin besteht, daß die eintreffenden Impulse, deren Häufigkeit dem Meßwert proportional ist, in eine Drehzahl umgewandelt und als Drehzahl mit einer Solldrehzahl verglichen werden*). Die Impulse des Istwertes und die Impulse des Sollwertes werden je einem Drehmagneten zugeführt, der bei jedem Impuls einen Schritt macht. Solange die von beiden angetriebenen Gabel gleich schnell umlaufen, ist der Kontakt offen, andernfalls erfolgt ein Kontaktschluß mit dem einen oder dem anderen Kontakt der Gabel. Jeder Regelimpuls bewirkt gleichzeitig die Nullstellung des Kontaktarmes, indem die Kupplung MK gelöst wird und der Kontaktarm durch die Feder f in die Mittellage der Gabel G gezogen wird. Würde diese Auslösung nicht erfolgen, so wäre eine dauernde Überregelung die Folge, da dann nicht die Geschwindigkeiten der Arme, sondern ihre Wege miteinander verglichen würden, also nicht die Ist- und die Sollgröße, sondern ihre zeitlichen Integralwerte. Nach der Verstellung des Kontaktarmes

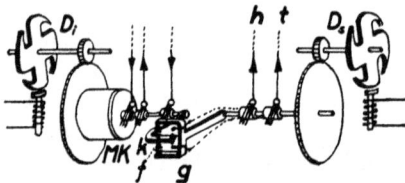

D_i Drehmagnet für Istwert-Impulse.
D_s »   » Sollwert-Impulse.
MK Magnetische Kupplung.
  K Kontaktarm, von D_i angetrieben.
  G Gabelkontakt, von D_s angetrieben.
  f Mittelstellungsfeder.
  h Stromkreis für Höherregelung.
  t »   » Tieferregelung.

Abb. 52. Schema einer Regelung im Anschluß an das Impuls-Frequenz-Fernmeßverfahren.

führt, wenn die Abweichung zwischen Ist- und Sollwert noch nicht restlos beseitigt ist, die noch vorhandene Abweichung der Drehgeschwindigkeiten dazu, daß nach Ablauf einer von der Größe der Abweichung abhängenden Zeit, der Kontakt erneut geschlossen wird, ein zweiter Regelimpuls gegeben wird, die Nullstellung erneut erfolgt und der Vergleich der Geschwindigkeiten von neuem begonnen wird. Im einfachsten Fall gibt die Apparatur also Regelimpulse von immer gleicher, von den Verzögerungen der Relais abhängender Dauer, in Zeitabständen, die umgekehrt proportional der Größe der Abweichung sind, da der tote Gang der Kontakte um so schneller durchlaufen wird, je höher die Differenz gestiegen, d. h. je größer die Abweichungen zwischen Soll- und Istwert sind.

Ein Kennzeichen dieser Apparatur ist, daß sie von Natur aus für längere Zeiträume keinerlei Unempfindlichkeit besitzt, d. h. auch bei der geringsten Abweichung zwischen Soll- und Istwert zu einer Regelung führt, wenn man nicht beispielsweise durch Auslösen der Kupplung in bestimmten Zeitabständen dafür sorgt, daß sich die kleinen Abweichungen nicht allmählich summieren und schließlich zu einer Regelung führen können.

---

*) Ausführung Siemens & Halske, Berlin. Vgl. LitV. Schleicher, Siem.-Ztschr. 1930.

Ein weiteres Kennzeichen dieser Art von Regelung ist, daß der Regler nicht sofort beim Vorhandensein einer Abweichung zwischen Ist- und Sollwert eingreift, sondern erst dann, wenn diese zum Durchlaufen des toten Ganges geführt hat. Dieser Umstand schließt aus, daß man den toten Gang des Reglers allzu groß macht, weil es sonst zu lange dauert, bis kleinere Abweichungen überhaupt erfaßt werden.

Statt der gezeichneten kann auch eine gleichwertige Anordnung getroffen werden derart, daß die beiden Drehzahlen über ein Differentialgetriebe miteinander verglichen werden und sich die den Kontaktarm tragende Achse mit der Differenzgeschwindigkeit gegenüber einer festen Gabel bewegt.

III. Sollwertgeber.

Die bequeme Einstellung des Sollwertes nach den Bedürfnissen des Netzbetriebes hat besondere Bedeutung. Der Einstellung im Vergleichsrelais selbst etwa in Form einer Federspannung wird daher häufig die in einem getrennten Apparat vorgezogen. Bei Regelungen, die den Vergleich von elektrischen Größen als Grundlage aufweisen, kann man die Einstellung an einem Verstellwiderstand vornehmen, der entweder selbst in Einheiten der Meßgröße eingeteilt ist, oder man liest die erfolgte Einstellung an einem besonderen Instrument ab. Auch die Einstellung des Sollwertes an einem Zeiger findet man in Verbindung mit Fernmeßverfahren, die Zeigerausschläge in elektrische Meßgrößen umwandeln. Häufig werden Einrichtungen vorgesehen zur Konstanthaltung des Wertes unabhängig von Schwankungen der Meßgröße, z. B. Eisenwasserstofflampen u. dgl., sofern nicht das benutzte Verfahren an sich spannungsunabhängig ist.

Da die Sollwerte für den einzuregelnden Wert meist für einen ganzen Tag im voraus bestimmt werden, wird die Einhaltung eines solchen Tagesfahrplans erleichtert durch einen vollselbsttätigen Fahrplanapparat, bei dem die einzuhaltende Tageskurve in Form eines ausgeschnittenen Blattes aus Papier oder Blech durch ein Uhrwerk bewegt wird und von diesem die für die jeweilige Tagesstunde gültigen Werte entnommen werden. Das Prinzip eines solchen Fahrplanapparates zeigt Abb. 53. Zwischen den beiden Trommeln T_1 und T_2, von denen T_1 durch ein Uhrwerk mit einer der Zeiteinteilung entsprechenden Geschwindigkeit angetrieben wird, läuft der aus steifem Papier ausgeschnittene Fahrplanstreifen ab. Durch die Führungsglasscheiben F_1 und F_2 wird der Papierstreifen in der Nähe der Abtastung durch die Rolle der Schubstange S gut geführt, so daß er seitlich nicht ausweichen kann. Die Schubstange S nimmt immer die der jeweiligen Ordinate entsprechende Höhe ein und stellt dabei den Spannungsabgriff an dem Potentiometer P ein. Die einzige Bedingung für das einwandfreie Funktionieren ist, daß bei einem Lastanstieg eine bestimmte Steilheit nicht überschritten wird,

damit sich die Rolle nicht klemmt, sondern dem Anstieg folgend hoch-
steigen kann. Dies ist leicht zu erreichen, da bei der Art der Papier-
führung der Zeitmaßstab auch für schnelle Anstiege genügend groß gewählt werden kann. Statt des einfachen Potentiometers kann natürlich
auch ein anderes Fernmeßverfahren Verwendung finden.

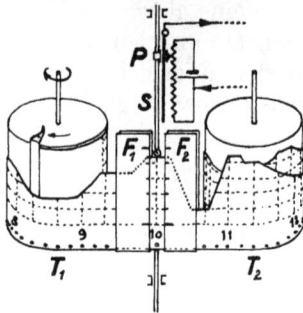

T_1 Von Uhrwerk getriebene
   Trommel.
T_2 Vorratstrommel.
$\left.\begin{array}{c}F_1\\F_2\end{array}\right\}$Führungsglasscheiben.
S Schubstange mit
   Führungsrad.
P Potentiometer.

Abb. 53. Vollselbsttätiger Fahrplanapparat.

In Abb. 54 ist ein Fahrplanapparat dargestellt, der für die meisten
praktischen Bedürfnisse vollkommen ausreicht. Die vorzugebenden
Tagesfahrpläne sehen nämlich im allgemeinen sehr einfach aus und bestehen meist aus über mehrere Stunden konstanten Werten mit wenigen

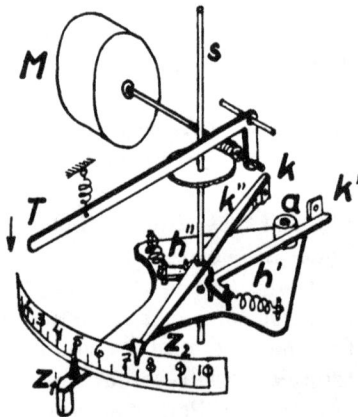

Z_1 Einstellzeiger.
Z_2 Folgezeiger auf
S Sollwertachse.
k Kontaktarm mit Z_2 ver-
   bunden.
$\left.\begin{array}{c}k'\\k''\end{array}\right\}$Gegenkontakte zu k auf
$\left.\begin{array}{c}h'\\h''\end{array}\right\}$Rückstellhebel.
a Anschlag für h', h''.
M Verstellmotor für Z_2.
T Taste für Entkupplung
   von M.

Abb. 54. Halbselbsttätiger Fahrplanapparat.

Übergängen von einem Wert auf den anderen. Diese Übergänge mit
einem einzigen Schritt zu vollziehen, ist oft unerwünscht. Man möchte
vielmehr einen allmählichen Übergang erreichen. Hierzu verhilft der
Apparat nach Abb. 54. Mit dem unteren Zeiger Z_1 kann der neu gewünschte Sollwert eingestellt werden. Der obere Zeiger Z_2 wird dann

durch den Verstellmotor M auf den unteren Zeiger hin zu bewegt. Wenn man die Geschwindigkeit des Verstellmotors durch einen Regulierwiderstand einstellbar macht, kann man den Übergang mit einer einstellbaren Geschwindigkeit vollziehen. Die Einstellskala ist dann z. B. in kW/min geteilt. Der Verstellmotor wird zweckmäßigerweise durch einen spannungsunabhängigen Zähler dargestellt, der durch die Kontakte an den Zeigern leicht unmittelbar gesteuert werden kann. Mit dem Folgezeiger Z_2 ist der Kontakthebel k verbunden, der sich bei Übereinstimmung mit der Stellung von Z_1 zwischen den beiden Kontakten k_1 und k_2 befindet. Wird der Einstellzeiger Z_1 auf einen kleineren Wert gestellt, so legt sich k_2 durch die Federkraft, die auf ihn wirkt, gegen den Zeigerkontakt k. Es wird dadurch der Verstellmotor M in einen bestimmten Drehsinn eingeschaltet, so daß er den Zeiger Z_2 ebenfalls auf kleinere Werte hin bewegt. Die Drehung dauert so lange an, bis sich der Hebel k_2 an den Anschlag a anlegt und damit die Kontaktschließung aufgehoben wird. Wird der Einstellhebel auf einen größeren Wert gestellt, so schließt umgekehrt der Kontakt k_1, der den Verstellmotor umgekehrt laufen läßt. Der Zeiger Z_2, der mit der Achse s verbunden ist, an die sich ein Sollwertgeber beliebiger Art, z. B. ein einfacher Einstellwiderstand, anschließen kann, wird so immer auf den Einstellzeiger Z_1 hin bewegt mit einer Geschwindigkeit, die durch den Regulierwiderstand des Verstellmotors eingestellt werden kann. Durch die Auslösetaste T wird die Kupplung mit dem Verstellmotor aufgehoben. Der Zeiger Z_2 wird dann unter dem Einfluß der Rückstellfedern der beiden Hebel k_1 und k_2 sofort zur Übereinstimmung mit der Lage des Einstellzeigers Z_1 gebracht. Durch Zusatz einer Schaltuhr, die den Motorstromkreis zu einer bestimmten Zeit schließt, kann die Einstellung des neuen Sollwertes auch schon vorher für eine vorausbestimmte Zeit vorgenommen werden.

d) Frequenzregler.

Die elektrischen Frequenzregler haben als Grundlage die Regelung des Augenblickswertes der Frequenz oder die Regelung des Integralwertes, d. h. der Uhrzeit.

I. Frequenzregler für den Augenblickswert der Frequenz.

Elektrische Frequenzregler können sehr einfach als rein astatische Frequenzregler ausgeführt werden, indem ein Regulierrelais nach Art der Abb. 50 ein Meßsystem für die Frequenz erhält. Auch hierbei ist es wichtig, daß die Kontaktgabe des Relais eine progressiv abgestufte, impulsmäßig erfolgende Regulierung ergibt, um der geregelten Maschine Zeit zu lassen, auf den einzelnen Regelimpuls hin eine entsprechende Änderung der abgegebenen Leistung durchzuführen. Da die genaue Messung der Frequenz nicht mit großem Drehmoment des messenden

Systems erfolgen kann, sind Fallbügelregulierapparate in Gebrauch, bei denen das Meßsystem mit sehr kleinem Drehmoment und kleinem Eigenverbrauch ausgeführt werden kann und die Kontaktgabe durch Fallbügel erfolgt, die den Zeiger in seiner zuletzt eingenommenen Lage festhalten und dabei Kontakt machen. Durch eine geeignete Formgebung für den Fallbügelmechanismus kann auch dabei erreicht werden, daß die Dauer der Impulsgabe abhängig von der Größe der Abweichung wird*). Derartige astatische Frequenzregler genügen allerdings nur einfachen Ansprüchen, als astatische Regler können sie nicht miteinander parallel arbeiten. Ohne ganz besondere Vorkehrungen ist es nur möglich, innerhalb eines Netzes einen einzigen Regler in Betrieb zu halten. Die Einwirkung des Reglers auf die Maschine kann nicht mit großer Verstellgeschwindigkeit erfolgen, da sonst die Gefahr von Pendelungen vorliegt**). Die Frequenz wird nicht besonders gut konstant gehalten, wenn nicht der Netzbetrieb an sich sehr ruhig ist.

Statische elektrische Frequenzregler sind bisher kaum ausgeführt worden. Sie lassen sich grundsätzlich in derselben Weise aufbauen, wie es für Leistungsregler gezeigt wurde. Wenn es z. B. gelingt, die Frequenz mit der nötigen Genauigkeit in eine proportionale Gleichspannung oder einen proportionalen Strom umzuformen, was z. B. mit Hilfe eines Schwingungskreises und einer Röhrenschaltung sehr gut möglich ist, so kann die grundsätzliche Schaltung von Abb. 42 für die einfache statische Regelung oder die Schaltung nach Abb. 46 für die statische Regelung mit astatischer Korrektur verwendet werden. Es ist nur an Stelle des Empfangsapparates E_a für die einzuregelnde Übergabeleistung der die Frequenz in eine Gleichstromgröße umwandelnde Apparat zu setzen. Natürlich ist auch jede andere Art der Rückführung, d. h. des Vergleiches zwischen Frequenz und Leistung möglich, doch apparativ nicht immer einfach zu verwirklichen. Die Charakteristik eines solchen statischen Frequenzreglers unterscheidet sich von der eines normalen Drehzahlreglers grundsätzlich nicht, d. h. sie ist eine schwachgeneigte Gerade, bei der zur größeren Maschinenleistung niedrigere Frequenzwerte gehören und umgekehrt. Die ganze Charakteristik muß parallel zu sich selbst gehoben oder gesenkt werden können. Mit elektrischen Frequenzreglern läßt sich ferner verhältnismäßig leicht eine Drehung, d. h. eine verschiedene Einstellung der Neigung der Charakteristik erreichen und damit eine Änderung der Leistungszahl der geregelten Maschine, was beim Parallelbetrieb mit Rücksicht auf die Einstellbarkeit der Beteiligung an Lastschwankungen sehr erwünscht ist, mit mechanischen Reglern aber nicht ganz einfach zu erreichen ist.

Solche elektrischen Frequenzregler, die die Frequenz in eine Größe umformen, in der auch Leistungsgrößen dargestellt werden können,

---

*) Ausführung Leeds & Northrup, Amerika. Vgl. LitV. **, ETZ 1929.
**) Vgl. LitV. Langrehr, VDE-Fachber. 1931.

geben ferner die Möglichkeit, eine Maschine oder ein Kraftwerk nach kombinierten Kriterien zu regeln, so daß es sich sowohl an Leistungs-änderungen als auch an Frequenzänderungen beteiligt. Das Schema einer solchen mit Gleichstromgrößen arbeitenden Regelung zeigt Abb. 55, bei dem die Leistungsregelung ähnlich wie in Abb. 46 durchgeführt wird. Auf das Regulierrelais R_1 für die Maschine wirkt aber außer den auch dort vorhandenen Strömen noch der weitere, der Frequenz entsprechende Strom i_f ein, der von dem Geber für die Frequenz G_f geliefert wird, wobei zweckmäßigerweise der Nullwert des Stromes i_f etwa bei 49 Per. liegt,

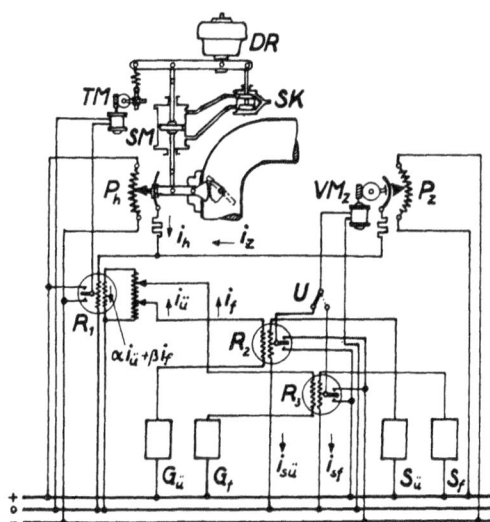

DR Drehzahlregler.
SK Steuerkolben.
SM Servomotor.
TM Tourenverstellmotor.
P_h Potentiometer für Hub des Ventils, liefert i_h.
P_z Potentiometer für Zusatzwert, liefert i_z.
VM$_z$ Verstellmotor für P_z.
U Umschalter.
$G_ü$ Geber für Übergabeleitung, liefert $i_ü$.
G_f Geber für Frequenz, liefert i_f.
$S_ü$ Sollwertgeber für Übergabe-leistung, liefert $i_{sü}$.
S_f Sollwertgeber für Frequenz, liefert i_{sf}.
R_1 Regulierrelais für statische Regelung, verstellt TM.
R_2 Regulierrelais für astatische Korrektur der Übergabe-leistung.
R_3 Regulierrelais für astatische Korrektur der Frequenz.

Gleichgewichtsbedingungen:

Für R_1: $\alpha i_ü + \beta i_f + i_h + i_z = 0$; $- \cdot -\!\!\!\rightarrow$ TM.
» R_2: $i_ü + i_{sü} = 0$; $-\cdot\!\!\!-\!\!\!\rightarrow$ P_z.
» R_3: $i_f + i_{sf} = 0$; $-\!\!\!-\!\!\!\rightarrow$ P_z.

Abb. 55. Kombinierte Leistungs- und Frequenzregelung.

während der Größtwert bei 51 Per. erreicht wird. Die Ströme $i_ü$ und i_f werden in einem Stromteiler verzweigt und fließen nur mit dem Anteil $\alpha i_ü$ bzw. βi_f durch die Wicklung des Regulierrelais. Mit der Änderung der Einstellung des Stromteilers kann der Anteil der beiden Ströme, damit aber die Neigung der für sie gültigen Reglercharakteristik geändert werden.

Das Relais R_1 ist im Gleichgewicht, wenn die Summe der Ströme $\alpha i_ü + \beta i_f + i_h + i_z$ Null ist. Steigt also $\alpha i_ü$ beispielsweise um 1 mA, so wird der Tourenverstellmotor betätigt, und zwar in dem Sinne und so lange, bis i_h ebenfalls um 1 mA gefallen ist, d. h. wenn die Übergabe-leistung um 1 MW gestiegen ist, so wird die Maschinenleistung um λ MW heruntergeregelt, wenn sonst alles beim alten geblieben ist. Ändert sich dagegen der Strom βi_f um 1 mA nach oben, so wird ebenfalls der Tourenverstellmotor eingeschaltet, bis i_h ebenfalls um 1 mA erniedrigt wurde, d. h. wenn die Frequenz z. B. um 0,1 Per. steigt, so wird die Maschinenleistung um μ MW heruntergeregelt. Die Regulierung hat also sozusagen zwei gleichzeitig gültige Charakteristiken, die beide zusammen eingehalten werden müssen. Die Regelung ist natürlich nach wie vor statisch, d. h. sie findet immer einen Gleichgewichtszustand, der sich aber verschiebt, wenn sich die einzuhaltende Übergabeleistung oder wenn sich die Frequenz ändert.

Durch einen Zusatz kann die Regulierung für längere Zeitdauer astatisch gemacht werden, und zwar entweder in bezug auf die Leistung oder in bezug auf die Frequenz. Dies wird dadurch erreicht, daß der Zusatzstrom i_z durch eine zweite überlagerte Regelung mit dem Regulierrelais R_2 oder R_3 so verstellt wird, daß entweder der in dem Sollwertgeber für die Übergabeleistung S_{ii} eingestellte Sollwert für die Übergabeleistung eingehalten wird oder daß der in dem Sollwertgeber für die Frequenz S_f eingestellte Sollwert für die Frequenz eingehalten wird. Eine so geregelte Maschine beteiligt sich also sowohl an der Haltung der Frequenz als auch an der Haltung der Übergabeleistung einer Kuppelstelle, und zwar statisch, d. h. mit einem definierten Leistungsanteil, kann aber die Leistung oder die Frequenz auf die Dauer gegenüber anderen Einflüssen einhalten, je nachdem, welche astatische Regelung durch den Umschalter U zugeschaltet ist.

II. Frequenzintegral- (Uhrzeit-) Regler.

Für den Betrieb von Synchronuhren ist es zweckmäßig, wenn die vom Netz betriebenen Synchronuhren richtige Zeit haben und dies durch eine automatische Regelung gewährleistet wird. Es ist zu diesem Zweck nötig, die Uhrzeit einer Synchronuhr mit der astronomischen Zeit zu vergleichen und entsprechend diesem Vergleich die geregelte Maschine zu beeinflussen. Apparaturen dieser Art neigen besonders stark zu Überregelungen und Pendelungen, da die Regelung abgeleitet wird von einem Wert, der die Abweichung der Uhrzeit, also des Frequenzintegrals, proportional ist, während die Regelung selbst auf die Drehzahl der Maschine, d. h. auf die Frequenz einwirkt.

Wir nehmen beispielsweise an, daß ein Frequenzintegralregler grundsätzlich folgende Arbeitsweise aufweist. Über ein Differentialgetriebe, dessen eine Seite von der Synchronuhr, dessen andere Seite von der astronomischen Uhr angetrieben werde, werde ein Zeiger bewegt, dessen Stand die Gangdifferenz der beiden Uhren unmittelbar anzeigt. Abhängig von der Stellung dieses Zeigers werde nun die Regelung der Drehzahl der geregelten Maschine vorgenommen, und zwar in der Weise, daß die

Drehzahl der Maschine verstellt wird mit einer Geschwindigkeit, die im Mittel der Größe der Abweichung, also der Gangdifferenz entspricht.

Die Arbeitsweise der Regulierung läßt sich an folgendem Beispiel klarmachen. Angenommen, es hätte zu irgendeinem Zeitpunkt Gleichgewicht für die Regulierung geherrscht, d. h. es sei die richtige Frequenz 50 vorhanden und auch die Gangdifferenz der Uhren sei Null gewesen. Es hätte sich aber plötzlich die Belastung des Netzes geändert. Die Frequenz sei daraufhin als das Ergebnis des Zusammenarbeitens der verschiedenen Drehzahlregler im Netz, z. B. um 0,1 Per., gestiegen. Es bildet sich dann allmählich eine Standdifferenz aus, die immer mehr ansteigen würde, wenn die Regelung nicht eingreifen würde. Die Regelung verstellt aber die Leistungsabgabe der geregelten Maschine, damit aber die Frequenz, und zwar immer stärker, je größer die Gangdifferenz wird. Es sei angenommen, daß nach Erreichung einer Gangdifferenz von 1 s die Leistungsabgabe der Maschine so weit gesteigert worden sei, daß die Frequenz nunmehr den richtigen Wert von 50,0 aufweist. Die Gangdifferenz nimmt dann nicht mehr weiter zu, sie nimmt aber auch nicht ab, wenn nicht die Regelung noch weiter im alten Sinne arbeiten würde. Die Frequenz wird also noch weiter gesenkt, worauf die Standdifferenz der Uhren mit allmählich ansteigender Geschwindigkeit abnimmt. Sie ist Null geworden, wenn die Frequenz unter 50,0, z. B. auf 49,9 Per. gesenkt wurde.

Die Frequenz ist aber nunmehr zu klein. Es entsteht daher eine Gangdifferenz nach der anderen Seite, die die Regelung veranlaßt, die Frequenz wieder weiter zu steigern. Wenn sie wieder 50,0 geworden ist, ist eine Gangdifferenz von etwa 1 s nach der umgekehrten Seite erreicht. Die Frequenz wird weiter wieder bis auf etwa 50,1 Per. gesteigert und so pendelt die Regelung dauernd um den richtigen Wert der Frequenz und um die Gangabweichung Null herum. Die Gangdifferenz ist Null, wenn die Frequenzabweichung nach oben oder unten am größten ist und die Frequenzabweichung wird Null für den größten oder kleinsten Wert der Gangdifferenz. Die Pendelungen können von sich aus nicht abklingen, wenn ihnen nicht eine zufällige Änderung im entsprechenden Sinn und im entsprechenden Zeitpunkt zu Hilfe kommt. Eine solche einfache Regelung des Frequenzintegralwertes ist daher praktisch unbrauchbar. Sie muß durch eine Rückführung von dieser unangenehmen Eigenschaft befreit werden. Diese Rückführung kann eine echte Rückführung sein, d. h. von der tatsächlich von der Maschine abgegebenen Leistung abhängig gemacht werden oder es kann eine unechte Rückführung sein, indem z. B. der den Gangunterschied anzeigende Zeiger zusätzlich bei jedem Regelimpuls in dem Sinne bewegt wird, in dem auch die Verstellung der Maschine durch den Regler wirken soll. Das Gleichgewicht wird dann scheinbar früher erreicht. Die Regelung hört früher auf, wodurch die Pendelungen entweder überhaupt vermieden werden oder jedenfalls die Eigenschaft bekommen, daß ihre Amplituden immer kleiner werden, die Schwingungen also gedämpft werden und abklingen.

Einen ähnlichen Regler haben wir schon in Abb. 52 kennengelernt, allerdings für Leistungsregelung. Nimmt man bei diesem Regler an, daß der Antrieb nicht durch Impulsfrequenzen erfolgt, die den Leistungen proportional sind, sondern direkt durch Uhrwerke oder über eine elektrische Impulsübertragung, also z. B. daß der Kontaktarm k durch die Synchronuhr, Kontaktgabel g aber durch die astronomische Uhr angetrieben wird, so werden durch den Gabelkontakt die Umdrehungen beider Teile verglichen, d. h. die Regelung greift ein, wenn allmählich eine Gangdifferenz aufgelaufen ist. Es folgt dann ein Regelschritt, der durch die Auslösung der Kupplung MK den Kontaktarm k wieder in die Mittelstellung zurückführt. Die Regelung bleibt also, wenn der Regelschritt ausgereicht hat, um den richtigen Wert der Frequenz zu erreichen, weiterhin in Ruhe. Die Gangdifferenz wird wieder von vorn gebildet, der Grund, den wir vorhin für das Zustandekommen der Pendelungen kennengelernt haben, fällt weg. Jedoch hat die Regelung die Eigentümlichkeit, daß sie die durch das Auslösen der Kupplung dem Kontaktarm zusätzlich erteilte Drehung nicht zu speichern vermag. Angenommen, es würde z. B. der Verstellmotor für die Verstellung der Maschine im einen Sinne leichter laufen, also einen größeren Schritt nach oben als nach unten machen, so wäre die Folge, daß nach unten häufiger Regelschritte gemacht werden müssen als nach oben. Es würde daher eine größere Verschiebung im einen Drehsinn eintreten und sich eine Gangdifferenz in diesem Sinne in ständig steigendem Maße bilden. Um das zu vermeiden, müßte die zusätzliche Verdrehung gespeichert oder sonst irgendwie begrenzt werden.

Durch eine echte Rückführung, also durch eine Verknüpfung zwischen der Gangdifferenz und der Maschinenleistung, wird die Uhrzeitregelung statisch. Sie bekommt dadurch die Eigenschaft, daß mehrere Regler dieser Art parallel arbeiten können. Damit wächst sie über das Ziel der Uhrzeitregelung für Synchronuhren hinaus und kann zu einem wertvollen Hilfsmittel des Parallelbetriebes von Kraftwerken im Netz werden, indem sie die Verteilung der Frequenzhaltung auf mehrere Kraftwerke mit jederzeit wohl definierter Leistungsverteilung gestattet, ohne daß die Frequenz selbst eine Abweichung vom Sollwert bekommt, also sozusagen astatisch geregelt wird. Mit einer solchen Regelung kann eine starre Frequenz gefahren werden, ohne daß dadurch die Leistungsverteilung zwischen den einzelnen geregelten Kraftwerken gestört würde. Es kann sogar die Regelung so ausgebildet werden, daß sie auf kombinierte Regelkriterien anspricht. Es kann eine kombinierte Leistungs- und Frequenzregelung aufgebaut werden, ähnlich wie es für die statische Frequenzregelung des Augenblickswertes der Frequenz dargestellt wurde. Eine solche Regelung hat die Eigenschaften, ähnlich wie sie dort geschildert wurden, ohne daß eine bleibende Frequenzänderung nötig wäre.

Es wird vielmehr von allen beteiligten Werken genau die richtige Frequenz gehalten.

Eine Uhrzeitregelung, bei der wieder die Umsetzung der Größe in proportionale Gleichströme benutzt wird, zeigt Abb. 56. Zur Erhöhung der Genauigkeit und Geschwindigkeit der Frequenzregelung wird ein elektrischer Frequenzregler dazwischengeschaltet, während die Uhrzeitregelung verhältnismäßig langsam arbeiten kann. Es muß nämlich, wenn die Uhrzeitregelung selbst die Frequenz scharf genug halten soll, die Apparatur so ausgebildet sein, daß die Gangdifferenz mit einer außerordentlichen Genauigkeit auf Bruchteile von Sekunden erfaßt wird, was mit Uhren schlecht zu lösen ist und, wie weiter oben erwähnt, die Verwendung von Normalfrequenzgebern erforderlich machen würde.

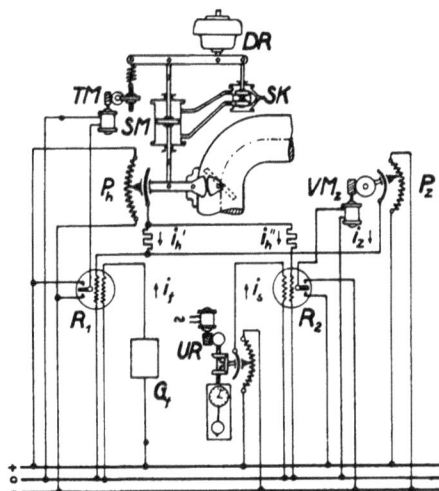

DR Drehzahlregler.
SK Steuerkolben.
SM Servomotor.
TM Tourenverstellmotor.
P_h Potentiometer für Hub des Ventils, liefert i_h' und i_h''.
P_z Potentiometer für Zusatzwert, liefert i_z.
VM_z Verstellmotor für P_z.
G_f Geber für Frequenz, liefert i_f.
UR Uhrzeitregler, liefert i_u.
R_1 Regulierrelais für statische Frequenzregelung, verstellt TM.
R_2 Regulierrelais für Uhrzeitregelung, verstellt P_z.

Gleichgewichtsbedingungen:

$$\text{Für } R_1: \quad i_f + i_h' + i_z = 0; \quad \longrightarrow TM.$$
$$\text{ » } R_2: \quad i_u + i_h'' = 0; \quad \longrightarrow P_z.$$

Abb. 56. Frequenzregelung mit Uhrzeitkontrolle.

Die Schaltung der Abb. 56 ist ganz ähnlich wie die der Abb. 46 oder 55. Die Maschine wird geregelt durch ein Regulierrelais R_1, das die Frequenz mit der Maschinenleistung bzw. dem Ventilhub vergleicht. Es ergibt sich so ein statischer Frequenzregler, wie wir ihn schon betrachtet haben. Die Charakteristik dieses Reglers kann gehoben oder gesenkt werden durch einen Zusatzwert, der in dem Potentiometer P_z eingestellt wird. Dieses liefert einen Strom i_z, der zusammen mit dem Strom i_h und dem Strom i_f des Frequenzgebers die Summe Null ergeben muß. Das Zusatzpotentiometer P_z wird gesteuert von einem zweiten Regulierrelais R_2, das die Ventilstellung der Maschine bzw. den davon abgeleiteten Strom i_h vergleicht mit der Gangdifferenz der Uhren, die durch den Uhrzeitregler *UR* gewonnen wird, indem z. B. ein Potentiometer über ein Differential-getriebe einerseits von einer Synchronuhr, andererseits von einer astro-nomischen Uhr verstellt wird. Der Abgriff dieses Potentiometers ist also der Gangdifferenz der beiden Uhren proportional. Das Regulierrelais R_2 ist dann in Ruhe, wenn die Maschinenleistung der Gangdifferenz ent-spricht.

Natürlich kann bei einer solchen Regelung, ähnlich wie es bei Abb. 55 geschehen ist, auch noch ein Leistungszusatz berücksichtigt werden. Aus den beiden Abb. 55 und 56 fällt überhaupt auf, wieviele Teile in beiden Regelungen gemeinsam sind und wie sich der Aufbau derartiger Schal-tungen für verschiedene Regulierzwecke ganz analog vollzieht, wenn man sie aus einzelnen Aufbauelementen zusammensetzt. Es können so Regelapparaturen für beliebige Verwendungszwecke aufgebaut werden, die auch wahlweise umschaltbar die verschiedenen Aufgaben zu erfüllen gestatten und den Betrieb in einer außerordentlich fruchtbaren Weise ausgestalten und beweglich machen, so daß sich Regelungen dieser Art in der Zukunft immer mehr durchsetzen werden, wenn sie auch vorläu-fig noch selten in Gebrauch sind.

E. Fernmeldung und Fernsteuerung.

a) Begriffsbestimmung und Aufgabestellung.

Während sich die Fernmessung mit der quantitativen Übertragung kontinuierlich abgestufter Größen beschäftigt, ist die Aufgabe der Fernmeldung die Übertragung von mehreren einzelnen Signalen, also z. B. Schalterstellungen oder von Stellungen eines in mehreren Stufen verstellbaren Regelorgans u. dgl. Von einer gewissen Anzahl von überhaupt möglichen Signalen soll als Grundaufgabe eines und nur dieses richtig und unverwechselbar übertragen werden. Die Aufgabe der Fernsteuerung ist ganz gleichlautend, nur daß statt der Meldungen Schaltbefehle übertragen werden sollen*).

Unter die hier zu behandelnden Gegenstände sollen also nicht diejenigen Schaltapparate fallen, die man unter dem Begriff »Ferngesteuerte Schalter« versteht, bei denen es sich nur darum handelt, einen einzelnen Schalter nicht durch einen an diesem angebrachten Handgriff, sondern durch einen über eine Steuerleitung geführten Hilfsschalter oder Druckknopf zu betätigen. Bei diesen ferngesteuerten Apparaten fällt der Begriff der Auswahl unter mehreren Schaltvorgängen ganz weg, denn es ist für jeden Schalter und für jede Schaltaufgabe ein getrenntes Schaltorgan und eine getrennte Leitung vorhanden. Andererseits aber ist es selbstverständlich, daß sich für die Fernsteuerung auch in dem hier zu betrachtenden Sinne nur solche Schalter eignen, die eben für eine Fernbetätigung eingerichtet sind und nicht von Hand ein- und ausgeschaltet werden müssen.

Da in einer Station meist mehrere Meldungen und Schaltbefehle zu übertragen sind, läuft die Aufgabe der Fernmeldung und Fernsteuerung immer auf die Verwendung von Verfahren zur Ersparnis von Leitungen hinaus, man will weniger Leitungen verwenden als Kommandos zu übertragen sind. So lange für jede Meldung und für jeden Schaltbefehl getrennte Leitungen zur Verfügung gestellt werden können, unterscheidet sich die Aufgabe nicht von der einer Nahbedienung, auch wenn die Entfernung zwischen der fernbedienten Station und der Überwachungsstelle

---

*) Eine grundsätzlich andere Aufgabe liegt bei der Fernschaltung von Straßenlampen, Tarifapparaten u. dgl. vor, für die besondere Verfahren mit Steuerleitungen und mit Überlagerungsfrequenzen durchgebildet worden sind. Hierbei sollen nur wenige Kommandos unterschieden werden, auf die eine große Zahl von gleichartigen Apparaten ansprechen sollen. Auf Rückmeldungen muß meist verzichtet werden. Vgl. LitV. versch. Aufs.

nicht gering ist und andere Zwischenglieder, empfindlichere Relais u. dgl., mit Rücksicht auf den Stromverbrauch gewählt werden müssen. Die eigentliche Aufgabe der Fernmeldung und Fernsteuerung beginnt erst dann, wenn Leitungen gespart, also sog. leitungssparende Mittel verwendet werden müssen.

Bei diesen ist dann die Auswahl des Signals oder Kommandos nicht mehr von vornherein an die Übertragung auf bestimmten, zugeordneten Leitungen geknüpft, sondern muß durch andere Mittel erreicht werden. Das grundsätzliche Erfordernis ist also die Auswahl des auszulösenden Vorgangs, wofür verschiedene Wege gegangen werden können. Da sie in ihren einzelnen Funktionen natürlich gestört werden kann, so ist nicht minder wichtig die Sicherstellung der Auswahl und des ganzen Übertragungsvorgangs selbst, für die ebenfalls verschiedene Mittel angewendet werden können.

Schließlich hat die Verwendung derartiger Melde- und Steuerapparaturen, mit denen eine große Zahl von Meldungen und Steuervorgängen zentral zusammengefaßt werden können, noch zur Folge, daß auch den Organen zur Anzeige der einzelnen Meldungen und zur Ausführung der Kommandos besondere Aufmerksamkeit gewidmet werden muß. Es haben sich hierfür Apparate und Verfahren herausgebildet, die auch vorteilhaft für Nahbedienung angewendet werden können.

Die hauptsächlichen Anforderungen an eine Fernmelde- und Fernsteuerapparatur sind im einzelnen folgende.

I. Meldung von Schalterstellungen.

Jede Meldung von Schalterstellungen oder von Stellungen von Organen irgendwelcher Art setzt voraus, daß an dem zu meldenden Organ Kontakte vorhanden sind, die die weitere Meldung veranlassen. Die nachträgliche Einfügung solcher Kontakte und die nachträgliche Verlegung der zugehörigen Leitungen bei einer schon bestehenden Anlage ist störend und kann durch Mitbenützung der für die Signallampen vorhandenen Kontakte und Einschaltung von Zwischenrelais vermieden werden. Bei der Verwendung von Signalkontakten an Schaltern ist sorgfältig auf einwandfreies Funktionieren dieser Kontakte zu sehen, denn die beste Fernmeldeapparatur erfüllt ihren Zweck nicht, wenn eine Schaltänderung nicht zu einem sichern Schließen des die Meldung veranlassenden Hilfskontaktes führt und die Meldung daher unterbleibt. Bei manchen Hilfskontakten muß man leider feststellen, daß sie an sich nicht mit der nötigen Sorgfalt hergestellt sind oder die unangenehme Eigenschaft haben, daß sie nur bei häufiger Betätigung richtig arbeiten, aber versagen, wenn sie gerade nach langer Nichtbenützung gebraucht werden. Der Stromübergang kommt dabei gerade bei Niederspannung nicht zustande, während eine höhere Spannung die trennende Schicht zu überbrücken imstande ist.

Die Frage nach den für die Fernmelde- und Fernsteuerapparaturen zu verwendenden Hilfsspannungen ist aber andererseits unbedingt damit zu beantworten, daß sich die Verwendung von Spannungen zwischen 24 und 60 Volt empfiehlt, besonders bei allen Verfahren, die die Bauelemente der automatischen Telephonie, Relais und Wähler, benützen, da sie für diese Spannungen gebaut sind und sich auch für höhere Spannungen kaum bauen lassen. Die Apparate der automatischen Telephonie sind in einer langjährigen Entwicklung als Massenerzeugnis so sorgfältig durchgebildet worden, daß sie den bestmöglichen Stand der Sicherheit erreicht haben, gegen den eine Neukonstruktion von vornherein benachteiligt wäre, auch wenn sie sich an die bisherige Entwicklung möglichst anlehnt. Ebensowenig ist der Ersatz von Gleichstrom durch Wechselstrom zu empfehlen. Die Vermeidung von Batterien darf hier keine Rolle spielen, denn die Verwendung der Netzspannung scheidet dann überhaupt aus, wenn man auch im Falle von Netzstörungen und gerade dann Meldungen übertragen will. Wenn man diesen Gesichtspunkt nicht zu beachten braucht, können die Apparaturen über Trockengleichrichter an die Netzspannung gelegt werden.

Jedenfalls aber ist zu fordern, daß die Einrichtungen so ausgebildet sind, daß die Hilfsspannung nicht zu peinlich konstant gehalten werden muß, sondern daß sie auch noch richtig arbeiten, wenn die Spannung innerhalb gewisser Grenzen schwankt. Allerdings sind die Schwankungen, die bei einer Batterie zwischen Maximalladung und größter Entladung auftreten, so groß, daß sie nicht immer in Kauf genommen werden können. Wenn keine Pflege der Batterie durchgeführt werden kann, empfiehlt sich die Verwendung von Dauerladeeinrichtungen, d. h. von dauernd mit einem etwas höheren als dem mittleren Entladestrom arbeitenden Ladeeinrichtungen, die, wenn sie richtig dimensioniert sind, die Verwendung von Batterien sehr kleiner Kapazität zulassen.

Im übrigen ist von den Apparaturen zu verlangen, daß sie die Meldungen ohne Fehler und ohne die Möglichkeit eines Irrtums übertragen. In der Regel soll jede Änderung des zu meldenden Zustandes sofort selbsttätig übertragen werden, doch gibt es auch Fernmeldeeinrichtungen, die nur auf Anreiz arbeiten. Kommt eine richtige Meldung nicht zustande, so soll sie automatisch wiederholt werden; wenn auch das nicht zum Ziel führt, so soll wenigstens gemeldet werden, daß eine Störung vorliegt, damit die Meldung nicht vollständig unterschlagen werden kann. Daneben wird häufig vorgesehen, daß durch Betätigung eines Kontrollorgans eine Wiederholung aller Meldungen oder einer bestimmten Gruppe davon durchgeführt wird.

Die Zeitdauer für die Übertragung spielt für die einzelne Meldung selbst keine ausschlaggebende Rolle, jedoch kann sich eine ziemlich erhebliche Gesamtzeit ergeben, wenn im Falle einer größeren Netzstörung eine große Zahl oder im Falle der Kontrolle alle Meldungen übertragen werden. In diesem Falle ist es von Vorteil, wenn die Einzelmeldung nicht viel Zeit in Anspruch nimmt oder wenn die Meldungen gleichzeitig sozusagen verschachtelt übertragen werden.

Die Apparatur soll eine gewisse Erweiterungsmöglichkeit in sich bergen, damit nachträglich hinzukommende Meldungen noch mit einbezogen werden können, doch hat es keinen Sinn, aus einer Überspannung dieses Wunsches heraus mit einer wesentlich erhöhten Kommandozahl einen viel höheren Aufwand in bezug auf die Grundapparatur zu treiben, auch wenn die zur Übertragung der Reservemeldungen benötigten besonderen Apparateteile noch nicht eingebaut werden.

Meist sind die Apparaturen so durchgebildet, daß die Übertragung wiederholt wird, wenn sie aus irgendeinem Grunde nicht richtig durchgekommen ist. Natürlich müssen Schalterstellungsänderungen, die während der Übertragung einer anderen Meldung vorkommen, gespeichert und nachträglich durchgegeben werden.

Häufig kommt der Fall vor, daß die zu überwachenden Schalter nicht innerhalb einer einzigen Station, sondern auf mehrere Stationen verteilt liegen. In diesem Falle spielt der Leitungsaufwand eine besondere Rolle, er soll so klein als möglich sein. Es gibt Fernmeldeverfahren, die sich wegen des hohen Leitungsaufwandes nur für kürzere Entfernungen eignen, auch meist verlangen, daß auf den Leitungen mit Gleichstrom übertragen werden kann, während andere in bezug auf die Beanspruchung der Leitung nach Zahl der Adern und Art der Übertragung sehr anspruchslos sind. Die für alle Übertragungsverhältnisse verwendbaren Einrichtungen benötigen nicht mehr als eine Verbindung, also eine Doppelader, eine Hochfrequenzwelle od. dgl., sie entsprechen den Impulsverfahren bei der Fernmessung, da es sich bei ihnen auch nur um die Übertragung von einfachen Impulsen handelt. Es ist jedoch meist nicht mit der Impulsübertragung in einer Richtung getan, da die Sicherstellung des Signals oder die Wiederholung des Kommandos bei unrichtigem Empfang oder die Kontrolle sämtlicher Schalterstellungen auf Wunsch sowieso die Übertragung von Impulsen von der Überwachungs- zur Betriebsstelle erfordern.

Die verlangte Impulshäufigkeit oder Telegraphiergeschwindigkeit ist bei den einzelnen Verfahren sehr verschieden, meist ist sie kleiner als bei der Telegraphie, so daß daraus keine wesentlichen Schwierigkeiten erwachsen.

II. Fernsteuerung von Schaltern.

Für die Steuerung von Schaltern gelten an sich dieselben Forderungen wie bei der Meldung. Daß man nur Schalter fernsteuern kann, die dafür eingerichtet sind, wurde schon erwähnt und ist selbstverständlich. Die Ansprüche an die Sicherheit der Übertragung und des Auswahlvorgangs sind gegenüber der Meldung noch gesteigert. Es ist nicht zu vermeiden, daß ein bestimmter Schalter bei einer Störung der Apparatur nicht geschaltet werden kann, obwohl auch das schon sehr unangenehm ist, auf keinen Fall aber darf ein falscher Schalter geschaltet werden. Mit Rücksicht darauf sind die Verfahren der Sicherstellung des Übertragungs- und des Auswahlvorgangs sehr weitgehend durchgebildet worden und kommen auch der Rückmeldung zugute, die ja grundsätzlich nur die Umkehr der Steuerung ist.

Die Schaltung eines bestimmten Schalters kann immer in zwei Teilvorgänge aufgespalten werden, nämlich in die Auswahl des Schalters und in den eigentlichen Schaltbefehl, doch bietet dies im allgemeinen gar nicht den Vorteil, den man sich davon versprechen möchte. Man muß dann nämlich nicht nur den Auswahlvorgang, sondern auch den Schaltbefehl nochmals für sich sicherstellen. Diese Sicherstellung schließt aber eine augenblickliche Betätigung aus, so daß man den eigentlichen Schaltmoment genau so wenig in der Hand hat, wie wenn man an die richtig aufgenommene Auswahl unmittelbar die Ausführung des Schaltbefehls ohne nochmalige Übertragung anschließt. Dies vereinfacht bei den meisten Fernschalteinrichtungen die Schaltung und verkürzt auch die Übertragungszeit. Gegenüber der Nahbedienung ergibt sich damit eine etwas geänderte Betriebsweise, da sich die Ausführung des Schaltbefehls nicht unmittelbar an das Umlegen des Betätigungsschalters anschließt, während die Rückmeldung der vollzogenen Schalthandlung noch später folgt. Dieser Nachteil ist eine Frage der Gewöhnung und kann daher leicht in Kauf genommen werden.

Reine Fernsteuerung kommt sehr selten vor, es schließt sich fast immer eine Rückmeldung an, weil es für den Bedienenden wichtig ist zu wissen, ob der fernbediente Schalter dem Schaltbefehl gefolgt ist und weil es unmöglich ist, Schalthandlungen in einem Netz vorzunehmen, über dessen Schaltzustand man nicht unterrichtet ist. Da beide Vorgänge der Fernsteuerung und der Rückmeldung ganz analog sind, sind auch die Übertragungsmethoden dieselben, ja es können Teile der Apparaturen für beide gemeinsam verwendet werden. Da, wie erwähnt, schon die Rückmeldung Hin- und Rückverkehr erfordert, ist es zweckmäßig, bei einer reinen Meldeapparatur wenigstens grundsätzlich die Möglichkeit einer späteren Erweiterung auf Steuerung vorzusehen.

Zu den Aufgaben der Fernsteuerung können außer der Fernschaltung von Schaltern auch verwandte Kommandos gehören, wie die Übertragung von Kommandos für das Bedienungspersonal, die Auswahl von Meßübertragungen, die Auslösung von automatisierten Vorgängen, wie z. B. die Inbetriebsetzung eines automatischen Parallelschaltapparates u. dgl. Diese Übertragungen stellen ja auch in der Tat nichts anderes dar als Schaltbefehle, die nur in einer anderen Weise zur Auswirkung kommen. Auch können Kommandos derart übertragen werden, daß ein Regulierorgan um eine Stufe höher oder tiefer verstellt wird. In manchen

Fällen läuft das Fernschaltkommando ähnlich wie in der automatischen Telephonie auf die Herstellung einer bestimmten Verbindung hinaus, auf der dann eine Fernmeßübertragung oder die kontinuierliche Verstellung eines Reglers u. dgl. durchgeführt werden kann. Auch diese Aufgaben sind grundsätzlich mit denselben Mitteln zu lösen, sie sind allerdings nicht ganz einfach, wenn gefordert wird, daß die Verbindung auf derselben Leitung oder demselben Übertragungskanal arbeiten soll wie die Fernsteuer- und Rückmeldeapparatur selbst. Schließlich muß noch erwähnt werden, daß auch die Telephonie, die ja auf ganz ähnlicher Grundlage arbeitet, mit Fernschalte- und Rückmeldeapparaturen zusammenarbeiten kann, was allerdings auf den Betrieb der Telephonie gewisse Rückwirkungen haben kann, die einer allgemeinen Anwendung vielfach entgegenstehen.

Der Ausbildung der für die Fernschaltung verwendeten Schalter muß wegen der Verbindung mit der Rückmeldung und wegen der gegenüber der Nahbedienung geänderten Betriebsweise besondere Aufmerksamkeit zugewendet werden. Man hat dafür Schaltapparate entwickelt, die Schaltbetätigung und Anzeige in glücklicher Weise vereinigen und sich auch immer mehr für die Nahbedienung durchsetzen.

III. Grundsätze der Auswahl.

Die Auswahl unter einer Zahl von gleichartigen Funktionen ist die Hauptaufgabe der Fernsteuer- und Fernmeldeeinrichtungen, zu der die der Sicherstellung dieser Auswahl tritt. Sie kann nach den folgenden vier Grundsätzen durchgeführt werden:

Auswahl durch die Leitungen oder Übertragungskanäle selbst,
Auswahl durch Leitungskombinationen,
Auswahl durch Synchronwähler,
Auswahl durch automatischen Impulsgeber.

Bei den Verfahren der Auswahl durch die Leitungen oder Übertragungskanäle wird einem jeden Schalt- oder Meldevorgang ein besonderer Übertragungskanal zur Verfügung gestellt. Es ist daher nur bei kürzeren Entfernungen wirtschaftlich, erfordert aber keine besonderen Sicherstellungsmaßnahmen in bezug auf die Auswahl selbst, da diese mit den einmal verlegten Verbindungen eindeutig festliegt. Zu den hier zu behandelnden Verfahren gehört es insoweit, als durch Ausnützung von verschiedenen Stromarten auf derselben Leitung tatsächlich auch hier leitungsparende Mittel angewendet werden können, z. B. für Ein- und Ausmeldung oder Steuerung nur eine Leitung erforderlich wird.

Damit leitet das Verfahren schon über zu der Auswahl durch Leitungskombinationen, bei der das Auswahlkennzeichen durch Kombinationen der verwendeten Leitungen oder Übertragungskanäle gebildet wird und dadurch die Zahl der Leitungen reduziert wird, allerdings auf Kosten der Sicherheit. Es müssen daher noch Maßnahmen zur Sicherstellung der Auswahl hinzugefügt werden. Die Zahl der insgesamt zu übertragenden Meldungen ist maßgebend für die Zahl der notwendigen Adern, der Zusammenhang zwischen beiden wird durch das Auswahl- und Sicherstellungsprinzip bedingt.

Bei der Auswahl durch Synchronwähler sind auf Sende- und Empfangsseite entweder dauernd oder von Fall zu Fall laufende synchrone Verteilerapparate vorhanden, die nacheinander die einzelnen Geber mit den zugehörigen Empfängern verbinden. Die Hauptsache ist hierbei die Einhaltung des synchronen Laufs. Solange dieser besteht, ist auch die Auswahl richtig. Die Aufrechterhaltung und Feststellung des Gleichlaufs erfordert daher besondere Maßnahmen, die eine weitere Sicherstellung der Auswahl entbehrlich machen. Ist der Gleichlauf nicht mehr vorhanden, so muß die Ausführung von Schalt- oder Meldekommandos auf jeden Fall verhütet werden. Die Bauart der Verteilerapparaturen ist sehr verschieden, es finden sich außerordentlich robuste Verteiler mit motorischem Antrieb neben solchen in der Ausführung von Schrittwählern der automatischen Telephonie. Der Gleichlauf wird durch die verschiedensten Mittel überwacht und sichergestellt. Die Zahl der erforderlichen Leitungen ist in der Regel größer als zwei, da die Synchronisierung und die Impulsübertragung zur Kommandoausführung meist auf getrennten Leitungen vorgenommen werden, um die Schaltung nicht unnötig zu komplizieren. Die Gesamtzahl der Meldungen ist durch die Konstruktion der Verteiler bedingt, kann aber sehr groß gemacht werden.

Die Auswahl durch den automatischen Impulsgeber wird bedingt durch die von diesem ausgesandte Impulsreihe, die den gesamten Meldungsinhalt in sich birgt und das Kennzeichen der Auswahl enthält. Das Verfahren ähnelt der automatischen Telephonie am meisten, bei der auch durch einen automatischen Zahlengeber, nämlich die Nummernscheibe, eine bestimmte, dem gewünschten Anschlusse zugeordnete Impulsfolge auf die Leitung gegeben wird, die auf der Empfangsseite das Auswahlorgan, den Schrittwähler, auf den entsprechenden Schritt und damit auf die gewünschte Verbindung einstellt. Bei der automatischen Telephonie ist die Auswahl nicht besonders sichergestellt, die einfache Impulsreihe charakterisiert nur der Zahl der Impulse nach den Meldungsinhalt. Bei der Fernmeldung und Fernsteuerung dagegen kommt man meist mit dieser einfachen Lösung nicht aus, sondern muß besonders sicherstellen. Neben Verfahren, die lauter gleichartige Impulse verwenden, kommen auch Verfahren vor, die Impulse verschiedener Art, z. B. Impulse verschiedener Dauer mit einem Impulsaufbau ähnlich dem Morsealphabet verwenden u. dgl., jedenfalls aber charakterisiert die auf der Leitung übertragene Impulsfolge vollständig die gewollte Auswahl. Auf diese Impulsfolge können sich nun beliebig viel Empfangsorgane unabhängig voneinander einstellen, so daß nach diesen Verfahren Übertragungen zwischen mehreren Stationen an sich zwanglos möglich sind. Natürlich muß die Auswahl wieder sichergestellt werden, wozu nur ein besonderer Aufbau der Impulsfolge verwendet werden kann. Die Zahl der notwendigen Verbindungen läßt sich bei den meisten Verfahren auf zwei Adern oder allgemein einen Übertragungskanal beschränken, die Verfahren sind am einfachsten von allen auf sehr große Kommandozahlen erweiterungsfähig.

In dieser Unterteilung in die vier Hauptgruppen lassen sich alle Fernmelde- und Fernschaltverfahren behandeln, wenn auch manche nicht ganz zwingend der einen oder anderen Gruppe zugewiesen werden müssen, sondern sich als Vertreter der einen oder der anderen Gruppe auffassen lassen, denn nirgends gibt es so viel Möglichkeiten als gerade im Aufbau von Schaltungen dieser Art. Die gewählte Einteilung gibt aber am besten über die Grundsätze eines jeden Verfahrens Aufschluß, so daß es, um überhaupt ein System in die sonst fast unübersehbare Fülle von Schaltungen zu bringen, zweckmäßig ist, die Fernmelde- und Fernschalteverfahren in dieser Aufteilung zu betrachten und nicht nach der Bauart der verwendeten Apparaturen zu behandeln, denn ein jedes Verfahren läßt sich, ohne sein Arbeitsprinzip wesentlich zu verändern, mit den verschiedensten Aufbauelementen zusammensetzen.

IV. Grundsätze der Sicherstellung.

Neben der Auswahl der Verbindungen ist die Sicherstellung dieser Auswahl und der Kommandoausführung überhaupt sehr wesentlich.

Die Anforderungen an die Sicherstellung sind bei den einzelnen vorherbesprochenen Auswahlverfahren verschieden. Während bei den Leitungsauswahlverfahren auf eine besondere Sicherstellung der Auswahl ganz verzichtet werden kann, muß bei den Kombinationsverfahren verhütet werden, daß das Versagen irgendeines Teiles der Apparatur eine falsche Kombination vortäuscht. Bei den Synchronwählerverfahren erstreckt sich die Sicherstellung vor allem auf den Gleichlauf, während bei den Impulsgeberverfahren eine Sicherstellung der den ganzen Meldungsinhalt in sich schließenden Impulsfolge notwendig ist.

Es gibt aber eine Reihe von Sicherstellungsmaßnahmen[*]), die unabhängig von der Art des verwendeten Auswahlverfahrens anwendbar sind. Sie laufen alle mehr oder weniger darauf hinaus, daß ein einzelner Fehler unwirksam gemacht wird, sondern mindestens zwei Fehler in einer bestimmten Zusammenstellung auftreten müssen, um eine falsche Auswahl zu ergeben. Durch geschickte Zusammenstellung läßt es sich dabei erreichen, daß der Sicherheitsgrad praktisch vollkommen ist, auch wenn dies theoretisch nicht vollständig der Fall ist.

Eine Aufzählung aller möglichen Sicherstellungsmaßnahmen würde hier zu weit führen. Nur besonders typische Grundsätze können hier

---

[*]) Vgl. LitV. Köberich, VDE-Fachber. 1931.

besprochen werden, es sind dies das Prinzip der Wiederholung und das Prinzip der Ergänzung.

Durch Wiederholung des Melde- oder Schaltkommandos wird eine höhere Sicherheit erreicht, allerdings nur gegenüber zufälligen Fehlern, nicht aber gegenüber systematischen. Angenommen, die Auswahl geschehe durch drei Impulse, so kann befürchtet werden, daß infolge einer Störung einer davon nicht richtig empfangen werde, während die dreimalige Wiederholung dieser Störung sehr viel weniger wahrscheinlich ist. Allerdings gilt das nicht für systematische Fehler des Empfangsorganes. Wenn also z. B. eine Hemmung nach dem zweiten Schritt sich jedesmal bemerkbar macht, werden dreimal statt drei Schritte nur zwei gemacht werden. Will man das verhüten, so muß man die Wiederholung mit getrennten Empfangs- und Geberapparaturen durchführen.

Durch Ergänzung des Schalt- oder Meldevorgangs werden solche grundsätzlichen Fehler leichter vermieden. Sie besteht darin, daß mit einer konstanten Zahl von Elementen oder Impulsen übertragen wird, indem jedes Element für sich durch ein zweites ergänzt wird oder aber die Ergänzung für alle Elemente zusammen im ganzen erfolgt. Bei der Einzelergänzung wird jedes Element nicht mit einem Kennzeichen, sondern mit zwei einander ausschließenden Kennzeichen übertragen, von denen eines vorhanden sein muß. Es wird also nicht bloß das Vorhandensein, sondern auch das Nichtvorhandensein des Elementes als solches übertragen. Das Fehlen eines oder das Vorhandensein beider Kennzeichen zeigt eine Störung an. Bei der Ergänzung im ganzen wird statt einer einfachen Impulsreihe eine doppelte übertragen. Die erste Impulsreihe für die Auswahl wird durch eine zweite derart ergänzt, daß eine konstante Impulszahl erreicht werden muß. Es müßte dann in der ersten Impulsreihe ein Impuls fehlen, in der zweiten ein Impuls an passender Stelle hinzukommen, was außerordentlich unwahrscheinlich ist.

Durch fast alle Sicherstellungsverfahren wird eine nicht unbeträchtliche Verzögerung gebracht, die aber wegen ihrer Notwendigkeit in Kauf genommen werden muß.

Von den Einzelmaßnahmen zur Sicherstellung der Kommandoausführung ist bei der Ferneinschaltung von Schaltern die Verhinderung des sog. Pumpens wichtig, das dann auftritt, wenn die Apparatur den Schalter auf einen bestehenden Kurzschluß schaltet und er durch die Schutzrelais wieder ausgelöst wird. Im Gegensatz zu der Nahbedienung, bei der der Bedienende diesen Vorgang sofort merkt, ist dies bei der Fernschaltung wegen des größeren Zeitraums zwischen Einschaltkommando und Rückmeldung nicht immer der Fall. Es muß dann verhütet werden, daß die Apparatur den Schalter mehrmals nach der erfolgten Auslösung immer wieder einschaltet oder daß der Bedienende wiederholt den Schaltbefehl gibt, weil er immer nur die Meldung »Aus« bekommt. Es genügt, wenn die Apparatur so ausgebildet wird, daß der Einschaltbefehl gelöscht wird, wenn der Schalter ihm einmal gefolgt ist, und daß die Meldung der auch nur kurzzeitig vorhandenen Einstellung dem Bedienenden rückgemeldet wird. In Verbindung mit einer teilweisen Automatisierung kann auch geprüft werden, ob der Kurzschluß, der den Schalter vorher ausgelöst hatte, noch besteht oder nicht und die Einschaltung erst auf Grund dieses Prüfergebnisses vorgenommen werden kann.

Weitere Sicherstellungsmaßnahmen sind die Verwendung von ganz bestimmten Impulszeiten, die durch Störungen weniger leicht erreicht werden können, oder die Anwendung bestimmter Codes, d. h. bestimmter Impulsfolgen, statt einzelner Impulse. Einfache kurze Impulse können insbesondere bei Hochfrequenzübertragungen im Anschluß an Wanderwellenvorgänge sehr leicht als Störimpulse auftreten. In solchen Fällen ist es geboten, auch für einfache Vorgänge, wie die Quittierung einer richtig zustandegekommenen Auswahl von, wenn auch einfachen, Sicherstellungsmaßnahmen Gebrauch zu machen.

V. Grundsätze der Schaltung, Aufbau und Wirkungsweise der Schaltungselemente.

Die Entwicklung der Fernmelde- und Fernschaltverfahren geht unverkennbar immer mehr dazu über, die Bauelemente der automatischen Telephonie zu verwenden. Man erreicht mit ihnen den Vorteil, mit billigen und sehr sicheren Elementen Schaltungen aufbauen zu können, die rasch arbeiten, allen praktisch auftretenden Aufgaben angepaßt werden können, gut erweiterungsfähig und in ihrer Beanspruchung der Übertragungsmittel bescheiden sind. Da die gewünschte Wirkung durch reine Schaltungsmaßnahmen erreicht wird, sind sie vielseitiger als solche Verfahren, die mit der Lösung an die einmal gewählte Konstruktion gebunden sind.

Für die Kenntnis dieser Verfahren ist es wichtig, die Grundapparate und die Grundsätze ihrer Schaltung genau kennenzulernen. Es seien daher einige Bemerkungen über die für die Darstellung solcher verhältnismäßig komplizierter Schaltungen allgemein beachteten und eingeführten Richtlinien und über die zwei hauptsächlichen Aufbauelemente, Relais und Schrittwähler, eingefügt.

1. Schaltungsdarstellung.

In der Starkstromtechnik pflegt man die Schaltbilder meist in der Weise aufzuzeichnen, daß man die einzelnen Apparate in ihren einzelnen Teilen etwa in ihrer wirklichen räumlichen Anordnung zeichnet, ein Relais also z. B. derart, daß neben der Relaisspule die einzelnen Kontakte gezeichnet werden. Auch die einzelnen Apparate im Gesamtschaltbild werden wohl in dieser richtigen gegenseitigen Lage gezeichnet. Bei komplizierteren Schaltungen ist es dabei sehr schwierig, die einzelnen

Stromläufe zu verfolgen. Man kann sich oft nur so durchfinden, daß man sie mit verschiedenen Farben darstellt.

Im Gegensatz dazu löst der Telephontechniker die Schaltung nach Stromläufen auf, wobei die einzelnen Elemente aus ihrer räumlichen Zuordnung gelöst und an der Stelle gezeichnet werden, wo es die möglichst glatte Darstellung des Stromlaufs verlangt. Eine Relaiswicklung liegt also an irgendeiner Stelle, die zugehörigen Relaiskontakte aber an anderen Stellen, oft über das ganze Schaltbild verstreut. Sie werden durch ihre Bezeichnungen als zusammengehörig nachgewiesen. Dies hat den Vorteil, daß sich jeder Stromlauf unmittelbar übersehen läßt, er soll möglichst in einem Zuge von oben nach unten oder von links nach rechts verlaufen. Es kann dann leicht festgestellt werden, unter welchen Be-

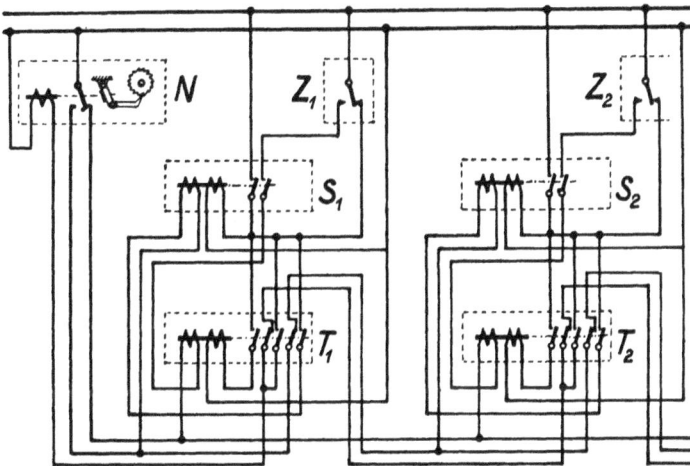

Abb. 57. Räumlich orientierte Schaltungsdarstellung (vgl. Abb. 37).

dingungen z. B. ein bestimmtes Relais anspricht. Relaiswicklungen werden durch große, Relaiskontakte durch kleine lateinische Buchstaben, mehrere Wicklungen oder Kontakte desselben Relais werden durch hochgestellte, gleichartige Relais mit gleichen Aufgaben durch tiefgestellte Indices bezeichnet. Für Relais mit sich immer wiederholenden Aufgaben werden auch meist bestimmte Buchstaben gebraucht.

Um den Unterschied der beiden Darstellungsweisen besonders deutlich zu machen, ist in Abb. 57 die Schaltung der Relaiskette zur Summenzählung nach Abb. 37 in nicht aufgelöster Zeichnungsweise dargestellt. Obwohl es sich um eine ganz einfache Schaltung handelt, zeigt das Bild trotzdem den Unterschied zwischen der aufgelösten und der räumlich orientierten Schaltungsdarstellung deutlich.

Bei den vollständigen Schaltbildern dieser Art wird zum leichteren Zusammenfinden der Relaiswicklungen und Kontakte noch eine Relais-

und Wählertabelle beigegeben, aus der die Kontaktbesetzung, die Zahl und Dimensionierung der Wicklungen usw. hervorgeht. Auch werden in dem Schaltbild Nummern eingetragen, die den Anschlußlötösen in bestimmter Weise zugeordnet sind, so daß sich auch aus dem Schaltbild alle notwendigen Angaben ermitteln lassen für die Beschaltung im Gestell. Die Relais und Wähler in der wirklichen Ausführung sind beschriftet mit den Buchstaben des Schaltbildes, so daß sie sich danach ohne weiteres in ihrer Funktion übersehen lassen.

Die aufgelöste Schaltungsdarstellung hat so ganz bestimmte Vorzüge, denn sie ermöglicht auch bei Schaltungen mit sehr vielen Einzelelementen noch eine übersichtliche Darstellung, wo die nicht aufgelöste Schaltungsdarstellung zu nicht mehr, auch in mehrfarbiger Darstellung kaum mehr übersehbaren Liniengewirren führen würde. Sie wird besonders vorteilhaft durch den Umstand, daß nur eine verhältnismäßig kleine Zahl von Symbolen vorkommt, für die einfache, leicht haftende Zeichen verwendet werden.

Alle Kontakte werden in derjenigen Lage gezeichnet, die dem völligen Ruhezustand, also bei abgeschalteter Spannung, entspricht. Bei Relais, die normalerweise angezogen sind, werden also trotzdem die Arbeitskontakte offen, die Ruhekontakte geschlossen dargestellt.

Für eine intensivere Beschäftigung mit dieser Art von Technik ist es unerläßlich, die Kenntnis dieser Darstellungsweise durch eine gewisse Übung im Lesen solcher Schaltbilder zu ergänzen.

2. Schrittwähler und Relais.

Ein sehr wichtiges Element der Fernschalt- und Fernmeldetechnik, soweit sie sich an die Schaltungen und den Aufbau der Selbstanschlußtechnik in der Telephonie anlehnt, sind die Schrittwähler. Abb. 58 zeigt einen sog. Drehwähler. Seine wesentlichen Bestandteile sind der Antriebsmechanismus und die Kontaktbank mit Schaltachse und Schaltarmen. Der Antrieb erfolgt durch Stromschritte, die auf einen kräftigen Elektromagneten gegeben werden. Dieser zieht seinen Anker 1 an und betätigt dabei eine Schaltklinke 2, die in die Zähne eines Schaltrades 3 eingreift. Durch die sinnreiche Konstruktion wird dabei erreicht, daß ein und nur ein Schritt gemacht wird. Die Schaltklinke begrenzt nämlich gleichzeitig die Ankerbewegung, indem sie sich gegen einen Sechskantanschlag 4 legt und dabei gegen die Zahnflanke des Schaltrades gedrückt wird. Sie hindert so das Schaltrad am Weiterdrehen, so daß man es auch von Hand bei angezogenem Anker nicht drehen kann, auch der bei der Bewegung erteilte Schwung kann keine Weiterdrehung bewirken. Wenn der Anker nach Stromloswerden wieder abfällt, wird das Schaltrad durch eine ebenfalls in die Zähne eingreifende Sperrfeder 5 in der erreichten Stellung festgehalten.

Der Teilung des Schaltrades entsprechend sind die Kontaktsätze *6* eingeteilt. Sie bestehen aus zwischen Platten eingespannten Kontaktlamellen, die auf einem Bogen angeordnet sind und von den Kontaktarmen *7* bestrichen werden, außerhalb der Befestigungsplatten in Lötösen übergehen, an denen die Anschlußdrähte verlötet werden. Auf dem Kontaktbogen stehen die Lamellen frei und werden von beiden Seiten von den federnden Kontaktarmen bestrichen. Diese Konstruktion hat den Vorteil, daß sie wegen der Schlitzung der Kontaktfedern in vier Punkten Berührung, also einen absolut sicheren Kontakt ergibt und daß sich außerdem die Isolation nicht verschlechtern kann, da sie ja in einer trennenden Luftstrecke besteht. Es können also keine Metallteile auf die

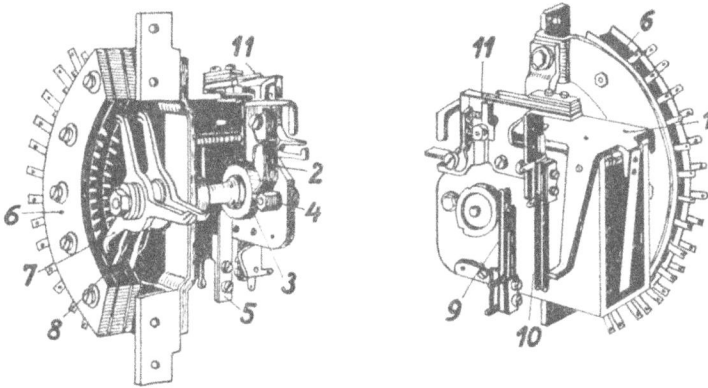

1 Anker.	7 Kontaktarm.
2 Schaltklinke.	8 Zuführungsfeder.
3 Schaltrad.	9 Wellenkontakt.
4 Sechskantanschlag.	10 Ankerkontakt.
5 Sperrfeder.	11 Selbstunterbrecher-
6 Kontaktbänke.	kontakt.

Abb. 58. Drehwähler.

Isolation und keine Teile des Isolierstoffs auf die Kontaktflächen verschleppt werden, wie es bei fester Isolation der Fall wäre. Mehrere solche Kontaktsätze können übereinander angeordnet werden. Die Kontaktarme stellen einen dreiteiligen Stern dar, so daß sich nach einem Drittel der Umdrehung die Stellung wiederholt. Durch Wegnahme einzelner Arme kann, wenn man versetzte Arme mit verschiedenen Kontaktbahnen zusammen arbeiten läßt, auch eine ganze Umdrehung mit einer entsprechend höheren Schrittzahl ausgenützt werden. Die Stromzuführung zu den Kontaktfedern erfolgt durch eine zwischen den Kontaktarmen durchgreifende, ebenfalls doppelt federnde und auf dem scheibenförmigen Innern des Sterns schleifende Zuführungsfeder *8*.

An dem Wähler können außerdem noch weitere Hilfskontakte angebracht werden, und zwar ein Wellenkontakt *9*, der in seiner Einteilung der Wählergrundteilung von $^1/_3$ bzw. $^1/_1$ Umdrehung entsprechen muß und die Nullstellung des Wählers definiert, dann ein Ankerkontakt *10*, der bei jedem Ankerhub schließt bzw. öffnet, und ein sog. Selbstunterbrecherkontakt *11*, der bei angezogenem Anker den Strom der Betätigungsspule unterbricht und so bei seiner Einschaltung selbsttätig Impulse auf den Anker gibt und dadurch den Wähler sehr schnell weiterschaltet. Er wird meist dazu benützt, den Wähler nach Beendigung des Auswahlvorgangs in seine Nullage zu bringen. Dies hat den Vorteil, daß der Wähler immer wieder seinen ganzen Weg durchläuft und so seine sämtlichen Kontakte bestreicht, auch wenn sie längere Zeit nicht benötigt werden, sie also blank und gut erhält.

Die in der Selbstanschlußtechnik gebräuchlichen Hebdrehwähler werden für Fernmeldeanlagen auch gelegentlich verwendet, wenn es sich um sehr hohe Kommandozahlen handelt. Während der Drehwähler nur einer einzigen Bewegung, nämlich der Drehung um seine Achse, fähig ist, bewegt sich der Hebdrehwähler, wie sein Name sagt, in zwei aufeinander senkrecht stehenden Richtungen. Er wird zuerst bis zu einer bestimmten Kontaktbahn gehoben und dreht dann in dieser bis zu einem bestimmten Schritt ein. Wegen des in der Selbstanschlußtechnik üblichen dekadischen Systems hat er 100 Kontakte, vereinigt also in sich die Auswahl unter 100 Elementen. Im übrigen ist seine Konstruktion nach ähnlichen Gesichtspunkten durchgeführt wie für den Drehwähler beschrieben.

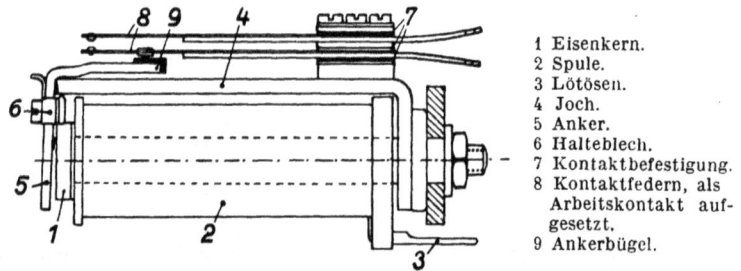

1 Eisenkern.
2 Spule.
3 Lötösen.
4 Joch.
5 Anker.
6 Halteblech.
7 Kontaktbefestigung.
8 Kontaktfedern, als Arbeitskontakt aufgesetzt.
9 Ankerbügel.

Abb. 59. Automatierelais.

Das am häufigsten vorkommende Bauelement ist das Relais in der Bauart der Automatierelais der Telephontechnik, Abb. 59. Der Eisenkern sitzt in dem Eisenjoch *4* mit Gewinde und Mutter fest. Auf den Eisenkern *1* ist die Spule *2* gewickelt, deren Wicklungsanfänge und Enden an die Lötösen *3* geführt sind. Die Wicklung kann mehrteilig sein, es stehen bis zu fünf Anschlüsse zur Verfügung. Der Schneidenanker *5* ist um eine Kante des Joches drehbar, wodurch empfindliche Lagerstellen vermieden sind. Der Anker ist gegen Herausfallen nach der Seite und nach vorn durch ein Halteblech *6* geschützt, das in einem Langloch verstellt werden kann. Die Betätigung der längs des Jochstückes laufenden, durch Zwischenlagen voneinander isolierten Kontaktfedern *8*, die zu einzelnen Sätzen zusammengefaßt sind, erfolgt beim Anziehen des Ankers durch dessen Ankerbügel *9*. Die Kontaktsätze können in verschiedenem Aufbau zusammengestellt werden. Es gibt als wesentlichste Anordnungen Arbeitskontakte, die sich beim Anziehen des Ankers schließen, Ruhekontakte, die bei abgefallenem Anker geschlossen sind, und die Vereinigung der beiden mit gemeinsamer Mittelfeder, den Wechselkontakt.

Wird auf das Relais eine kurzgeschlossene Wicklung aufgebracht oder besteht der Spulenkörper nicht aus Isolierstoff, sondern aus Kupfer, so gewinnt das Relais in erster Linie die Eigenschaft, verzögert abzufallen, weil sich beim Abschalten der Hauptwicklung in der Kurzschlußwindung ein Strom ausbilden kann, der die magnetisierenden Amperewindungen übernimmt und das magnetische Feld nicht plötzlich zu verschwinden braucht. Die damit zu erreichenden Abfallverzögerungen gehen bis zu einigen Zehntel Sekunden. Ihre Größe ist außer von der Zahl der Kontaktfedern, vor allem von der Stärke des sog. Klebstiftes abhängig, der das vollständige Aufliegen des Ankers auf dem Kern verhindert, so daß immer noch ein kleiner Luftspalt von 0,1 bis 0,3 mm übrig bleibt. Würde der Klebstift ganz fehlen, so könnte es vorkommen, daß trotz Verwendung von magnetisch weichem Eisen die vorhandene geringe Remanenz genügen würde, um den Abfall des Ankers zu verhindern.

Die Wähler und Relais*), die als Bauelemente aus der Technik der automatischen Telephonie übernommen wurden, stellen außerordentlich sorgfältig durchgeführte Konstruktionen und sehr betriebssichere Apparate dar und sind wegen der Massenfabrikation billig. Sie werden von vornherein nach gewissen Vorschriften justiert und erfordern nur eine ganz geringfügige Pflege und Wartung, die an Hand von Bedienungsvorschriften von einem in der Behandlung von automatischen Telephonanlagen geübten Personal leicht durchgeführt werden kann.

Diese Teile sind, auch wenn sie von dem Starkstromtechniker zunächst mißtrauisch aufgenommen werden sollten, dennoch so ausgebildet, daß ihre Betriebssicherheit trotz der vielen Einzelteile, Kontakte usw. das denkbar größte Maß aufweisen kann, wie es sich mit Starkstromapparaten massiverer Bauart kaum, insbesondere in bezug auf Schalthäufigkeit und Lebensdauer nicht erreichen läßt. Es ist auf jeden Fall Tatsache, daß die Entwicklung der Fernschalt- und Fernmeldetechnik in immer steigendem Maße von dieser Art von Technik Gebrauch macht und Konstruktionen wieder verläßt, die sich mehr an die in der Starkstromtechnik üblichen Ausführungen anlehnen.

---

*) Eine Reihenschaltung von Relais, die sog. Relaiskette, kann ähnliche Aufgaben übernehmen wie ein Wähler. Vgl. z. B. Abb. 79.

b) Verfahren mit Leitungsauswahl.

Die einfachste und sicherste Grundlage einer Auswahl ist die, einem jeden Vorgang eine getrennte Übertragungsleitung zuzuweisen, die ausschließlich zur Betätigung bzw. Meldung dieses einen Vorganges dient. Solange man je eine Doppelleitung zur Verfügung stellt, unterscheidet sich dieses Verfahren nur durch die Verwendung empfindlicherer Relais von der Nahbedienung innerhalb einer Station, so daß es in diesem Zusammenhang nicht weiter behandelt zu werden braucht. Es gibt aber Schaltungen, die zwar jedem Schalter noch eine besondere Leitung zuordnen, die aber wenigstens die Leitungsersparnis so weit durchführen, daß sie auf dieser einen Leitung alle den Schalter betreffenden Signale — Ein- und Ausschaltkommando und Ein- und Ausmeldung — erledigen. Es sind dies die sog. »Eindraht«-Schaltungen*), die vorzugsweise mit Gleichstrom arbeiten und im allgemeinen für n Schalter $n + 2$ Leitungen benötigen.

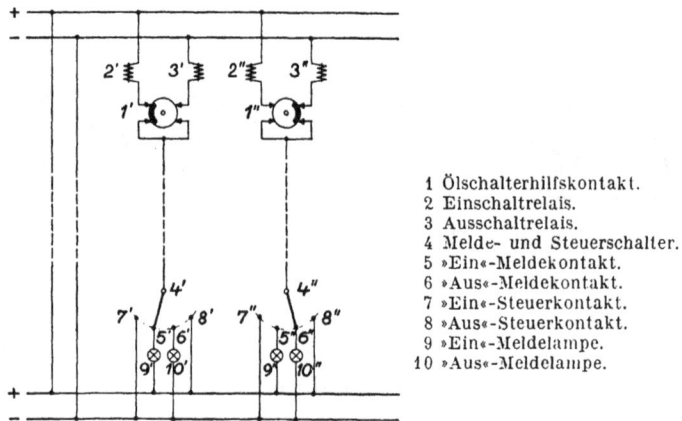

1 Ölschalterhilfskontakt.
2 Einschaltrelais.
3 Ausschaltrelais.
4 Melde- und Steuerschalter.
5 »Ein«-Meldekontakt.
6 »Aus«-Meldekontakt.
7 »Ein«-Steuerkontakt.
8 »Aus«-Steuerkontakt.
9 »Ein«-Meldelampe.
10 »Aus«-Meldelampe.

Abb. 60. Prinzip der Eindraht-Meldung und Steuerung.

Die grundsätzliche Schaltung einer Eindrahtsteuerung und Meldung ist in Abb. 60 gegeben. Außer von der Unterscheidung von »Ein« und »Aus« durch verschiedene Polaritäten, was ein allgemein verwendbares Prinzip darstellt, ist noch von einer weiteren Unterscheidung von Schaltkommandos und Meldesignalen durch verschiedene Stromintensitäten Gebrauch gemacht. Der Ölschalterhilfskontakt *1*, der sich auf der Welle des Ölschalterantriebes befindet und seine Stellung mit diesem ändert, legt in seiner Ausstellung über die Spule des Einschaltrelais den positiven Pol, in seiner Einstellung über die Spule des Ausschalterelais den negativen Pol an die Fernleitung. Auf der Empfangsseite ist die Fernleitung

*) Vgl. LitV. Ventzke. AEG-Mitt. 1933.

mit dem Hebel eines Schalters *4* verbunden, der insgesamt vier Stellungen annehmen kann, und zwar die Bleibstellungen *5* und *6* und die nur während der Betätigung eingenommenen Stellungen *7* und *8*. Am Kontakt *5* liegt die Meldelampe »Ein« *9* gegen den positiven Pol, am Kontakt *6* die Meldelampe »Aus« *10* gegen den negativen Pol geschaltet. Die Stromschienen der beiden Stationen sind durch zwei generelle Leitungen miteinander verbunden. Die Wirkungsweise der Anordnung ist die folgende:

Beim linken Ölschalter, der ausgeschaltet angenommen ist, liegt über den Hilfskontakt und die Wicklung des Einschaltrelais der positive Pol an der Fernleitung. Wird auch der Meldeschalter *4* in die Stellung *5* gebracht, so sind beide Meldelampen dunkel. Dreht man den Meldeschalter *4* dagegen in die Ausmeldestellung *6'*, so brennt zum Zeichen der Ausschaltung die Ausmeldelampe *10'*. Die Normalstellung ist aber die Stellung *5'*, in der beide Lampen dunkel sind. Ändert nun der Ölschalter infolge einer von Hand vorgenommenen Einschaltung seine Stellung, so wird über den Einhilfskontakt des Ölschalters und die Spule des Ausschaltrelais der negative Pol auf die Fernleitung gegeben, was einen Strom über Schalterkontakt *5'* und die Einmeldelampe *9'* zur Folge hat. Man wird also auf die Änderung dadurch aufmerksam gemacht, daß die der neuen Stellung entsprechende Meldelampe brennt. Dreht man den Griff dann auf die Stellung *6'*, so verlischt die Lampe wieder. Für die anderen Schalter ist die Schaltung analog. Die Widerstandsverhältnisse sind dabei so dimensioniert, daß die Meldelampen den Hauptteil der Spannung wegnehmen und eine derartige Abschwächung des Stromes in den Relaisspulen zur Folge haben, daß die Relais bei diesem Betriebszustand nicht, vielmehr erst ansprechen können, wenn durch direktes Anlegen der Spannung über die Schalterkontakte *7* bzw. *8* die Spulen der Relais mit genügender Intensität erregt werden. Will man also z. B. den eingeschalteten rechten Ölschalter ausschalten, so muß man den Schaltgriff genügend lange auf die Stellung *8''* stellen, worauf ein Strom über die Ausschaltrelaisspule *3''* fließt und den Ölschalter abschaltet. Beim Loslassen des Schalters *4''* bleibt dieser zunächst in der Stellung *6''*, in der dann die Ausmeldung durch die Lampe *10''* erfolgt, bis man den Schalter in die Stellung *5''* bringt.

Diese prinzipielle Schaltung, die das Wesentliche der bei der Eindrahtschaltung auftretenden Erscheinungen zeigt, kann natürlich in den verschiedensten Abänderungen verwendet werden. So kann man statt der Lampen, bei denen die Meldung der Änderung durch Leuchten der entsprechenden Lampe angezeigt wird, auch irgendeine andere Anzeige bringen, auch den Melde- und Steuerschalter anders schalten, wie später bei der Besprechung der Melde- und Steuerorgane gezeigt wird.

Die Störungsmöglichkeiten lassen sich verhältnismäßig leicht übersehen. Eine Gefahr besteht darin, daß Spannungsabfälle in den Verbindungsleitungen der Sammelschienen, wie sie beim Schalten wegen der

großen Relaisströme auftreten können, Ströme durch die sonst strom-
losen Leitungen der anderen Schalter zur Folge haben. Angenommen
in der Außenstation, in der die Ölschalter stehen, sei keine Batterie vorhanden, sondern nur in der Überwachungsstelle, so muß ja der ganze
Betätigungsstrom über die Leitung des zu schaltenden Schalters und über
die Plus- oder auch die Minusverbindung zurückfließen, was in dieser
Verbindungleitung einen Spannungsabfall hervorruft, der um so größer
wird, je größer der Strom ist. Insbesondere wenn mehrere Schalter
gleichzeitig geschaltet werden, kann ein erheblicher Spannungsunter-
schied zwischen den gleichpoligen Schienen in den beiden Stationen entstehen, der auch Ströme durch die zwischen den Schienen liegenden
Anzeigeorgane zur Folge hat, auf die diese u. U. unbeabsichtigt ansprechen.
Besonders die Melderelais dürfen aus diesem Grunde nicht zu empfindlich sein. Wenn viele Schalter und damit Leitungen vorhanden sind,
kann auch die Summe der Meldeströme nicht unbeträchtliche Spannungsabfälle verursachen. Diese Fehler lassen sich aber bei sorgfältiger Dimensionierung mit genügender Sicherheit vermeiden.

Grundsätzlich kann man natürlich statt wirklicher Leitungen auch
Zuordnungen anderer Art für solche Zwecke ausnützen, man kann z. B.
jedem Vorgang eine bestimmte Frequenz der Übertragungswechselströme
zuordnen. Es muß jedoch gesagt werden, daß solche Verfahren nur bei
sehr kleiner Schalterzahl*) wirtschaftlich sind, doch macht man davon zur
Unterscheidung von Vorgängen bestimmter Art gern auch innerhalb von
nach anderen Grundsätzen arbeitenden Fernmeldeverfahren Gebrauch.
Im übrigen ist der Hauptvorzug des Verfahrens die außerordentliche
Schnelligkeit der Auswahl, die ja schon in dem gewählten Übertragungskanal durchgeführt ist und keine Verzögerungen irgendwelcher Art
aufweist.

Es sei noch erwähnt, daß man alle Verfahren, die in dem Kapitel
über die Übertragung als Verfahren zur Kanalvervielfachung beschrieben
sind, auch die Vielfachübertragungen durch umlaufende Verteiler, als
künstliche Übertragungskanäle auffassen kann. Wenn in der jeweiligen
Stellung der Verteiler innerhalb eines Umlaufes schon das ganze Zeichen
übertragen wird, die Übertragung der Zeichen also nicht gleichzeitig,
sondern in Wirklichkeit deutlich nacheinander geschieht, handelt es sich
um die besonders beschriebenen Synchronwählerverfahren.

Die Trennung der reinen Leitungsauswahlverfahren gegenüber den
Kombinationsverfahren ist ebenso nicht sauber möglich. Man kann z. B.
sagen, daß das behandelte Eindrahtverfahren kein reines Leitungsauswahlverfahren, sondern schon ein Kombinationsverfahren darstelle
insofern, als ein bestimmter Vorgang gebunden ist an eine Kombination

---

*) Oder bei den Verfahren mit Überlagerungsfrequenzen, bei denen eine große
Zahl an sich gleichartiger Schaltvorgänge gleichzeitig ausgelöst werden soll. Vgl.
S. 127.

aus Leitung, Polarität und Stromintensität. Jedoch sind andererseits bei den ausgesprochenen Kombinationsverfahren Bindungen der Schalter an bestimmte nur ihnen zugeordnete Leitungen nicht mehr vorhanden.

c) Verfahren mit Kombinationsauswahl.

Wie der Name sagt, machen sich diese Verfahren die Auswahlmöglichkeiten der Kombinationslehre zunutze.

Ein Beispiel der sich hierdurch ergebenden Möglichkeiten ist das folgende: Angenommen es stünden im ganzen 6 Leitungen zur Verfügung, dann können durch einfache Leitungsauswahl bei Benutzung

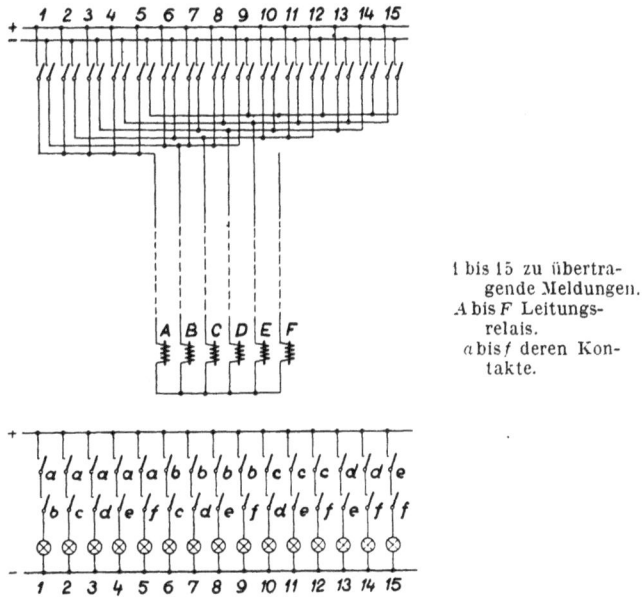

1 bis 15 zu übertragende Meldungen.
A bis F Leitungsrelais.
a bis f deren Kontakte.

Abb. 61. Schema eines Kombinationsverfahrens.

einer gemeinsamen Rückleitung im ganzen 5 verschiedene Vorgänge unterschieden werden, indem folgende Stromkreise benutzt werden: 1—2, 1—3, 1—4, 1—5, 1—6. Bei Kombinationsauswahl gibt es darüber hinaus auch noch folgende Möglichkeiten: 2—3, 2—4, 2—5, 2—6, 3—4, 3—5, 3—6, 4—5, 4—6, 5—6, wenn man sich auf Zusammenstellungen von 2 Leitungen beschränkt. Man erhält also nach bekannten Regeln aus n Leitungen an Kombinationen zu zweien $\binom{n}{2} = \dfrac{n\,(n-1)}{2}$, also bei 6 Leitungen die genannten 15 Zusammenstellungen.

Die Auswahl kann entweder dadurch erfolgen, daß 15 Relais in den genannten Zusammenstellungen zwischen die 6 Leitungen geschaltet werden oder daß in jeder der 6 Leitungen ein Relais liegt und die Kombinationen über die Relaiskontakte gebildet werden, wie es Abb. 61 zeigt. Es erhalten dabei immer 2 in Reihe liegende Relais Strom, sie arbeiten also unter eindeutigen Verhältnissen. Dies kann zum Aufbau der Sicherstellung benutzt werden. Der Nachteil ist, daß die Relais verhältnismäßig viele Kontakte tragen müssen, und zwar bei der verwendeten symmetrischen Schaltung so viele Kontakte, als der Zahl der Relais weniger 1 entspricht, bei 6 Leitungen also 5 Kontakte. Bei der Schaltung mit getrennten Relais ist das nicht der Fall, die Relais erhalten aber auch Ströme wenn sie nicht unmittelbar eingeschaltet sind. Wird z. B. Leitung *1* und *2* an Spannung gelegt, so liegt außer dem volle Spannung erhaltenden Relais *1—2* auch z. B. an Relais *1—3* und *2—3* je halbe Spannung.

Das Verfahren verwendet untereinander gleichwertige Einzelelemente. Es gibt aber auch eine Reihe von Verfahren mit verschiedenwertigen Elementen. Eine wichtige Gruppe dieser Art sind die Dekadenverfahren, die eine Zahl aus Hunderten, Zehnern und Einern oder allgemeiner aus Potenzen einer beliebigen Zahl aufbauen. Darunter ist wieder besonders bemerkenswert die Potenzreihe von 2, da man damit bekanntlich jede Zahl mit dem geringstmöglichen Aufwand an Einzelelementen aufbauen kann.

Eine Anordnung nach dem Dualzahlenverfahren[*]) zeigt Abb. 62. Auf der Sendeseite werden Relaisübersetzer, wie man sie nennen kann, dazu benutzt, die Meldungen 1 bis 15 in einer dem Potenzaufbau entsprechenden Zusammensetzung der Kontakte als Spannungen auf die Leitungen *A* bis *D* zu geben, worauf die Linienrelais *A* bis *D* ansprechen. Soll also z. B. die Meldung *11* übertragen werden, so werden die Leitungen und die Linienrelais *D*, *B*, *A* an Spannung gelegt entsprechend dem Aufbau der Zahl $11 = 2^3 + 2^1 + 2^0$. Über die Arbeitskontakte *a*, *b*, *d* und Ruhekontakt *c* leuchtet also die Meldelampe *11* auf. Mit den $4 + 1 = 5$ Leitungen des gezeichneten Beispiels lassen sich insgesamt 15 Meldungen allgemein mit *n* Leitungen $(2^{n-1}—1)$ Meldungen übertragen.

Die Sicherheit gegen Fehlschaltungen ist eine Frage der Sicherheit der Relais und Kontakte. Solange dabei keine Versager vorkommen, sind auch keine Störungen zu erwarten. Solche entstehen erst, wenn z. B. ein Kontakt im Relaisübersetzer nicht richtig arbeitet und deshalb eine Leitung keine Spannung erhält, die eigentlich Spannung bekommen müßte. Gegen derartige Versager gibt es natürlich Schutzmaßnahmen, man kann z. B. vorteilhaft von Polaritäten Gebrauch machen, so daß jede Leitung entweder positiven oder aber als Ergänzung statt Null negativen Strom führen muß.

Es ließen sich noch viele Kombinationsverfahren denken, doch haben alle Kombinationsverfahren auf Leitungen den Nachteil, einen

---

[*]) Vgl. Seite 42.

nicht unbeträchtlichen Aufwand an Leitungen und an Relais zu erfordern, so daß sie wenig in Erscheinung getreten sind. Erst die mit
künstlichen Übertragungskanälen, also z. B. über schnell laufende Verteiler arbeitende Kombinationsverfahren gewinnen größere Bedeutung.
Diese Verfahren leiten aber schon zu den später betrachteten Verfahren
mit automatischem Zahlen- oder Impulsgeber über, so daß sie dort behandelt werden sollen.

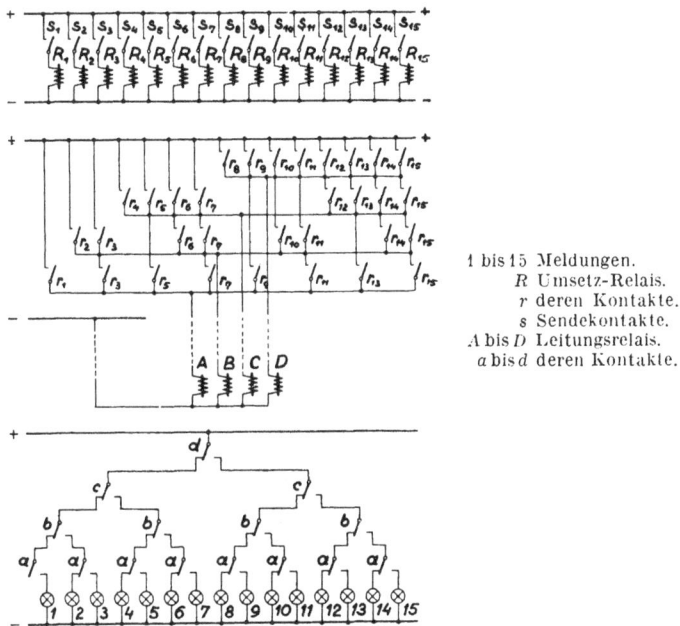

1 bis 15 Meldungen.
R Umsetz-Relais.
r deren Kontakte.
s Sendekontakte.
A bis D Leitungsrelais.
a bis d deren Kontakte.

Abb. 62. Schema eines Dualzahlen-Kombinationsverfahrens.

d) Synchronwählerverfahren.

Bei den Synchronwählerverfahren geschieht die Auswahl durch
synchrone Umschalter auf der Sende- und der Empfangsseite, die jeweils
für eine bestimmte Zeit zusammengehörige Apparate miteinander verbinden. Den grundsätzlichen Weg, den alle Synchronwählerverfahren
einhalten, zeigt Abb. 63. Auf jeder Seite befindet sich ein umlaufender
Umschalter, von dem zunächst vorausgesetzt werden soll, daß die Erhaltung des Gleichlaufs mit dem anderen durch irgendwelche Mittel
bewirkt wird. Wenn also z. B. der eine Kontaktarm auf Kontakt *3* steht,
so muß auch der andere auf seinem Kontakt *3* stehen. An die Kontakte
sind die Steuer- bzw. Meldeeinrichtungen angeschlossen. So ist beim
Verteiler I auf Kontakt *3* ein Schalter, auf Kontakt *3* des Verteilers II

die zugehörige Meldelampe angeschlossen. Ist der Schalter eingelegt, so leuchtet die Lampe auf, wenn beide Kontakte *3* bestrichen werden.

Dieses Grundprinzip des Synchronwählerverfahrens kann nun in vielen verschiedenen Ausführungen verwendet werden. Das Wesentliche ist immer die Erhaltung des Gleichlaufs, für die es viele Mittel gibt. Je

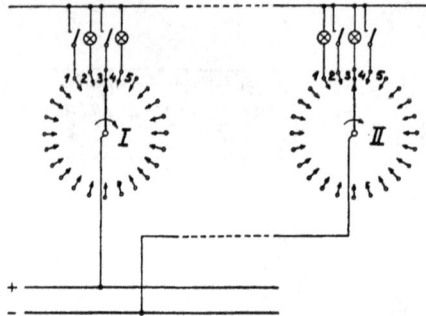

Abb. 63. Prinzip des Synchronwählerverfahrens.

nachdem müssen dann auch verschiedene Mittel zur Sicherstellung verwendet werden, wobei man sich meist auf die Sicherstellung des Gleichlaufs beschränkt und eine besondere Sicherstellung für die einzelnen Übertragungen wegläßt.

Man kann unterscheiden Synchronverteiler mit motorischem Antrieb und Synchronwähler mit Schrittantrieb. Die Synchronverteiler mit motorischem Antrieb laufen durch unabhängige Antriebe mit angenähert der gleichen Geschwindigkeit, sie werden an einzelnen Punkten des Umfangs kontrolliert und gleichgestellt. Die Synchronwähler mit Schrittantrieb werden durch auf den Verbindungsleitungen selbst übertragene Impulse in einzelnen Schritten weitergeschaltet. Die Sicherstellung erstreckt sich bei ihnen vor allem auf die Überwachung des richtigen schrittmäßigen Weiterschaltens auf beiden Seiten. In beiden Fällen können die Verteiler dauernd laufen, unabhängig davon, ob Kommandos übertragen werden sollen oder nicht, oder sie können von Fall zu Fall aus der Ruhe anlaufen, wenn ein Kommando zu übertragen ist. Bei den motorisch angetriebenen Verteilern kommen beide Arten gleichmäßig vor, während die impulsmäßig weitergeschalteten Verteiler fast ausschließlich als selbstanlaufende gebaut werden.

1. Motorisch angetriebene Synchronwähler.

Die Verteiler werden durch Motoren angetrieben, die wie Synchronmotoren an sich mit konstanter Geschwindigkeit laufen oder durch geregelte Gleichstrommotoren, wobei meist Fliehkraftkontakte oder Bremsen verwendet werden. Man erreicht auf diese Weise zunächst angenäherten Gleichlauf der Verteiler, so daß man die Übereinstimmung nur mehr auf einem Teil des Umfanges kontrollieren muß. Die Kontrolle geschieht meist nach dem sog. Start-Stop- oder Geh-Steh-Prinzip. Derjenige Verteiler, der eine bestimmte Stellung zuerst erreicht hat, wird dort so lange festgehalten, bis auch der andere nachgekommen ist und ein Übereinstimmungssignal aussendet, das den Weiterlauf von beiden Verteilern freigibt. Oft wird auch der eine Verteiler absichtlich mit einer kürzeren Laufdauer ausgeführt, so daß er bestimmt eher anlangt. Die Kontrolle braucht dann nur eine einseitige zu sein, wie es grundsätzlich Abb. 64 darstellt, in der nur diejenigen Teile der Apparatur gezeichnet sind, die für den Gleichlauf wesentlich sind. M_1 ist der Antriebsmotor für den einen, M_2 der für den anderen Verteiler. Auf den Achsen der Verteiler sitzen Nutenscheiben N_1 bzw. N_2 mit den Nutenscheibenkontakten n_1 bzw. n_2. Der zweite Verteiler ist über die magnetische Kupplung K mit dem dauernd laufenden Motor gekuppelt. Die Kupplung wird über

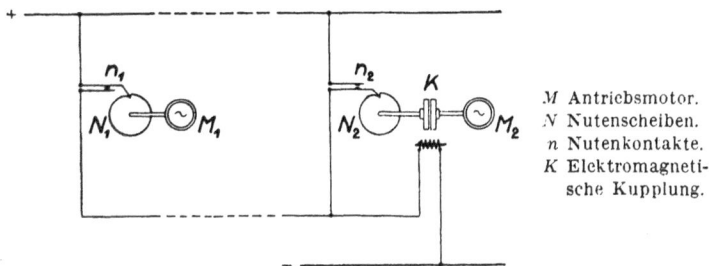

M Antriebsmotor.
N Nutenscheiben.
n Nutenkontakte.
K Elektromagneti-
        sche Kupplung.

Abb. 64. Einseitig wirkendes Start-Stopverfahren.

die Nutenscheibenkontakte erregt, und zwar über n_2 in allen Stellungen, mit Ausnahme der Nutenstellung selbst. Der Verteiler setzt sich also immer in dieser Ausgangsstellung still und kann nur dann weiterlaufen, wenn auch der erste Verteiler in seine Nutenstellung gekommen ist, in der der Nutenscheibenkontakt n_1 schließt und so die Kupplung des zweiten Verteilers wieder einschaltet.

Zur einwandfreien Gleichlaufregulierung genügt es also durchaus, wenn der zweite Verteiler eine bestimmt kürzere Umlaufdauer hat als der erste, sofern eine eigene Leitung zur Übertragung des Startimpulses zur Verfügung steht. Ist dies nicht der Fall, sondern werden auf der Leitung auch noch andere Zeichen übertragen, so müssen andere Vorkehrungen getroffen werden, deren einfachste darin besteht, daß die Umlaufdauer des zweiten Verteilers gleich oder kleiner gemacht wird als die Zeichenpause vor dem eigentlichen Startimpuls. Während dieser Pause kann der zweite Verteiler sicher seine Nullage erreichen.

Das Schema eines doppelt wirkenden Start-Stop-Verfahrens, bei dem die Verteiler einander wechselseitig kontrollieren, zeigt Abb. 65.

Jeder Verteiler hat dabei eine magnetische Kupplung, die Anordnung ist beinahe symmetrisch. Die Nutenscheibenkontakte n_1 und n_2 sind als Wechselkontakte ausgebildet. Wenn die Nutenscheiben nicht in ihrer Nullstellung stehen, so bekommt die untere Spule der mit zwei Wicklungen versehenen magnetischen Kupplungen Strom, die Verteiler werden also von ihren Motoren angetrieben. Angenommen, der zweite Verteiler erreiche seine Nullstellung eher, so bleibt er stehen, denn die Erregung der unteren Spule ist über den nunmehr geöffneten oberen Arbeitskontakt der Nutenscheibe unterbrochen. Über die obere Spule und

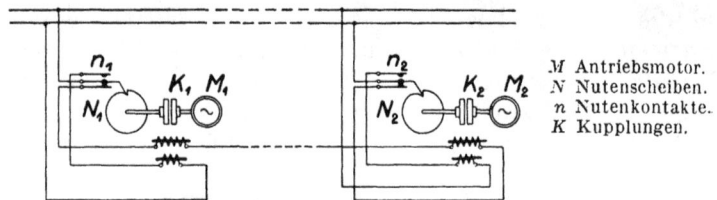

Abb. 65. Doppelt wirkendes Start-Stopverfahren.

die Fernleitung kann aber noch kein Strom fließen, da der untere Ruhekontakt des ersten Verteilers noch nicht geschlossen ist. Erst wenn auch der linke Verteiler seine Nullstellung erreicht hat, werden beide Kupplungen auf ihrer oberen Spule erregt und so der gemeinsame Startimpuls für beide Verteiler gegeben.

Aus diesen beiden Prinzipbildern geht die grundsätzliche Wirkungsweise des Start-Stop-Verfahrens hervor. Es läßt sich natürlich in sehr vielen Varianten ausführen, doch sind diese immer auf die einfach oder auf die doppelt wirkende Grundschaltung zurückzuführen. Die Kontrolle des Gleichlaufs erfolgt auf einem oder auf mehreren Punkten des Umfangs, dazwischen wird der Gleichlauf in einem bestimmten Maß durch die Motoren selbst aufrechterhalten. Dafür muß eine gewisse Grenze eingehalten werden, bei deren Überschreitung eine Versetzung der Verteiler um eine Teilung und damit Falschmeldungen vorkommen können. Eine weitere Störgefahr besteht darin, daß bei nicht sauberer Trennung von Startimpuls und eigentlichen Übertragungsimpulsen bei einem Außertrittfallen der Verteiler für längere Zeit kein Gleichlauf mehr zustandekommt, was entweder durch die bereits oben erwähnte größere Zeichenpause oder durch unterschiedliche, z. B. durch ihre Polarität gekennzeichnete Startimpulse vermieden werden kann.

Die grundsätzliche Schaltung*) für die Fernschaltung und Rückmeldung eines Schalters zeigt Abb. 66 in einer beispielsweise mit polarisierten Impulsen arbeitenden Einrichtung. Da die »Ein«- und »Aus«-

*) Ausführungen verschiedener Firmen (vgl. Anhang). Vgl. auch LitV. Schleicher, VDE-Fachber. 1928. — Kröll, VDE-Fachber. 1928.

Signale durch verschiedene Polarität unterschieden werden, wird am
Synchronverteiler nur die halbe Zahl von Anschlüssen benötigt. In der
Station I soll die Steuerung des in Station II befindlichen Schalters vorgenommen werden, während die Rückmeldungen in umgekehrter Richtung von II nach I übertragen werden sollen. Es sind zwei umlaufende
Verteiler vorgesehen, die in der beschriebenen Weise im synchronen,
stellungsrichtigen Lauf erhalten werden. In Station II erfolgt auf
Kontakt *1* die Steuerung des Ölschalters durch Umlegen des Steuerschalters *S*, dessen Einschaltstellung mit s_e und dessen Ausschaltstellung
mit s_a bezeichnet ist. Über s_e wird die positive, über s_a die negative
Schiene eines Dreileitersystems an Klemme *1* gelegt und über die Synchronwähler auf die Klemme *1* des Verteilers V_2 übertragen. Es fließt
daher ein Strom bestimmter Polarität über die Wicklung des Empfangsrelais E_2 zur Nullschiene, die in beiden Stationen miteinander verbunden

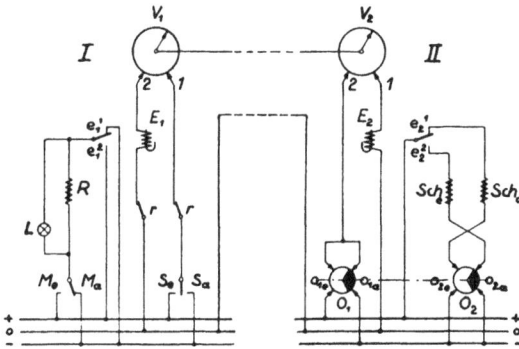

Abb. 66. Steuerung und Meldung nach einem Synchronwählerverfahren.

ist. Erhält das Relais über s_e einen Strom positiver Polarität, so legt es
seinen Kontakt um auf $e_2{}^2$, über s_a dagegen erhält es negativen Strom
und schließt seinen Kontakt $e_2{}^1$. Über diese Kontakte werden die Be-
tätigungsschützen für den Ölschalter gespeist, und zwar noch über einen
Hilfskontakt auf der Ölschalterwelle, so daß das Ausschaltschütz Sch_a
nur Strom über den Ölschalterhilfskontakt »Ein«, o_{2e}, das Einschaltschütz Sch_e nur über den Ölschalterhilfskontakt »Aus«, o_{2a}, erhält.

Auf der Ölschalterwelle sitzt noch ein weiterer Hilfskontakt O_1 mit
Einkontakt o_{1e} und Auskontakt o_{1a}, über die die Rückmeldungen erfolgen. Durch sie wird positive oder negative Spannung an das Synchron-
verteilersegment *2* gelegt, über das die Spannung nach I übertragen wird,
wo sie von dem Verteilersegment *2* abgenommen und dem Empfangsrelais E_1 zugeführt wird, das in ähnlicher Weise wie E_2 arbeitet. Die
Rückmeldung erfolgt über den sog. Meldeschalter *M*, dessen Griff die
Stellung des Ölschalters markieren soll. Die nicht übereinstimmende
Stellung wird durch eine Lampe *L* und ein Änderungsrelais *R* angezeigt.

Steht das Empfangsrelais E_1 in seiner Ausstellung $e_1{}^1$, so brennt die
Änderungslampe nur dann, wenn der Meldeschalter M seine Einstellung
M_e hat, d. h. wenn der Meldeschalter nicht mit der übertragenen Ölschalterstellung übereinstimmt. Durch Umlegen des Meldeschalters
wird die Kenntnisnahme der Änderung quittiert. Das Änderungsrelais R
hat den Zweck, eine falsche Betätigung des Schalters zu verhüten, denn
es kann eine Schaltung nur vorgenommen werden, wenn das Änderungsrelais abgefallen ist, die Stellung des Meldeschalters also übereinstimmt
mit der wirklichen Stellung. Wenn auf der Ölschalterseite noch besondere Vorkehrungen getroffen sind, daß die Rückmeldung »Ein« auf jeden
Fall durchgeführt wird, auch wenn der Ölschalter nur ganz kurzzeitig

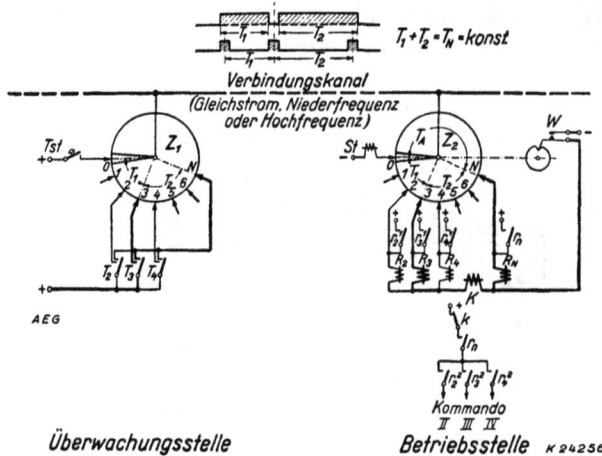

Abb. 67. Synchronwählerverfahren mit Sicherstellung durch Ergänzung.

eingeschaltet war und gleich wieder herausgefallen ist, so muß, da durch
die erfolgte Rückmeldung die weitere Aussendung des Einschaltkom-
mandos gesperrt wird, der Befehl nach Quittierung ausdrücklich wiederholt werden, das sog. Pumpen des Schalters beim Schalten auf einen Kurzschluß ist also vermieden.

Die Schalt- und Rückmeldesignale sind hier nicht mehr besonders
sichergestellt, dies kann aber durch eine der auch sonst gebräuchlichen
Sicherstellungsmethoden leicht erreicht werden*), wie es beispielsweise
in Abb. 67 dargestellt ist. Hier wird die Sicherstellung durch eine besondere Kontrolle des Gleichlaufs erreicht. Nur wenn nach dem Umlauf
festgestellt wird, daß die Synchronverteiler mit übereinstimmender Geschwindigkeit gelaufen sind, indem das ausgesandte Kontrollsignal auf
der hierfür vorgesehenen Lamelle empfangen wird, kommt die Schalt-
ausführung oder die Meldung zustande. Dieses Sicherstellungsverfahren

---

*) Vgl. LitV. Köberich, VDE-Fachber. 1931.

gehört zur Gruppe der Ergänzungsverfahren, denn es wird das Kommando durch eine weitere Kommandogabe mit besonderer Zeitbeziehung ergänzt und nur wenn die Ergänzung richtig ist, wird das Kommando ausgeführt.

Der Verteiler Z_1 in der Überwachungsstelle, von der aus die in der Betriebszelle befindlichen Schalter gesteuert werden sollen, wird durch einen nicht gezeichneten Nutenkontakt in der Nullstellung gehalten. Wird irgendein Schaltkommando gegeben, z. B. durch Schließen der Taste T_3, so wird gleichzeitig die Starttaste T_{st} geschlossen, über die ein Stromstoß auf die Leitung gesendet, der Nutenscheibenkontakt überbrückt und die Kupplung betätigt wird, die sich dann für einen ganzen Umlauf selbst hält. Auf der Betriebsstelle wird der ausgesendete Impuls in der Nullstellung des Empfangsverteilers dem Startrelais St zugeleitet, das einen nicht gezeichneten Nutenscheibenkontakt überbrückt und dadurch den Verteiler ebenfalls für einen ganzen Umlauf anregt. Sind beide Kontaktarme in beiden Stationen auf Kontakt 3 angekommen, so geht über die Taste T_3 ein weiterer Impuls auf die Fernleitung und bringt über den Kontakt 3 und den Wellenkontakt w das Relais R_3 zum Ansprechen, das sich dann über seinen eigenen Arbeitskontakt selbst hält. In der Stellung N des Sendeverteilers Z_1 geht über die Taste T_3 ein dritter Impuls auf die Fernleitung und wird auf dem Kontakt N des Empfangsverteilers Z_2 empfangen und dem Relais R_n zugeführt, das anspricht und sich ebenfalls über seinen Arbeitskontakt r_n hält. Nur wenn r_3 und r_n gleichzeitig geschlossen sind, wird das Schaltkommando III auf den Schütz übertragen.

Sind die beiden Verteiler nicht synchron gelaufen, so ist das Relais R_n nicht zum Ansprechen gekommen, da der Kontrollimpuls nicht auf dem Kontrollsegment N empfangen wurde. Das Kommando wird nicht ausgeführt, die beiden Verteiler laufen über die Selbsthaltung über die Nutenkontakte wieder in die Nullstellung zurück. Die zeitliche Beziehung der Impulse ist über dem Schaltbild dargestellt. Jede Übertragung besteht aus 3 Impulsen, dem Startimpuls, dem eigentlichen Auswahlimpuls nach der Zeit T_1 und dem Gleichlaufkontrollimpuls nach der weiteren Zeit T_2.

Um zu verhindern, daß ein Störimpuls auf irgendeinem Segment wirksam wird, ist noch ein weiteres Kontrollrelais K vorgesehen, das in Reihe mit dem Schaltstromkreis der einzelnen Relais R liegt und so dimensioniert ist, daß es durch den von einem einzelnen Relais aufgenommenen Strom noch nicht, wohl aber durch den Strom zweier Relais anspricht, also feststellt, ob nur ein einziges Kommando oder ob mehrere empfangen wurden. Ist also ein Störimpuls auf irgendein Kontaktsegment gekommen, und hat dort ein Relais zum Ansprechen gebracht, so spricht auch das Kontrollrelais K an und trennt mit seinem Ruhekontakt k die sämtlichen Betätigungen ab, so daß überhaupt kein Kommando, vor allem aber nicht das falsche, ausgeführt werden kann. Die sämtlichen Relais werden nach einem Umlauf zum Abfallen gebracht, indem der Nutenkontakt w die Haltestromkreise unterbricht, die über ihn geführt sind.

Das Verfahren verwendet motorisch angetriebene Synchronwähler, wobei die Verteiler nicht dauernd, sondern nur zur Übertragung eines Kommandos laufen. Das Verfahren kann natürlich auch doppelseitig, d. h. für die Übertragung nach beiden Richtungen durchgebildet werden. Der Startimpuls kann dann von beiden Seiten her gegeben werden und ebenso können Impulse zur Übertragung von Kommandos ausgesendet werden. Die Kontrolle kann dann nacheinander durchgeführt werden, für die eine Richtung auf einem, für die andere Richtung auf dem nächsten Segment.

2. Synchronwähler mit Schrittantrieb.

Der Antrieb dieser Verteiler erfolgt durch Schrittschaltwerke, die Verfahren können also mit den Hilfsmitteln der automatischen Telephonie aufgebaut werden, wenn auch andere Ausführungen vorkommen. Das Grundprinzip ist wieder die Erhaltung des Gleichlaufs. Sehr gebräuchlich hierfür ist die Verwendung von abwechselnd positiven und negativen Fortschaltimpulsen.

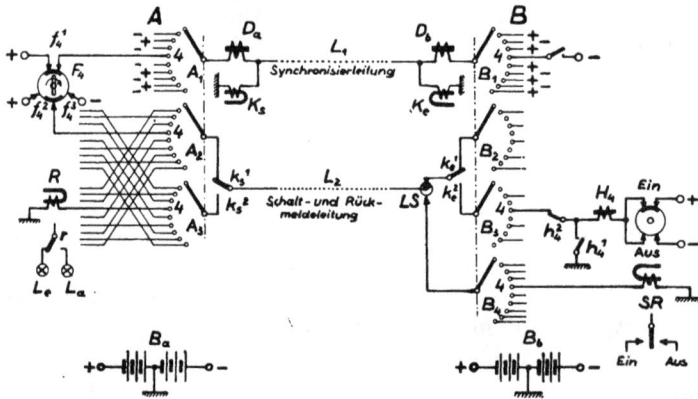

Abb. 68. Synchronwählerverfahren mit polarisierter Schrittschaltung.

Eine Schaltung dieser Art*) in ihrem prinzipiellen Aufbau zeigt Abb. 68, bei der die Wähler D_a und D_b mit den Kontaktbahnen A_1, A_2, A_3 bzw. B_1, B_2, B_3, B_4 verwendet werden.

Diese haben folgende Aufgaben: Bei Wähler D_a dient die Kontaktbahn A_1 für die synchrone Weiterschaltung, die Bahnen A_2 und A_3 für

---

*) Ausführungen verschiedener Firmen. z. B. Gen. El. Co. Amerika und Allg. El. Ges. Berlin. Vgl. z. B. LitV. Heide, Fernmeldetechn. 1928. — Köberich, VDE-Fachber. 1931.

die Schaltersteuerung und Meldung. Beide Bahnen sind immer abwechselnd geschaltet, bei A_2 sind die geradzahligen Kontaktlamellen für die Schaltung, die ungeradzahligen für die Meldung, bei A_3 umgekehrt, die ungeradzahligen für die Schaltung, die geradzahligen für die Meldung benutzt. Beim Wähler D_b dient Kontaktbahn B_1 ebenfalls der synchronen Weiterschaltung, B_2 und B_3 der Rückmeldung, wobei an B_2 nur die geradzahligen, an B_3 nur die ungeradzahligen Kontaktlamellen angeschlossen sind, während die vierte Kontaktbahn B_4 die Aufgabe der Steuerung hat und über den Langsamschalter LS abwechselnd mit B_2 und B_3 an die Fernleitung L_2 gelegt wird. Die auf beiden Seiten vorhandenen Batterien B_a und B_b sind in der Mitte verbunden entweder über Erde oder besser über eine dritte Fernleitung. Die Fernschalter F, von denen beispielsweise der vierte F_4 eingezeichnet ist, haben drei Kontakte, Ruhekontakt f^1, »Ein«-Kontakt f^2 und »Aus«-Kontakt f^3.

Zur Synchronisierung der beiden Schrittschaltwerke D_a und D_b sind die Kontakte der Wählerbahnen A_1 bzw. B_1 abwechselnd an den Plusbzw. Minuspol der Speisestromquellen angeschlossen, so daß eine Erregung der in Reihe liegenden Antriebsmagnete bzw. der diese einschaltenden Hilfsrelais und damit eine Weiterschaltung der Schrittschaltwerke nur dann erfolgen kann, wenn die Schaltarme von A_1 und B_1 auf Kontakten entgegengesetzter Polarität stehen.

Die Auswahl eines bestimmten Wählerkontaktes wird dadurch bewirkt, daß die Spannung von diesem Kontakt abgetrennt wird, bei der Ausführung eines Fernschaltkommandos durch den geöffneten Ruhekontakt f^1 des Fernschalters, bei der Rückmeldung durch den Kontakt h^3_4 des Halterelais H_4, das bei jeder Änderung der Stellung der Ölschalterwelle abfällt.

Beide Wähler bleiben sofort, nachdem sie durch irgendeinen Zufall um einen Schritt abgewichen sind, stehen, da sich dann die Kontaktarme A_1 und B_1 auf Kontakten gleicher Polarität befinden. So ist eine Fehlschaltung oder Fehlmeldung unmöglich. In diesem Falle wird die Störung kenntlich gemacht und kann durch Betätigung eines hier nicht gezeichneten Nullstellungsschalters wieder beseitigt werden, indem beide Wähler durch ein besonders gekennzeichnetes Kommando, z. B. durch einen Impuls abweichender Intensität, auf den die anderen Relais nicht ansprechen, wieder in die Nullstellung zurückgebracht werden. Diese Sicherheit ist aber noch nicht ausreichend, denn es könnte z. B. bei einer Ausschaltung des Ölschalters 4 sich der Wähler D_a auf dem richtigen Kontakt 4 befinden, der Wähler D_b dagegen gerade den letzten Schritt nicht mehr mitgemacht haben und auf Kontakt 3 stehen geblieben sein. Es würde dann statt Schalter 4 Schalter 3 ausgeschaltet werden.

Um auch diese Fehlerquelle auszuschalten, wird nach erfolgter Auswahl sowohl bei der Fernschaltung als auch bei der Rückmeldung die Ausführung eines Kommandos von der richtigen Stellung der beiden

Wähler abhängig gemacht. Dies geschieht durch Feststellung der Polarität auf der Synchronisierleitung L_1, und zwar in der Überwachungsstelle durch das polarisierte Relais K_s, in der Betriebsstelle durch das Relais K_e.

Die Ausschaltung des vierten Ölschalters durch Betätigung des Fernschalters F_4 würde sich folgendermaßen vollziehen: Zunächst wird durch ein nicht gezeichnetes Anlaßrelais die synchrone Weiterschaltung der beiden Wähler eingeleitet, die sich nach Erreichung des ersten Schrittes selbsttätig fortsetzt, bis der Kontakt 4 erreicht ist, bei dem in der Überwachungsstelle über den Fernschalterruhekontakt f_1 der Pluspol abgetrennt ist. Die Wähler bleiben zunächst auf Stellung 4 stehen. Da das Halterelais H_4 noch angezogen ist, wird über dessen Arbeitskontakt h^3_4 die Minusspannung auf die Synchronisierungsleitung L_1 gegeben, beide Kontrollrelais K_s und K_e erhalten also Minusspannung und schließen ihre Kontakte k^1_s und k^1_e, so daß also die Kontaktbahnen A_2 und B_2 an die Fernleitung L_2 gelegt sind. Wenn der Langsamschalter LS die Kontaktbahn B_4 anlegt, entsteht ein Stromkreis vom Minuspol über den Fernschalterauskontakt f^3_4, Kontakt 4 der Wählerbahn A_2, den Kontrollkontakt k^1_s, die Fernleitung L_2, den Kontakt des Langsamschalters LS, den Kontakt 4 der Wählerbahn B_4 und das polarisierte Schaltrelais SR nach Erde. SR schaltet infolgedessen über seinen Kontakt den Ölschalter aus.

Würde einer der beiden Kontaktarme um einen Schritt abweichen, z. B. B_1 auf Kontakt 3 oder 5 stehen, so würden beide Kontrollrelais K_s und K_e Plusstrom erhalten, es würde also Kontakt k^1_s geschlossen sein. Da dieser Kontakt aber die Kontaktbahn A_3 anlegt, an der der vierte Fernschalter als geradzahliger nicht angeschlossen ist, wird die Fernschaltung in diesem Falle nicht ausgeführt, eine Fehlschaltung also vermieden.

An die Ausschaltung des Ölschalters schließt sich unmittelbar die Rückmeldung an. Während der Schalterbewegung war das Halterelais H_4 spannungslos geworden und fiel ab. Eine Weiterschaltung der Wähler ist daher, auch wenn der Fernschalter in seine Ruhestellung zurückgelegt wurde, wegen des geöffneten Kontaktes h^3_4 unmöglich. Die Synchronisierleitung L_1 ist nunmehr auch rechts abgetrennt und wird, so lange der Fernschalter betätigt wird, überhaupt stromlos, was zur Anzeige der wirklich erfolgten Umschaltung vorläufig benutzt werden kann. Läßt man daraufhin den Fernschalter in seine Ruhelage gehen, so nehmen die Kontrollrelais die umgekehrte Polarität auf, legen ihre Kontakte um und schließen über k^2_s und k^2_e die Fernleitung L_2 an die Kontaktbahnen A_3 und B_3. Es entsteht nun ein Stromkreis von der Minusspannung der Batterie über den Ölschalterhilfskontakt »Aus«, die Wicklung und den Ruhekontakt h^2_4 des Halterelais H_4, den Kontakt 4 der Wählerbahn B_3, den Kontakt k^2_e des Kontrollrelais K_e, den Langsamschalter LS, die

Fernleitung L_2, den Kontakt $k^2{}_s$ des Kontrollrelais K_s, über Wähler-kontakt 4 der Bahn A_3 und das Empfangsrelais R zum geerdeten Mittel-punkt der Batterie. Das polarisierte Relais R legt also seinen Kontakt um und schaltet die Auslampe L_a ein. Dabei spricht auch das Halterelais H_4 an, wobei es seinen Arbeitskontakt $h^1{}_4$ schließt, bevor es seinen Ruhe-kontakt $h^2{}_4$ öffnet. Die beiden Kontakte sind als sog. Wechselfolgekontakt ausgebildet und justiert. Das Halterelais hält sich also weiter, dadurch wird aber auch wieder Spannung an Kontakt 4 der Wählerbahn B_1 gelegt, so daß nun der Fortschaltestromkreis sich wieder ausbilden kann, und die Wähler bis zur nächsten Schalt- oder Meldestellung oder auch bis zur Nullage weiterlaufen.

Die beschriebene Schaltung stellt nur einen typischen Vertreter der Synchronwählerverfahren zur Fernsteuerung und Fernmeldung mit Schrittantrieb dar. Statt von Polaritäten kann auch von der Unter-scheidung der Impulse durch Stromintensitäten Gebrauch gemacht werden, doch haben die Polaritäten den Vorteil größerer Sicherheit. Bei zwei verschiedenen Intensitäten besteht die Gefahr, daß das Empfangs-relais für die schwächere Intensität im Störungsfall statt des stärkeren anspricht, weil seine Wirkung im Normalfall erst durch die des stärkeren unwirksam gemacht werden muß.

Ein besonderes Kennzeichen fast aller Synchronwählerverfahren mit Schrittantrieb ist, daß sie auf jedem Schritt stehen bleiben können und so eine Verbindung herstellen, die für beliebige Zwecke, z. B. Fernmeß-übertragungen, nutzbar gemacht werden kann. Sie erlauben dabei nur die Herstellung einer einzigen Verbindung, nicht mehrerer zugleich.

Synchronwählerverfahren der beschriebenen Art lassen sich prin-zipiell immer nur für eine bestimmte Kommandozahl aufbauen, die von der Schrittzahl der verwendeten Wähler abhängt. Eine Vervielfachung der gegebenen Möglichkeiten durch die Verwendung von Vorwählern, die erst einmal die Verbindung mit einer bestimmten Gruppe herstellen, innerhalb der dann ein anderer Wähler die weitere Auswahl vornimmt, ist denkbar, besonders wenn für die Synchronisierung dieser Wähler getrennte Synchronisierleitungen benutzt werden, doch sind praktische Ausführungen dieses Prinzips selten ausgeführt worden..

e) Verfahren mit automatischer Impulsgabe.

Den Verfahren mit automatischer Impulsgabe wendet sich die Ent-wicklung immer mehr zu, da sie die universell brauchbarsten sind und im praktischen Betrieb ihre Sicherheit und vielseitigen Anwendungsmöglich-keiten erwiesen haben. Sie sind wie sonst kein Verfahren für alle Arten von Übertragungen geeignet und in bezug auf die Leitungseigenschaften am anspruchslosesten. Sie erlauben auch praktisch beliebig große Kom-mandozahlen zu bewältigen und ferner in einfacher Weise mehrere im

Zuge der Leitung liegende Stationen miteinander verkehren zu lassen, was z. B. beim Synchronwählerverfahren an sich denkbar, aber nur mit großen Schwierigkeiten durchzuführen ist.

Die Verfahren dieser Gruppe sind, wie schon erwähnt, dadurch bemerkenswert, daß bei ihnen der Meldungsinhalt in einer Folge von Impulsen vollständig charakterisiert wird. Die Prüfung der Impulsreihe auf ihre Richtigkeit kann durch verschiedene Sicherstellungsverfahren erfolgen. Es ist grundsätzlich möglich, diese Aufgabe ohne Zuhilfenahme des Rückverkehrs abzuwickeln. Wenn z. B. nur Rückmeldungen zu übertragen sind, so könnte an sich die Apparatur so ausgebildet werden, daß die Übertragung von Impulsen nur von der Außenstelle zur Überwachungsstelle notwendig ist. Meist wird jedoch davon kein Gebrauch gemacht, da der Wunsch besteht, von der Zentralstelle aus die Kontrollübertragung aller Schalterstellungen veranlassen zu können, sofern nicht der weitergehende Wunsch nach gewissen Schaltkommandos vorhanden ist. Meist kann die Anlage so aufgebaut werden, daß, wenn auch die Rückwärtsübertragung von Impulsen bei manchen Ausführungsformen zur Kontrolle der Richtigkeit der Auswahl nicht notwendig ist, wenigstens eine Quittierung über den richtigen Empfang der Impulsreihe erteilt wird, deren Ausbleiben die Apparatur zur selbsttätigen Wiederholung der Signalübertragung veranlaßt.

Die Auswahl kann durch an sich gleichartige Impulse oder durch verschiedenartige Impulse mit einem Code erfolgen. Im ersteren Falle ist meist die Zahl der Impulse für die Nummer des zu übermittelnden Kommandos maßgebend, im zweiten Falle haben die Impulse je nach ihrer Zusammensetzung in Anlehnung an die Telegraphierverfahren verschiedene Bedeutung, wie z. B. beim Morsealphabet die einzelnen Buchstaben aus kurzen (Punkt) und langen (Strich) Impulsen aufgebaut sind.

Solange man gleichartige Impulse verwendet, können die Elemente der automatischen Telephonie, insbesondere Wähler verwendet werden, wobei allerdings meist ein dekadischer Aufbau nach Hundertern, Zehnern und Einern gewählt wird, die einzelnen Impulse also schon nicht mehr ganz gleichwertig sind. Die eigentlichen Codeverfahren erfordern dagegen in der Regel andere Empfangsanordnungen, die zum Teil der Telegraphie entlehnt sind. Jedoch ist auch hier festzustellen, daß sich die Unterschiede der einzelnen Verfahren mehr oder weniger verwischen können, so daß man sie der einen oder anderen Gruppe zuweisen kann. Wir wollen daher nur unterscheiden zwischen Schrittwählerverfahren mit selbsttätiger Zahlengabe und selbsttätige Codeverfahren.

I. Schrittwählerverfahren mit selbsttätiger Zahlengabe.

Die Verfahren dieser Gruppe verwenden dasselbe Grundprinzip wie die Selbstanschlußtechnik der automatischen Telephonie bei der Auswahl des Teilnehmers. Über die Leitung wird eine bestimmte Zahl von Im-

pulsen übertragen, wobei jeder Impuls eine Fortschaltung des Empfangs-
wählers um einen Schritt bewirkt. Bei der Selbstanschlußtechnik wird
die Auswahl mit einfachen Impulsreihen durchgeführt, während hier eine
Sicherstellung erfolgen muß. Hierfür gibt es, wie schon eingangs erwähnt,
grundsätzlich zwei Möglichkeiten. Man kann durch Wiederholung der
Impulszahl die Auswahl davon abhängig machen, daß in allen Fällen die
gleiche Impulszahl empfangen wurde, man kann aber auch die Impulszahl durch eine andere zu einer konstanten Impulssumme ergänzen. Bei
der Wiederholung ist es, wie ebenfalls schon erwähnt, unzweckmäßig, für
den Vorgang der Wiederholung dieselben Schaltelemente nochmals zu
verwenden, da ein systematischer Fehler in diesen sich beide Male im
selben Sinne, z. B. eine Hemmung bei demselben Schritt bemerkbar
machen würde. Die Wiederholung hat daher nur Sinn, wenn sie auf verschiedenen Teilen der Apparatur durchgeführt wird, wobei es möglich
ist, die wiederholte Impulsreihe in derselben Richtung zu geben wie die
ursprüngliche, man kann sie aber auch in der entgegengesetzten Richtung
übertragen. Das Gleiche gilt beim Ergänzungsverfahren. Jedoch ist es
beim Ergänzungsverfahren im Gegensatz zum Wiederholungsverfahren
auch angängig, bei der Übertragung in derselben Richtung die Sicherstellung auf ein und demselben Wähler vorzunehmen, weil sich ein systematischer Apparatefehler nicht auswirken kann.

Bei der Sicherstellung durch einseitige Feststellung der Übereïn-
stimmung beim Wiederholungsverfahren bzw. der richtigen Ergänzung
beim Ergänzungsverfahren kann sich nach der erfolgten Prüfung der
Auswahl unmittelbar die Ausführung des Kommandos anschließen, also
z. B. die Ein- oder Ausschaltung eines Ölschalters, während bei der zwei-
seitigen Feststellung in den beiden Gegenstationen dann erst die Übermittlung eines besonderen Schaltbefehls erforderlich ist, die natürlich
ebenfalls gegen Störungen geschützt werden muß.

Allen Verfahren dieser Art gemeinsam sind einige Grundsätze, die
zur Lösung bestimmter Grundaufgaben benutzt werden. Es seien hier
zwei dieser Aufgaben in prinzipiellen Lösungen behandelt, zu denen
natürlich viele Abwandlungen möglich sind, doch läßt sich an ihnen der
Weg, der bei solchen Schaltungen eingeschlagen wird, gut verfolgen.

Die erste Aufgabe ist die Aussendung einer Reihe von Impulsen zur
Weiterschaltung der Wähler, Abb. 69. Durch irgendein Anreizorgan, z. B.
eine Taste T, wird das Relais A erregt, das sich dann weiterhin über den
Wellenkontakt $D_{\prime\prime}^{\prime\prime}$ des als automatischer Zahlengeber dienenden Wählers
hält. Der Vorgang wird also, auch wenn die Taste T gelöst wird, erst
beendet, wenn der Wähler seine ganze Bahn durchlaufen hat. Das
Anlaßrelais schaltet mit seinem Arbeitskontakt a über den vorläufig
noch geschlossenen Ruhekontakt d_{r1} des Wählers das Relais B ein. Dieses
ist mit dem Wähler in einer Selbstunterbrecherschaltung geschaltet. Es
schaltet nämlich mit seinem Arbeitskontakt b^1 den Drehmagneten Dr_1,

worauf der Wähler einen Schritt macht und dabei seinerseits mit seinem
Ruhekontakt den Stromkreis für das Relais B unterbricht. Dieses fällt
wieder ab, wodurch auch der Drehmagnet spannungslos wird und auch
abfällt. Wenn aber sein Ruhekontakt wieder geschlossen ist, kann auch
B wieder ansprechen und der beschriebene Vorgang wiederholt sich
dauernd, so lange das Anlaßrelais angesprochen ist.

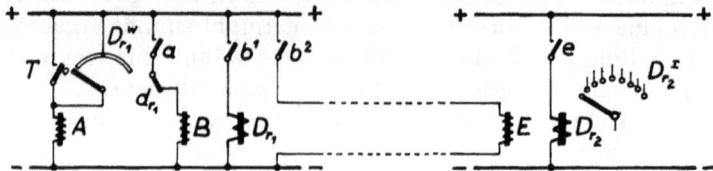

Abb. 69. Impulsmäßiges Weiterschalten der Wähler.

Der Wähler wird also impulsmäßig weitergeschaltet. Durch einen
zweiten Kontakt b^2 des Relais B wird jedesmal Spannung auf die Fernleitung gegeben, auf die Impulse spricht das Empfangsrelais E an und
schaltet mit seinem Kontakt e den Wähler D_{r2} weiter.

Der Wähler D_{r1} dient als automatischer Zahlengeber, er gibt so viele
Impulse aus, bis er selbst eine bestimmte Stellung erreicht hat, die entweder durch den Anschluß irgendeines Relais an einen seiner Kontakte
oder durch seine eigene Nullstellung definiert ist. Die Aussendung geschieht in dem durch die Eigenzeiten der Selbstunterbrecherschaltung
gegebenen Rhythmus mit etwa 10 Schritten in der Sekunde.

Es ist klar, daß die Übertragung der Impulse nicht an die Verwendung
von Gleichstrom auf einer durchgeschalteten Leitung gebunden ist.

Die Übertragung irgendeiner Impulszahl erfolgt nun dadurch, daß
die Wähler auf dem betreffenden Schritt eine gewisse Zeit stehen bleiben,

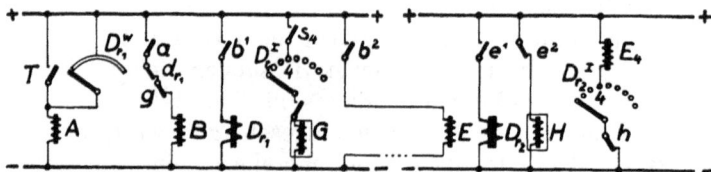

Abb. 70. Einfügen einer Pause.

also eine Pause gemacht wird, nach einer in Abb. 70 gezeigten Schaltung.
Sie unterscheidet sich von der vorhergehenden nur dadurch, daß auf der
Sendeseite über die Kontaktbahn D_{r1}^I des Wählers ein Verzögerungsrelais G eingefügt ist, das an derjenigen Stelle, bei der durch irgendein
Organ, z. B. über den Sendekontakt s_4, Spannung an der Kontaktbahn
liegt, anspricht und damit den normalen Gang der Weiterschaltung
unterbricht. Es kann natürlich auch eine Umkehrung dieser Schaltung

verwendet werden, daß die Pause an derjenigen Stelle eingefügt wird, bei der die Spannung fehlt. Auf der Empfangsseite wird die Pause durch ein Relais H festgestellt, durch dessen Vermittlung auf dem Wähler- kontakt ein an die Empfangsbahn angeschlossenes Empfangsrelais E_4 anspricht.

Die Schaltung arbeitet in der folgenden Weise: Durch die Taste wird die Schaltung in der vorher beschriebenen Weise angereizt und schaltet weiter, bis Kontakt 4 erreicht ist, bei dem der Sendekontakt s_4 geschlossen ist und das Verzögerungsrelais G anspricht, das seinen Ruhe- kontakt g öffnet und damit B spannungslos macht. Auch der Dreh- magnet fällt ab und über seinen Arbeitskontakt da_2 (zwischen g und $D_r{}'$) wird das Verzögerungsrelais G spannungslos und fällt mit seiner Abfall- verzögerung ab. Erst dann schaltet B wieder ein und der nächste Schritt wird gemacht. Die Weiterschaltung vom 4. auf den 5. Schritt wird also erst nach einer sich deutlich aus dem normalen Rhythmus heraushebenden Pause gemacht.

Auf der Empfangsseite wird diese Pause von dem Verzögerungsrelais H, das beim jedesmaligen Ansprechen des Empfangsrelais E durch dessen Ruhekontakt e abgetrennt wird, in der Weise festgestellt, daß es abfällt, während es sich wegen seiner Abfallverzögerung über die kurzen normalen Impulspausen hält. Erst über den Ruhekontakt h von H wird die Wähler- bahn $D_r{}_2^{\,\mathrm I}$ an Spannung gelegt, das an Kontakt 4 angeschlossene Emp- fangsrelais E_4 spricht daraufhin an.

Natürlich können mit solchen Pausen auch andere Wirkungen aus- geübt werden, sie können z. B. dazu benutzt werden, um die Weiter- schaltung von einem Wähler auf einen zweiten vorzunehmen. Es können auch Pausen verschiedener Länge Verwendung finden, z. B. um nach einer längeren Pause den ganzen Übertragungsvorgang zu beenden, worauf sämtliche Wähler über ihren Selbstunterbrecherkontakt in die Nullage zurückgebracht werden, in der über den Wellenkontakt die Schaltung unterbrochen wird.

Es können ferner bestimmte Wirkungen ausgeübt werden, wenn nicht die Pausen, sondern die Impulse länger als normal gemacht werden. Die Empfangsschaltung hierfür ist ganz ähnlich der besprochenen Pausen- schaltung. Man hat so die Möglichkeit, eine Reihe von verschiedenartigen Wirkungen auszuüben, obwohl man nur Stromzeichen eines einzigen Stromcharakters überträgt.

1. Verfahren mit Sicherstellung durch Wiederholung.

Mit den eben behandelten Schaltungsgrundlagen sind wir nunmehr in der Lage, eine Fernschalt- und Rückmeldeeinrichtung in ihren Grund- zügen zu besprechen, welche die Sicherstellung durch Wiederholung auf getrennten Apparaten im Rückverkehr vornimmt*).

---

*) Ähnliche Ausführung Siemens & Halske, Berlin. Vgl. LitV. **, ETZ 1933.

Das ausführliche Schaltungsschema ist, soweit es für das Verständnis notwendig ist, in Abb. 71 gegeben. In der Darstellung wurde versucht, eine möglichst große Übersichtlichkeit dadurch zu gewinnen, daß in den beiden Stationen zusammenarbeitende Apparate untereinander gezeichnet wurden.

Es sind in jeder Station zwei Wähler*) vorhanden, einer für den Hin-, einer für den Rückverkehr, wobei der Wähler A_1 in der beschriebenen Weise Impulse aussendet, auf die der Wähler B_1 mitläuft, und umgekehrt der Wähler B_2 Impulse aussendet, auf die der Wähler A_2 mitkommt. Die Übertragung der Impulse erfolgt auf derselben Verbindung, jede Station kann von der normalerweise eingenommenen Empfangsschaltung auf die Sendeschaltung umgeschaltet werden.

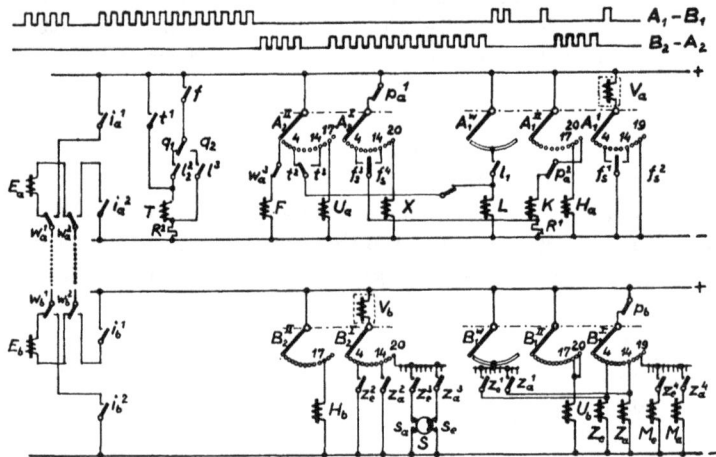

Abb. 71. Impulsgesteuerte Wählerfernsteuerung mit Sicherstellung durch Wiederholung.

Im nachfolgenden werden die Vorgänge beschrieben, die sich beim Ferneinschalten eines Schalters von der Schaltbetätigung bis zum Einlaufen der entsprechenden Rückmeldung vollziehen. Der Gesamtvorgang teilt sich auf in eine Folge von Teilvorgängen, die sich nacheinander abspielen und im einzelnen bestehen aus der Übertragung der Auswahl-Impulsreihe, der Rückübertragung der Kontroll-Impulsreihe mit Durchführung der Kontrolle, der Befehlsübermittlung mit Befehlsausführung und der Rückmeldung der vollzogenen Schaltung.

Die Einschaltung des Schalters wird veranlaßt durch den Fernschalter F_s, der für die »Ein«-stellung die Kontakte fs^1 und fs^3 hat. Durch ihn wird die Spannung an Kontakt 4 der ersten Bahn $A_1{}'$ des Wählers A_1 gelegt und die Selbstunterbrecherschaltung in der vorher beschrie-

*) Die Zahl der Wählerkontakte hängt natürlich von der verwendeten Konstruktion ab und kann höher als die hier genannte Zahl 20 sein.

benen, hier nicht mehr dargestellten Weise eingeschaltet, worauf die Auswahlimpulsreihe ausgesendet wird und die Wähler A_1 in der Überwachungsstelle und B_1 in der Betriebsstelle laufen.

Zur Übertragung der Auswahlimpulsreihe gibt die Unterbrecherschaltung Impulse sowohl auf den Wähler A_1 als auch auf die Fernleitung, und zwar das letztere in der Weise, daß die Umschalteinrichtung U_a auf einen mit dem Schaltbefehl gegebenen Anreiz hin in einer nicht näher dargestellten einfachen Weise die Kontakte $w_a{}^1$ und $w_a{}^2$ von der Empfangslage links in die Sendestellung rechts umlegt, worauf die Impulse durch ein nicht gezeichnetes Impulssenderelais I_a durch dessen Kontakte $i_a{}^1$ und $i_a{}^2$ auf die Fernleitung gegeben werden. Auf der Empfangsseite kommen sie über die in der gezeichneten Lage befindlichen Kontakte der Umschalteinrichtung $w_b{}^1$ und $w_b{}^2$ auf das Empfangsrelais E_b, das den Wähler B_1 weiterschaltet. Die in regelmäßiger Folge herausgehenden Impulse schalten also die Wähler A_1 und B_1 in beiden Stationen weiter, bis der Kontakt 4 der Wählerbahn $A_1{}^I$ erreicht ist. Dort liegt über den Fernschalterkontakt fs_1 Minusspannung, das Relais V_a zieht an und fügt in der nach Abb. 70 beschriebenen Weise eine Pause in die Impulsübertragung ein. Diese Pause wird auf der Empfangsseite durch das nicht gezeichnete Relais P_b festgestellt, das abfällt und dabei seinen Ruhekontakt p_b schließt und damit den Kontaktarm der Wählerbahn $B_1{}^I$ an Spannung legt. Da dieser ebenfalls auf Kontakt 4 steht, spricht das die Einschaltung vorbereitende Zwischenrelais Z_e an, das sich weiterhin über seinen eigenen Arbeitskontakt $z_e{}^1$ und den Wellenkontakt V_1w des Wählers hält, bis dieser am Schluß des ganzen Vorganges beim Erreichen der Nullage unterbricht. Nach der Pause geht die Impulsübertragung normal weiter, bis der Wähler A_1 die Stellung 17 erreicht, wo über die Bahn $A_1{}^{II}$ das Relais H_a zum Anziehen gebracht wird, das sich in einer nicht gezeichneten Weise zunächst selbst hält und die Fortschaltung bis auf weiteres unterbindet. Gleichzeitig spricht auf Kontakt 17 der Wählerbahn das Umschaltrelais U_b an, da es über die Wählerbahn $B_1{}^{II}$ Spannung erhält. Es leitet daraufhin den zweiten Teilvorgang ein.

Am Schlusse des ersten Teilvorganges stehen also beide Wähler A_1 und B_1 auf Kontakt 17, der Auswahlvorgang hat durch die Pause nach Kontakt 4 das Zwischenrelais Z_e zum Ansprechen gebracht, das sich hält und die getroffene Auswahl aufbewahrt.

Es schließt sich jetzt die Kontrolle der richtigen Auswahl an, indem über die Wähler B_2 und A_2 dieselbe Impulsreihe zurück übertragen wird. Durch das Umschaltrelais U_b wird nämlich in einer nicht näher dargestellten Weise veranlaßt, daß die Unterbrecherschaltung zum Weiterschalten des Wählers B_2 in Betrieb genommen und gleichzeitig die Fernleitung durch Umlegen der Kontakte $w_b{}^1$ und $w_b{}^2$ von Empfang auf Senden umgeschaltet wird. Auf der anderen Seite hatte das Halterelais H_a die Rückschaltung der Kontakte $w_a{}^1$ und $w_a{}^2$ auf die Empfangsstellung vorgenommen. Die Impulse gehen also nun gleichzeitig auf die beiden Wähler A_2 und B_2. Auf Kontakt 4 der Wählerbahn B_2 liegt über den Kontakt z_e^2 des sich haltenden Einschaltzwischenrelais Z_e Spannung, so daß das Verzögerungsrelais V_b anspricht, das eine Pause einfügt, auf die auf der anderen Seite das nicht gezeichnete Pausenrelais P_a abfällt und über seinen Ruhekontakt p_a^1 die Kontaktbahn A_2^I an Spannung legt. Über den ebenfalls geschlossenen Ruhekontakt p_a^2 des Pausenrelais würde an sich, da ja der Wähler A_1 auf Stellung 17 stehen geblieben ist, das Kontrollrelais K ansprechen, wenn es nicht gleichzeitig über den Fernschaltereinkontakt fs^3, den Kontakt 4 der Wählerbahn A_2^I und den Ruhekontakt p_a^1 kurzgeschlossen würde, wobei der Vorwiderstand R^1 einen Kurzschluß der Stromquelle verhütet. Das Kontrollrelais K zieht also nicht an, wenn die Pause auch bei der Rückwärtsübertragung wieder richtig auf Schritt 4 gemacht wird, es spricht dagegen an, wenn die Übereinstimmung der vor- und der rückwärts übertragenen Impulse nicht vorhanden ist. Darin beruht die Sicherstellung. Ein Ansprechen von K hat zur Folge, daß die Weiterschaltung unterbleibt und der ganze Vorgang nach einer Pause wiederholt wird.

Auf Stellung 4 spricht außerdem über die Wählerbahn A_2^{II}, den Ruhekontakt t^2 des Relais T und den Ruhekontakt p_a^3 des Pausenrelais das erst später interessierende Vorbereitungsrelais L für die Rückmeldung an und hält sich weiterhin über seinen eigenen Arbeitskontakt l^1 und den Wellenkontakt A_1^w.

Nach der Pause folgt die weitere Impulsübertragung, bis der Wähler B_2 ebenfalls seinen Schritt 17 erreicht hat, auf dem über die Bahn B_2^{II} ein Halterelais H_b angeschlossen ist, das ähnlich wie beim ersten Teilvorgang beschrieben, die Weiterschaltung der Wähler unterbricht und die Umschaltkontakte w_b^1 und w_b^2 auf Empfang umlegt. Auch auf der anderen Seite hat beim 17. Schritt des Wählers A_2 über Wählerbahn A_2^{II} das Umschaltrelais U_a angesprochen, das den dritten Teilvorgang, nämlich die Befehlsübermittlung, veranlaßt.

Am Schluß des zweiten Teilvorganges stehen also alle Wähler auf dem 17. Schritt, wobei eine Kontrolle ergeben hat, daß die Auswahl des Schalters richtig vorgenommen wurde.

Nun folgt die eigentliche Befehlsübermittlung und damit die Ausführung des Kommandos. Die Fernleitung ist wieder auf Impulsgabe von Station A nach B umgeschaltet. Mit dem Ansprechen des Umschaltrelais U_a ist die vorher von H_a veranlaßte Sperrung der Weiterschaltung des Wählers A_1 aufgehoben worden, so daß dieser und der Wähler B_1 weiterlaufen, wobei auf Kontaktstellung 19 das Verzögerungsrelais V_a anspricht und eine Pause einfügt. Auf diese Pause fällt in der Gegenstation das Pausenrelais P_b ab und schließt seinen Ruhekontakt p_b, so daß über den Arbeitskontakt des sich noch immer haltenden Vorbereitungsrelais Z_e^4 der Einschaltmagnet M_e, allenfalls über ein weiteres

Zwischenrelais, Spannung erhält und den Ölschalter 4 einschaltet. Man kann natürlich statt dieser einfachen Einschaltung durch einen einzigen Impuls oder eine einzige Pause auch eine stärker sichergestellte Befehlsübermittlung, z. B. durch zwei Impulse oder durch längere Pause nach längerem Impuls u. dgl. vorsehen. Im übrigen bleiben die Wähler beim 20. Schritt durch das abermalige Ansprechen des Relais H_a stehen und die Leitung wird wieder für den Verkehr von Station B nach A umgeschaltet.

Am Schlusse des dritten Teilvorganges stehen also die Wähler A_1 und B_1 auf dem 20., die Wähler A_2 und B_2 auf dem 17. Schritt. Die Ausführung des Befehls ist erfolgt.

Zur Rückmeldung im Anschluß an die Ferneinschaltung laufen die Wähler B_2 und A_2 bis in ihre Nullstellung, wobei auf Kontakt 20 gemeldet wird, ob die Stellung des Ölschalters sich auch tatsächlich geändert hat. Im ersten Teilvorgang war das Zwischenrelais Z_e zum Einschalten des Schalters vorbereitet worden und hält sich seitdem noch immer. Es ist also auch der Kontakt $z_e{}^3$ geschlossen. Befindet sich die Schalterwelle mit dem Hilfskontakt noch in der »Aus«-Stellung s_a, so liegt Spannung an Kontakt 20 der Wählerbahn $B_2{}^I$, das Verzögerungsrelais V_b spricht an und fügt beim 20. Schritt eine längere Pause ein, auf die über den abfallenden Ruhekontakt des Pausenrelais $P_a{}^1$ und Kontakt 20 der Wählerbahn $A_2{}^I$ das Relais X anspricht und diese Störung zur Kenntnis bringt. Ist aber der Schalter S richtig dem Einschaltbefehl gefolgt, so ist Klemme 20 spannungslos und die Pause wird nicht angezeigt.

Beim Erreichen der Nullstellung spricht über den später wieder geöffneten Kontakt $w_a{}^3$ das Relais F an, das seinen Kontakt f schließt und damit das Änderungsrelais T über den Quittungsschalter Q an Spannung legt. Das Relais T wechselt bei einer jeden Änderung der Stellung des Quittungsschalters seine Stellung, allerdings nur, wenn das zugehörige Vorbereitungsrelais L angezogen ist. Ist der Kontakt q_1 des Quittungsschalters geschlossen, so wird beim Einschalten von f das Relais über den Kontakt l_2 erregt und hält sich über seinen eigenen Kontakt t^1. Ist aber q_2 geschlossen, so wird die Relaiswicklung T über f, q^2 und l^3 kurzgeschlossen, wobei ein Vorwiderstand R_2 einen unmittelbaren Kurzschluß der Stromquelle verhindert. Die Rückmeldung erfolgt also dann, wenn der Schaltbefehl richtig empfangen worden war, was die mit Relais L auf Wählerbahn $A_2{}^{II}$ festgestellte Pause beweist. Die Kontakte t^2 und t^3 sorgen dabei dafür, daß im abgefallenen Zustand des Relais T nur der Einschaltbefehl auf Kontakt 4, im angezogenen Zustand nur der Ausschaltbefehl auf Kontakt 14, also nur der der vorherigen Stellung des Quittungsschalters entgegengesetzte Schaltbefehl wirksam wird. Das Relais F läßt ferner eine Stellungsänderung nur anzeigen, wenn die Wähler richtig in ihre Nullage gegangen sind, d. h. der ganze Vorgang ordnungsgemäß erledigt, also auch der Schaltbefehl wirklich vollzogen ist. Das Relais T zeigt so jede durch einen Ferneingriff verursachte Stellungsänderung des Schalters an.

Nach der Rückmeldung wird die Sperrung der Wähler A_1 und B_1 aufgehoben und die Verkehrsrichtung wieder von A nach B durchgeschaltet, es folgt der letzte Schritt, der auch diese Wähler wieder in die Nullstellung zurückbringt und den ganzen Vorgang beendet.

Das Impulsdiagramm ist über der Schaltung gezeichnet, und zwar oben die von A nach B, unten die umgekehrt übertragenen Impulse. Solche Impulsdiagramme geben ein sehr übersichtliches Bild der Vorgänge, besonders wenn man sie noch auf alle vorhandenen Relais, Wähler usw. ausdehnt.

Die natürlich auch für andere Kontaktzahlen der Wähler anwendbare Schaltung kann in etwas anderer Ausführung selbstverständlich auch zur Übertragung der Meldungen benutzt werden, die sich nicht an eine Fernbetätigung, sondern an einen Stellungswechsel des Schalters, z. B. durch Überstromauslösung anschließen. Die Vorgänge dabei sind ganz analog, so daß auf ihre Beschreibung verzichtet werden kann. Im übrigen muß betont werden, daß die gezeigte Schaltung natürlich nur ein Beispiel für das Prinzip der Sicherstellung durch Wiederholung ist, das sich in vielen anderen Schaltungen verwirklichen läßt.

2. Sicherstellung durch Ergänzung.

Die Sicherstellung der den Meldungsinhalt übertragenden Impulsreihe kann statt durch Wiederholung auch durch Ergänzung geschehen. Jedes Schalt- oder Meldekommando wird übertragen durch eine doppelte Impulsreihe, deren erste die Auswahl enthält und deren zweite die Zahl der insgesamt übertragenen Impulse zu einer konstanten Summe ergänzt. Beide Impulsgruppen können dabei in derselben Richtung übertragen und auf einem einzigen oder auf zwei korrespondierend geschalteten Wählern empfangen werden. Im ersteren Falle muß die getroffene Auswahl durch Vorbereitungsrelais festgehalten werden, im zweiten Falle wird die Auswahl durch das unmittelbare Zusammenwirken der beiden Wähler vorgenommen.

a) Sicherstellung durch Ergänzung auf korrespondierenden Wählern.

Das Schema für eine einfache Schaltung mit korrespondierenden Wählern*) ist in Abb. 72 gegeben. Die zusätzlichen Schaltungsteile, wie die Pausenrelais u. dgl., sind nicht mehr eingezeichnet. In jeder der beiden Stationen befinden sich ein Impulssender und ein Impulsempfänger, die nur schematisch angedeutet sind. Der Fernschaltsender in

---
*) Ausführung Allg. El. Ges. Berlin. Vgl. LitV. Brückel, AEG.-Mitt. 1929. — Köberich, AEG-Mitt. 1930.

der Überwachungsstelle bzw. der Rückmeldesender in der Betriebsstelle sind Wählerapparaturen, die nach Art der Abb. 69 weitergeschaltet werden und nach Art der Abb. 70 in den an Spannung liegenden Kontaktstellungen Pausen einfügen. Bei den Sendewählern für die Fernsteuerung sind die einzelnen Wählerkontakte an die Ein- bzw. Auskontakte der Fernsteuerschalter F gelegt, wie sie in einem Vertreter gezeichnet sind. Am Sendewähler für die Rückmeldung liegen in gleicher Weise die Hilfskontakte der Ölschalter S. Beim Einschalten eines Fernsteuerschalters wird durch einen Kontakt, beim Fallen eines Ölschalters durch ein Änderungsrelais der betreffende Impulssender zur Abgabe seiner Impulse angereizt.

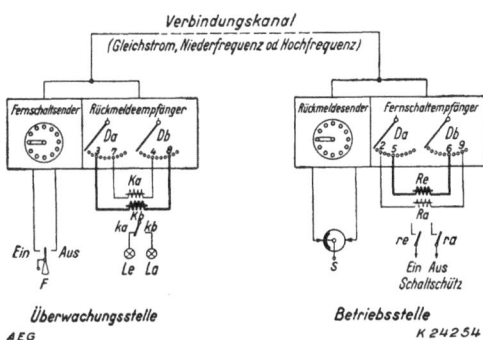

Abb. 72. Impulsgesteuerte Wählerfernsteuerung mit Sicherstellung auf korrespondierenden Wählern.

Die Impulsempfänger, sowohl der Fernschaltempfänger in der Betriebsstelle als auch der Rückmeldeempfänger in der Überwachungsstelle, bestehen grundsätzlich aus zwei Wählern D_a und D_b, die mit ihren Kontakten so verbunden sind, daß ein Stromkreis nur zustandekommen kann, wenn z. B. D_a auf 2, D_b auf 9 oder D_a auf 3, D_b auf 8 stehen, wenn also beide Wähler zusammen die konstante Schrittzahl von 11 gemacht haben.

Die Ferneinschaltung eines Ölschalters mit der nachfolgenden Rückmeldung spielt sich wie folgt ab:

Legt man von Hand den Fernsteuerschalter in die »Ein«-Stellung, so wird dadurch der Impulssender angereizt und gibt gleichmäßige Impulse, bis der über den Fernschalterkontakt an Spannung liegende Wählerkontakt erreicht ist. Hier wird eine Pause eingefügt, die in der Betriebsstelle durch ein Pausenrelais festgestellt wird. Während vor der Pause der Wähler D_a durch die Impulse weitergeschaltet wurde, also bei 5 ausgesandten Impulsen den Schritt 5 erreicht hat, wird er durch das erstmalige Ansprechen des Pausenrelais ab- und statt dessen der Wähler D_b eingeschaltet. Der erste Wähler bleibt also auf Schritt 5 stehen, der zweite wird durch die folgenden Impulse, insgesamt 6, auf den 6. Schritt weitergeschaltet. Nachdem der Impulssender so im ganzen 11 Impulse ausgesendet hat, mit einer Pause nach dem 5. Impuls, macht er erneut eine größere Pause. In dieser Pause wird auf die Wählerbahnen Spannung gegeben, das Einschaltrelais R_e spricht an und betätigt die Einschaltung jedoch nur, wenn die Wähler richtig stehen, denn die Querverbindung besteht ja nur zwischen dem Kontakt 5 des ersten Wählers und dem Kontakt 6 des zweiten Wählers. Ist die Schaltung richtig zustandegekommen, so wird eine Quittung als einzelner Impuls oder zur größeren Sicherstellung als Impulskombination zurückübertragen, worauf sich der Fernschaltsender stillsetzt und die Rückmeldung anschließt. Trifft der Quittungsimpuls aber nicht ein, ist also kein richtiger Empfang zustandegekommen, so wird die Impulsreihe nach einer für die Nullstellung aller Wähler bestimmten Pause automatisch wiederholt. Ist aber der Quittungsimpuls eingelaufen, so setzt sich nach einer Pause, in der ebenfalls alle Wähler auf Null laufen, der Rückmeldesender in Betrieb und überträgt nochmals als normale Einzelmeldung die geänderte Schaltung, obwohl der Quittungsimpuls schon eine Art Rückmeldung darstellt. Da dieser aber schon gegeben wird, wenn der Schaltbefehl richtig empfangen wurde, der Ölschalter aber aus irgendeinem Grunde nicht gefolgt zu haben braucht, ist die Einzelrückmeldung notwendig.

Die Ausschaltung erfolgt übrigens in der gleichen Weise, nur mit anderen Impulsgruppen, z. B. 2 für den ersten, 9 Impulsen für den zweiten Wähler, zusammen also ebenfalls 11 Impulsen.

Die Rückmeldung der Schalterstellungsänderung vollzieht sich in genau analoger Weise. Es wird durch das schon genannte, nicht gezeichnete Änderungsrelais der Rückmelde-Impulssender in Betrieb genommen und gibt Impulse, auf die in der Überwachungsstelle wieder Wähler D_a mitläuft, bis der Impulssendewähler an demjenigen Kontakt Spannung vorfindet, an dem über Ölschalterhilfskontakt und Änderungsrelais die neue Schalterstellung in Form der angelegten Spannung vermerkt ist und durch Ansprechen eines Verzögerungsrelais eine Pause gemacht wird. In der Überwachungsstelle wird dann durch ein Pausenrelais vom Wähler D_a auf den Wähler D_b umgeschaltet, der die weiteren Impulse bekommt und auf die entsprechende Stellung aufläuft. Sind die beiden Schrittzahlen korrespondierend, d. h. ergänzen sie sich zu der vorgeschriebenen konstanten Summe, so spricht ein Änderungsrelais an, das im Schaltbild als ein Kipprelais gezeichnet ist mit zwei Spulen K_a und K_b, die abwechselnd erregt werden und dabei den Kippkontakt auf die Stellung k_a oder auf die Stellung k_b umlegen. Steht also z. B. der Wähler D_a auf Schritt 7, der Wähler D_b auf 4, und folgt eine größere Pause, so wird die Spule K_a erregt, das Kipprelais legt seinen Kontakt auf k_a um und die »Ein«-Lampe L_e wird eingeschaltet.

Kommt die Meldung richtig zustande, so wird ähnlich wie vorhin beschrieben, ein Quittungsimpuls nach der Betriebsstelle übertragen, der den Rückmelde-Impulssender stillsetzt, während sonst die Meldung wiederholt wird.

Zur Erfüllung der verschiedenen Aufgaben und Bedingungen müssen natürlich in der Schaltung noch verschiedene Zusatzelemente verwendet werden, auf die hier nicht näher eingegangen werden kann.

Bei der beschriebenen Schaltung hängt die Zahl der überhaupt möglichen Kommandos von der Kontaktzahl der Wähler ab, die natürlich nicht an die hier genannte Zahl von 11 gebunden ist. Prinzipiell läßt sich bei allen Wählerverfahren die Kommandozahl durch dekadi-

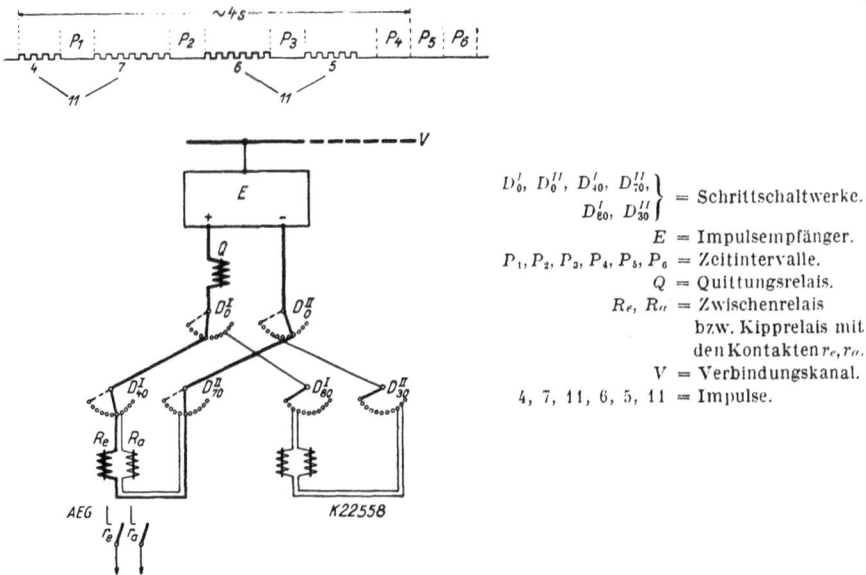

$D_0^I, D_0^{II}, D_{40}^I, D_{70}^{II},$
D_{80}^I, D_{30}^{II} $\Big\}$ = Schrittschaltwerke.

E = Impulsempfänger.
$P_1, P_2, P_3, P_4, P_5, P_6$ = Zeitintervalle.
Q = Quittungsrelais.
R_e, R_a = Zwischenrelais
bzw. Kipprelais mit den Kontakten r_e, r_a.
V = Verbindungskanal.
4, 7, 11, 6, 5, 11 = Impulse.

Abb. 73. Impulsgesteuerte Wählerfernsteuerung mit korrespondierenden Wählern in dekadischem Aufbau.

schen Aufbau der Wählerschaltungen beliebig vervielfachen, wie es von der automatischen Telephonie her bekannt ist. Hier soll es für das Verfahren mit korrespondierenden Wählern gezeigt werden.

Die zugehörige Grundschaltung zeigt Abb. 73, in der nur die Empfangseinrichtung gezeigt ist. In dem über der Schaltung gezeichneten Impulsdiagramm sind die ankommenden Impulsgruppen mit den zugehörigen Pausen dargestellt. Es kommen zunächst 4 Impulse an, die dem Wähler D_0^I zugeleitet werden und diesen auf den Schritt 4 schalten. In der Pause P_1 wird auf den Ergänzungswähler D_0^{II} umgeschaltet, der die folgenden 7 Impulse erhält.

Sind die beiden Impulsgruppen für die erste Dekade, also für die Auswahl der Zehner richtig übertragen und empfangen worden, so sind über den 4. Kontakt der Wählerbahn D_0^I der Einerwähler D_{40}^I, über den

7. Kontakt der Wählerbahn D_0^{II} der Einerergänzungswähler D_{70}^{II} angeschlossen.

In der Pause P_2 wird auf die Einerwähler umgeschaltet. Es läuft zunächst nur der über den 4. Kontakt des Gruppenwählers D_0 angeschlossene Wähler D_{40}^I, der bis zum 6. Schritt geschaltet wird. In der Pause P_3 wird auf den Wähler D_{70}^{II} umgeschaltet, die nächstfolgenden 5 Impulse bringen ihn auf den 5. Schritt. Nur auf dem Wege über die korrespondierend geschalteten Wählerkontakte ist ein Stromweg vorhanden, das Relais R_e wird erregt und legt auf seinem Kontakt r_e den gewünschten Betätigungsstromkreis an.

Würde durch Verstümmelung einer Impulsgruppe einer der Wähler einen Schritt zu viel oder zu wenig machen, so würden die Stellungen der Wähler nicht zu der korrespondierenden Verbindung ihrer Kontakte führen. Eine Kommandoausführung käme dann nicht zustande, die Aussendung eines Quittungsimpulses würde unterbleiben und nach einer längeren Pause würde die ganze Schaltung zusammenbrechen und von neuem aufgebaut werden.

An die Impulsreihen schließt sich auch normalerweise eine längere, in drei Teilabschnitte unterteilte Pause an. Erst nach der Zeit P_4 wird die Spannung an die Wähler und damit an die Betätigungsrelais gelegt, denn sonst würden diese auch beim normalen, schnellen Überstreichen der Wählerkontakte ansprechen. Das Kommando wird nur ausgeführt, wenn die Wähler eine bestimmte Zeit ihre Stellung beibehalten haben. Der Betätigungsstromkreis wird während der Zeit P_5 an Spannung gelegt, sie ist so bemessen, daß sie für die einmalige Einschaltung des Ölschalters ausreicht, nicht aber zu einer zweiten Einschaltung führen kann, wenn der Schalter etwa beim Schalten auf einen Kurzschluß gleich wieder herausfällt. Auf diese Weise wird das Pumpen des Schalters in sehr einfacher Weise vermieden. Während der Zeit P_5 wird auch der Quittungsimpuls gegeben, der von dem im Betätigungsstromkreis liegenden Relais Q gegeben wird und der Gegenstation das Zeichen des richtigen Empfangs übermittelt. In der Zeit P_6 schließlich laufen alle Wähler über die Selbstunterbrecher in ihre Nullstellung zurück.

Die Ausführung des Kommandos *46*, für das das Beispiel gezeichnet ist, ist also daran gebunden, daß mit den entsprechenden Zeitabständen die Impulse *4—7—6—5* ankommen, wobei die Ergänzungen *4 + 7 = 11* und *6 + 5 = 11* kontrolliert werden. Stimmen diese nicht, so kommt keine Befehlsausführung und damit kein Quittungsimpuls zustande, es schließt sich die automatische Wiederholung an.

Die zu der gezeigten Empfangsschaltung benötigte Sendeschaltung ist grundsätzlich in Abb. 74 gezeigt. Je zwei korrespondierenden Wählern der Empfangsschaltung entspricht ein einziger Sendewähler. Wir haben also einen Zehner- oder Gruppenwähler D_0, an dessen Kontakte je ein Unter- oder Einerwähler angeschlossen ist, z. B. der Wähler D_{40}. An

den Kontakten der Einerwähler liegen die Anschlüsse der Meldeeinrichtungen bzw. des Fernschalters, z. B. auf den Kontakten *6* und *7* des
Wählers D_{40} die gezeichneten Ölschalterhilfskontakte S_e und S_a. Damit
eine Meldung der Ölschalterstellung nur nach einer Änderung vorgenommen wird, ist noch ein Halterelais H mit den beiden Wicklungen
H^I und H^{II} vorgesehen, das normalerweise angezogen ist und nur bei
einer Änderung der Schalterstellung abfällt. Daraufhin wird die Aussendung der Impulsreihe angereizt. Das Halterelais wird erst durch den
einlaufenden Quittungsimpuls wieder zum Anziehen gebracht und hält
sich bis zu einer neuen Änderung.

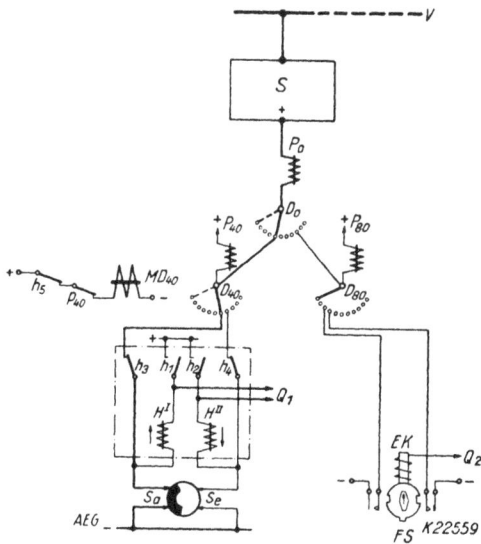

D_0, D_{40}, D_{80}	= Schrittschaltwerke.
EK	= Entklinkungsrelais.
FS	= Fernschalter.
H^I, H^{II}	= Wicklungen des Hal-terelais mit den Kon-takten h_1, h_2, h_3, h_4, h_5.
MD_{40}	= Drehmagnet des Schrittschaltwer-kes D_{40}.
P_0, P_{40}, P_{80}	= Prüfrelais.
Q_1, Q_2	= Anschlüsse am Quittungsempfän-ger.
S	= Impulssender.
S_a, S_e	= Ölschalterkontakte.
V	= Verbindungskanal.
p_{40}	= Kontakt des Prüf-relais P_{40}.

Abb. 74. Impulssendeschaltung zu Abb. 73.

Ist der Ölschalter z. B. von der »Ein«-Stellung S_e in die »Aus«-
Stellung S_a übergegangen, so wurde dadurch der Haltestromkreis für die
Relaiswicklung H^{II} über die Kontakte S_e und h_2 unterbrochen, das Relais
fällt ab. Die beiden Hilfskontakte am Schalter können sich dabei über-
lappen oder die Umlegung des Schalters kann so schnell erfolgen, daß der
andere Kontakt geschlossen ist, bevor das Relais abgefallen ist. Die beiden Relaiswicklungen H^I und H^{II} sind nämlich mit entgegengesetztem
Wicklungssinn angeschlossen, wie durch die eingetragenen Pfeile angedeutet ist, so daß sich das magnetische Feld der beiden gleichzeitig an
Spannung liegenden Wicklungen aufhebt. Bei der Abschaltung der
einen und Zuschaltung der anderen Wicklung wird das Feld umgekehrt.
Beim Nulldurchgang des Feldes fällt das Relais sicher ab.

Seine Ruhekontakte h_3, h_4 werden geschlossen und dadurch Spannung an denjenigen Wählerkontakt gelegt, der über den betreffenden

12*

Ölschalterhilfskontakt, in dem betrachteten Falle also über S_a ange-schlossen ist. Durch das Abfallen des H-Relais wird über den Ruhe-kontakt h_5 Spannung auf den Wählerantrieb MD_{40} gegeben, der über den nicht gezeichneten Selbstunterbrecher den Wähler D_{40} schnell weiterschaltet, bis er den unter Spannung stehenden Kontakt 6 findet, über den das Prüfrelais P_{40} anspricht, das über seinen Kontakt p_{40} die Weiterschaltung verhindert. Der Wähler bleibt auf dem 6. Schritt stehen und legt dadurch die Einerstelle der auszusendenden Impulsreihe fest. Durch das Prüfrelais P_{40} veranlaßt, folgt in gleicher Weise die Anreizung des übergeordneten Wählers D_0, der sich ebenfalls über seinen Selbst-unterbrecher weiterschaltet und auf seinem 4. Schritt durch die Erregung des Prüfrelais P_0 angehalten wird. Damit ist die Zahl 46 vollständig nachgebildet. Der allgemeine Impulssender S, der ebenfalls aus einem Wähler besteht, dessen Kontakte mit Punkten auf den Bahnen der auf-gelaufenen Sucherwähler verbunden sind, tastet nun die Stellung dieser Wähler Schritt für Schritt ab und fügt dabei an denjenigen Stellen Pausen ein, wo er Spannung vorfindet. Es geht so die in Abb. 73 dargestellte Impulsreihe heraus, auf die sich die Empfangswähler in der beschrie-benen Weise einstellen.

Fallen mehrere Rückmeldungen gleichzeitig an, so werden sie ge-speichert und nacheinander übertragen, da ja bei der beschriebenen Einrichtung immer nur eine Zahl auf einmal abgebildet werden kann, da die Wähler nämlich auf dem ersten spannungführenden Kontakt stehen bleiben. Es wird zuerst dasjenige Kommando übertragen, das die niedrigste Anschlußzahl hat.

Trifft der Quittungsimpuls über den ordnungsmäßigen Empfang der Meldung in der Gegenstation ein, so wird er an der mit Q_1 bezeich-neten Stelle durch Anlegen der Spannung über die Kontakte des Quit-tungsrelais zum Wiederansprechen des Änderungsrelais H benutzt, es führt diejenige Wicklung Strom, die durch S_e oder S_a eingeschaltet ist. Das Relais hält sich dann wieder über seinen Arbeitskontakt h_1 oder h_2.

Die Übertragung der Fernsteuerkommandos geschieht in ganz ähn-licher Weise, die Spannung wird nur statt über das Änderungsrelais über den Fernsteuerschalter FS angelegt. Bei der beispielsweise dargestellten Schaltung ist ein Entklinkungsmagnet EK für den Fernschalter vorge-sehen, der nach Ausführung des Befehls und Einlauf der Quittierung von der Gegenseite her über Q_2 betätigt wird und dadurch den Schalter in die Nullage zurückgehen läßt.

β) Sicherstellung durch Ergänzung auf einem Summationswähler.

Die Sicherstellung durch die einander zu einer konstanten Impuls-summe ergänzenden Impulsgruppen kann auch statt auf zwei korrespon-dierenden Wählern auf einem einzigen, alle Impulse summierenden

Wähler geschehen*), wie es in Abb. 75 schematisch dargestellt ist. Es ist auch dabei ein dekadischer Aufbau der Impulsgruppen durchgeführt. Über den einen Wähler können also 100 verschiedene Kommandos empfangen werden. Verfahren dieser Art haben eine große Ähnlichkeit mit den früher behandelten Synchronwählerverfahren, sie gehören aber trotzdem in die Gruppe mit selbsttätigem Impulsgeber, wie man aus dem Impulssender besonders deutlich sieht.

Es ist dies ein mechanischer Apparat, der mit Handgriff und Feder aufgezogen wird, natürlich aber auch irgendwie anders ausgebildet

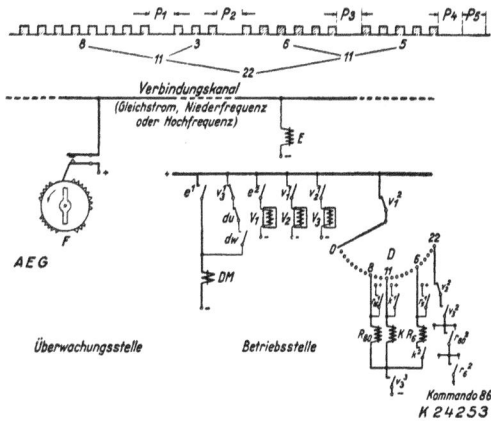

Abb. 75. Impulsgesteuerte Wählerfernsteuerung mit Sicherstellung auf Summationswähler.

werden kann. Bei seiner Freigabe läuft er mit gleichmäßiger Geschwindigkeit ab und sendet dabei insgesamt 22 Impulse von der im Impulsdiagramm dargestellten Gruppierung aus. Es ist beispielsweise das Kommando *86* angenommen. Die Zehnerzahl 8 wird durch Hinzufügen von 3 Ergänzungsimpulsen, die Einerzahl 6 durch 5 Ergänzungsimpulse ebenfalls zur konstanten Impulssumme 11 ergänzt. Die einzelnen Impulsgruppen sind durch Pausen voneinander getrennt. Eine solche Impulsreihe kann natürlich auch, wie früher beschrieben, durch Wähler und Verzögerungsrelais erzeugt werden.

Die Impulse werden durch das Empfangsrelais E aufgenommen und dem Drehmagneten des Wählers DM zur Fortschaltung über den Empfangsrelaiskontakt e^1 zugeleitet. Gleichzeitig wird über den zweiten Kontakt e^2 das Verzögerungsrelais V_1 erregt, das seinerseits über v_1^1 das Verzögerungsrelais V_2 und dieses wieder über v_2^1 das Verzögerungsrelais V_3 einschaltet. Diese drei Verzögerungsrelais sprechen unverzögert an, fallen aber mit Verzögerung ab. Sie halten sich über die

---

*) Ähnliche Ausführung Allg. El. Ges. Berlin. Vgl. LitV. Köberich, VDE-Fachber. 1931.

kurzen Pausen der normalen, impulsmäßigen Weiterschaltung alle und fallen bei längeren Pausen je nach deren Dauer in der umgekehrten Reihenfolge ihres Ansprechens ab.

In der Pause P_1 nach den ersten 8 Impulsen fällt V_1 ab, die anderen Verzögerungsrelais halten sich aber. Der Ruhekontakt $v_1{}^2$ legt die Wählerbahn D an Spannung, über den Kontakt 8 spricht das Vorbereitungsrelais R_{80} an, da ja $v_3{}^3$ noch geschlossen ist. Das Relais hält sich weiter über seinen Arbeitskontakt $r_{80}{}^{\mathrm{I}}$, auch wenn der Ansprechkreis durch Weiterschalten des Wählers wieder unterbrochen wird. Es ist damit die Auswahl der 8. Gruppe vorbereitet, wenn auch noch nicht geprüft.

Die weiteren Impulse bringen das Verzögerungsrelais wieder zum Ansprechen, D wird weiter gesteuert auf den 11. Schritt, wo in der Pause P_2 in ähnlicher Weise die Erregung des Kontrollrelais K für die Zehnerdekade erfolgt, das sich ebenfalls weiter hält. Nur wenn dieses Kontrollrelais erregt wird, wird die weitere Schaltung wirksam. Es kann aber nur erregt werden, wenn die Pause P_2 auf den 11. Wählerschritt entfällt, wenn also die ersten 8 Impulse durch 3 weitere ergänzt worden sind. Es folgt nun die dritte Impulsserie mit 6 Schritten, nach der in der Pause P_3 das Relais P_6 zum Anziehen kommt, allerdings nur, wenn vorher das Kontrollrelais K angesprochen hatte und seinen Kontakt k^2 geschlossen hält. Auch das Relais P_6 hält sich über seinen Arbeitskontakt $p_6{}^1$. Nun kommt die vierte Impulsserie mit 5 Impulsen, die den Wähler auf seinen 22. Schritt schalten.

Nach dem Aufhören der Impulse fallen nacheinander die 3 Verzögerungsrelais ab. Ist V_1 und V_2 abgefallen, V_3 aber noch angezogen, so wird der Betätigungsstromkreis für das Kommando 86 durchgeschaltet über $v_1{}^2$, D_{22}, $v_2{}^2$, $v_3{}^2$, $r_{80}{}^2$ und $r_6{}^2$. Er kommt nur zustande, wenn die Impulsserien richtig aufgenommen wurden und die Kontrolle $8 + 3 = 11$ und $6 + 5 = 11$ und schließlich $8 + 3 + 5 + 6 = 22$ ergeben hat. Die Durchschaltung dauert so lange, wie V_3 zum Abfallen braucht, dann trennt der Kontakt $V_3{}^2$ auf und der Wähler wird über $v_3{}^1$ auf seinen Selbstunterbrecherkontakt d_u geschaltet, er schaltet schnell weiter, bis der Wellenkontakt d_w in der Nullstellung unterbricht und die Schaltung zu neuem Empfang bereit steht. Ähnlich wie vorher beschrieben, kann auch bei diesem Verfahren ein Quittungsimpuls zur Gegenstation übertragen werden.

γ) Sicherstellung auf einem Summationswähler und auf korrespondierenden Wählern kombiniert.

Beide Arten der Sicherstellung mit Summationswählern und mit korrespondierenden Wählern haben Vorzüge. Bei korrespondierenden Wählern kann, wie es bei der Ausführung von Schaltbefehlen erwünscht ist, immer nur ein einziges Kommando zur Ausführung kommen. Auch wenn im ungünstigsten Fall alle nur überhaupt denkbaren Fehler, auch Störungen rein interner Art auftreten sollten, so kann doch immer nur ein einziges Kommandorelais erregt werden, weil eben nur eine einzige Verbindung zwischen den Wählerkontakten möglich ist. Dabei ist das Zustandekommen einer Verbindung an so scharfe Bedingungen gebunden, daß Fehlschaltungen praktisch ausgeschlossen sind. Bei der Rückmeldung ist es aber gerade ein Nachteil, daß mit einer Wählereinstellung auch nur ein einziges Kommando übertragen werden kann, daß also die Rückmeldung mehrerer auf einmal gefallener Schalter auch nur mit mehrmaligem Schaltungsaufbau übertragen werden kann und so eine Übertragungszeit in Anspruch nimmt, die ein entsprechendes Vielfaches der Zeit für eine einzelne Übertragung beträgt. Das Bedürfnis, eine

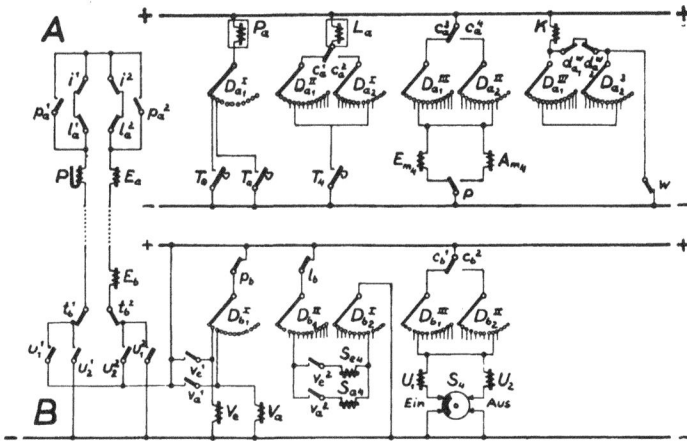

Abb. 76. Impulsgesteuerte Wählerfernsteuerung mit kombinierter Sicherstellung.

große Zahl von Übertragungen auf einmal vornehmen zu können, läßt sich durch die Sicherstellung mit Summantionswähler besser befriedigen, da dabei bei einem Wählerumlauf alle angeschlossenen Kommandos ineinander verschachtelt mit gemeinsamer Sicherstellung übertragen werden können. Dies ist besonders wertvoll bei der Kontrolle der Schalterstellungen, bei der diese Aufgabe wirklich vorliegt.

Besonders kurz wird die Übertragungszeit, wenn Ein- und Ausmeldung auf demselben Wählerkontakt mit zwei Stromarten, also z. B. bei Leitungsbetrieb mit zwei Polaritäten übertragen werden, da dann keine Pausen mehr erforderlich sind. Die Wähler brauchen dann nur die halbe Schrittzahl zu machen und laufen mit normaler Geschwindigkeit durch, wobei Pausen nur auf den kontrollierenden Schritten gemacht zu werden brauchen. Solche Schaltungen haben eine große Ähnlichkeit mit den Synchronwählerverfahren und können auch als solche aufgefaßt

werden. Abb. 76 zeigt eine derartige Schaltung*) in ihrem grundsätzlichen Aufbau, deren besonderes Kennzeichen ist, daß sie mit Ruhestrom
arbeitet, d. h. daß die Leitung im Ruhezustand immer Strom führt und
die Weiterschaltung der Wähler durch Unterbrechungen des Stromes
erfolgt, die in der Überwachungsstelle, aber auch in der Betriebsstelle
vorgenommen werden können.

Die Wirkungsweise der Schaltung wird durch die Impulsdiagramme
der Abb. 77 noch besser verdeutlicht. Es sind vier Fälle dargestellt,
und zwar A und B für Fernschaltung mit gleichzeitiger Rückmeldung,
C und D für reine Rückmeldung. Bei einem Umlauf der Wähler werden
jedenfalls alle Meldungen übertragen, auch dann, wenn die Wähler zur
Übertragung eines Schaltbefehls laufen. Die Sicherstellung für die Schal-

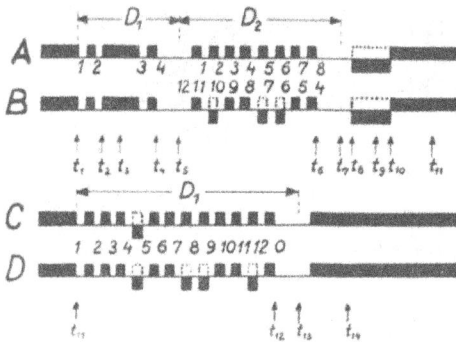

A Alle Schalter sind eingeschaltet,
    Schalter 4 wird ausgeschaltet.

B Schalter 3, 4, 5, 6,   9, 10,   12
                            sind eingeschaltet,
    Schalter   7, 8,   11
                            sind ausgeschaltet,
    Schalter 4 wird ausgeschaltet.

C Alle Schalter sind eingeschaltet,
    Schalter 4 löst aus.

D Schalter 3, 4, 5, 6,   9, 10,   12
                            sind eingeschaltet,
    Schalter   7, 8,   11
                            sind ausgeschaltet.
    Schalter 4 löst aus.

Abb. 77. Impulsdiagramm zur Schaltung nach Abb. 76.

tung wird mit zwei korrespondierenden Wählern, die Sicherstellung für
die reine Meldung mit einem Wähler nach dem Summationswählerprinzip
durchgeführt.

Bei einem Schaltvorgang laufen in jeder Station nacheinander zwei
Wähler, bei einer Rückmeldung dagegen nur ein einziger. Aber auch wenn
beide Wähler laufen, werden ihre Kontakte sämtlich für die Rückmeldungen ausgenutzt, wobei eine eigenartige Schaltung dafür sorgt, daß
die Rückmeldung eines Schalters entweder auf dem einen Wähler oder
auf dem andern vorgenommen werden kann. Es wird immer dieselbe
Schrittzahl übertragen, die entweder bei reiner Rückmeldung von nur
einem Wähler oder von zwei Wählern zusammen zurückgelegt wird.
Jeder Wählerkontakt birgt in sich die Möglichkeit, eine der vier Kommandoübertragungen vorzunehmen, Einschaltung, Ausschaltung, Einmeldung, Ausmeldung. Die beiden Rückmeldungen werden durch Polaritäten, die Schaltkommandos durch vorab gegebene generelle Vorbe-
reitungsimpulse unterschieden.

---

*) Ausführung Allg. El. Ges. Berlin.

Die Umpolung der Leitung für die Rückmeldungen wird von der Betriebsstelle aus vorgenommen durch die Umschaltrelais U_1 und U_2, von denen U_1 mit seinen Kontakten $u_1{}^1$ und $u_1{}^2$ die von der Betriebsstelle aus gespeiste Leitung mit der der »Ein«-stellung entsprechenden, normal angewendeten Polarität angelegt, während U_2 die umgekehrte, der »Aus«-stellung zugeordnete Polarität führt. Die beiden Relais sind in nicht gezeichneter Weise außerdem noch so verriegelt, daß sie nicht gleichzeitig ansprechen können.

Im Zuge der Leitung liegt in jeder Station ein neutrales Empfangs-relais, E_a in der Überwachungsstelle, E_b in der Betriebsstelle. In der Überwachungsstelle ist außerdem noch ein polsarisiertes Relais P vor-handen, das die Polarität prüft. Normalerweise ist die Leitung durch-geschaltet, indem $u_1{}^1$ und $u_1{}^2$ sowie die Ruhekontakte $t_b{}^1$ und $t_b{}^2$ eines nicht gezeichneten Relais T_b in der Betriebsstelle, die Ruhekontakte $l_a{}^1$ und $l_a{}^2$ des Verzögerungsrelais L_a und die Ruhekontakte i^1 und i^2 eines nicht näher dargestellten Impulsrelais I in der Überwachungsstelle sämtlich geschlossen sind.

Betrachten wir zunächst den im Impulsdiagramm A der Abb. 77 zugrundegelegten Vorgang, bei dem angenommen ist, daß alle Schalter 3 bis 12 — die Nummern 1 und 2 fehlen, weil die entsprechenden Wähler-kontakte für die Schaltvorbereitungskommandos gebraucht werden — alle eingeschaltet seien und der Schalter 4 ausgeschaltet werden soll. Dies wird bewirkt durch Betätigung eines Schalters, der hier der Ein-fachheit wegen durch einzelne Tasten wiedergegeben ist. Es werden also zur Auslösung der Kommandoübertragung »4 aus« gleichzeitig eine nicht näher dargestellte Anlaßtaste, eine generelle »Aus«-taste T_a und die dem Schalter 4 zugeordnete Taste T_4 geschlossen. Diese sämtlichen Tasten können natürlich in einem gemeinsamen Steuerschalter mit entsprechen-der Kontaktanordnung vereinigt sein.

Durch die Anlaßtaste wird über das Impulsrelais I die Leitung unterbrochen (Zeitpunkt t_1). Es fallen damit in beiden Stationen die Empfangsrelais ab, über ihre Ruhekontakte und weitere Zwischenrelais erhalten die Drehmagnete der Wähler D_{a1} und D_{b1} Strom und machen einen Schritt, wobei sie ihre Wellenkontakte schließen. In der bekannten Relaisunterbrecherschaltung folgen dann die weiteren Schritte, indem das Impulsrelais I mit seinen Kontakten i die Fernleitungsschleife taktmäßig unterbricht, bis irgendwelche ausgezeichneten Wählerkontakte erreicht werden. Dies ist gleich auf Kontakt 2 der Fall, wo über die geschlossene Taste T_a auf der Bahn $D_a\mathrm{I}$ des zuerst laufenden Wählers D_{a1} das Pausen-relais P_a anspricht (Zeitpunkt t_2), das über seine Kontakte $p_a{}^1$ und $p_a{}^2$ die Fernleitung für eine bestimmte Zeit kurzschließt und einen längeren Stromschluß gibt. Auf diesen fällt in der Betriebsstelle das nicht ge-zeichnete Pausenrelais P_b ab (Zeitpunkt t_3), das mit seinem Kontakt p_b die Wählerbahn $D_{b1}{}^1$ einschaltet und dem Ausschaltvorbereitungsrelais

V_a ermöglicht, anzusprechen, das sich dann weiterhin über seinen Arbeitskontakt $v_a{}^1$ weiter hält.

Nachdem das Pausenrelais P_a wieder abgefallen ist, geht die impulsmäßige Fortschaltung der Wähler weiter, bis in Stellung *4* über die Wählerbahn $D_{a1}{}''$ und die dem 4. Schalter zugeordnete Taste T_4 das Verzögerungsrelais L_a anspricht, das im Gegensatz zu P_a nicht die Dauer des Stromschrittes, sondern die der Unterbrechung verlängert, seine Kontakte $l_a{}^1$ und $l_a{}^2$ trennen die Fernleitung auf (Zeitpunkt t_4).

Auf diese längere Unterbrechung hin fällt in der Betriebsstelle ein nicht gezeichnetes Relais L_b ab, das mit seinem Kontakt l_b Spannung an die Wählerbahn $D_{b1}{}^{II}$ gibt, was aber für dieses Mal keine Wirkung hat. Außerdem werden auf Grund des Ansprechens der L-Relais die nicht näher dargestellten Umschaltrelais C_a und C_b umgelegt, die auf den zweiten Wähler D_{a2} bew. D_{b2} umschalten, während die ersten Wähler D_{a1} und D_{b1} auf dem erreichten Schritt *4* stehen bleiben.

Von diesen Umschaltrelais C_a und C_b sind hier nur die Kontakte $c_a{}^1$ bis $c_a{}^4$ bzw. $c_b{}^1$ und $c_b{}^2$ gezeichnet. Von $c_a{}^1$ auf $c_a{}^2$ wird das Verlängerungsrelais L_a von der Bahn $D_{a1}{}''$ des ersten Wählers auf die Bahn $D_{a2}{}'$ des zweiten Wählers umgeschaltet. Die Kontakte $c_a{}^3$ und $c_a{}^4$ schalten von $D_{a1}{}'''$ auf $D_{a2}{}''$, $c_b{}^1$ und $c_b{}^2$ von Wählerbahn $D_{b1}{}'''$ auf $D_{b2}{}''$ um (Zeitpunkt t_5).

Nach dieser Umschaltung laufen also nunmehr auf die folgenden Impulse nur mehr die zweiten Wähler D_{a2} und D_{b2}, bis bei ihnen der 8. Schritt erreicht ist, auf dem wieder über die Taste T_4 das Verlängerungsrelais L_a anspricht, die Leitung wird also wieder längere Zeit aufgetrennt (Zeitpunkt t_6), in der Betriebsstelle schließt sich der Kontakt l_b des Prüfrelais L_b (Zeitpunkt t_7). Ist die richtige Stellung der Wähler erreicht worden, so muß Wähler D_{b1} auf *4*, D_{b2} auf *8* stehen, so daß nun über den geschlossenen Kontakt $v_a{}^2$ des sich haltenden Vorbereitungsrelais für die Ausschaltung V_a, das Ausschaltrelais für den vierten Schalter S_{a4} ansprechen kann und den Schalter S_4 ausschaltet. (Zeitpunkt t_7).

Nach Abfallen des Verlängerungsrelais L_a wird die Leitung wieder durchgeschaltet (Zeitpunkt t_8), es schließt sich unmittelbar die Rückmeldung an. Während bisher die Stellung des Kontaktes des polarisierten Relais P so war, daß die Einmeldung über das Relais E_{m4} kam, legt jetzt, weil in der Betriebsstelle das Umschaltrelais U_2 über den Aus-Hilfskontakt des Ölschalters S_4 anspricht und die Polarität des Stromes in der Fernleitung geändert wird, das polarisierte Relais P seinen Kontakt p um, so daß nunmehr das Relais A_{m4} anspricht und die Ausmeldung kommt. Die Anzeige der geänderten Schalterstellung erfolgt also sofort, und zwar auch dann, wenn der Ölschalter z. B. durch Schalten auf einen Kurzschluß durch die Schutzrelais wieder herausgenommen wurde. Man würde diesen Vorgang ohne weiteres erkennen, weil erst die Einmeldung und dann die Ausmeldung käme, vorausgesetzt, daß man einen Ein-schaltbefehl statt des Ausschaltbefehles gegeben hätte.

Einige Zeit danach (Zeitpunkt t_9) fallen in beiden Stationen weitere, hier nicht gezeichnete Verzögerungsrelais ab, sie schalten die sämtlichen Wähler auf den Selbstunterbrechungskontakt, über den sie sehr schnell in die Nullstellung laufen. Damit fällt auch das Umschaltrelais U_2 wieder ab (Zeitpunkt t_{10}), die normale Polarität wird durch das sofort ansprechende Relais U_1 wiederhergestellt. Nach einer weiteren Zeit fallen in beiden Stationen weitere Verzögerungsrelais ab (Zeitpunkt t_{11}), die den Ausgangszustand wiederherstellen und eine erneute Übertragung ermöglichen.

Die Sicherstellung der Befehlsausführung beim Schalten erfolgt also durch nur eine Verbindung ergebende, korrespondierende Wähler, wenn die Ergänzung der Impulsgruppen die richtige ist. Damit wird aber nicht nur die Auswahl des Schalters, sondern auch das Vorbereitungs-kommando »Ein« auf Kontakt *1* oder »Aus« auf Kontakt *2* sichergestellt, da die richtige Summe nicht zustande kommen könnte, wenn schon zu diesem Zeitpunkt keine Übereinstimmung mehr vorhanden gewesen wäre. Die Vorbereitungsrelais fallen natürlich, wie nicht näher gezeigt ist, genau so wie alle anderen sich haltenden Relais ab, wenn die Wähler die Null-lage erreicht haben, so daß die Vorbereitung unwirksam wird, wenn eine neue Übertragung und damit eine neue Wählerdurchschaltung kommt.

Während des Steuervorgangs kommen aber auch gleichzeitig sämt-liche Rückmeldungen, wie bisher nicht betrachtet wurde, so daß man also nicht nur die Rückmeldung unmittelbar im Anschluß an die Fernschal-tung erhält für den einen Schalter, sondern auch bei jeder Übertragung eine Kontrolle sämtlicher Schalterstellungen erhält. Kurz vorher vor-genommene Änderungen werden also noch mit demselben Wählerumlauf gemeldet, wobei durch die Änderungsrelais in der Meldeapparatur natür-lich nur die geänderten Stellungen angezeigt werden.

Dies ist in dem Impulsdiagramm B der Abb. 77 deutlich gemacht, in dem abweichend von dem vorher beschriebenen Fall angenommen ist, daß die Schalter *7*, *8* und *11* ausgeschaltet sind, während sonst die gleichen Voraussetzungen gelten, also Schalter *4* ausgeschaltet werden soll. Die Vorgänge spielen sich in genau der gleichen Weise ab mit dem einzigen Unterschied, daß beim Durchlaufen derjenigen Kontakte der Wähler D_{b1} und D_{b2}, bei denen über die entsprechenden Ölschalterhilfskontakte »Aus« das Relais U_2 ansprechen kann und U_1 abgeschaltet wird, die Spannung auf der Fernleitung umgepolt wird, so daß die Kontakte p des polarisierten Relais P die Ausmeldung statt der Einmeldung vermittelt. Es werden dann über die Wählerbahnen $D_{a1}{}^{III}$ und $D_{a2}{}^{II}$ die Ausmelde-relais A_m statt der Einmelderelais E_m erregt.

Obwohl also bei der Ausführung eines Schaltbefehls beide Wähler in jeder Station laufen, wird doch eine vollkommene Rückmeldung aller

Schalterstellungen vorgenommen, denn es sind die Kontakte der Wähler immer paarweise miteinander verbunden, also *4* mit *8*, *5* mit *7*, *6* mit *6* usw., wie es durch die im Diagramm *B* eingetragenen Zahlen angedeutet ist. Wenn der erste Wähler seinen *4.* Schritt erreicht, muß der zweite bis auf *8* kommen. Die Rückmeldung auf Kontakt *5* des ersten Wählers, der nicht mehr erreicht wird, kommt also auf Kontakt *7* des zweiten Wählers usw.

Bei einer reinen Rückmeldung dagegen laufen im Gegensatz zu einer Fernschaltung überhaupt nur die ersten Wähler in jeder Station, und zwar deswegen, weil das Relais L_a nicht anspricht und daher keine längere Unterbrechung eingefügt wird, in der die *C*-Relais vom ersten Wähler auf den zweiten Wähler umschalten.

In den Impulsdiagrammen sind reine Rückmeldeübertragungen dargestellt, und zwar bei *C* für den Fall, daß der Schalter *4* auslöst, während alle übrigen Schalter eingeschaltet sind, bei *D* für die Annahme, daß wieder Schalter *4* auslöst, aber auch die Schalter *7*, *8* und *11* ausgeschaltet sind, oder wenn alle diese 4 Schalter gleichzeitig auslösen.

Durch ein hier nicht näher dargestelltes Anlaßrelais, das in seiner Schaltung ähnlich wie das Relais H_4 in Abb. 68 angenommen werden kann, wird durch die Kontakte t_{b1} und $t_b{}^2$ in der Betriebsstelle die Leitung aufgetrennt, worauf die Wähler ihren ersten Schritt machen und dann ähnlich wie vorher beschrieben, durch Impulse von der Überwachungsstelle her über das Impulsrelais *I* weitergesteuert werden. Auf denjenigen Kontakten, die über die entsprechenden Aushilfskontakte der Ölschalter das Relais U_2 zum Ansprechen bringen, wird die Leitung umgepolt, so daß das »Aus«-melderelais A_m des betreffenden Schalters erregt wird. So laufen die Wähler einmal ganz durch. Hat der Wähler D_{b1} seine Nullstellung erreicht, so wird eine längere Pause eingefügt, auf die der Kontakt *w* in der Überwachungsstelle dann geschlossen wird, wenn auch dort der Wähler D_{a1} seine Nullstellung erreicht hat. Damit wird über die Wählerkontakte der beiden Wähler, die nur in der Nullstellung geschlossen sind, über die Wellenkontakte $d_{a1}{}^w$ und $d_{a2}{}^w$ das Kontrollrelais *K* erregt, das die in den Melderelais gespeicherten Meldungen weitergibt. Darin besteht die Sicherstellung, denn es müssen beide Wähler D_{b1} und D_{a1} in den beiden Stationen ihre volle Schrittzahl gemacht haben. Ist dies nicht der Fall, so wird die Meldung nicht weitergegeben, sondern ein erneuter Wählerumlauf, diesmal von der Überwachungsstelle her, angereizt. Die genannte Kontrolle durch das Kontrollrelais *K* findet übrigens auch bei einem Fernsteuervorgang als interne Kontrolle für den richtigen Lauf der Wähler D_{a1} und D_{a2} statt, denn das Relais *K* kann in diesem Falle nur ansprechen, wenn die Wähler auf Kontakten stehen, die über die Wählerbahnen $D_{a1}{}^{IV}$ und $D_{a2}{}^{III}$ in korrespondierender Schaltung miteinander verbunden sind.

Bei der Rückmeldung sowohl als auch bei der Steuerung werden auf einen einmaligen Durchlauf der Wähler hin sämtliche Schalterstellungen übertragen und erfordern nicht mehr Zeit als eine einzige Übertragung auch erfordern würde, nämlich die für einen Durchlauf der Wähler erforderliche Zeit. Es ergibt sich so unter Ausnutzung der Möglichkeiten, die durch die Gleichstromübertragung auf Leitungen gegeben sind, ein Mindestaufwand an Apparaten und vor allem an Zeit, wie er unter Verwendung von Schrittwählern kaum unterboten werden kann.

Auch für beliebige Übertragungen läßt sich das Verfahren in ähnlicher Weise durchbilden, so kann z. B. die Ein- und Ausmeldung durch zwei Wechselstromfrequenzen unterschieden werden u. dgl. Ein etwas höherer Aufwand ergibt sich, wenn man unter Beibehaltung des prinzipiellen Arbeitens die Ein- und Ausmeldung auf getrennten Kontakten vornimmt, dann kommt man mit einer einzigen Stromart aus.

In der gezeichneten Schaltung ist die Kommandozahl an die Kontaktzahl der Wähler gebunden. Man kann natürlich ebenso wie früher beschrieben, durch Verwendung von Gruppenwählern eine beliebige Vervielfachung erreichen. Dabei ist es dann allerdings nicht zweckmäßig, immer alle Wähler, also den Gruppenwähler und alle Einzelwähler jedesmal durchlaufen zu lassen, sondern man wird sich darauf beschränken, nur den Einzelwähler laufen zu lassen, auf den das zu übertragende Kommando entfällt. Man erhält dann also nicht mehr alle Meldungen, sondern nur die an dem betreffenden Einzelwähler angeschlossenen Meldungen übertragen.

Das beschriebene Verfahren hat, wie eingangs erwähnt wurde, eine große Ähnlichkeit mit den Synchronwählerverfahren, es leitet aber andererseits auch zu der nächsten Gruppe von Verfahren über, da nicht mehr gleichartige Impulse, sondern kurze Impulse, lange Impulse, kurze Pausen, lange Pausen, Plusstrom und Minusstrom zur besonderen Kennzeichnung, also Merkmale der Codeverfahren, verwendet werden.

II. Codeverfahren.

Die Codeverfahren in ihrer reinen Form sind Verfahren, bei denen jede Meldung durch eine Kombination verschiedenartiger Impulse zustande kommt, wobei die Verschiedenartigkeit der Impulse in ihrer Stellung innerhalb einer Impulsreihe, aber auch in sonstigen Unterscheidungsmerkmalen, wie Polarität, Impulsdauer usw. beruhen kann. Sie unterscheiden sich von den vorher betrachteten Verfahren mit automatischer Impulsgabe dadurch, daß bei ihnen keine Schrittschaltwerke verwendet werden, sondern andere Empfangsapparaturen. Sie haben so eine große Verwandtschaft mit den Telegraphieverfahren, bei denen man sich erinnert, daß das Morsealphabet z. B. die verschiedenen Buchstaben aufbaut aus Impulsen verschiedener Länge — Punkt und Strich — in verschiedener Zusammenstellung und daß die Schnelltelegraphie bei dem sog. Fünferalphabet die Buchstaben aufbaut aus insgesamt 5 möglichen Stromschritten, die in bestimmter zeitlicher Reihenfolge vorgesehen sind und innerhalb des für sie bestimmten Zeitraumes entweder vorhanden sind oder nicht.

Bei den Codeverfahren ist also das wesentliche die Impulskombination, die den Meldungsinhalt überträgt. Dieser Code wird von einem automatischen Impulsgeber gegeben und durch eine Empfangsvorrichtung aufgenommen. Die apparativen Mittel dazu können die der Schnelltelegraphie sein, man kann aber auch andere verwenden. Häufig werden umlaufende Schaltorgane mechanischer oder elektrischer Art benutzt, wie sie auch z. B. in den Fernschreibmaschinen vorgesehen sind, bei denen die Buchstabenübertragung ebenfalls nach dem Fünferalphabet erfolgt, oder die sog. Feuermelder.

Die Sicherstellung hängt natürlich von der apparativen Ausführung und der Schaltung ab. Sie ist als Wiederholung oder als Ergänzung durchführbar. Die Möglichkeiten der Schaltung und der Durchbildung sind auch bei diesen Verfahren außerordentlich zahlreich, es können daher nur einige Beispiele gebracht werden. Im übrigen ist noch zu sagen, daß die Codeverfahren den früher behandelten Kombinationsverfahren sehr nahestehen, die sich nur dadurch unterscheiden, daß bei ihnen die Übertragung der verschiedenen Zeichen auf getrennten Leitungen oder Kanälen erfolgt, während bei den Codeverfahren die Unterscheidung nach der zeitlichen Stellung und der Art der Impulse geschieht.

Aus dem Kombinationsverfahren mit Dualzahlen nach Abb. 62 geht z. B. ein Codeverfahren hervor, wenn man die vier Leitungen durch eine Impulsübertragung nach dem Start-Stop-Verfahren ersetzt, wie es in Abb. 64 oder 65 gezeigt ist. Während man bei den Kombinationsverfahren aber auf eine Sicherstellung verzichten kann, muß sie bei den Codeverfahren vorhanden sein. Hierzu ist das Ergänzungsverfahren zweckmäßig, von einer konstanten Summe von Impulsen jeden Impuls nicht einfach, sondern doppelt, d. h. sein Vorhandensein und sein Nichtvorhandensein getrennt zu übertragen, so daß das Ausbleiben eines der beiden als Störung festgestellt werden kann. Entgegengesetzte Polaritäten oder auch getrennte Zeichen können hierzu verwendet werden. Man kann aber auch eine Wiederholung der Meldung in ganzen durchführen.

Abb. 78 zeigt eine solche Sicherstellung durch Aufteilen eines Zeichens in zwei einander ausschließende. Dargestellt ist nur die Empfangsschaltung, bei der die einlaufenden Impulse über den Start-Stop-Verteiler den einzelnen Zeichenrelais A bis F durch Vermittlung des Empfangsrelais R mit seinem Kontakt r zugeleitet werden. Kommt während der Schließungszeit des Verteilerkontaktes v_1 ein Impuls, so spricht das Relais A an, das sich dann weiterhin über seinen Arbeitskontakt hält usw., bis nach einem Umlauf in nicht näher dargestellter Weise die sämtlichen Relais wieder abgeworfen werden.

Mit der gezeichneten Schaltung können 8 Meldungen übertragen werden, wobei diese der Einfachheit wegen nur durch Lampen *1—8* symbolisiert sind. Eine Meldung kann nur dann zustandekommen, wenn von den 6 Relais immer paarweise 3 ansprechen und 3 nicht. Kommt also ein Störimpuls auf ein Relais oder bleibt ein Übertragungsimpuls unwirksam, so kommt keine Meldung, sie kann dann wiederholt werden. Zu diesem Zweck sind die Arbeits- und die Ruhekontakte der Relais so in Reihe geschaltet, daß die Meldung 3 z. B. nur kommt, wenn *b*, *c* und *f* angezogen, *a*, *d* und *e* dagegen nicht angezogen sind.

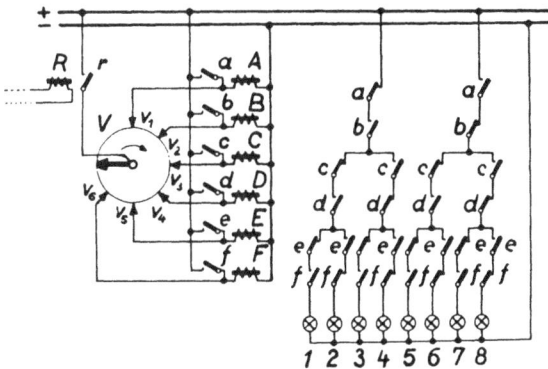

Abb. 78. Dualzahlen-Codeverfahren mit Sicherstellung durch Ergänzung.

Im übrigen hat das Verfahren alle Eigenschaften des früher behandelten Dualzahlen-Kombinationsverfahrens, man braucht nur mit Rücksicht auf die Sicherstellung die doppelte Zahl von Relais. Man kann also mit n Relais $2^{\frac{n}{2}}$ Meldungen oder Kommandos übertragen. Das Verfahren hat den Vorteil, daß es außerordentlich schnell arbeiten kann, da Verteiler nach dem Start-Stop-Verfahren in Bruchteilen einer Sekunde umlaufen können. Eine Meldung erfordert nur diese Zeit, allerdings kann auf einem Umlauf nur eine einzige übertragen werden. Für mehrere Meldungen ist daher der Zeitaufwand mit der Zahl der Meldungen zu vervielfachen.

Ein anderes Beispiel eines Codeverfahrens zeigt Abb. 79. Es arbeitet mit einer einem Morsealphabet ähnlichen Impulskombination. Es können mit ihm durch 5 Impulse 16 sichergestellte Kommandos übertragen werden.

Die Auswahl erfolgt durch den Aufbau der Impulsreihe aus kurzen und langen Impulsen, kurzen und langen Pausen. Die Impulsreihe wird ausschließlich durch in einer Kette geschaltete Relais, eine sog. Relaiskette, aufgenommen, die im übrigen ganz generell als Auswahlorgan für schrittweise Weiterschaltung an Stelle von Wählern verwendbar ist*).

*) Vgl. Seite 141.

Die Sicherstellung geschieht dadurch, daß die Impulsreihe aus zwei Teilen aufgebaut ist, die nur dann, wenn sie beide richtig empfangen wurden und einander entweder in ihrer Wiederholung oder in ihrer Ergänzung entsprechen, eine Schaltung auslösen. In dem angenommenen Beispiel ist die Anordnung so getroffen, daß in der zweiten Teilimpulsreihe immer da ein langes Zeichen stehen muß, wo in der ersten Reihe ein kurzes war und umgekehrt.

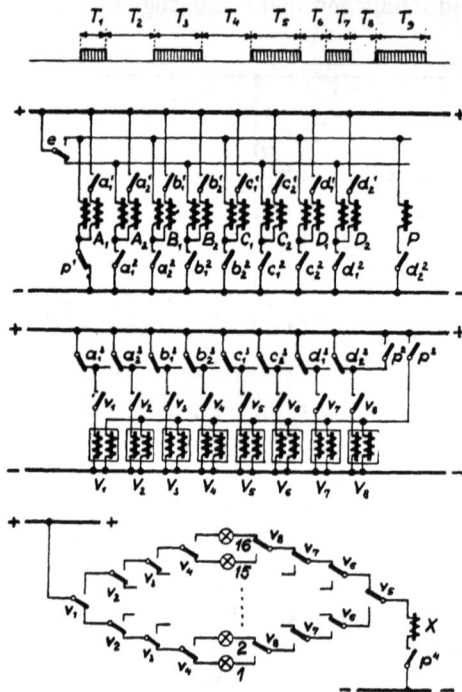

Abb. 79. Codeverfahren mit Relaiskette.

In der Abbildung oben ist der Aufbau der Impulsreihe für ein Kommando gezeichnet. Der 1. Impuls nimmt die kurze Zeit T_1 in Anspruch, dann folgt während der Zeit T_2 eine lange Pause, dann während T_3 der 2. lange Impuls, dann während T_4 eine lange Pause. Damit ist der eigentliche Auswahlvorgang beendet, es folgt die Ergänzung durch den 3. Impuls während der Zeit T_5, im Gegensatz zu T_1 lang, dann während der Zeit T_6 wieder Pause, im Gegensatz zu T_2 kurz, dann der 4. Impuls während der Zeit T_7, im Gegensatz zu T_3 kurz, dann Pause während der Zeit T_8, im Gegensatz zu T_4 kurz und schließlich ein Beendigungsimpuls während der Zeit T_9. Ein solcher Aufbau hat den Vorteil, daß die Impulsreihe für alle Kommandos gleich lang ist.

Man könnte diese Impulsreihe durch einen Wähler aufnehmen, hier ist, wie erwähnt, die auch aus der automatischen Telephonie bekannte Relaiskette verwendet. Sie besteht aus insgesamt 9 Relais, A_1, A_2, B_1, B_2, C_1, C_2, D_1, D_2 und dem Prüfrelais P. Im Normalzustand sind alle Relais abgefallen, der Kontakt des Empfangsrelais e liegt in der gezeichneten Lage.

Auf den ersten Impuls legt e um, es spricht das Relais A_1 über seine Ansprechwicklung und den Ruhekontakt des Prüfrelais p^1 an und hält sich weiter über seinen Kontakt a_1^1, auch wenn e wieder zurücklegt. Darauf spricht in der ersten Pause das Relais A_2 über den geschlossenen Kontakt a_1^2 des Relais A_1 an und hält sich ebenfalls und so geht das weiter. Beim jedesmaligen Umlegen von e spricht das nächste Relais der Kette an, bis schließlich beim fünften und letzten Impuls das Prüfrelais P an die Reihe kommt. Dieses bringt u. a. auch die ganze Kette wieder zum Abfallen, indem es seinen Ruhekontakt p^1 öffnet. Die Relais werden also immer bei Beginn einer Impuls- oder Pausenzeit betätigt, also zum Beginn des Zeitpunktes T_1 das Relais A_1; dann entsprechen einander T_2 und A_2, T_3 und B_1, T_4 und B_2, T_5 und C_1, T_6 und C_2, T_7 und D_1, T_8 und D_2, T_9 und P.

Die Feststellung, ob eine Impuls- oder Pausenzeit kurz oder lang ist, wird durch Verzögerungsrelais V_1 bis V_8 gemacht, die normalerweise angezogen sind. Sie halten sich über ihren eigenen Arbeitskontakt und den Ruhekontakt eines Relais der Relaiskette. Beim Weiterschalten der Relaiskette ist nun jedes dieser Verzögerungsrelais so lange ohne Spannung, als der Impuls- oder Pausenzeit entspricht. Für V_1, das die Dauer der Impulszeit T_1 festzustellen hat, wickelt sich der Schaltvorgang so ab: Beim Ansprechen des Relais A_1, also zu Beginn der Zeit T_1, wird die Haltewicklung über den Ruhekontakt a_1^3 abgetrennt, beim Ende der Impulszeit spricht A_2 an, so daß der Kontakt a_2^3 mit seiner Arbeitsstellung wieder Spannung anlegt. Vergeht dazwischen nur kurze Zeit, so hält sich das Relais V_1 wegen seiner Verzögerung über die Unterbrechung hinweg, bleibt also auch weiterhin angezogen. War die Impulszeit dagegen lang, so reicht die Abfallverzögerung nicht aus, das Relais fällt ab und kann wegen des dann geöffneten Kontaktes v_1 auch nicht wieder ansprechen, sondern wird erst am Schluß der Übertragung wieder erregt. Die anderen Verzögerungsrelais arbeiten in gleicher Weise.

Am Schluß des ganzen Vorganges, wenn das Prüfrelais P anzieht, sind also diejenigen Verzögerungsrelais noch angezogen, deren Zeiten kurz waren, während die mit langen Zeiten abgefallen sind. Über ihre Arbeits- und Ruhekontakte sind die einzelnen, der Einfachheit wegen als Lampen symbolisierten Meldungen angeschlossen. Man erkennt die korrespondierende Schaltung, die der früher bei Wählern gezeigten entspricht. Jede Lampe wird von zwei Seiten her an Spannung gelegt, von links durch die Kontaktreihe der Verzögerungsrelais 1 bis 4, von rechts

durch die Verzögerungsrelais *5* bis *8*. Nur wenn beide Wege durchgeschaltet sind, kommt die Meldung und spricht das Kontrollrelais *X* an,
das die Quittierung über den ordnungsmäßigen Empfang der Meldung
gibt. In der gezeichneten vereinfachten Schaltung sind die Meldungen
nur ganz kurzzeitig, nämlich die Zeit eingeschaltet, die die Verzögerungsrelais zum Ansprechen brauchen. Natürlich kann diese Schaltung in
passender Weise so geändert werden, daß die Meldungen auch darüber
hinaus erhalten bleiben.

Eine Falschmeldung könnte also nur zustande kommen, wenn durch
Störungen ein Impuls verlängert, der andere verkürzt würde, was praktisch unmöglich ist. Dazu kommt, daß auch die Gesamtzahl der Impulse
erhalten bleiben müßte, da bei Wegfall eines Impulses das Prüfrelais *P*
nicht zum Ansprechen käme. Die Schaltung ist nicht ganz vollständig
gezeichnet, es fehlen noch einige Schutzeinrichtungen, darunter ein
Verzögerungsrelais mit großer Verzögerung, das eine bestimmte Zeit
nach dem letzten Impuls die ganze Schaltung zum Zusammenfallen
bringt für den Fall, daß der erwähnte Fall aufgetreten und das Prüfrelais nicht gekommen ist. Ebenso muß festgestellt werden, ob die
Impulszahl nicht größer als die vorgeschriebene ist, was durch eine Verlängerung der Relaiskette leicht erreicht werden kann.

Die gezeichnete Schaltung ist deswegen besonders bemerkenswert,
weil sie nur als Relais besteht, sonst aber keinerlei Apparate aufweist.
Sie ist also aus lauter gleichartigen und den einfachsten Elementen aufgebaut. Bemerkenswert ist auch die kleine Impulszahl; mit 5 Impulsen
können 16, mit 7 Impulsen 32 Kommandos übertragen werden usw.

Die Sendeseite kann beliebig sein, man kann z. B. eine ganz ähnliche
Schaltung mit Hilfe einer Relaiskette aufbauen, die die Impulse in dem
vorgegebenen Code aussendet. Man kann aber auch rein mechanische
Einrichtungen, also z. B. umlaufende Nockenschalter, für jede einzelne
Meldung verwenden.

Solche Kontaktgeber zusammen mit mechanischen Empfängern
sind z. B. für Feuermeldeanlagen in Gebrauch, wo sie den Standort
des Melders festlegen. Bei der Schalterstellungsmeldung kann der Ablauf eines solchen Kontaktrades selbsttätig durch das Auslösen des
Schalters bewerkstelligt werden. Jeder Schalter hat seinen bestimmten
Code. Das hat den Vorzug, daß auf der Sendeseite keine Hilfsspannungen nötig sind, da die Kontaktträger durch Feder- oder Gewichts-
werke betrieben werden können.

f) Anzeigevorrichtungen.

Eine wichtige Rolle bei Fernschalt- und Fernmeldeanlagen spielen
die Organe für die Betätigung und die Anzeige, die sich zum Teil von den
bei Nahbedienung gebräuchlichen stark unterscheiden. Man kann sogar

sagen, daß diese umgekehrt von der neueren Entwicklung auf dem Gebiet der Fernbedienung befruchtet worden sind.

Für die Betätigung und die Meldung sind Organe entwickelt worden, die beide Aufgaben in handlicher und übersichtlicher Weise in sich vereinigen und sich den bisher im Schalttafelbau üblichen Grundsätzen anpassen. Daneben findet man rein schwachstromtechnisch, man möchte sagen, telephonmäßig ausgebildete Anordnungen, die dem Betriebsmann ungewohnt sind und an die er sich erst gewöhnen muß.

Zur größeren Übersicht werden die Schaltersymbole meist in Form von Schaltbildern vereinigt, die einen Überblick über das ganze Netz geben. Sie werden als Blindschaltbilder oder als Leuchtschaltbilder ausgeführt.

Da es sich bei der Ausgestaltung solcher Organe um reine Zweckmäßigkeits- oder auch Geschmacksfragen handelt, kann hier nur kurz darauf eingegangen werden, soweit es die wichtigsten, für die Ausgestaltung maßgebenden Grundsätze betrifft.

I. Lampenanzeige.

Die einfachste Anzeige, die auch im Schalttafelbau seit langem üblich ist, ist die durch Lampen, wobei es sich eingebürgert hat, den eingeschalteten und den ausgeschalteten Zustand des Schalters grundsätzlich durch zwei, meist verschiedenfarbige und auch ungleich große Lampen vorzunehmen, »Ein« z. B. durch große rote, »Aus« durch kleine grüne. Die grundsätzliche Anwendung von zwei Lampen gibt eine Sicherheit gegen das Versagen einer Lampe, es muß immer eine der beiden brennen, andernfalls ist eine Störung aufgetreten, die so angezeigt wird.

Gerade dieser Punkt ist wichtig für mechanische Anzeigevorrichtungen, bei denen auch nicht durch eine Störung eine der beiden Schalterstellungen vorgetäuscht werden, sondern die Störung als solche erkenntlich sein sollte.

Man kann nun die Lampen auch dazu benutzen, Änderungen im Schaltzustand kenntlich zu machen. Man pflegt, schon der Ersparnis wegen, die Lampen normalerweise abzuschalten, so daß das ganze Bild dunkel ist. Wenn eine Schalterstellung sich ändert, leuchtet nur die von der Änderung betroffene Lampe und bringt sie so außerordentlich deutlich zur Kenntnis. Daneben muß eine generelle Änderungsanzeige vorhanden sein, weil ein rein optisches Signal allein nicht ausreicht und weil sonst, wenn gerade diese Lampe defekt sein sollte, überhaupt keine Meldung erfolgen würde.

Will man sich überzeugen, was diese Änderung für das gesamte Netz bedeutet, so kann man das ganze Netzbild hellschalten und muß dann darin die Änderung besonders markieren. Hierzu macht man meist von

Blink- oder Flackerlicht Gebrauch, am einfachsten dadurch, daß man die die Änderung anzeigende Lampe in dem sonst gleichmäßig brennenden Bild blinken läßt. Die Änderung hebt sich so in beiden Fällen deutlich hervor. Man muß sie durch Quittierung zur Kenntnis nehmen und führt dadurch die Lampenanzeige in ihren Normalzustand über. Die Quittierung kann entweder durch einen für alle Lampen gemeinsamen Schalter erfolgen oder man quittiert jeden einzelnen Schalter für sich. Vorteilhaft kann auch eine Schaltung sein, bei der es möglich ist, nur die »Ein«-lampen für sich zum Brennen zu bringen und so über den Schaltzustand ein besonders deutliches Bild zu erhalten.

Auch die Stellung von stufenweise veränderlichen Regelorganen kann durch eine Lampenreihe erfolgen, von denen nur die dem Abgriff entsprechende brennt, so daß also auch hier eine Lampe brennen muß.

Man kann die Ein- und Aus-Lampen auch in Form von besonderen Symbolen anordnen, die schon eine gewisse räumliche Darstellung des

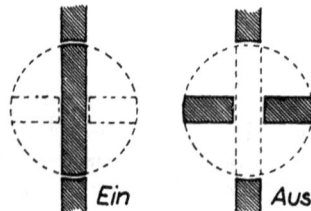

Abb. 80. Lampenkreuz als Schalterdarstellung.

Schalters ergeben, wie z. B. in Abb. 80 gezeigt, in dem die Ein- und Aus-Lampen z. B. in einem Lampenkreuz angeordnet sind und die Flächen zum gleichmäßigen Leuchten bringen. Sie können im Zuge eines Schaltbildes angeordnet sein und stellen den Schaltzustand deutlich und einprägsam dar. Die »Ein«-stellung wird durch einen leuchtenden Strich im Zuge der Leitung, die »Aus«-stellung durch einen Querstrich gegeben. Andere Schalterstellungssymbole sind auch möglich, wie z. B. in Abb. 83 gezeigt. Auch hierbei ist das Prinzip der doppelten entgegengesetzten Anzeige durchgeführt, so daß eine Störung als solche erkannt werden kann.

II. Melde- und Steuerquittungsschalter.

In weiterer Ausbildung des in Abb. 80 gegebenen Darstellungsgrundsatzes ist man dazu übergegangen, die Quittierung der Änderung gleich in das Schaltersymbol mit hineinzunehmen, so daß man dann Meldeschalter oder, wenn man mit ihnen gleich die Steuerung ausführt, Steuerquittungsschalter erhält. Man hat in einem solchen Meldeschalter einen Griff, den man in die Stellung »Ein« oder »Aus« drehen kann, und eine Anzeigevorrichtung, meist eine Lampe, die anzeigt, ob der Griff mit der wirklichen Stellung übereinstimmt oder nicht. Ein häufig angewandtes Verfahren besteht darin, daß man die Lampe aufleuchten läßt, wenn der Griff nicht in Übereinstimmung ist mit der wirklichen Schalterstellung, so daß sich in dem sonst dunklen Bild die Meldeschalter, die eine Änderung anzeigen, hell und deutliche hervorheben. Dreht man sie dann von Hand in die andere Stellung, so verschwindet die Lampe und die Änderung ist quittiert.

Beim Steuerquittungsschalter wird mit dieser Funktion eines reinen Merkschalters die Aufgabe der Steuerung verbunden, und zwar muß dies so geschehen, daß die Steuerung selbst durch eine besondere Art der Betätigung erreicht wird, die sich von der Meldung unterscheidet, damit nicht beim Quittieren einer Meldung eine Steuerung versehentlich ausgelöst wird. In einem Konstruktionsbeispiel wird ein besonderer Ring

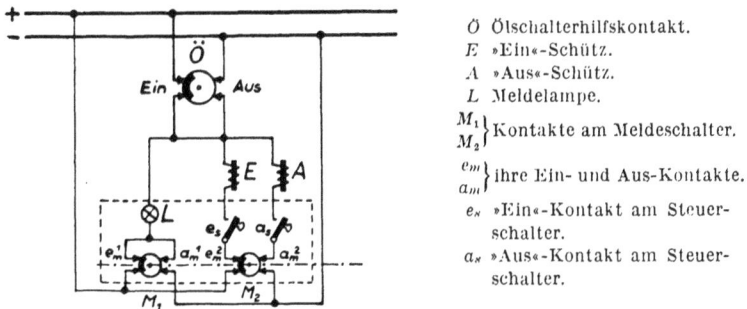

Ö Ölschalterhilfskontakt.
E »Ein«-Schütz.
A »Aus«-Schütz.
L Meldelampe.
$\left.\begin{array}{l}M_1\\M_2\end{array}\right\}$ Kontakte am Meldeschalter.
$\left.\begin{array}{l}e_m\\a_m\end{array}\right\}$ ihre Ein- und Aus-Kontakte.
e_s »Ein«-Kontakt am Steuerschalter.
a_s »Aus«-Kontakt am Steuerschalter.

Abb. 81. Schema des Steuerquittungsschalters.

verwendet, der hereingedrückt und außerdem in die gewollte Betätigungsstellung gedreht werden muß, bei einer anderen Konstruktion muß ein im Schaltgriff vorgesehener Knopf herausgezogen werden*). Jedenfalls ist es zweckmäßig, die Schaltbetätigung besonders zu erschweren und an eine Bewegung zu binden, die sich von der normalen Drehung des Meldeorganes deutlich und unverwechselbar abhebt.

Abb. 81 zeigt die erforderliche Schaltung für einen Steuerquittungsschalter, gezeichnet für den Fall einer unmittelbaren Verwendung mit dem Ölschalter zusammen. Die Fernsteuerung kann leicht eingesetzt werden, man braucht nur statt der Ölschalterhilfskontakte die Kontakte eines dazwischengeschalteten Melderelais zu verwenden, das mit seinen Kontakten die Stellung des Ölschalters nachahmt.

Der Steuerquittungsschalter, dessen zusammengehörigen Teile gestrichelt umrahmt sind, besteht aus dem eigentlichen Melde- oder Quittierungsschalter mit den beiden Kontakten M_1 und M_2, deren Ein- bzw. Ausschaltkontaktstellungen mit e_{m1}, e_{m2} bzw. a_{m1}, a_{m2} bezeichnet sind, sowie dem eigentlichen Steuerschalter, dessen Einschaltkontakt

---

*) Vgl. Anhang.

mit e_s und dessen Ausschaltkontakt mit a_s bezeichnet sind. Der Steuerquittungsschalter arbeitet zusammen mit dem Ölschalterhilfskontakt O, die Schalterbetätigung erfolgt durch den Einschaltschütz E und den Ausschaltschütz A.

Die Lampe des Steuerquittungsschalters brennt dann, wenn die Stellung des Meldeschalters nicht mit der Stellung des Ölschalters übereinstimmt. In der gezeichneten Stellung ist der Ölschalter eingeschaltet, der Hilfskontakt »Ein« geschlossen. Ebenso ist der Meldeschalter auf die »Ein«stellung gestellt, es liegt also, weil beide Male der Pluspol der Batterie angeschlossen ist, keine Spannung an der Lampe. Diese leuchtet vielmehr erst dann, wenn man den Griff des Meldeschalters auf die »Aus« stellung dreht oder wenn der Ölschalter auslöst.

Will man den Ölschalter ausschalten, so muß man erst den Griff des Meldeschalters auf die »Aus«stellung drehen, dann den Steuergriff ziehen, wodurch das Ausschaltrelais A Strom bekommt von dem Minuspol der Batterie über die Kontakte a_{m2} des Meldeschalters, a_s des Steuerschalters und den Ölschalterhilfskontakt »Ein« zum Pluspol der Batterie. Der Schalter wird also ausgeschaltet. Ähnlich vollziehen sich die anderen Steuer- und Meldevorgänge.

Man kann nun natürlich noch weitergehende Schaltungen vornehmen indem man die Lampen umschaltbar macht durch einen generellen Ein- und Aus-Prüfschalter derart, daß alle Lampen des eingeschalteten Schalters in der einen, alle Lampen des ausgeschalteten Schalters in der anderen Stellung brennen. Dies hat nicht nur den Vorteil einer noch besseren Übersichtlichkeit, sondern auch den einer Überwachungsmöglichkeit für alle Lampen, ohne alle Meldegriffe durchprüfen zu müssen. Man kann ferner durch Blinklicht noch besondere Effekte herausholen, indem man z. B. eine Schalterstellungsänderung von einer durch Hand herbeigeführten Nichtübereinstimmung unterscheidet usw.

III. Meldeschaltbilder.

Die volle Übersichtlichkeit gewinnen die Schaltersymbole erst in einem Gesamtschaltbild der zu überwachenden Anlage. Man verwendet Blindschaltbilder, bei denen die Leitungen durch Striche oder aufgesetzte Leisten dargestellt sind, oder Leuchtschaltbilder, bei denen die ganzen Leitungszüge abhängig von ihrem Schaltzustand zum Leuchten gebracht werden. Eine eingehende Behandlung würde den zur Verfügung stehenden Raum überschreiten, es können wieder nur die Grundsätze aufgezeigt werden.

Bei den Blindschaltbildern kommt es im wesentlichen darauf an, die Schaltersymbole in einem Schaltbild darzustellen, da bei den Leitungen keine weiteren Darstellungsmöglichkeiten bestehen. Die vorher besprochenen Schauzeichen, Lampen oder Meldeschalter werden schaltbildmäßig gruppiert, wie es ja auch sonst in Schaltwarten üblich ist. Bei Fernbedienungsanlagen ist ein wichtiger Gesichtspunkt der der Platzersparnis. Wãhernd bei Schaltwarten für Nahbedienung meist schon aus anderen Gründen der Platzbedarf gegeben ist, der auch eine geräumige Schaltbilddarstellung mit allen Einzelheiten für Trennschalter, Ölschalter usw. zuläßt, wird bei Fernbedienungsanlagen die Größe der Darstellung allein durch den Platzbedarf der verwendeten Symbole gegeben. Es kann daher darauf ankommen, eine besonders platzsparende Darstellung zu wählen, wobei man auf die bei Nahbedienung erforderliche getrennte Darstellung von Trenn- und Ölschaltern verzichtet und nur anzeigt, ob der Weg oder Kanal für den Strom durchgeschaltet ist oder nicht.

Eine solche Ausführung zeigt z. B. Abb. 82, bei der auch wieder das Prinzip der doppelten gegensätzlichen Anzeige, d. h. der getrennten Anzeige von Ein und Aus gewahrt ist. Die Symbole für Ein und Aus

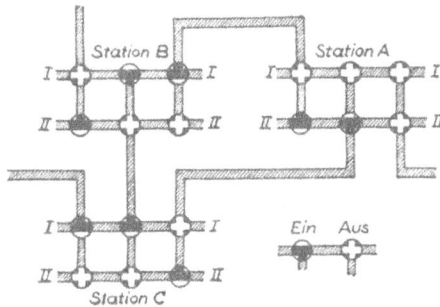

Abb. 82.   Blindschaltbild in raumsparender Ausführung.

können auch in anderer Weise ausgeführt werden. Es geht aus einer solchen Darstellung alles hervor, was der Überwachende von jeder Station wissen muß, ob und auf welche Sammelschiene jede ankommende oder abgehende Leitung oder Maschine eingeschaltet ist.

Bei großen Netzen kann die Frage auftauchen, ob man die übliche Schaltbilddarstellung entsprechend der geographischen Lage der Stationen und mit Einzeichnung aller Verbindungen zwischen den Stationen beibehalten soll, da dies meist mit einer räumlich sehr viel Platz in Anspruch nehmenden Gruppierung der Stationen verbunden ist. Man kann den zur Verfügung stehenden Platz nur zu einem kleinen Teil ausnützen und braucht viel leeren Raum, der nur von wenigen Verbindungsleitungen zwischen den Stationen durchzogen ist. Das Schaltbild baut sich hoch und macht so eine Bedienung im Schaltbild, z. B. durch Steuerquittungsschalter sehr unangenehm. Aber auch ohne diesen Gesichtspunkt ist der Raumbedarf in der Höhe lästig, so daß man zu einer nichtgeographischen Anordnung kommt, bei der die Verbindungsleitungen nicht durchgezogen sind, sondern z. B. durch Numerierung als zusammengehörig behandelt werden. Ein solches Schaltbild kann dann besonders vorteilhaft aus lauter gleichen Elementen zusammengesetzt werden, was natürlich bei der geographischen Orientierung auch möglich, aber nicht so angenehm durchführbar ist.

Im Leuchtschaltbild soll ein noch besserer Überblick dadurch erreicht werden, daß man auch das Leuchten der Leitungssymbole mit heranzieht. Die Leuchtschaltbilder*) werden in verschiedenen Ausführungsformen benutzt. Ihr Grundgedanke ist, durch das Aufleuchten einer Leitungsstrecke deutlich zu machen, daß sie unter Spannung steht, indem die sog. spannungsabhängige Schaltung verwendet wird. Es werden die Lampenkreise für die Leitungsstrecken durch Relaiskontakte als Nachbild der wirklichen Schalter so gesteuert, daß sie dann Spannung erhalten, wenn die Strecke unter Spannung steht und dann erlöschen, wenn irgendein Schalter ausgeschaltet wird, über den die Strecke gespeist

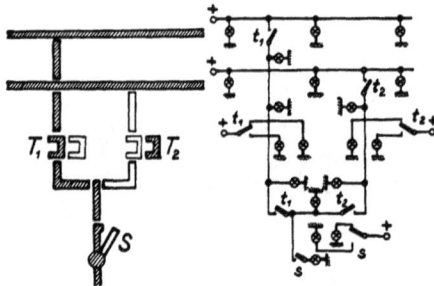

Abb. 83. Leuchtschaltbild in spannungsabhängiger Schaltung.

wird, so daß sie spannungslos wird. Man erreicht dieses Ziel für die Darstellung dann, wenn man die Relaisnachbildung genau der wirklichen Schaltung entsprechend schaltet.

Ein Ausschnitt aus einem solchen Schaltbild ist in Abb. 83 gezeigt. Ein durch einen Ölschalter einzuschaltender Abzweig steht über je einen Trennschalter wahlweise mit den beiden Sammelschienen eines Doppelsammelschienensystems in Verbindung. In der Abbildung ist er an die obere Sammelschiene angeschlossen, der Trennschalter T_1 ist eingelegt, der andere T_2 ausgeschaltet. Daneben ist die zugehörige Lampenschaltung gezeichnet, wobei die Lampen in ihrer richtigen räumlichen Lage eingetragen sind. Mit dem Einschalten des Trennschalters T_1 sind außer den Lampen für das Schaltersymbol selbst noch weitere 4 Lampen für den Leitungsabzweig einzuschalten, was durch die gleichbezeichneten Relaiskontakte t_1 geschieht. Die Spannungszuführung muß über alle Relaiskontakte derjenigen Schalter geführt werden, deren Abschaltung bei irgendeinem Schaltzustand die Leitung spannungslos machen kann.

---

*) Ausführungen verschiedener Firmen, vgl. Anhang.

wobei zu unterscheiden ist zwischen den Lampen, die für die Schalter-symbole selbst benutzt werden und den Lampen für die Leitungsdarstel-lung. Die ersteren müssen immer brennen, die letzteren spannungs-abhängig geschaltet sein. Die Leitungsdarstellung ist der Wirklichkeit gegenüber etwas geändert, um eine größere Deutlichkeit zu erzielen. An sich müßten nämlich die Leitungsstücke bis und vom Trennschalter leuchten, auch wenn dieser ausgeschaltet ist, da sie ja in Wirklichkeit bis zum Trennschalter Spannung führen. Eine solche Darstellung wäre aber wenig auffällig und wird daher besser durch die gezeichnete ersetzt, bei der die ganze Leitung bis zu den Knotenpunkten dunkel wird.

Ein weiteres Problem, dem man mit Leuchtschaltbildern näher-kommen wollte, ist, daß im Leuchtschaltbild kenntlich gemacht wird, welche Folgen eine beabsichtigte Schalthandlung haben kann. Dies erfordert eine Darstellungsart, die deutlich unterscheiden läßt, ob es sich um eine Schaltänderung handelt, die durch eine Schalterstellungsänderung gekommen ist oder durch eine probeweise nur im Leuchtschaltbild zur Feststellung der Schaltfolgen durchgeführte Änderung. Man hat dies durch verschiedene Blinken oder auch durch verschiedene Farben ver-sucht, doch sind diese Maßnahmen auf der anderen Seite selbst wieder geeignet, eine gewisse Unübersichtlichkeit in die Anlage hereinzubringen und sind schwer zu einer unter allen Lichtverhältnissen gleich guten Ablesbarkeit zu bringen, abgesehen davon, daß sie mit einem sehr hohen Aufwand an Relais und Lampen usw. erkauft werden.

Schwierig ist, auch beim Leuchtschaltbild das Prinzip der doppelten, gegensätzlichen Anzeige durchzuführen. Eine glückliche Lösung hier-für ist, die Leitung im spannungsführenden Zustand voll, im ausge-schalteten Zustand gestrichelt leuchten zu lassen. Dann kann es nicht vorkommen, daß durch das Versagen von irgendwelchen Teilen, wie Relais oder Hilfskontakten, eine mißverständliche Anzeige vorgetäuscht wird.

Bei der mechanischen Ausführung der Leuchtschaltbilder sind ge-wisse Schwierigkeiten zu überwinden einmal bei der Erzielung einer guten, gleichmäßigen Helligkeit der von hinten zu beleuchtenden, auf-gesetzten oder aus einer Glasplatte ausgesparten Leuchtstreifen, beson-ders wenn die Beleuchtung noch in verschiedenen Farben erfolgen soll und dann bei der Abführung der von den Lampen ausgestrahlten, gar nicht unbeträchtlichen Wärmemengen. Der erstere Punkt erfordert zu seiner auch nur einigermaßen befriedigenden Lösung eine regulierbare Helligkeit des gesamten Raumes. Vor allem ist das Leuchtschaltbild vor Sonnenlicht zu schützen, da es dann seine Lesbarkeit verliert.

Die Ausgestaltung von Leuchtschaltbildern ist über das Beschriebene noch hinausgegangen, indem man in die Leuchtschaltbilder Meßinstru-mente ebenfalls in Leuchtausführung gesetzt hat, die im Zuge derjenigen Leitung angeordnet sind, deren Meßwert oder Meßwerte sie anzeigen.

Diese Maßnahme führt aber zu von der gewohnten Ausführung stark abweichenden Bildern, wobei die Übersicht über die gleichartigen Meßwerte einer Reihe von Abzweigen, wie sie durch eine Zeile von in derselben Höhe ohne jedes Beiwerk zu überblickender Meßinstrumente in vorbildlicher Weise erreicht wird, zu einem großen Teile verloren gehen muß.

Im ganzen kann gesagt werden, daß die Leuchtschaltbilder eine im Wollen begrüßenswerte, jedoch noch umstrittene, nicht allseits anerkannte, in manchen Punkten vielleicht übertriebene Einrichtung zur Versinnbildlichung des Schaltzustandes sind.

Schalter in einem Blind- oder Leuchtschaltbild können auch statt durch Betätigungsorgane im Bild selbst getrennt davon, z. B. von einem Pult aus, gesteuert werden, auf dem die Steuerorgane in einem Schaltbild angeordnet oder durch Nummern gekennzeichnet sind. Bei großer Schalterzahl kann man auch vorteilhaft einen Teil der eigentlichen Fernsteuerapparatur benutzen, um sozusagen eine Verbindung mit dem gewünschten Schaltersymbol herzustellen. Die richtige Auswahl, die durch eine Nummernscheibe oder Tasten u. dgl. veranlaßt wird, bringt eine Anzeige im Schaltbild, so daß man sich von der getroffenen Auswahl überzeugen und damit die Aussendung des in der Auswahleinrichtung gespeicherten Kommandos veranlassen kann.

Es sei noch erwähnt, daß man in Verbindung mit Fernmeldeeinrichtungen auch Netznachbildungen zur Ermittlung irgendwelcher Betriebszustände steuern kann*).

Auch das Bedürfnis nach schriftlicher Festhaltung und Niederlegung des Schaltzustandes kann befriedigt werden, indem man z. B. druckende oder schreibende Registrierapparate verwendet, die über Zeit und Art jeder Schalthandlung Auskunft geben.

g) Verbindung der Fernsteuer- und Fernmeldeeinrichtungen mit anderen Teilen der Betriebsanlagen.

Die Technik der Fernsteuer- und Fernmeldeeinrichtungen hat in ihrer Aufgabestellung, ihren Grundsätzen und ihren Anwendungsmöglichkeiten viele Berührungspunkte mit anderen Teilen der Betriebsanlagen im elektrischen Kraftwerksbetrieb. So geht häufig die Fernsteuerung einer unbedienten Station Hand in Hand mit einer mehr oder weniger weitgehenden Automatisierung, wobei es gewisse günstigste Verteilungen zwischen beiden gibt. Die Fernsteuerung und Rückmeldung hat natürlich viele Berührungspunkte mit der Fernmessung, häufig wendet man beide zusammen in derselben Anlage an. Dann hat aber die Fernsteuerung ihrer Aufgabestellung nach eine große Verwandtschaft mit

---

*) Vgl. z. B. LitV. Piloty in Petersen, Forschung u. Technik.

der automatischen Telephonie, so daß der Gedanke durchaus naheliegt, die beiden Aufgaben gemeinsam zu lösen und eine Verbindung zwischen den Apparaturen zu suchen, die beiden möglichst gleich gut gerecht wird.

I. Verbindung mit Automatisierung.

Die Trennung der Aufgaben zwischen Fernsteuerung und Automatisierung hängt von den Betriebsverhältnissen ab*). Während die Automatisierung eines bestimmten Vorganges, z. B. des Anlassens einer Maschine, eine Folge von sich in immer gleicher Wiederholung abwickelnden Einzelvorgängen überwachen und steuern kann, bei der die menschliche Bedienung bis auf die ursprüngliche Inbetriebnahme ganz ausgeschaltet ist und auch diese noch entbehrt werden kann, wenn die Inbetriebnahme abhängig von irgendwelchen Bedingungen selbsttätig erfolgt, überläßt die Fernsteuerung grundsätzlich die Folge und auch den Zeitpunkt eines jeden Einzelvorganges dem Eingriff des Bedienenden ebenso wie bei der Nahbedienung.

Es ist heute durchaus möglich, ein ganzes Kraftwerk oder einen Pumpensatz u. dgl. automatisch zu betreiben, wobei auch der Einsatz von bestimmten Betriebszuständen abhängig gemacht werden kann, z. B. von einer bestimmten Netzleistung oder Frequenz u. dgl. Solche Einrichtungen sind starr und wenig beweglich, sie vermögen zwar die Aufgaben, für die sie gebaut und eingestellt sind, zu lösen, oft besser und schneller, als es menschlichem Eingreifen möglich wäre, aber sie sind starr an das vorgeschriebene Gesetz gebunden und gestatten nicht einen den wechselnden Betriebsverhältnissen angepaßten günstigsten Einsatz.

Andererseits ist die Fernsteuerung eines entfernten Werkes nur mit einem hohen Aufwand insbesondere an Verbindungskanälen schnell genug durchzuführen, so daß sich als wohl günstigster Mittelweg eine Verbindung von Automatisierung und Fernsteuerung herausgebildet hat, die die Nachteile eines jeden Verfahrens vermeidet und durch die Vorzüge des anderen ersetzt. Wo sich die Einzelvorgänge in sich immer gleich wiederholender Folge abspielen müssen, wird die Automatisierung eingesetzt, wo sie nicht zwangläufig sind, die Fernsteuerung. Dabei bedeutet dann ein Fernschaltkommando nicht mehr eine reine Ein- oder Ausschaltung, sondern die Auslösung eines ganzen automatisierten Teilvorganges.

Man kann also z. B. durch Fernsteuerung eine Maschine aus dem Stillstand anfahren, auf das Netz parallelschalten, belasten usw., wobei man durch eine Auswahl eine bestimmte Maschine von mehreren bedienen kann. Man kann sich durch ein Kontrollkommando überzeugen, ob alles in Ordnung ist, man kann sich einzelne interessierende Meßwerte durch Fernsteuerung herauswählen und durch Fernmessung übertragen

---

*) Vgl. LitV. Meiners, versch. Aufsätze.

lassen usw. Die vielen einzelnen Prüfvorgänge der Automatik wird man nicht alle rückmelden, sondern nur ihr Gesamtergebnis für einen Teilvorgang. Man erreicht so eine ganz wesentliche Entlastung der Fernsteuer- und Rückmeldeapparatur mit einer stärkeren Beschleunigung und Vereinfachung.

Automatisierung und Fernsteuerung sind also nicht zwei einander ausschließende und konkurrierende Zweige der Technik, sondern ergänzen einander auf das beste.

II. Verbindung mit Fernmessung.

Häufig liegt eine Aufgabe vor, die eine Verbindung der Fernsteuerung und Rückmeldung mit der Fernmessung notwendig macht, sei es, daß sie sich in der Aufgabe berühren, oder daß beide wegen Knappheit an Übertragungskanälen auf derselben Leitung arbeiten müssen. Im ersteren Falle handelt es sich meist darum, mit Hilfe einer Fernsteuereinrichtung gewisse Fernmeßübertragungen auszuwählen, die für die Beurteilung der Gesamtlage zeitweise notwendig sind, im anderen Falle besteht die Aufgabe, eine Verbindung für beide Einrichtungen gleichzeitig mit möglichst geringer gegenseitiger Störung auszunützen.

1. Auswahl von Fernmeßübertragungen.

Die Auswahl einer Fernmeßübertragung unterscheidet sich kaum von der normalen Auswahlaufgabe einer Fernsteuerapparatur, wenn für die Meßwertübertragung eine getrennte Verbindung zur Verfügung steht oder mit der Mehrfachausnutzung von Leitungen sich ermöglichen läßt.

Will man ganz sicher gehen, so muß man auch die Lösung der Auswahl unter mehreren Instrumenten genau so wie beim Einschalten eines Ölschalters mit entsprechender Sicherstellung herbeiführen. Man muß erst einmal einen Schalter zum Anschluß an das gewünschte Instrument auswählen und einschalten, wobei es Schaltungen gibt, die dabei selbsttätig das vorher eingeschaltete Instrument abschalten. Dann muß man die Einschaltung dieses Geberinstrumentes wieder wie bei einer normalen Rückmeldung sichergestellt rückmelden und auf das zugehörige Empfangsinstrument umschalten, um die Gewißheit zu haben, daß man auch wirklich die gewünschte Meßwertübertragung erhält. Auch wenn man ein gemeinsames Empfangsinstrument hat, ist meist ein Teil der Aufgabe der Auswahl auf der Empfangsseite zu lösen, da man dann wenigstens angezeigt haben will, auf welchen Meßwert geschaltet ist.

Man kann natürlich auch von den im Anschluß zu behandelnden Verfahren Gebrauch machen und die Übertragung der Meßwerte auf der Verbindung für die Fernsteueranlage selbst vornehmen.

2. Fernmessung auf der Verbindung für Fernsteuerung und Fernmeldung.

Es ist möglich, Fernmessung und Fernsteuerung oder Fernmeldung dadurch auf einem Kanal unterzubringen, daß man sie abwechselnd überträgt. Man kann dabei die Fernmessung bevorzugen oder die Fernsteuerung und Rückmeldung. Der Fall, daß man sich mittels der Fernsteuerung, ähnlich wie vorher beschrieben, einen bestimmten Meßwert heranholt, unterscheidet sich dann kaum von der Fernmeßübertragung auf getrenntem Verbindungskanal, wenn man nach erfolgter Auswahl und Rückmeldung den Weg auf Geber- und Empfangsseite für eine bestimmte Zeit umschaltet auf Fernmessung und danach wieder auf Fernsteuerung zurückschaltet. Die Fernsteuerung und Rückmeldung ist für diese Zeit gesperrt, man läßt daher die Fernmeßübertragung nicht zu lange angeschlossen, wobei einem die Aufgabestellung insofern zu Hilfe kommt, als es sich nur darum handeln kann, den Meßwert beim Einschalten abzulesen, während er später nicht mehr interessiert.

Besonders vorteilhaft sind dabei diejenigen Verfahren, die absatzweise arbeiten, wie das Impulszeit- oder das Impulszahlverfahren. Es gibt einige Verfahren dieser Art, die grundsätzlich dasselbe Arbeitsprinzip für Fernsteuerung und Fernmessung verwenden. So fällt das Impulszeitverfahren für die Fernsteuerung in die Gruppe der Synchronwählerverfahren. Auch das Dualzahlenverfahren kann für beide angewandt werden.

Bei den bisher angedeuteten Lösungen hat die Fernsteuerung sozusagen das Vorrecht vor der Fernmessung, die Fernmessung kann auf Wunsch eingeschaltet werden. Es ist aber naheliegend, dies Verhältnis zugunsten der Fernmessung zu ändern, wenn man überlegt, daß der zur Verfügung stehende Kanal bei der Fernsteuerung oder Rückmeldung zwar immer betriebsbereit sein muß, aber nur sehr selten wirklich gebraucht wird. Man kann dann in logischer Folge dazu übergehen, entweder eine feste oder eine auswählbare Fernmeßübertragung dauernd auf diesen Übertragungskanal zu legen und diese nur zu unterbrechen, wenn ein Kommando für die Fernsteuerung oder Rückmeldung folgen soll.

Hierfür eignen sich besonders gut Meßverfahren, die den Übertragungskanal dauernd oder wenigstens in schneller Folge mit einem Ruhestrom belegen, z. B. Intensitätsverfahren, die den Meßwert Null mit Grundstrom übertragen, oder Impulsverfahren mit größerer Impulsdichte, z. B. das Impulsfrequenzverfahren mit Grundfrequenz der Impulse beim Meßwert Null. Die Umschaltung auf die Fernsteuerapparatur kann dann in einfachster Weise davon abhängig gemacht werden, daß diese Grundübertragung für eine bestimmte Zeit unterbrochen wird. Die Leitung steht dann für die Kommandoübertragung zur Verfügung und wird nach deren Beendigung auf die Meßwertübertragung zurückge-schaltet.

Wenn man die gegenseitigen Unterbrechungen nicht in Kauf nehmen will oder kann, muß man eine der später geschilderten Methoden zur Mehrfachausnutzung der Leitungen in Anspruch nehmen, indem für beide Übertragungen z. B. verschiedene Stromarten benutzt werden. Dann sind die beiden Apparaturen genau so voneinander unabhängig, als wenn sie auf getrennten Leitungen arbeiten würden.

III. Verbindung mit Telephonie.

Die Verbindung mit der Telephonie kann sich darauf erstrecken, daß die für die automatische Telephonie vorhandenen Anschluß- und Auswahleinrichtungen für die Übertragung der Kommandos mit heran-gezogen werden, sie kann aber auch zur Aufgabe haben, mit Telephonie belegte Leitungen auch noch für Kommandoübertragungen mit auszu-nutzen, wobei auch wieder vorgesehen werden kann, daß beide Aufgaben ungestört nebeneinander gelöst werden oder daß immer nur eine der beiden zur selben Zeit durchgeführt werden kann.

1. Ausnutzung der Apparaturen der automatischen Telephonie.

Eine Verbindung in dieser Richtung hat meist zum Ziel, die Auswahl-vorrichtungen der Telephonanlage für die Fernsteuerung mit auszu-nutzen*). Es wäre denkbar, jeder Schalterbetätigung eine bestimmte Rufnummer in der Telephonzentrale zuzuordnen und den Anruf genau so durchzuführen, als ob man irgendeinen Teilnehmer rufen wollte. Dies hätte jedoch den Nachteil, daß die Auswahl ohne die dringend erwünschte Sicherstellung vor sich ginge. Zum Schutze gegen falsche Auswahl kann man z. B. jedem Schalter einen bestimmten Code zuweisen, mit dem er sich nach Art des Besetztzeichens u. dgl. nach erfolgtem Anruf meldet, so daß man die Richtigkeit der Auswahl akustisch kontrolliert. Danach kann man den eigentlichen Schaltbefehl geben, auch wieder mit einer Tonfrequenz oder mit Strom bestimmter Polarität, wie er in der Telephonie nicht verwendet wird.

Es sind auch Verfahren denkbar, die weniger große Ansprüche an die Aufmerksamkeit des Bedienenden stellen und vor allem auch für Rückmeldungen besser geeignet sind, indem sie die Auswahl durch irgendwelche Maßnahmen ähnlich den bei der reinen Fernsteuerung be-schriebenen sicherstellen.

Verfahren dieser Art haben den grundsätzlichen Nachteil, daß sie den ganzen Übertragungskanal für sich beanspruchen, sei es, daß es während eines Telephongespräches nicht möglich ist fernzusteuern oder

---

*) Vgl. LitV. Bernische Kraftwerke, Bull. SEV 1931.

umgekehrt während eines Steuervorganges zu telephonieren, wenn nicht die betreffende Station über mehrere Leitungen zu erreichen ist.

Da die Telephonanlagen häufig verwaltungsmäßig andere Zugehörigkeit aufweisen wie die Betriebsanlagen der Netze, zu denen die Fernsteuer- und Fernmeldeeinrichtungen gehören, erwachsen solchen Verbindungen häufig große Schwierigkeiten nicht technischer Art, die einer weiteren Verbreitung entgegenstehen, so angenehm es vielleicht wäre, besondere Leitungen und Einrichtungen für die Fernsteuerung und Rückmeldung zu sparen. Man darf sich jedoch auch nicht verhehlen, daß Gründe betrieblicher Art u. U. gegen solche Verquickungen sprechen.

2. Fernsteuerung und Meldung auf der gleichen Leitung mit Telephonie.

Ähnlich wie bei der Verbindung zwischen Fernsteuerung und Fernmessung sind auch hier Lösungen möglich, bei der Fernsteuerung und Telephonie zwar getrennte Apparaturen, aber beide dieselbe Übertragungsleitung benutzen. Insbesondere sind solche Verbindungen möglich bei Telephonanlagen, die nicht mit automatischer Selbstwahl arbeiten, also keinen Gleichstrom für die Telephonie benötigen. Dann sind leicht Schaltungen zur Mehrfachausnutzung der Leitungen möglich, die ein vollständig getrenntes Arbeiten ohne gegenseitige Störung ergeben.

Auch bei Telephonanlagen der Selbstanschlußtechnik sind solche Verbindungen durch gemeinsame Leitungsbenutzung möglich. Man kann der Fernsteuerung und Rückmeldung den unbedingten Vorrang vor der Telephonie geben, indem man durch ein zu übertragendes Kommando die Telephonverbindung abtrennt, also neue Anrufe für die Zeit verhindert oder bestehende Gespräche trennt. Man braucht hierfür z. B. nur ähnlich vorzugehen, wie vorher für die Fernmessung beschrieben, indem man mit Ruhestrom auf der Leitung arbeitet und diesen für eine Kommandoübertragung unterbricht, worauf die Leitung für eine bestimmte Zeit ausschließlich für die Kommandoübertragung zur Verfügung gestellt wird.

Ein weiteres Eindringen in diese Fragen würde zu weit führen, insbesondere weil als Voraussetzung dazu erst die Technik der Telephonanlagen selbst behandelt werden müßte. Wir müssen uns daher auf die Erwähnung der grundsätzlichen Möglichkeiten beschränken.

F. Übertragungsleitung und Übertragungskanal.

Alle bisher behandelten Verfahren der Fernwirktechnik haben die Übertragung von irgendwelchen Werten oder Zeichen zur Grundlage. Sie sind daher auf das Vorhandensein eines Übertragungskanals oder einer Übertragungsleitung angewiesen, die in ganz verschiedener Form vorliegen oder geschaffen werden können.

Die Übertragung hängt ab von der Art der zur Verfügung stehenden Leitung, der Entfernung, der zu übertragenden Größe usw., so daß eine große Mannigfaltigkeit schon für einfache Übertragungen besteht. Nimmt man dazu noch diejenigen Mittel, die angewendet werden können, um auch da eine Verbindung zu schaffen, wo die bestehende Leitung schon für andere Zwecke benutzt ist, und ferner die Verfahren, die dieselbe Leitung für mehrere unabhängige Übertragungen ausnutzen, so hat man ein großes Gebiet der Schwachstromtechnik vor sich, das hier im Zusammenhang besprochen werden muß, weil sonst eine der wesentlichsten Grundlagen der Technik der Fernwirkanlagen fehlen würde. Bei dem knappen zur Verfügung stehenden Raum können allerdings nicht alle Einzelheiten, sondern nur die Grundzüge gebracht werden.

Die Übertragung selbst stellt natürlich gewisse Anforderungen an die Eigenschaften der Leitung. Man kann dabei unterscheiden zwischen den Intensitätsübertragungen und den Impulsübertragungen. Bei den Intensitätsübertragungen muß die am Ende der Leitung entnommene Stromintensität mit der am Anfang der Leitung aufgedrückten übereinstimmen, wie es besonders bei den Intensitätsfernmeßverfahren wichtig ist. Bei den Impulsübertragungen müssen an der Empfangsstelle nur die an der Geberstelle in Form von Stromschlüssen gesandten Impulse mit ausreichender Sicherheit aufgenommen werden. Wichtig ist dabei die zu übertragende Schrittzahl. Je höher sie liegt, desto schwieriger ist unter sonst gleichen Verhältnissen die Übertragung. Man stößt dabei bei jeder Leitung und jeder Übertragungsart auf eine Grenze. Als Maß für die Schrittzahl wird die Zahl der »Bauds« angegeben, wie die Zahl der Stromschritte oder Zeichenstromänderungen, z. B. zwischen Plus und Minus und Minus und Plus, also die doppelte Impulszahl in der Sekunde, in der Nachrichtentechnik genannt wird. Auch für die verwendeten Relais besteht eine solche Grenze.

Die Übertragungsverhältnisse bei Gleichstrom sind leicht zu übersehen und zu beherrschen. Bei Wechselstrom ist das weniger leicht, da die Frequenz des Wechselstromes eine große Rolle spielt. Die Leitungen haben einen ausgesprochenen Frequenzgang, die Übertragungsverhältnisse sind für verschiedene Frequenzen nicht gleich.

Die Schaffung künstlicher Übertragungskanäle geschieht meist durch Verwendung abweichender Frequenz, wobei der Gleichstrom als ein Wechselstrom der Frequenz Null aufgefaßt werden kann, wenn er nicht impulsmäßig getastet wird. In diesem Falle enthält er einen Wechselstromanteil der Tastfrequenz, so daß eine Frequenz in ihrer Nähe nicht mehr als getrennte Wechselstromfrequenz verwendet werden kann.

Auch für die Mehrfachübertragung kann das Prinzip der Frequenztrennung angewandt werden. Es kann aber auch eine Vervielfachung der mit verhältnismäßig kleiner Tastfrequenz betriebenen Übertragungen dadurch erreicht werden, daß die Leitung auf Sende- und Empfangsseite durch irgendwelche Einrichtungen zyklisch umgeschaltet wird derart, daß der auf der Leitung in irgendeinem Zeitpunkt fließende Strom je nach diesem Zeitpunkt verschiedenen Übertragungskanälen angehört.

a) Eigenschaften der Leitung.

Die Eigenschaften der Leitung müssen natürlich für die Auslegung der Übertragungselemente bekannt sein. Leitungswiderstand und Isolationswiderstand der Leitungen gegeneinander und gegen Erde sind für Gleich- und Wechselstromübertragungen wichtig, besonders aber für Fernmeßverfahren nach der Intensitätsmethode. Für Wechselstromübertragungen ist das von der Leitungskapazität und Induktivität beeinflußte Wechselstromverhalten der Leitung maßgebend, das sich von dem Gleichstromverhalten grundlegend unterscheiden kann. Häufig treten auf Leitungen Störspannungen auf, die durch äußere Einflüsse hereingebracht werden und besondere Aufmerksamkeit und Schutzmaßnahmen erfordern.

I. Leitungswiderstand.

Der Leitungswiderstand, der sich nach den bekannten Gesetzen errechnet, ist in seiner absoluten Größe für Gleichstromübertragungen mehr oder weniger belanglos, soweit er für das betreffende Verfahren an sich zulässig ist. Störend sind seine Schwankungen, vor allem unter dem Einfluß der Temperatur. Fernmeßverfahren, die eine Spannungs- oder Widerstandsmessung zur Grundlage haben, können dadurch wesentliche Fehler aufweisen, wenn es nicht gelingt, den bei Kupfer etwa 4% bei 10° Temperaturänderung betragenden Einfluß zu verkleinern. Dazu verhilft ein temperaturunabhängiger Vorwiderstand vor dem Instrument, dessen Verhältnis zum Gesamtwiderstand für die Verkleinerung maßgebend ist. Man muß also danach trachten, einen im Verhältnis möglichst hohen Vorwiderstand einlegen zu können.

Für Fernmeßverfahren mit eingeprägtem Strom und für Impulsübertragungen spielt dagegen die Änderung des Leitungswiderstandes kaum eine Rolle, da sie sowieso mit ausreichender Sicherheit dimensioniert werden müssen, so daß die geringe Widerstandsänderung die Übertragungssicherheit nur wenig beeinträchtigt.

II. Isolationswiderstand.

Vom Isolationswiderstand der Leitung muß man, unabhängig welche Art der Übertragung verwendet wird, verlangen, daß er einen bestimmten Wert nicht unterschreitet. Denn hat er erst einmal diejenigen kleinen

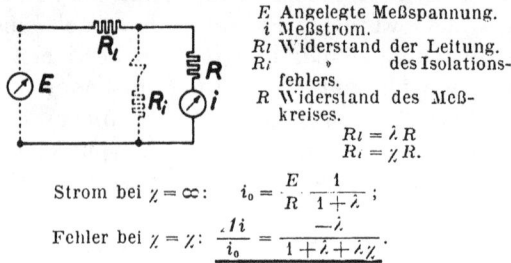

E Angelegte Meßspannung.
i Meßstrom.
R_l Widerstand der Leitung.
R_i » des Isolationsfehlers.
R Widerstand des Meßkreises.

$$R_l = \lambda R$$
$$R_i = \chi R.$$

Strom bei $\chi = \infty$: $\quad i_0 = \dfrac{E}{R} \dfrac{1}{1+\lambda}$;

Fehler bei $\chi = \chi$: $\quad \dfrac{\varDelta i}{i_0} = \dfrac{-\lambda}{1+\lambda+\lambda\chi}$.

Abb. 84. Einfluß des Isolationsfehlers bei eingeprägter Spannung.

Werte erreicht, die für die Übertragung gefährlich werden, so ist meist damit zu rechnen, daß er sich immer mehr verschlechtert und über kurz oder lang zu einem vollständigen Kurz- oder Erdschluß führt. Der Überwachung des Isolationszustandes der Leitungen muß also große Aufmerksamkeit geschenkt werden. Bei Intensitätsübertragungen, also insbesondere bei den Intensitätsfernmeßverfahren, ist ein schlechter Isolationszustand sehr störend, es können aber auch Impulsmethoden davon betroffen werden.

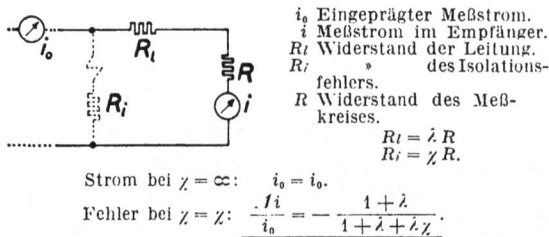

i_0 Eingeprägter Meßstrom.
i Meßstrom im Empfänger.
R_l Widerstand der Leitung.
R_i » des Isolationsfehlers.
R Widerstand des Meßkreises.

$$R_l = \lambda R$$
$$R_i = \chi R$$

Strom bei $\chi = \infty$: $\quad i_0 = i_0$.

Fehler bei $\chi = \chi$: $\quad \dfrac{\varDelta i}{i_0} = -\dfrac{1+\lambda}{1+\lambda+\lambda\chi}$.

Abb. 85. Einfluß des Isolationsfehlers bei eingeprägtem Strom.

Die schlechte Isolation kann an einem Punkte konzentriert, aber auch gleichmäßig über die Leitung verteilt sein. Je nachdem sind verschieden große Einflüsse zu erwarten. Wird an den Anfang einer Leitung eine bestimmte Spannung gelegt, deren Größe am Ende der Leitung gemessen werden soll, so entsteht der größte Fehler, wenn nach Abb. 84 der schlechte Isolationswiderstand R_i am Ende der Leitung konzentriert ist. Im Gegensatz dazu entsteht bei den Fernmeßverfahren mit einge-

prägtem Strom, bei denen ein dem Meßwert proportionaler Strom eingeregelt wird, der größte Fehler dann, wenn der Isolationsfehler konzentriert am Anfang der Leitung auftritt, wie das Schema der Abb. 85
zeigt.

Die betrachteten Fälle betreffen den Isolationswiderstand der beiden
Adern gegeneinander. Die Isolation der Leitungen gegen Erde sollte
ebenfalls gut sein, da ein Doppelerdschluß einem Kurzschluß gleichkommt
und da über Erdschlüsse Störspannungen auf die Leitung kommen können,
wie bei deren Besprechung gezeigt wird.

III. Wechselstromverhalten.

Das Wechselstromverhalten der Leitungen, wie man die bei der
Übertragung von Wechselströmen auftretenden komplizierten Erschei-
nungen kurz zusammenfassen kann, spielt auch bei der Tastung von
Gleichströmen eine Rolle, da ein in regelmäßiger Folge unterbrochener
Gleichstrom einen Wechselstromanteil der Tastfrequenz mit vielen Ober-
wellen enthält.

Die wichtigste Eigenschaft einer Leitung ist, daß die Dämpfung, die
ein Wechselstrom auf der Leitung erfährt, von seiner Frequenz abhängt.
Dies rührt vor allem von der Kapazität der Leitung her. Die Leitung
kann in erster Annäherung durch ein Schema der Art ersetzt werden,
daß für je einen Leitungsabschnitt bestimmter Länge der Ohmsche
Widerstand der beiden Adern konzentriert und ebenso die Kapazität
des Leitungsabschnittes konzentriert zwischen die beiden Adern geschaltet gedacht wird. Die Kapazität hat einen stark von der Frequenz abhängigen Blindwiderstand. Er ist der Frequenz umgekehrt proportional
und schließt sozusagen die beiden Adern mit steigender Frequenz immer
mehr kurz. Es ändern sich also längs der Leitung sowohl Strom als auch
Spannung.

Bezeichnet man mit

J Strom auf der Leitung in der Entfernung x von der Ausgangsstelle,
U Spannung auf der Leitung in der Entfernung x von der Ausgangsstelle,
G Ableitung oder Isolationsleitwert, bezogen auf die Leitungslänge 1,
R Leitungswiderstand, bezogen auf die Leitungslänge 1,
C Kapazität der Leitung, bezogen auf die Leitungslänge 1,
L Induktivität der Leitung, bezogen auf die Leitungslänge 1,

so wird der Strom- und Spannungsverlauf längs der Leitung beschrieben
durch die aus bekannten Ableitungen sich ergebenden Beziehungen

$$-\frac{\partial J}{\partial x} = GU + C\frac{\partial U}{\partial t}$$

$$-\frac{\partial U}{\partial x} = RJ + L\frac{\partial J}{\partial t}.$$

Diese beiden Gleichungen, durch deren Vereinigung bei Vernachlässigung von G und L sich die bekannte Telegraphengleichung

$$\frac{\partial^2 U}{\partial x^2} = CR\frac{\partial U}{\partial t}; \quad \frac{\partial^2 J}{\partial x^2} = CR\frac{\partial J}{\partial t}$$

ergibt, gelten für alle Fälle, nicht nur für stationäre Wechselströme, sondern auch für Einschalt- und Ausschaltvorgänge, überhaupt alle zeitlichen Änderungen. Aus diesen Gleichungen lassen sich Strom- und Spannungsverlauf längs der Leitung berechnen für bestimmte Annahmen über die Werte z. B. am Anfang der Leitung. Es interessieren vor allem die folgenden zwei Fälle:

Auf die Leitung wird an ihrem Anfang plötzlich eine Gleichspannung bestimmter Größe gegeben. Auf die Leitung wird am Anfang eine Wechselspannung konstanter Größe und Frequenz gegeben, und zwar über eine derartige Zeit, daß der Einschaltvorgang als abgeklungen gelten kann und der stationäre Zustand eingetreten ist.

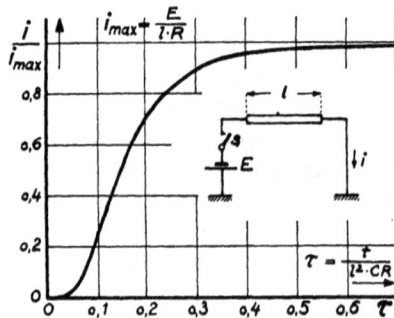

Abb. 86. Stromverlauf beim Einschalten eines Kabels.

Für den ersten Fall erhält man für den Stromverlauf am Ende der Leitung die bekannte Thomsonkurve Abb. 86. Im Zeitpunkt $t = 0$ wird die Leitung eingeschaltet, der Strom steigt nach dieser Kurve auf seinen durch Größe der Spannung und Gesamtwiderstand gegebenen Höchstwert an, wobei besonders bemerkenswert ist, daß der Stromanstieg am Anfang ganz flach mit horizontaler Tangente vor sich geht. Es dauert also eine bestimmte Zeit, bis sich der Strom am Ende der Leitung überhaupt merklich ändert. Diese Erscheinung, die sich bei langen Ozeankabeln zuerst störend gezeigt hat, bei denen es sich wegen der großen Länge um erhebliche Zeiten handelt, begrenzt die Telegraphiergeschwindigkeit und damit die Impulshäufigkeit oder die Zahl der Bauds. Für die Zwecke der Fernwirkanlagen stößt man, da man es meist mit kleiner Leitungslänge zu tun hat, bei einfachen Gleichstromübertragungen auf keine Schwierigkeiten, doch können sich bei Mehrfachübertragungen mit zeitlicher Unterscheidung der Kanäle durch diese Stromverschleifung Hindernisse ergeben, die die Verwendung von Gleichstrom ausschließen.

Im zweiten Falle der stationären Übertragung von Wechselströmen setzen wir für den Momentanwert von Strom und Spannung, wobei mit

$$j = \sqrt{-1} \text{ und } \omega = 2\pi f$$

die sog. Kreisfrequenz bezeichnet werde,

$$u = U\, e^{j\omega t}; \quad i = J\, e^{j\omega t}.$$

Dann gilt für Spannung U und Strom J in der Entfernung l vom Anfang der Leitung, wo die entsprechenden Werte U_a und J_a sind, folgende Beziehungen:

$$U = U_a \cdot \cosh \gamma l - Z\, J_a \cdot \sinh \gamma l$$

$$J = J_a \cdot \cosh \gamma l - \frac{U_a}{Z} \cdot \sinh \gamma l$$

Die komplexe Leitungskonstante γ wird die Fortpflanzungskonstante genannt, sie hat einen reellen und einen imaginären Anteil, die aus den Leitungskonstanten für die Längeneinheit errechnet werden können nach der Beziehung

$$\gamma = j\,a + \beta = \sqrt{(R + j\omega L)(G + j\omega C)}$$

Der Wert α wird die Wellenlängenkonstante genannt, denn für eine Leitungslänge l, bei der $\alpha l = 2\pi$ wird, hat sich der Spannungs- oder Stromvektor um 360^0 gedreht, d. h. diese Leitungslänge enthält eine vollständige Welle der sich ergebenden wellenförmigen Verteilung. Der Wert β wird die Dämpfungskonstante, der Wert βl das Dämpfungsmaß oder der Dämpfungsexponent genannt. Die Einheit für das Dämpfungsmaß ist das Neper. Nach einer Leitungslänge, für die $\beta l = 1$ Neper ist, ist die Amplitude der Spannung oder des Stromes auf den Wert $\frac{1}{e} = 0{,}37$, nach 2 Neper auf $\frac{1}{e^2} = 0{,}136$ des ursprünglichen Wertes gefallen.

Der Wert Z schließlich wird als Wellenwiderstand der Leitung bezeichnet, er errechnet sich aus der Beziehung

$$Z = \frac{R + j\omega L}{G + j\omega C}$$

Ein weiteres Eingehen auf die Theorie der Leitungen überschreitet den zur Verfügung stehenden Rahmen, wir wollen uns nur als wesentliches Ergebnis merken, daß sich eine Leitung für Wechselstrom nicht mehr wie eine reine Widerstandsanordnung verhält, sondern daß Strom und Spannung längs der Leitung eine Verkleinerung ihrer Amplitude und auch eine Drehung der Phase erfahren, die beide stark frequenzabhängig sind.

Wechselströme von höherer Frequenz zeigen daher auf längeren Leitungen eine sehr starke Abschwächung. Da dies besonders bei der Telephonie, in der man mit Sprechströmen unterschiedlicher Frequenz arbeitet, sehr störend ist, hat man die Leitungseigenschaften nach Pupin dadurch verbessert, daß man in gewissen Abständen Drosselspulen bestimmter Dimensionierung einbaut, die die vor allem schädliche Leitungskapazität kompensieren sollen. Ein solches pupinisiertes Kabel hat dann die Eigenschaft, daß es bis zu einer bestimmten Grenzfrequenz für die Wechselstromübertragung wesentlich günstiger ist als ein nicht pupinisiertes.

Abb. 87 zeigt den Verlauf der Dämpfungskonstanten β für ein nicht pupinisiertes Kabel sowie für ein Fernkabel mit sog. leichter und normaler Belastung. Die Belastung durch die Pupinspulen wird dann als leicht bezeichnet, wenn die Grenzfrequenz hoch liegt. Man erkennt den Unterschied im Frequenzgang der Dämpfung in beiden Fällen deutlich.

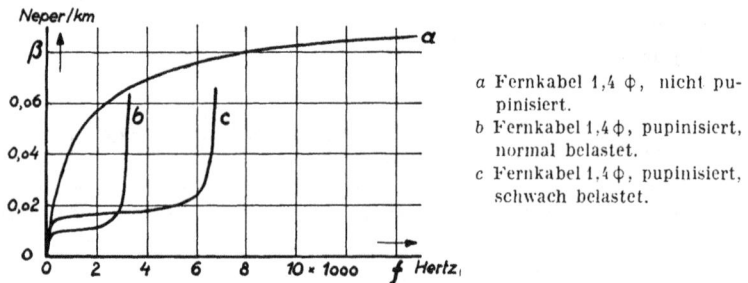

a Fernkabel 1,4 ϕ, nicht pupinisiert.
b Fernkabel 1,4 ϕ, pupinisiert, normal belastet.
c Fernkabel 1,4 ϕ, pupinisiert, schwach belastet.

Abb. 87. Dämpfung von Kabelleitungen.

Bei der Tastung einer Wechselstromübertragung entstehen nun noch Einschwingvorgänge, die die Verhältnisse weiterhin komplizieren. Beim jedesmaligen Schließen und Öffnen des Stromkreises wird auf der Leitung eine Schwingung angestoßen, die alle möglichen Frequenzen enthalten kann. Bei einer Tonfrequenzübertragung auf nicht pupinisierten Leitungen können die Empfangsamplituden dieser Einschaltspannungen u. U. viel höher sein als die der eigentlichen Übertragungsfrequenz, die viel stärker gedämpft wird. Auch diese Erscheinungen sind gerade bei Mehrfachübertragungen wohl zu beachten.

Es muß noch besonders darauf hingewiesen werden, daß auch der sich an die Leitung anschließende Empfangskreis eine besondere Beachtung beansprucht. Beim Übergang von der homogenen Leitung in den Empfangskreis können Erscheinungen auftreten, die als Reflexion der Wellen gedeutet werden können. Der Übergangspunkt wirkt dadurch wie eine neue Spannungsquelle. Um dies zu vermeiden, müssen die Widerstände des Empfangskreises so dimensioniert werden, daß ihr

Scheinwiderstand möglichst nahe gleich dem Wellenwiderstand der Leitung wird.

Im übrigen muß zum genaueren Studium dieser Fragen auf die Fachliteratur verwiesen werden, hier können sie nur erwähnt werden.

IV. Störspannungen.

Die Übertragung ist gelegentlich durch das Auftreten von Störspannungen gefährdet. Sie können die Übertragung stören oder fälschen oder sie gefährden wegen ihrer Größe die Anlage und das Bedienungspersonal und machen besondere Maßnahmen erforderlich. Sie haben vor allem zwei Ursachen. Die erste ist der Einfluß von Erdungen, die zweite die Induktion von benachbarten Starkstromleitungen.

1. Störspannungen durch Erdungsfehler.

Störungen dieser Art ergeben sich vor allem dann, wenn Erdschlüsse an zwei Stellen des Stromkreises auftreten, durch die auf die Leitung oder die angeschlossene Apparatur eintreten können.

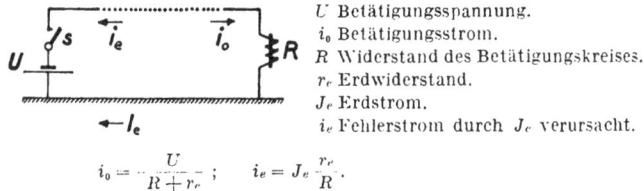

U Betätigungsspannung.
i_0 Betätigungsstrom.
R Widerstand des Betätigungskreises.
r_e Erdwiderstand.
J_e Erdstrom.
i_e Fehlerstrom durch J_e verursacht.

$$i_0 = \frac{U}{R + r_e} \; ; \quad i_e = J_e \frac{r_e}{R}.$$

Abb. 88. Beeinflussung einer Übertragung durch Erdströme.

Ein Beispiel, wie eine solche Störung zustande kommen kann, zeigt Abb. 88. Es ist dabei Erde als Rückleitung verwendet. Der Kontakt s gibt die Spannung U an den Widerstand R, der z. B. das Empfangsrelais darstellen möge. Bezeichnet man mit r_e den Widerstand der Erde, so ist der Empfangsstrom $i_0 = \dfrac{U}{R + r_e}$. Fließt nun in der Erde ein anderer Strom J_e, z. B. ein von einem Bahnbetrieb herrührender Strom von sehr erheblicher Größe, so entsteht in der Erde der Spannungsabfall $I_e \cdot r_e$, der natürlich auch einen Strom i_e in der zum Erdwiderstand parallel liegenden Leitungsverbindung und das Empfangsrelais zur Folge hat von der Größe $i_e = \dfrac{r_e}{R_e} J_e$. Es läßt sich leicht errechnen, bei welchem Wert von I_e der Fehlstrom i_e eine zur Betätigung oder sonstigen Störung des Empfangsrelais ausreichende Größe erhält. Es können kurzzeitig, insbesondere im Falle eines Kurzschlusses, so große Erdströme fließen, daß nicht nur das Arbeiten der Übertragung gestört wird, sondern auch für die Apparatur gefährliche Spannungsabfälle entstehen.

Ein anderes Beispiel zeigt Abb. 89, bei dem die eigene Spannungsquelle zusammen mit einem Isolationsfehler Störströme in der Über-
tragungsapparatur hervorruft. Es geht gleichzeitig daraus hervor, daß
es bei schlechten Leitungsverhältnissen gefährlich ist, die Betätigungsspannung für die Übertragung durch Anzapfung oder Spannungsteilung

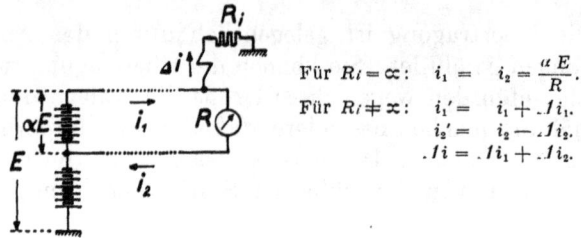

Abb. 89. Fehlstrom über Erdungsfehler.

$$\text{Für } R_i = \infty: \quad i_1 = i_2 = \frac{\alpha E}{R}.$$
$$\text{Für } R_i \neq \infty: \quad i_1' = i_1 + \varDelta i_1.$$
$$i_2' = i_2 - \varDelta i_2.$$
$$\varDelta i = \varDelta i_1 + \varDelta i_2.$$

einer viel höheren Gleichstromquelle zu gewinnen. Das Empfangsinstrument einer Fernmessung mit dem Widerstand R wird durch die
Teilspannung αE einer Batterie mit der Spannung E gespeist. Der
Normalstrom ist also $i = \dfrac{\alpha E}{R}$. Wenn an der gezeichneten Stelle eine
schlechte Isolation mit dem Isolationswiderstand R_i auftritt und außerdem der eine Pol der Batterie geerdet ist, fließt zusätzlich ein Fehlerstrom $\varDelta_i$, der sich auf die beiden Leitungen verteilt, sein Anteil $\varDelta_{i2}$
überlagert sich dem Normalstrom, ändert also die Anzeige des Empfangs-
instruments. Die Größe des Fehlerstroms hängt von den einzelnen
Widerständen und auch von dem Spannungsverhältnis α ab. Die Störung kann also um so größer ausfallen, je kleiner α ist, denn die treibende
Kraft für den Fehlerstrom ist die volle Spannung E, z. B. 220 Volt,
während die Übertragung selbst nur mit der kleineren Spannung αE,
z. B. 24 Volt, gespeist wird.

2. Störspannungen durch Induktion von Starkstrom-
leitungen.

Diejenigen Störspannungen, die wegen ihrer Größe am unangenehm-
sten und gefährlichsten für den Betrieb sind, kommen durch Beeinflussung von benachbarten Starkstromleitungen her. Diese können elektro-
statischer oder elektromagnetischer Natur sein. Besonders die letzteren
sind gefährlich, da sie auch bei Kabelleitungen auftreten.

Ihr Zustandekommen wird durch Abb. 90 verdeutlicht, in der
zugleich die notwendigen Schutzmaßnahmen gezeigt werden. Die Starkstromleitung S und die Fernmeldeleitung F sind über eine längere Strecke
parallelgeführt. Durch die in den Starkstromleitungen fließenden Ströme
entstehen magnetische Felder, die im Falle eines Kurzschlusses durch

den Kurzschlußstrom I_k auf erhebliche Werte gebracht werden können. Sie sind durch die Kraftlinien *1, 2, 3* schematisch angedeutet. Zum Teil sind sie mit der Fernmeldeleitung verkettet, und zwar wie *2* nur mit einer einzigen Ader der Doppelleitung, oder wie *3* in der weitaus größeren Zahl mit beiden Adern gemeinsam. Es wird also sowohl in der Schleife der beiden Leitungen, die aber an sich klein ist oder durch die Verdrillung der Adern unwirksam gemacht wird, als auch in der Schleife der Doppelleitung gegen Erde eine Spannung induziert.

Die Höhe der so induzierten elektromotorischen Kräfte hängt ab von der Stromstärke in der Starkstromleitung und den für die Verkettungen geltenden Wechselinduktionskoeffizienten. Besonders störend wirken also solche Ströme, die an sich sehr groß sind, wie der eingezeichnete Kurzschlußstrom I_k, oder solche, die eine Schleife mit sehr großer Fläche durchfließen, wie es bei Erdschlußströmen oder bei Stromschleifen mit Erdrückleitung, z. B. im Bahnbetrieb, der Fall ist.

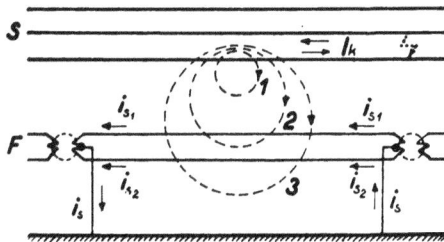

Abb. 90. Induktive Beeinflussung einer Fernmeldeleitung durch eine benachbarte Starkstromleitung.

Es wird also im wesentlichen in beiden Adern der Fernmeldeleitung gemeinsam eine Spannung gegen Erde induziert, die sehr hohe Werte annehmen kann, wenn die Leitung mit den angeschlossenen Apparaten an sich gut isoliert ist. Sie kann zu einem Durchbruch der Isolation an irgendeiner schwachen Stelle führen.

Um diese Spannung unschädlich zu machen, setzt man mindestens am Anfang und am Ende der Leitung sog. Übertrager, das sind Transformatoren mit gut voneinander isolierter Primär- und Sekundärwicklung, wie sie in der Abbildung eingezeichnet sind. Erdet man die Mittelpunkte der an der Leitung liegenden Wicklungen, so kann sich infolge der Störspannungen ein Strom i_s ausbilden, der sich auf die zwei Adern verteilt. Die beiden Teilströme i_{s1} und i_{s2} sind bei Symmetrie der Widerstände gleich groß und rufen in den Übertragern keine magnetisierenden Wirkungen hervor, da sich ihre Amperewindungen aufheben. Sind dagegen Leitung oder Übertrager nicht symmetrisch, so werden im Maße dieser Unsymmetrie auch Spannungen auf die Sekundärseiten der Übertrager und damit auf die angeschlossenen Apparate wirksam.

Bei symmetrischer Anordnung ist aber jedenfalls die Wirkung der magnetischen Felder nach Art der Kraftlinien *3* für die angeschlossene Apparatur unschädlich gemacht, es bleiben die Störspannungen durch die einseitig verketteten Felder nach Art der Kraftlinien *2*. Diese werden zu Null gemacht durch eine möglichst weitgehende Verdrillung, d. h. eine derartige Anordnung der Leitungen, daß Schleifen mit umgekehrtem Windungssinn entstehen, in denen sich die induzierten Teilspannungen gegenseitig aufheben. Wie erwähnt, muß aber auch eine möglichst gute Symmetrie erreicht werden, damit nicht durch Unsymmetrie die Längsspannung auf der Leitung, die in beiden Adern gleichmäßig induziert wird, in eine Querspannung zwischen den Adern umgesetzt wird.

Natürlich kann man auf einer solchen durch Übertrager unterteilten hochspannungsgefährdeten Leitung nicht mehr mit Gleichstrom arbeiten, sondern nur mit Wechselstrom oder allenfalls mit einzelnen Stromanstiegen oder Abfällen, die transformatorisch übertragen werden können.

Die Ströme in der Starkstromleitung können periodischer oder nicht periodischer Natur sein. Die Höhe der Störspannungen ist ferner von der Frequenz der Ströme abhängig, es machen sich daher besonders Oberwellen im Strom, z. B. bei Gleichstromnetzen für Bahnen die durch Gleichrichter hervorgerufenen, störend bemerkbar. Die nichtperiodischen Vorgänge, die stören, sind Kurz- und Erdschlüsse, Blitzschläge und Wanderwellen. Die letzteren Störungen sind zwar nicht sehr häufig, aber um so größer und gefährlicher und können deshalb auch an sich unempfindliche Übertragungen befallen, wenn diese nicht in der angegebenen Weise geschützt sind*).

Um die vermutliche Größe solcher Störungen überschlagen zu können ist vor allem die genaue Kenntnis der Leitungsdaten notwendig. Da die Berechnung nicht ganz einfach ist, haben sich Näherungsformeln eingebürgert, die um so mehr ausreichen, als ja die Größe der Störströme auch nur geschätzt werden kann.

b) Verfahren zur Einzelübertragung.

Die Übertragung von Gleichstromintensitäten für Fernmessung ist bei der Besprechung der einzelnen Fernmeßverfahren und der Eigenschaften der Leitung schon ausführlich behandelt worden. Es soll daher hier nur noch die Übertragung von Impulsen besprochen werden. Im-

---

*) Bei Übertragungen auf Leitungen größerer Dämpfung, bei denen die Zeichen verstärkt werden müssen, können auch kleine Spannungen dieser Art stören, da sie mit verstärkt werden. Wichtig ist der Begriff des »Störpegels«, d. h. der Höhe dieser Spannungen im Vergleich zu der Intensität der Empfangszeichen. Der Störpegel muß wesentlich kleiner sein oder mit anderen Worten, die zulässige Leitungsdämpfung und damit Abschwächung der Zeichen hängt von der Höhe des Störpegels ab. An sich könnte man die Empfangszeichen ja fast unbeschränkt verstärken.

pulse können mit allen möglichen Stromarten übertragen werden, also Gleichstrom, Wechsel- oder Tonfrequenz und schließlich Hochfrequenz. Die Gleichstromübertragung ist an sich die einfachste, aber nicht in allen Fällen anwendbar.

I. Impulsübertragung mit Gleichstrom.

Da sich Empfangsrelais für Gleichstrom in fast beliebiger Empfindlichkeit bauen lassen, ist die Anwendbarkeit der Gleichstromübertragung nicht durch die Entfernung, sondern durch die Möglichkeit, mit Gleichstrom überhaupt zu arbeiten, begrenzt. Hochspannungsgefährdete Leitungen scheiden wegen der erforderlichen Schutzmaßnahmen meist aus, wenn man nicht den Weg gehen will, sowohl Leitung als auch Sende- und Empfangsrelais ausreichend zu isolieren und gegen grobe Störungen einen Überspannungsschutz einzubauen. Auch wenn keine Hochspannungsgefährdung vorliegt, ist die Übertragung sauber zu dimensionieren und gut zu isolieren, insbesondere auch mit Rücksicht auf die durch Isolationsfehler verursachten Störströme. Der Fernleitungskreis ist von den Ortskreisen möglichst einwandfrei relaismäßig zu trennen, Verquickungen der Fernleitung mit Ortsstromkreisen sind zu vermeiden, da durch sie die Gefahr von Isolationsfehlern vergrößert wird. Beachtet man aber diese Vorsichtsmaßregeln, so wird man in der Gleichstromübertragung ein sicheres, einwandfreies Hilfsmittel haben.

Als Empfangsrelais wird meist bei kürzeren Entfernungen und geringen Leitungswiderständen ein neutrales Relais verwendet, z. B. eines nach Art des in Abb. 59 gezeigten Telephonrelais. Bei höheren Ansprüchen an die Übertragung, sei es in bezug auf die Leitungslänge oder auf die Impulshäufigkeit, sind polarisierte Relais vorzuziehen. Da diese meist nur mit einem einfachen, gering belastbaren Wechselkontakt ausgeführt werden, sind oft noch besondere Zwischenrelais notwendig. Polarisierte Relais sind, da ihr magnetisches Feld durch einen permanenten Magneten hervorgerufen wird, also kräftig ausgebildet werden kann, empfindlicher als neutrale, die ihr Feld erst durch den Betätigungsstrom selbst erzeugen. Polarisierte Relais erlauben ferner Umpolen statt Ausschalten der Leitung, was eine weitere Steigerung der Empfindlichkeit bringt. Das polarisierte Relais wird dabei so eingestellt, daß es eine labile Gleichgewichtslage zwischen den Kontakten hat und der Anker durch magnetischen Zug entweder auf der einen oder der anderen Seite aufliegt.

Wichtig ist bei den Gleichstromempfangsrelais, wie überhaupt bei allen Relais, eine einwandfreie Funkenlöschung. Diese besteht aus einem dem Kontakt parallelgeschalteten Kondensator, dem noch ein Widerstand vorgeschaltet ist. Kondensator und Widerstand müssen richtig dimensioniert sein, und zwar passend für den abzuschaltenden Stromkreis. Der Kondensator ist bei geschlossenem Kontakt entladen und hat die Ladespannung Null. Beim Öffnen des Kontaktes nimmt er einen durch den Vorwiderstand begrenzten, von den Verhältnissen im äußeren Schließungskreis abhängigen Strom auf, der allmählich abklingt und den Kondensator auf die volle Spannung auflädt. Dieser Anfangsstrom muß so groß sein wie der Strom über den Kontakt vor der Öffnung und darf nicht so schnell abklingen, daß die Kontakte des Relais noch nicht einen genügenden Weg zurückgelegt haben, so daß nochmals ein kleiner Lichtbogen zünden kann. Der Vorwiderstand begrenzt die Entladestromstärke des Kondensators beim Wiederschließen des Kontaktes.

Bei ungünstigen Übertragungsverhältnissen, wenn der Leitungswiderstand hoch ist, die Spannung andererseits nicht erhöht werden kann, ist es wichtig, das Empfangsrelais richtig zu dimensionieren. Man erhält die größte Empfangsleistung, wenn man die Wicklung so dimensioniert, daß ihr Widerstand dem der Leitung gleich wird. Es kann jedoch zur Erhöhung der Ansprechgeschwindigkeit zweckmäßig sein, dem Relais nicht eine so hohe Windungszahl und damit Selbstinduktivität zu geben, die einen raschen Stromanstieg im Relais verhindert.

II. Impulsübertragung mit Wechselstrom.

Für die Wechselstromübertragung stehen an sich nicht so günstige Empfangsrelais zur Verfügung. Es gibt zwar Wechselstromrelais, die in der Empfindlichkeit bestenfalls den neutralen Gleichstromrelais entsprechen, aber im allgemeinen braucht man bei Wechselstromrelais eine höhere Leistung. Da der entstehende Wechselfluß nach jeder Halbperiode zu Null wird, hat man Schwierigkeiten, ein Vibrieren des Relaisankers in diesem Takte und damit eine Geräuschbildung zu vermeiden. Man sucht daher nach Möglichkeit zwei phasenverschobene Flüsse auf den Anker wirken zu lassen und erreicht dies, indem man entweder einen Teil des Flusses durch einen Kurzschlußring gegenüber dem freien Teilfluß nacheilend macht, oder indem man das Relais von vornherein aus zwei Teilen mit zwei Erregerspulen aufbaut, die von phasenverschobenen Wechselströmen, möglichst mit 90° Phasenverschiebung gespeist werden, was durch Kunstschaltungen mit Hilfe von Kondensatoren leicht erreicht werden kann.

Den polarisierten Gleichstromrelais in der Empfindlichkeit würden wattmetrische Relais entsprechen, die sich gelegentlich mit Vorteil anwenden lassen. Es muß jedoch bei ihrer Anwendung darauf geachtet werden, daß die Erregerspannung mit dem Strom auf der Leitung und in der Relaisspule synchron und in richtiger Phase ist und dieser Zustand in allen Betriebsverhältnissen aufrechterhalten bleibt. Dabei ist die bei der Besprechung des Wechselstromverhaltens der Leitungen erwähnte Phasendrehung des Wechselstromes längs der Leitung wohl zu beachten.

Die Verwendung von Trockengleichrichtern zusammen mit polarisierten Gleichstromrelais ergibt empfindliche Empfangsanordnungen, die bis zu größeren Entfernungen mit Vorteil benutzt werden können.

Reichen die Empfangsenergien auch hierfür nicht mehr aus, so lassen sich gerade für Wechselstrom leicht Verstärker benutzen, die die Möglichkeit geben, auch mit Tonfrequenzen bei hoher Telegraphiergeschwindigkeit zu arbeiten. Die Verstärkung erfolgt unter gleichzeitiger Gleichrichtung der Ströme, so daß im Anschluß daran die normalen Gleichstromrelais benutzt werden können. Diese Empfangsart ist auch bei der Benutzung mehrerer Übertragungsfrequenzen verwendbar, worauf bei der Besprechung der Mehrfachübertragung noch näher eingegangen wird.

Wechselstromübertragungen haben durch die Frequenz des Wechselstromes ein sehr scharfes Unterscheidungsmerkmal, so daß sie für Mehrfachübertragungen besonders gut geeignet sind. Insbesondere können sie auch von Gleichströmen gut unterschieden werden. Dies ist durch frequenzabhängige Widerstände möglich, wie später erläutert wird*).

III. Hochfrequenzübertragung.

Die Hochfrequenzübertragung unterscheidet sich von der Wechselstromübertragung durch die viel höhere Frequenz, sie ist daher nicht leitungsgebunden. So kann sie, wie aus der Rundfunktechnik allgemein bekannt ist, durch freie Raumstrahlung erfolgen. Im Kraftwerksbetrieb benutzt man meist eine leitungsgerichtete Hochfrequenzverbindung, insbesondere auch für Telephonie, nach dem Schema der Abb. 91.

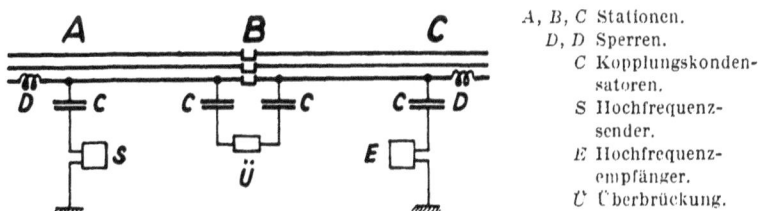

Abb. 91. Leitungsgerichtete Hochfrequenzübertragung.

Der Hochfrequenzsender S, der entweder impulsmäßig getastet oder durch die Sprache moduliert wird, speist über einen Kopplungskondensator C in der Station A eine Phase der Hochspannungsleitung. In der Station C wird ebenfalls über einen Kopplungskondensator C der Emp-

---

*) Auch im Empfangsrelais selbst kann die notwendige Selektion erreicht werden, indem man sog. Resonanzrelais verwendet, die ähnlich wie Zungenfrequenzmesser auf eine bestimmte Schwingungszahl abgestimmte mechanische Resonanzkörper enthalten, durch die beim Ausschwingen Kontakte betätigt werden. Solche Relais werden vor allem auch zum Überlagerungsempfang von Steuerfrequenzen für Tarifschaltung verwendet, vgl. Seite 127.

fänger angeschlossen, der die weitere Apparatur betätigt. Es ist dabei ganz belanglos, ob die Leitung unter Spannung steht oder nicht, sie darf allerdings nicht satt geerdet sein. Damit die Übertragung nicht unterbrochen wird, wenn die Hochspannungsleitung in der Station B nicht durchgeschaltet ist, ist dort eine Überbrückung für die Hochfrequenz eingeschaltet, die ebenfalls über Kopplungskondensatoren C angeschlossen ist. Wenn die Schalter in der Station geöffnet sind, läuft die Hochfrequenzverbindung über die auf die Trägerfrequenz abgestimmte Überbrückung, die wenig Widerstand darstellt, weiter. Die meist vorgenommene Abstimmung des Überbrückungsgeräts $Ü$ hat auch noch den Zweck, andere Wellenlängen abzusperren. Diesem Zweck dienen auch die Sperren D, die die für die Übertragung benutzte Leitung nach rückwärts absperren, so daß die Hochfrequenzenergie sich nicht über die wirklich benötigte Strecke hinaus verbreitet. Statt einfacher Drosseln, die allen Hochfrequenzwellen gegenüber praktisch undurchlässig sind, dem Starkstrom gegenüber aber kaum einen Widerstand darstellen, können auch Sperrkreise verwendet werden, die auf bestimmte Frequenzen abgestimmt sind, und diese sperren, andere dagegen durchlassen.

Die benötigte Hochfrequenzenergie ist verhältnismäßig klein, es werden meist lange Wellen von einigen 1000 m verwendet. Natürlich sind zum Schutz gegen Überspannungen u. dgl. Schutzvorrichtungen nötig. Die Hochfrequenzwelle kann zum Sprechen benutzt werden, wobei sie durch die Sprache moduliert wird, oder auch zur Impulsübertragung.

An eine Phase können mehrere verschiedene Trägerwellen angekoppelt werden. Es ist auch möglich, nicht zwischen Phase und Erde, sondern zwischen zwei Phasen zu arbeiten.

Ein solcher Hochfrequenzkanal kann im übrigen, ähnlich wie eine Leitungsverbindung, auch mehrfach ausgenutzt werden, wie später erläutert wird.

c) Künstlich geschaffene Übertragungskanäle.

Die eben betrachtete Hochfrequenzübertragung gehört eigentlich schon zur Gattung der künstlich geschaffenen Übertragungskanäle, da die Verbindung auf einer für andere Zwecke benutzten Leitung hergestellt wird. Wir wollen darunter jedoch vorzugsweise solche Verfahren verstehen, die den künstlich geschaffenen Übertragungskanal auf einer für andere Zwecke benutzten Schwachstromverbindung, nicht auf Starkstromleitungen herstellen, wie bei der Hochfrequenzübertragung längs Hochspannungsleitungen. Wir wollen dabei unterscheiden zwischen solchen künstlich geschaffenen Übertragungskanälen, die ohne Stromunterscheidung ausschließlich durch besondere Kunstschaltungen entstehen, und solchen, bei denen eine abweichende Stromart oder Frequenz, wie man sagt, unter- oder überlagert wird.

I. Künstlich geschaffene Übertragungskanäle durch besondere Leitungsschaltungen.

Diese Schaltungen werden so getroffen, daß die für die zusätzliche Übertragung verwendeten Ströme den schon bestehenden Kanal möglichst nicht stören. Dies wird dadurch erreicht, daß solche Stromverzweigungen eingeführt werden, daß sich die Wirkungen der Teilströme auf den ersten Empfangskreis aufheben.

1. Simultan- und Phantomschaltungen.

Bei diesen Schaltungen wird mit dem zusätzlichen Strom in die Mitte des symmetrisch angeordneten Übertragungssystems gegangen, so daß sich der Zusatzstrom auf beide Hälften gleich verteilt. Ein Bei-

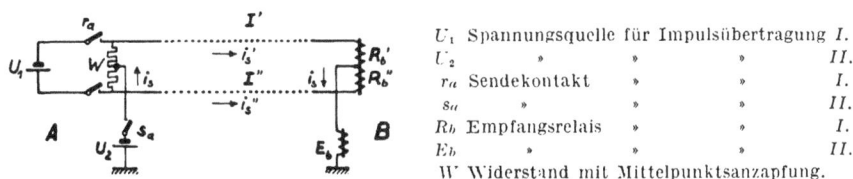

U_1 Spannungsquelle für Impulsübertragung I.
U_2 » » » II.
r_a Sendekontakt » » I.
s_a » » » II.
R_b Empfangsrelais » » I.
E_b » » » II.
W Widerstand mit Mittelpunktsanzapfung.

Abb. 92. Simultane Ausnützung einer Doppelleitung gegen Erde.

spiel für eine Simultanschaltung gegen Erde zeigt Abb. 92. Aus der Batterie U_1 wird der erste Übertragungskreis gespeist und durch die Kontakte des Senderelais r_a getastet, worauf das Empfangsrelais R_b mit den beiden Wicklungen R_b' und R_b'' anspricht. Der zweite Kreis wird von der Batterie U_2 gespeist, von dem Sonderelaiskontakt s_a getastet, seine Impulse werden aufgenommen von dem Empfangsrelais E_b.

Die Einfügung des Stromes i_s in der Station A geschieht im Mittelpunkt des Widerstandes W, über den er sich in die zwei über die Leitungsadern I' und I'' fließenden Teilströme i_s' und i_s'' aufspaltet, die sich im Mittelpunkt der Relaiswicklung R_b wieder vereinigen und gemeinsam als Gesamtstrom i_s das Empfangsrelais E_b betätigen. Die beiden Teilströme durchfließen die beiden Wicklungshälften R_b' und R_b'' im entgegengesetzten Sinne, die Amperewindungen heben sich auf und sind daher wirkungslos. Anders ist es dagegen mit dem beim Schließen des Sendekontaktes r_a fließenden Strom aus der Batterie U_1. Dieser durchfließt die beiden Wicklungshälften in demselben Sinne, bringt das Relais also ganz normal zum Ansprechen. Fehler in der Symmetrie der Anordnung machen sich störend bemerkbar, doch können bei Wahrung der Symmetrie beide Übertragungswege vollständig unabhängig voneinander arbeiten. Die Ströme superponieren sich auf den Leitungen und in den Relaisspulen und bringen dieselben Wirkungen hervor, als ob sie getrennt vorhanden wären.

Derartige Simultanschaltungen sind natürlich auch für andere Stromkreise wie die gezeichnete Gleichstrom-Impulsübertragung möglich. Vorzugsweise werden sie für Impulsübertragung auf besprochenen Telephonleitungen verwendet, wie z. B. Abb. 93 zeigt. Bei dieser Schaltung ist nicht die Erde, sondern als Rückleitung eine ebensolche simultan betriebene Doppelleitung verwendet. Es wird der sog. Leitungsvierer

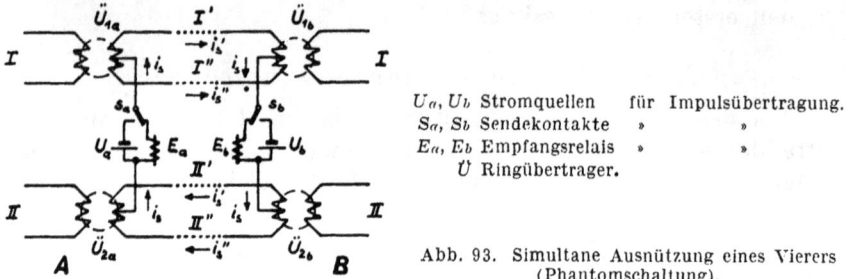

U_a, U_b Stromquellen für Impulsübertragung.
S_a, S_b Sendekontakte » »
E_a, E_b Empfangsrelais » »
$Ü$ Ringübertrager.

Abb. 93. Simultane Ausnützung eines Vierers (Phantomschaltung).

in Phantomschaltung ausgenutzt. Der künstlich geschaffene Übertragungskanal kann, allerdings nicht gleichzeitig, sondern nacheinander, zur Hin- und Rückübertragung benutzt werden. Die zwei Sprechleitungen, die mit I und II bezeichnet sind, sind in den Stationen A und B je durch Ringübertrager U_{1a} und U_{2a} bzw. U_{1b} und U_{2b} abgeschlossen. Die Mitten dieser Ringübertrager dienen zur Einführung des simultan übertragenen Stromes i_s, der sich ähnlich wie bei der vorhergehenden Schaltung beschrieben, auf die beiden Leitungsadern mit den Teilströmen

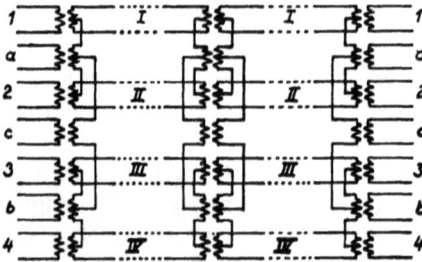

Abb. 94. Phantomschaltung von Leitungen.

$i_s{}'$ und $i_s{}''$ aufteilt. In jeder der beiden Stationen A und B ist je eine Batterie U_a bzw. U_b, ein Senderelais mit den Kontakten s_a bzw. s_b und ein Empfangsrelais E_a bzw. E_b vorhanden. Wenn das Senderelais keine Impulse aussendet, wozu der Arbeitskontakt die Batteriespannung anlegt, wird über den Ruhekontakt des Senderelais s das Empfangsrelais E an die Leitung gelegt, die Schaltung ist also empfangsbereit. Die Schaltung kann ferner eine nicht gezeichnete Verriegelung vorsehen, z. B.

in der Weise, daß ein Ruhekontakt des Empfangsrelais die Wicklung des Senderelais abtrennt, so daß nur dieses ansprechen kann, wenn keine Impulse empfangen werden. Solche Schaltungen für Hin- und Rückverkehr sind natürlich grundsätzlich immer möglich, dieses Schaltungsbeispiel sollte zeigen, daß die Betriebsrichtung des künstlich durch Simultanschaltung geschaffenen Übertragungskanals nicht mit der des ursprünglich vorhandenen Kanals übereinzustimmen braucht.

Simultan- und Phantomschaltungen sind auch bei reiner Wechselstromübertragung möglich, wie Abb. 94 zeigt. Auf 4 Doppelleitungen sind 7 unabhängige Stromkreise geschaffen, 3 davon durch Phantomausnutzung. Die Abbildung zeigt auch, in welcher Weise Zwischenstationen überbrückt werden müssen.

2. Doppelschaltungen für gleiche Stromart.

Zur Schaffung von künstlichen Übertragungskanälen können auch die in der Telegraphie verwendeten Doppelschaltungen herangezogen werden, bei denen man im wesentlichen unterscheidet den Zweifachbetrieb in gleicher Richtung (Doppelsprechen oder Diplexverkehr) und in entgegengesetzter Richtung (Gegensprechen oder Duplexverkehr). Auch eine Kombination der beiden ist möglich (Doppelgegensprechen oder Quadruplexverkehr). Im ersten Falle werden die Unterscheidungsmerkmale der Intensität und Polarität benützt, im zweiten Falle wird die Wirkung des Sendestromes auf die Empfangseinrichtung der eigenen Station durch eine Differentialschaltung mit einer künstlichen Leitung unwirksam gemacht.

α) Doppelsprechen oder Diplexverkehr.

Ein Beispiel ist in Abb. 95 gegeben. Die beiden Impulsübertragungen, die in derselben Richtung erfolgen, werden durch die beiden Empfangsrelais E_1 und E_2 aufgenommen, von denen E_1 ein nur auf

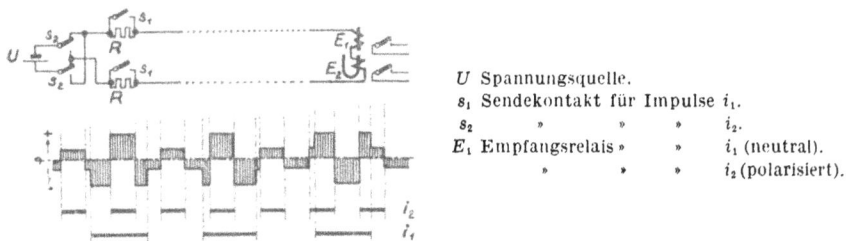

U Spannungsquelle.
s_1 Sendekontakt für Impulse i_1.
s_2 »   »   » i_2.
E_1 Empfangsrelais »   » i_1 (neutral).
    »   »   » i_2 (polarisiert).

Abb. 95. Diplexübertragung.

stärkere Ströme ansprechendes neutrales Relais, E_2 dagegen ein nur auf den Polaritätswechsel auch bei schwachen Strömen ansprechendes polarisiertes Relais ist. Die Tastung für die zweite Übertragung erfolgt durch das Umpolen der ständig unter Strom stehenden Leitung mittels der Sendekontakte s_2, die Tastung der ersten Übertragung durch die Sendekontakte s_1, die die Vorwiderstände R kurzschließen und dabei eine wesentliche Erhöhung der Stromstärke verursachen, auf die das Empfangsrelais E_1 anspricht. Die auf der Leitung fließenden Ströme sind für ein Beispiel unter der Schaltung gezeichnet, wobei i_1 die Impulszeiten für die erste, i_2 die für die zweite Übertragung bedeuten. Die Aufgabe, die das neutrale Empfangsrelais zu erfüllen hat, ist nicht ganz einfach. Es muß die Ansprech- und Abfallbedingungen gut einhalten, bei dem durch den Vorwiderstand reduzierten Strom mit Sicherheit abfallen, bei dem stärkeren bestimmt ansprechen, dann darf es während des Polaritätswechsels bei kurzgeschlossenem Vorwiderstand, wo ja sein Erregerfeld auch umgepolt wird, nicht kurzzeitig abfallen und wieder ansprechen.

Solche Diplexschaltungen werden selten für unabhängige Impulsübertragungen verwandt, doch spielen sie in manchen Fernschaltverfahren zur Unterscheidung von Impulsen verschiedener Bedeutung eine Rolle.

β) Gegensprechen oder Duplexverkehr.

Ein Differentialrelais oder ein Relais in einer Brückenschaltung wird so betrieben, daß es wohl vom Empfangsstrom auf der Fernleitung, nicht aber vom Sendestrom der eigenen Station betätigt wird. Dies gelingt mit einer Kunstleitung, die wie die Fernleitung gespeist wird und einen Strom aufnimmt, der zur Aufhebung der Wirkung des Fernleitungsstromes benutzt wird.

Ein Beispiel ist in Abb. 96 gezeigt. Die Batterie U_a speist die durch die Sendekontakte s_a getastete, von dem Empfangsrelais E_b aufgenommene Impulsübertragung von der Station A nach B. Die Glieder der Impulsübertragung in umgekehrter Richtung sind Batterie U_b, Sendekontakte s_b und Empfangsrelais E_a. Betrachten wir zunächst die Stromverteilung für die erste Übertragung. Der bei der Tastung durch die Kontakte s_a aus der Batterie U_a entnommene Strom teilt sich auf in die beiden Teilströme i' und i'', i'' fließt über die Fernleitung und die rechte Spule des Empfangsrelais E_a, i' über die künstliche Leitungsnachbildung L_a, die so dimensioniert ist, daß sich der Strom i' zum Strom $''i$ umgekehrt wie die Windungszahlen der von ihnen durchflossenen Wicklungen des Empfangsrelais E_a verhält, so daß gleiche Amperewindungszahlen entstehen, die sich aufheben. Das Relais E_a spricht also auf den Sendestrom der Station A nicht an. Der in der Station B ankommende Strom i'' durchfließt die linke Wicklung des Relais E_b und teilt sich dann, der Anteil i_1'' fließt über die Sendekontakte s_b und die Widerstände R, der andere Teilstrom i_2'' durchfließt die rechte Spule des Empfangsrelais, und zwar gleichsinnig mit i'' in der linken Spule, so daß sich die Amperewindungen beider addieren. Das Verhältnis der beiden Teilströme ist von der Größe der Vorwiderstände R abhängig. Damit sich die Widerstandsverhältnisse beim Arbeiten der Sendekontakte s_b nicht ändern, ist der Kurzschluß über die Ruhekontakte eingefügt, der, wie auch die Batterie U_b, für den Strom i_1'' den Widerstand Null darstellt.

Die Stromverteilung für die andere Verkehrsrichtung sieht ganz ähnlich aus. Arbeiten beide Impulsübertragungen, so superponieren sich die Ströme. Das Empfangsrelais E_b spricht nur auf die durch s_a gegebenen Impulse, das Empfangsrelais E_a nur auf die von den Sendekontakten s_b gegebenen Impulse an.

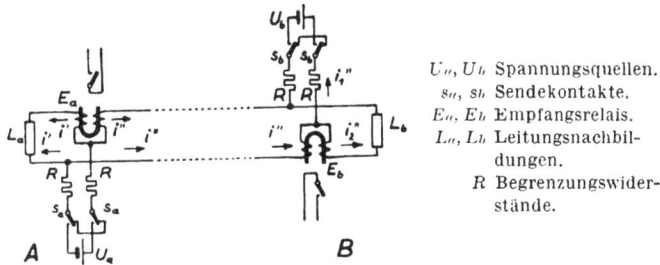

Abb. 96. Duplexübertragung.

U_a, U_b Spannungsquellen.
s_a, s_b Sendekontakte.
E_a, E_b Empfangsrelais.
L_a, L_b Leitungsnachbildungen.
R Begrenzungswiderstände.

Bei dieser Schaltung ist auf eine genaue Abgleichung der Ohmschen Widerstände und auch der Konstanten in bezug auf die Ein- und Ausschaltvorgänge zu achten. Die künstliche Leitung muß im Verhalten nicht nur im stationären Zustand, sondern auch bei Stromanstieg und Abfall der wirklichen Leitung entsprechen, sonst kann das Empfangsrelais vorübergehend so große Stromdifferenzen führen, daß es kurzzeitig anspricht. Die Abgleichung muß um so genauer sein, je größer die Leitungslänge und die verlangte Genauigkeit ist, da dann das Empfangsrelais im Verhältnis zur Sendeenergie immer empfindlicher wird.

Die Schaltung kann ähnlich auch für Wechselstrom ausgeführt werden, wobei das Wechselstromverhalten der Kunstleitung dem der natürlichen Leitung möglichst entsprechen muß.

Statt eines Differentialrelais ist auch eine Brückenschaltung für ein einfaches Relais möglich, die ähnliche Eigenschaften hat.

Bezüglich der Quadruplexschaltung muß auf die Literatur verwiesen werden.

II. Künstlich geschaffene Übertragungskanäle mit Unterscheidung der Stromart.

Es ist meist ohne weiteres möglich, auf einer mit Gleichstrom, z. B. mit einer Gleichstrom-Intensitäts-Fernmessung, betriebenen Leitung durch Überlagerung eines Wechselstromes einen künstlichen Übertragungskanal für Wechselstrom-Impulsübertragung zu gewinnen oder auf einer mit Wechselstrom, z. B. für Telephonie, beschickten Leitung Gleichstromimpulse zusätzlich zu übertragen oder schließlich auf einer Wechselstromübertragung mit einem Wechselstrom abweichender Frequenz unabhängig davon zu arbeiten.

Die Möglichkeit dazu gibt die Trennung der Frequenzen durch frequenzabhängige Widerstände, deren Wirksamkeit um so größer ist, je größer die Frequenzabweichung ist. Man darf dabei nicht vergessen, daß die Tastung eines Gleichstromes Einschalt- und Ausschaltvorgänge auslöst, die in ihrer regelmäßigen Wiederholung eine Wechselkomponente des Stromes von der Tastfrequenz darstellen mit einer Reihe von Oberwellen und daß ähnliche Vorgänge auch bei Wechselstromtastung auftreten.

Aus diesem Grunde ist die verlangte Tastgeschwindigkeit maßgebend für die Möglichkeit oder Unmöglichkeit solcher Schaltungen. Je geringer sie ist, desto weniger Schwierigkeiten entstehen bei der Trennung der Frequenzen*).

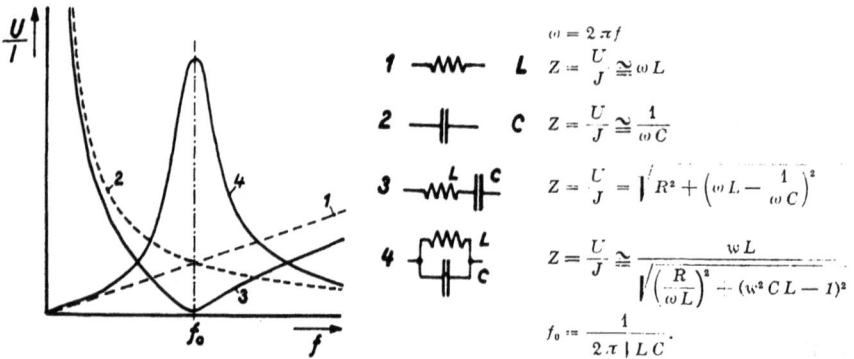

Abb. 97. Frequenzabhängige Widerstände.

Die hierfür benötigten frequenzabhängigen Widerstände sind Drosseln oder Kondensatoren oder Kombinationen daraus. In Abb. 97 sind frequenzabhängige Widerstände einfacher Art gezeichnet mit ihrer Widerstandscharakteristik, d. h. Kurven, bei denen der Scheinwiderstand, also der Quotient aus Spannung U und Strom I über der Frequenz f aufgetragen ist. Der Scheinwiderstand der Drossel L ist mit großer An-

---

*) Man braucht, wie man sagt, eine bestimmte Bandbreite. Werden die Impulse von der Tastfrequenz f_t mit einem Trägerstrom von der Frequenz f übertragen, so entstehen eine Reihe von Seitenbändern, durch die Grundfrequenz der Tastung f_t die Seitenbänder $f—f_t$ und $f+f_t$. Durch die Oberwellen entstehen weitere Seitenbänder. Solche Seitenbänder treten auch bei Modulation der Trägerwelle mit einer Modulationsfrequenz auf. Beschneidet man die Seitenbänder zu stark, so wird der Empfang verstümmelt.

näherung der Frequenz direkt proportional, der eines Kondensators C umgekehrt proportional. Bei der Reihenschaltung eines Kondensators mit einer Drossel wird für die sog. Resonanzfrequenz der Widerstand sehr klein, die Blindwiderstände von Drossel und Kondensator heben sich auf und es bleibt nur der Ohmsche Widerstand. Bei kleineren Frequenzwerten nähert sich das Widerstandsverhalten der ganzen Anordnung dem des einfachen Kondensators, bei höheren Frequenzen dem der Drossel. Diese Anordnung ist also für Frequenzen in der Nähe der Resonanzfrequenz besonders gut durchlässig. Die Parallelschaltung von Drossel und Kondensator zeigt das umgekehrte Verhalten. Der Widerstand wird für die Resonanzfrequenz außerordentlich hoch, bei kleineren Frequenzen nähert sich die Anordnung der Drossel, bei höheren Frequenzen dem Kondensator.

Verwendet man schließlich Kettenleiter nach Abb. 98, die man in beliebiger Zahl aneinandersetzen kann, so erhält man ein Verhalten, das je nach der Anordnung stark verschieden ist, sich aber nicht mehr durch

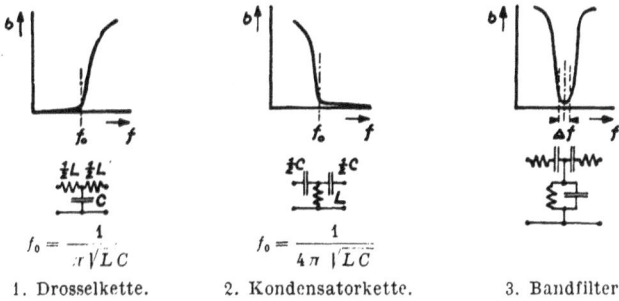

1. Drosselkette. 2. Kondensatorkette. 3. Bandfilter.

$$f_0 = \frac{1}{\pi \sqrt{LC}}$$

$$f_0 = \frac{1}{4\pi \sqrt{LC}}$$

Abb. 98. Siebkettenschaltungen.

einen einfachen Widerstand beschreiben läßt, sondern nur durch die uns schon bei der Besprechung der Leitung und ihres Wechselstromverhaltens entgegengetretene Dämpfung, die ein Maß für die Abschwächung der Spannung oder des Stromes ist. Ähnlich wie bei der Leitung ist es auch bei den Kettenleitern notwendig, zur Erzielung einer günstigen Übertragung den Empfangskreis mit einem passenden Widerstand, dem sog. Wellenwiderstand, auszuführen und anzupassen.

Die Drosselkette*) hat die Eigenschaft, unterhalb einer bestimmten Frequenz f_0 eine kleine, darüber eine hohe Dämpfung aufzuweisen. Die Kondensatorkette**) hat die umgekehrte Eigenschaft. Das Bandfilter***) ist innerhalb eines bestimmten Bereiches oder Frequenzbandes $\triangle f$ mit kleiner, darunter und darüber mit hoher Dämpfung behaftet. Die

---

*) Auch Tiefpaß genannt, da sie tiefe Frequenzen passieren läßt.
**) Auch Hochpaß genannt.
***) Die erforderliche Bandbreite hängt nach früherem von der Tast- oder Modulationsfrequenz ab.

Schaltungen können auch mit ähnlichen Eigenschaften anders wie hier gezeigt vorgenommen werden.

Das Verhalten solcher frequenzabhängiger Anordnungen nach Abb. 97 oder 98 ist nur prinzipiell dargestellt, es hängt stark von den Energieverlusten, bei der Drossel z. B. von den Wicklungs- und Eisenverlusten ab. Je kleiner diese sind, desto schärfer prägen sich die Kurven aus.

Man hat mit den gezeigten Schaltungen die Mittel in der Hand, die man zur Trennung der Frequenzen benötigt.

Ein wichtiges Anwendungsgebiet für die Schaffung künstlicher Übertragungskanäle sind die Telephonleitungen. Für die Telephonie braucht man ein verhältnismäßig großes Frequenzgebiet. Die Sprache nimmt die Frequenzen etwa von 300 bis 2000 Hz in Anspruch, der Anruf bei Induktor- oder Polwechslerbetrieb 25 Hz. Bei Selbstanschlußbetrieb fließen auf der Leitung mit etwa 10 Impulsen in der Sekunde getastete Gleichströme oder Wechselströme von 50 Hz. Man muß also für die Übertragung der zusätzlichen Impulse Frequenzen in einem entsprechenden Abstand hiervon wählen, der von der verlangten Telegraphiergeschwindigkeit abhängt.

1. Gleich- und Wechselstromübertragung.

Das Beispiel der Abb. 99 zeigt eine Gleichstromintensitätsübertragung auf einer mit Wechselstrom betriebenen Leitung. Der Gleichstromkreis wird durch Drosseln L gegen das Eindringen des Wechselstromes geschützt, der Wechselstromkreis gegen den Gleichstrom durch

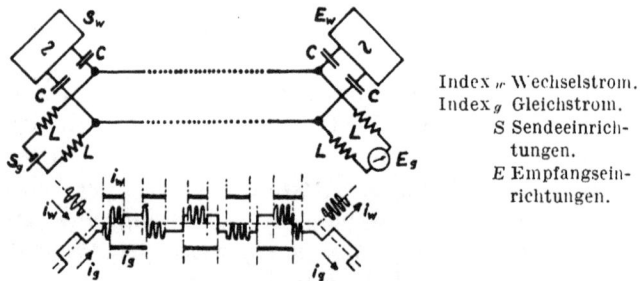

Index $_w$ Wechselstrom.
Index $_g$ Gleichstrom.
S Sendeeinrichtungen.
E Empfangseinrichtungen.

Abb. 99. Übertragung mit Gleich- und Wechselstrom.

Kondensatoren C abgeriegelt. Statt der einfachen Kondensatoren und Drosseln können auch Kettenleiter verwendet werden. Die Intensitätsübertragung wird nicht beeinträchtigt, da der vom Sender S_g ausgehende Gleichstrom sich bis zum Empfänger E_g nicht verzweigen kann, sondern in voller Größe empfangen wird.

Will man mit Gleichstromimpulsen arbeiten, so muß man, am besten durch eine Drosselkette, die Stromanstiege und Abfälle soweit abflachen, daß sie nicht mehr im Wechselstromkreis wirksam werden. Dies ist besonders bei der Gleichstromunterlagerung von besprochenen Telephonleitungen zu beachten, da sich sonst die Gleichstromimpulse durch ein Knacken im Hörer bemerkbar machen.

Unter der Schaltung ist schematisch der Stromverlauf bei Gleich- und Wechselstrom-Impulsübertragung gezeichnet, wobei angenommen ist, daß die Gleichstromübertragung mit Polaritätswechsel arbeitet und die Impulszeiten für die Gleichstromübertragung mit i_g, die für die Wechselstromübertragung mit i_u bezeichnet sind.

Die Übertragungen können an sich beliebiger Natur sein. Ist der Wechselstrombetrieb eine Telephonverbindung mit Induktoranruf, so enthält er die stark schwankende Frequenz des Induktors mit etwa 25 Hz. Die Impulsfrequenz für eine Gleichstromübertragung darf dann nicht sehr hoch sein, sondern hat bei etwa 5 Impulsen in der Sekunde oder 10 Bauds ihre natürliche Grenze.

2. Wechselstromübertragung mit verschiedener Frequenz.

Ein Beispiel hierfür ist in Abb. 100 gezeigt. Es ist dabei angenommen, daß auf einer Telephonverbindung mit Induktoranruf eine Wechselstrom-Impulsübertragung unterlagert wird. Die Trennung der verschie-

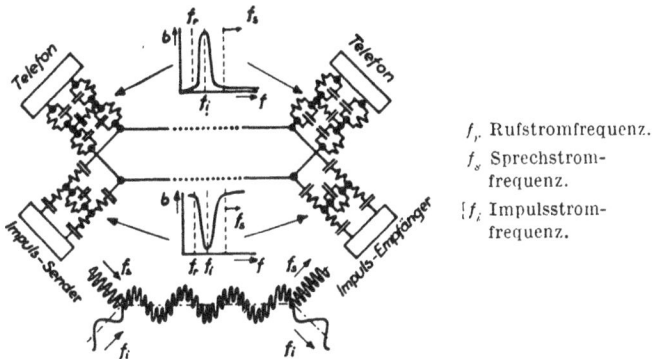

f_r Rufstromfrequenz.
f_g Sprechstromfrequenz.
{f_i Impulsstromfrequenz.

Abb. 100. Wechselstromunterlagerung einer Telefonleitung.

denen Frequenzen geschieht durch Filteranordnungen, die schematisch eingezeichnet sind und neben die ihre Dämpfungskennlinie gezeichnet ist. Das Telephon T ist über Kettenleiter angeschlossen, dessen Längsglieder Sperrkreise, dessen Querglieder Durchlaßkreise sind. Sie erhalten so die Eigenschaft, in der Nähe der Frequenz i_i, mit der die Impulsübertragung erfolgt, eine sehr hohe Dämpfung, für niedrigere Frequenzen, also insbesondere auch für die Induktorfrequenz, eine kleine Dämpfung und ebenso für höhere Frequenz, also den Bereich der Sprache, ebenfalls eine kleine Dämpfung aufzuweisen. Sie verhindern also das Eindringen der Impulsströme. Das umgekehrte Verhalten zeigen die Ketten für den Impulssender und den Impulsempfänger. Sie haben als Längsglieder Durchlaßkreise, als Querglieder Sperrkreise und haben nur für den Bereich in der Nähe der Frequenz der Impulsströme eine kleine Dämpfung, für höhere und tiefere dagegen eine hohe Dämpfung.

Die Frequenz f_i wird zu 100 oder 150 Hz gewählt, so daß sie einerseits von der Ruffrequenz 25, andererseits von dem Sprachgebiet oberhalb von 300 Hz genügend weit entfernt liegt. Die im Rufstrom enthaltenen Oberwellen können oft Schwierigkeiten machen, so daß es zweckmäßig sein kann, das Rufsystem auf die Verwendung von moduliertem Tonfrequenzstrom, z. B. 500 Hz mit 25 Hz moduliert, umzustellen, was allerdings bei umfangreichen Telephonanlagen größere Änderungen bedingt.

Auf pupinisierten Leitungen sind auch Schaltungen mit einer Überlagerung, d. h. der Verwendung einer Frequenz oberhalb des Sprachgebietes für die Impulsübertragung möglich. Auf diese Weise wird es sogar möglich, mehrere unabhängige Übertragungen auf einer Telephonverbindung unterzubringen.

Die Art der Empfangsanordnungen für solche Übertragungen richtet sich nach den Verhältnissen, bei größeren Entfernungen sind Verstärker erforderlich, die bei ganz großen Entfernungen auch in Zwischenstationen notwendig werden. Die Erzeugung der Wechselspannungen der benötigten Frequenz kann durch ruhende Frequenzwandler aus dem Starkstromnetz, durch Röhrengeneratoren oder durch Maschinen erfolgen.

Liegen im Zuge der Leitung Zwischenstationen für den Telephonverkehr, so müssen auch diese durch ähnliche Filteranordnungen angeschlossen und für die Impulsübertragungsfrequenz überbrückt werden.

Die Methoden zur gleichzeitigen Unter- oder Überlagerung mit mehreren Frequenzen leiten zu den Mehrfachübertragungsverfahren mit Frequenzunterscheidung über.

d) Kanalvervielfachung für mehrere unabhängige Kanäle.

Eine Leitung oder Verbindung, die ausschließlich für Impulsübertragungen zur Verfügung steht, kann mehrfach ausgenutzt werden für eine Vielzahl von unabhängigen Übertragungen. Hierfür stehen grundsätzlich zwei Wege zur Verfügung. Man kann erstens auf einer Leitung oder einer Trägerwelle mit mehreren Frequenzen arbeiten, im ersteren Falle unmittelbar, im zweiten Falle durch Mehrfachmodulation der Trägerwelle oder man kann die Übertragungen zwar zeitlich hintereinander, aber in so schneller Folge vornehmen, daß für jeden Empfangsapparat ein kontinuierlich durchgeschalteter Weg vorgetäuscht wird, ähnlich wie man beim Film lauter einzelne Bilder in schneller Folge dem Auge vorsetzt, das die Unterbrechungen nicht mehr wahrnehmen kann.

Auf der Sendeseite werden also die Übertragungen sozusagen gemischt, auf der Empfangsseite wieder getrennt, indem als Merkmale für jeden Kanal bei dem ersten Prinzip die unterschiedliche Frequenz, im zweiten Falle die Phase innerhalb der Zeitfolge benutzt wird.

I. Kanalvervielfachung mit Frequenzunterscheidung.

Die Wirkungsweise solcher Einrichtungen zur Mehrfachübertragung mit mehreren Frequenzen ist nach dem bei der Wechselstromunterlagerung Gesagten ohne weiteres zu verstehen. Es werden auf der Sendeseite die Impulse der einzelnen Übertragungen mit Wechselspannungen verschiedener Frequenz getastet, so daß auf die Leitung ein vom zufälligen Schaltzustand abhängiges Frequenzgemisch kommt, das auf der Empfangsseite durch Siebkreise wieder in die einzelnen Frequenzen zerlegt wird, deren jede bei ihrem Vorhandensein eine getrennte Empfangsanordnung zum Ansprechen bringt.

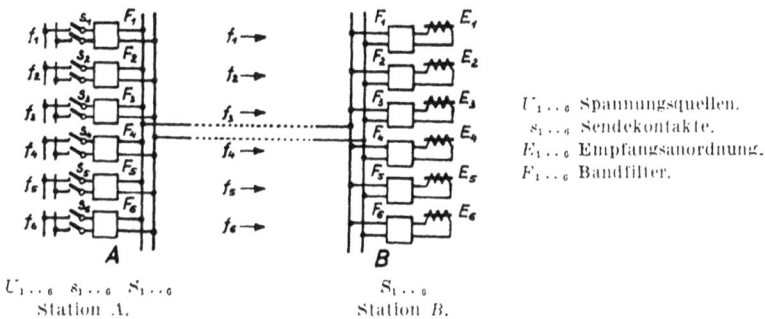

$U_{1...6}$ Spannungsquellen.
$s_{1...6}$ Sendekontakte.
$E_{1...6}$ Empfangsanordnung.
$F_{1...6}$ Bandfilter.

Abb. 101. Mehrfachtonfrequenz-Übertragung.

Statt der Siebkreise können auch wattmetrische Relais verwendet werden, die nur auf diejenige Wechselstromfrequenz ansprechen, mit der sie erregt sind, wobei die Erregung allerdings mit synchroner und phasenrichtiger Spannung erfolgen muß.

Das Schema einer solchen Mehrfachübertragung ist in Abb. 101 gezeigt.

Von der Station A werden nach Station B insgesamt 6 unabhängige Übertragungen durchgeführt. Die 6 Spannungsquellen $U_{1...6}$, die 6 verschiedene Frequenzen $f_{1...6}$ aufweisen, werden durch die Sendekontakte $S_{1...6}$ eingeschaltet. Die Impulse der betreffenden Wechselstromfrequenz gehen dann über die Filter F auf die Fernleitung. In der Station B kann jede Frequenz nur das auf sie abgestimmte Filter F passieren und betätigt die Empfangsvorrichtung E, die schematisch als einfaches Relais gezeichnet ist.

Die Stromquellen für die verschiedenen Frequenzen können Röhrensender oder auch Maschinenumformer sein. Da man nur kleine Leistungen benötigt, lassen sich die sämtlichen Wechselstromgeneratoren als schmale Tonräder nebeneinander auf dieselbe Achse setzen, die von einem gemeinsamen Motor angetrieben wird. Man erhält so einen Umformer, der einen geschlossenen Eindruck macht und alle Frequenzen gemeinsam erzeugt. Der Umformer muß eine genaue Drehzahlregelung erhalten, da ja wegen der verwendeten Filter die Frequenzen genau eingehalten werden müssen und auf der Trennung durch die Frequenz die ganze Methode beruht. Es werden dazu meist Fliehkraftregler verwendet, bei denen über einen Kontakt einer durch die Fliehkraft ausgelenkten Kontaktfeder die Erregung des Antriebsmotors nach Art eines Schnellreglers, also mit dauerndem Spiel des Kontaktes, gesteuert wird.

Die Filter auf der Sendeseite dienen dazu, die auf die Leitung kommenden Impulse, die beim Ein- und Ausschalten Stromänderungen aufweisen, in denen alle möglichen Frequenzen enthalten sind, zu »erweichen«, d. h. diese Störfrequenzen von der Leitung fernzuhalten und die Spannungskurve von irgendwelchen Oberwellen zu reinigen, dann aber auch dazu, den Rückfluß von Energie fremder Frequenzen auf den Sendestromkreis und eine dadurch hervorgerufene Energieabschwächung zu vermeiden.

Die Empfangsanordnungen können in einfachen Fällen aus empfindlichen Gleichstromrelais mit vorgeschalteten Trockengleichrichtern bestehen, auch Röhrenempfangsschaltungen mit Verstärker- und Gleichrichterwirkung können bei kleiner Empfangsenergie benutzt werden. Die Energie, mit der man arbeiten kann, ist nicht sehr hoch, da nicht nur die Leitung eine Dämpfung, sondern auch die Filteranordnungen eine solche selbst in ihrem Durchlaßbereich haben. Eine gemeinsame Verstärkung des Frequenzgemisches*) kann dabei auch nicht sehr viel erreichen, da man auf eine unverzerrte Verstärkung achten muß und daher nur eine Verstärkung im umgekehrten Verhältnis zu der Zahl der Frequenzen vorgenommen werden kann wie bei der Verstärkung einer Frequenz allein. Auch bei der Mehrfachmodulation einer gemeinsamen Trägerwelle ist dieser Gesichtspunkt wohl zu beachten.

Die Wahl der Frequenzen muß richtig vorgenommen werden sowohl was ihren Abstand betrifft als auch in bezug auf ihr gegenseitiges Verhältnis. Es muß dabei vermieden werden, daß nicht zwischen zwei höheren Frequenzen eine in der Nähe einer tieferen Frequenz liegende Schwebungsfrequenz erzeugt wird. Eine diese Bedingungen einhaltende Frequenzreihe ist z. B. 420, 540, 660 . . . . 2460 Hz. Auf Leitungen lassen sich so innerhalb des für Kabel brauchbaren Frequenzbereiches 12 bis 18 Frequenzen unterbringen.

Die Schaltungen für die Mehrfachmodulation einer Hochfrequenzträgerwelle enthalten dasselbe Grundprinzip. Man kann praktisch mit

---

*) Bei dem Maß der Verstärkung ist der Störpegel zu beachten.

der Zahl der Kanäle kaum so hoch gehen wie bei Leitungsbetrieb, da das Fernhalten von Verzerrungserscheinungen schwer gelingt.

Hin- und Rückverkehr auf diese Weise ist auf Leitungen an sich möglich, doch ist bei größeren Leitungsdämpfungen das Verhältnis der Größen der Spannungen auf Sende- und Empfangsseite so ungünstig, daß die Empfangsfilter, die für den Empfang ihrer bestimmten Frequenz eine kleine Dämpfung, für die Frequenz der Sendespannung zwar eine viel größere, aber immerhin endliche Dämpfung haben, für diese immer noch so durchlässig sind, daß eine zur Störung der Empfangsverhältnisse ausreichende Intensität durchgelassen wird. Günstiger werden dann Duplexschaltungen nach Abb. 102, bei denen sich nicht mehr die vollen Sendespannungen, sondern nur Differenzspannungen infolge nicht

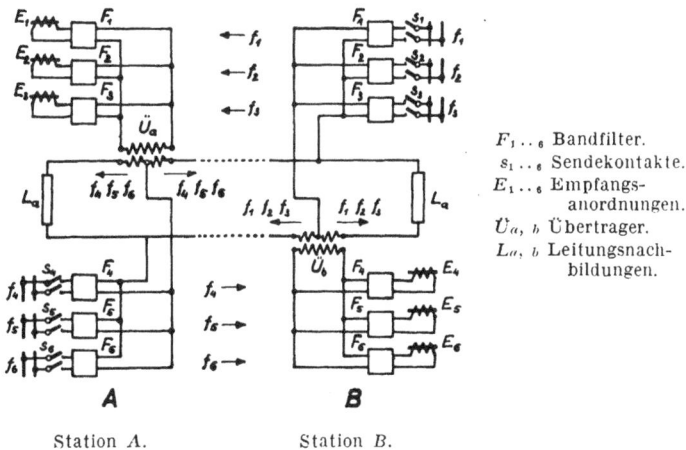

$F_1 \ldots_6$ Bandfilter.
$s_1 \ldots_6$ Sendekontakte.
$E_1 \ldots_6$ Empfangs-
anordnungen.
$\ddot{U}_{a,\ b}$ Übertrager.
$L_{a,\ b}$ Leitungsnach-
bildungen.

Station A.   Station B.

Abb. 102. Mehrfachtonfrequenz-Übertragung im Duplexverkehr.

richtiger Abgleichung bemerkbar machen. Die Schaltung ist nach dem zu Abb. 96 Gesagten ohne weiteres verständlich. Die Frequenzen $f_{1\ 3}$ dienen zur Übertragung von Station B nach A, die Frequenzen f_{4-6} zur Übertragung in umgekehrter Richtung. Die Stromverzweigung in Leitung und Leitungsnachbildung L geschieht über einen in der Mitte angezapften Übertrager $\ddot{U}$. Die Leitungsnachbildung muß natürlich dasselbe Frequenzverhalten haben wie die natürliche Leitung. Die sich im Übertrager verzweigenden Wechselströme heben sich wegen ihrer umgekehrten Richtung in ihren Amperewindungen auf und induzieren in der Sekundärwicklung des Übertragers, an die der Empfangskreis angeschlossen ist, keine Spannung. Die von der anderen Seite kommenden Wechselströme durchfließen dagegen die beiden Wicklungen des Übertragers in demselben Sinne und induzieren in der Sekundärwicklung die zur Betätigung des Empfangskreises benötigten Spannungen.

II. Kanalvervielfachung mit Phasenunterscheidung.

Bei diesen Verfahren wird der Übertragungskanal für die einzelnen Übertragungen in so rascher Folge durchgeschaltet, daß die zu übertragenden Impulse dagegen langsam getastet werden. Zur Unterscheidung der einzelnen Übertragungen ist notwendig, daß ähnlich wie wir es bei den synchronlaufenden Verteilern für Fernschaltung*) gesehen haben, auf Sende- und Empfangsseite synchron und mit übereinstimmender Phase laufende Verteilereinrichtungen vorhanden sind. Die Übertragungsleitung wird bei diesen Verfahren grundsätzlich eine kurze Zeit für die einzelnen Übertragungen nacheinander freigegeben und zu ihrer ausschließlichen Benutzung gehalten, einerlei ob davon Gebrauch gemacht wird oder nicht.

Der Unterschied zwischen den Synchronwählerverfahren der Fernschaltung und den für beliebige Impulsübertragung geeigneten Mehrfachübertragungsverfahren mit Phasenunterscheidung beruht nicht nur in der Arbeitsgeschwindigkeit, sondern vor allem darin, daß bei den Synchronwählerverfahren die Meldung oder das Kommando übermittelt wird in der Zeit, in der die Wähler auf den betreffenden Kontakten stehen, und beendet ist, wenn sie weitere Schritte machen, während hier die dauernde Wiederholung der Durchschaltung den betreffenden Übertragungskanal ausmacht, auf dem innerhalb gewisser Grenzen Impulse beliebiger Dauer übertragen werden können. Der kürzeste Impuls muß länger sein als die Periode der Durchschaltung, so daß ein kurzer Impuls möglichst schon mit mehreren aufeinanderfolgenden Durchschaltungen des Kanals übertragen wird. Da die Pause zwischen zwei Durchschaltungen während eines Impulses überbrückt werden muß, sind entweder eine Empfangsvorrichtung von solcher Trägheit notwendig, daß sie erst bei mehrmals hintereinander spannungslos erfolgter Durchschaltung abfällt, entsprechend auch erst bei mehrmaliger Durchschaltung anspricht oder eine Art polarisierter Schaltung notwendig, d. h. die Übertragung des Impulses und der Impulspause auf getrennten Kanälen der Vielfachübertragung. Im ersteren Falle muß man mit der zulässigen Impulsfrequenz in einem größeren Abstand von der Durchschaltungsfrequenz bleiben, im zweiten Falle kann man zwar mit größerer Tastgeschwindigkeit arbeiten, braucht aber die doppelte Anzahl der Kanäle. Im ersteren Falle ist das Empfangsrelais oder die Empfangseinrichtung ein Relais nach Art der neutralen Relais mit Abfallverzögerung, im zweiten Falle eines nach Art der polarisierten Relais mit zwei Ruhelagen, das in derjenigen liegen bleibt, in der es zuletzt erregt wurde.

In beiden Fällen entstehen Verstümmelungen in der Impulslänge, da das Empfangsrelais erst ansprechen kann, wenn der betreffende Kanal seit Beginn des Impulses das erste Mal durchgeschaltet ist. Ebenso

*) Vgl. S. 147.

fällt das Umlegen des Empfangsrelais nicht mit dem wirklichen Ende des Impulses zusammen. Gegen diese Eigenschaft des Verfahrens gibt es kein Hilfsmittel, da sie im Grundprinzip liegt. Das Verfahren hat eben die Nacheinanderübertragung zur Grundlage, wenn sie auch so schnell erfolgt, daß sie wie eine kontinuierliche Mehrfachübertragung wirkt. Man hat diese Art von Mehrfachübertragung daher auch pseudokontinuierliche Mehrfachübertragung genannt.

Die Wirkungsweise dieser Verfahren hängt ab von der einwandfreien Sicherstellung des Synchronismus und der richtigen Phasenlage. Die dazu nötigen Hilfsmittel sind verschiedene. Es gibt eine Reihe von Verfahren, die eine synchrone und phasengleiche Spannung an beiden Stationen voraussetzen und infolgedessen keine weiteren Hilfsmittel mehr bedürfen. Bei den Verfahren, die ohne diese Voraussetzung auskommen, muß Synchronismus und richtige Phasenlage durch besondere Einrichtungen erzeugt und kontrolliert werden. Die einfache Methode des Start-Stop-Verfahrens, die wir früher kennen gelernt haben, ist nur für ganz einfache Fälle schnell genug, meist wird auf ähnliche Verfahren zurückgegriffen wie bei der Bildtelegraphie oder Bildübertragung, wo ja die Bildpunkte auch nacheinander übertragen werden, die Aufgabe also ganz ähnlich ist.

Wir unterscheiden daher Verfahren mit unmittelbarer Verteilung durch die Phasen einer für beide Stationen gemeinsamen synchronen Wechselspannung und Verfahren mit mechanischen, rotierenden Verteilern.

1. Elektrische Verfahren mit synchroner Wechselspannung.

Bei diesen Verfahren erfolgt die Verteilung unmittelbar durch die einzelnen Phasen der synchronen Spannung.

Ein besonders einfaches Beispiel dieser Art zeigen die Abb. 103 und 104. Die synchrone Wechselspannung wird dabei selbst zur Impulsübertragung benutzt. Die Sende- und Empfangsapparaturen fallen sehr einfach aus und bestehen nur in elektrischen Ventilen mit Relais. Die Ventile lassen nur eine bestimmte Polarität durch, so daß die beiden Halbwellen der Spannung unterschieden werden können. Zur Übertragung werden die beiden Adern benutzt. In der Station A wird durch den Sendekontakt s_1 und das Ventil V_1 die positive Halbwelle auf die Leitung a gegeben, über den Sendekontakt s_2 und das Ventil V_2 die negative Halbwelle. Die positive Halbwelle kommt über das Ventil V_1' auf das Empfangsrelais E_1, die negative über V_2' auf das Empfangsrelais E_2. Jedes Relais spricht also nur dann an, wenn seine ihm zugeordnete Halbwelle getastet wird.

Die auf der Leitung fließenden Ströme sind auf der schematischen Darstellung unter dem Schaltbild gezeichnet. Während der Dauer der

Impulse i_1 sind die positiven, während der Dauer der Impulse i_2 die negativen Halbwellen vorhanden, wobei die Kurven streng genommen allerdings nur gelten, wenn alle Widerstände im Kreis rein Ohmsche Widerstände sind, da anderenfalls Verschleifungen eintreten.

Man ersieht aus der Darstellung, daß die auf die Empfangsrelais kommenden Ströme eine große Welligkeit aufweisen, da sie ja aus einzelnen Halbwellen mit Unterbrechungen bestehen. Die Empfangsrelais

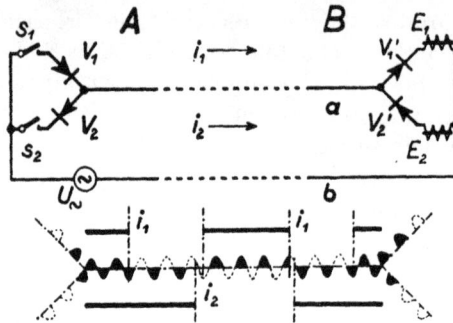

Abb. 103. Halbwellenverkehr in einer Richtung.

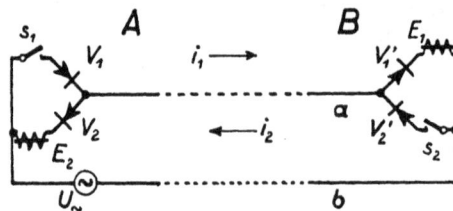

Abb. 104. Halbwellenverkehr in zwei Richtungen.

s Sendekontakte.
E Empfangsanordnungen.
V Ventile.
$U_\sim$ Wechselspannungsquelle.
a, b Fernleitungen.
i_1 Impulse der Übertragung I.
i_2 Impulse der Übertragung II.

müssen also so träge sein, daß sie in den Pausen nicht abfallen. Diese Abfallverzögerung macht es unmöglich, daß die Impulse oder vielmehr die Pausen eine bestimmte Dauer unterschreiten.

In Abb. 104 ist dasselbe Prinzip verwendet für gleichzeitigen Hin- und Rückverkehr. Der Sendekontakt s_2 befindet sich in Station B, das Empfangsrelais E_2 in Station A.

Diese einfache Art der Halbwellenübertragung, bei der die synchrone Wechselspannung gleichzeitig zur Übertragung benutzt wird, ist stark an die Eigenschaften der Leitung gebunden und vollständig einwandfrei nur, wenn diese und auch die Relais angenähert das Verhalten rein Ohmscher Widerstände zeigen. Besonders die Kapazität der Leitung wirkt sich störend aus. Durch sie und auch die Induktivität der Relais werden nämlich die Stromkurven so abgeschliffen, daß sie beim Betrieb mit einer Halbwelle allein stark in die Zeit der Unterbrechung hineingezogen erscheinen. Wenn man sich vorstellt, daß die Leitungskapazität sehr hoch

ist, so fließt am Ende der Leitung fast reiner Gleichstrom ohne Welligkeit und ebenso wirkt eine sehr hohe Induktivität des Empfangsrelais.
Die einfache Übertragung mit einer Halbwelle allein ist auch dann noch
gut durchführbar, die Doppelübertragung mit beiden Halbwellen bringt
aber ihr gegenüber eine so starke Abschwächung der Empfangsintensi-
täten, daß auf die Empfangsrelais ein viel kleinerer Strom entfällt, so
daß sie u. U. nicht mehr mit ausreichender Sicherheit ansprechen. Man

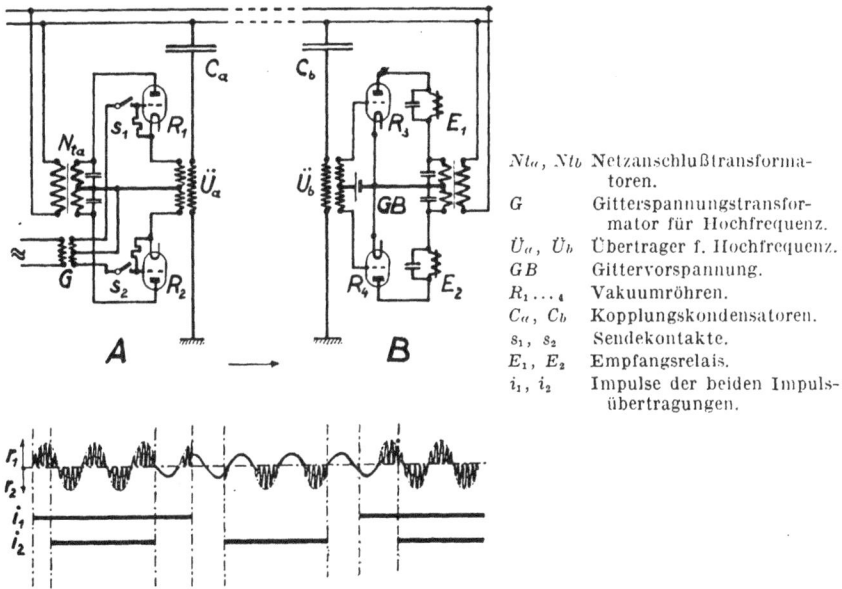

N_{ta}, N_{tb}	Netzanschlußtransforma-
	toren.
G	Gitterspannungstransfor-
	mator für Hochfrequenz.
$\ddot{U}_a$, $\ddot{U}_b$	Übertrager f. Hochfrequenz.
GB	Gittervorspannung.
$R_1 \ldots _4$	Vakuumröhren.
C_a, C_b	Kopplungskondensatoren.
s_1, s_2	Sendekontakte.
E_1, E_2	Empfangsrelais.
i_1, i_2	Impulse der beiden Impuls-
	übertragungen.

Abb. 105. Halbwellenverkehr mit Hochfrequenz.

kann das auch so ausdrücken, daß man sagt, für die Übertragung mit
einer Halbwelle allein sind die Eigenschaften der Leitung für Gleichstromübertragung, für die Doppelübertragung mit beiden Halbwellen
die Eigenschaften der Leitung für Wechselstromübertragung maßgebend.

Man kann jedoch auch einen Halbwellenverkehr durchführen, ohne
die Wechselspannung zur Übertragung heranzuziehen, diese vielmehr
mit einer anderen Frequenz durchführen, die z. B. in einer Hochfrequenz
bestehen kann, wie in dem Beispiel der Abb. 105 gezeigt. Der Halbwellenverkehr wird ermöglicht durch die Vakuumröhren R_1, R_2 in der
Station A und R_3 und R_4 in der Station B, an die als Anodenspannungen
dieselben synchronen, der Hochspannungsleitung über die Spannungswandler entnommenen Wechselspannungen gelegt werden, und zwar so,
daß R_1 und R_3 während der positiven, R_2 und R_4 während der negativen
Halbwelle durchlässig sind. Die Anodenspannungen werden durch

Netztransformatoren N_{ta} und N_{tb} gewonnen. Die Gitterspannung wird über die Sendekontakte s_1 und s_2 getastet und über den Gitterspannungstransformator oder eine andere Kopplung eingeführt. Sie ist eine Hochfrequenzspannung von der für die Übertragung gewählten Frequenz. So lange die Sendekontakte s offen sind, ist die Gitterspannung der Röhren R_1 und R_2 Null, die Anodenströme sind reine Halbwellenströme und setzen sich über den Übertrager U_a wieder zu einer Spannung der Betriebsfrequenz um, die aber wegen ihrer niedrigen Frequenz keine weiteren Wirkungen hervorruft. Wird aber z. B. der Sendekontakt geschlossen, so liegt die Hochfrequenzspannung am Gitter und erzeugt auch im Anodenstrom Schwankungen derselben Frequenz, die sich über den Kopplungstransformator U_a und den Kopplungskondensator C_a auf die Starkstromleitung übertragen und zur Station B als leitungsgerichtete Hochfrequenzwelle kommen, wo sie über den Kopplungskondensator C_b und den Übertrager U_b nach allenfallsiger Verstärkung die Gitterspannung für die Röhren R_3 und R_4 liefern. Die Gitter sind normal durch die Gitterspannungsbatterie GB negativ vorgespannt, so daß kein Anodenstrom fließen kann. Erst wenn die hochfrequente Gitterspannung sich überlagert, wird die Gitterspannung in den positiven Halbwellen so stark gegen Null oder ins Positive verschoben, daß ein Anodenstrom fließen kann, der dann das Empfangsrelais E_1 oder E_2 zum Ansprechen bringt.

Die Voraussetzung dafür, daß z. B. das Empfangsrelais E_1 Strom erhält, ist also, daß s_1 geschlossen ist, damit während der positiven Halbwelle der synchronen Spannung der Starkstromleitung Hochfrequenz auf die Leitung kommt, die in der als Richtverstärker geschalteten Röhre R_3 den Anodenstrom auslöst. Dieselbe Gitterspannung liegt auch an der Röhre R_4, da diese aber nur während der negativen Halbwelle durchlässig ist, ist die während der positiven Halbwelle vorhandene Gitterspannung wirkungslos.

Zur Verdeutlichung sind die im Übertrager U_a fließenden Ströme unter dem Schaltbild gezeichnet, wobei i_1 die Impulsdauer des Sendekontaktes s_1, i_2 die des Kontaktes s_2 bedeutet.

Statt des Halbwellenverkehrs kann auch ein Mehrwellenverkehr mit mehreren Phasen der synchronen Spannung durchgeführt werden. Um Überlappungen zu vermeiden und einen sauberen Betrieb zu erhalten, darf dann allerdings nur ein Teil der Halbwelle einer jeden Phasenspannung ausgenutzt werden. Mit normalen sinusförmigen Spannungen muß man dabei die Einrichtung so treffen, daß nur die eine bestimmte Grenze überschreitenden Momentanwerte verwendet werden. Da die Spannungskurve aber flach verläuft, ist dies Verfahren verhältnismäßig empfindlich. Es ist daher empfehlenswert, nicht mit sinusförmigen Kurven, sondern mit zu einer spitzen Form verzerrten Kurven zu arbeiten. Die Verzerrungen können z. B. mit Glimmlampen oder auch durch Ausnutzung von Sättigungserscheinungen erzeugt werden, wie in Abb. 106 gezeigt ist. Eine andere Methode ist die Ausnutzung des Nulldurchganges der normalen Sinuskurve, die mit sehr großer Schärfe festgestellt werden kann.

In Abb. 106 ist links die Schaltung zur Erzeugung einer verzerrten Sechsphasenspannung angegeben. Ein Transformator mit den Primärwicklungen R, S, T ist über Vorwiderstände an das Dreiphasennetz normaler Spannungskurve gelegt. Er ist so stark gesättigt, daß die von der sechsphasigen Sekundärwicklung 1—6 abgenommenen Spannungskurven das daneben gezeichnete Aussehen erhalten. Die Verwendung der Spannungen über einem gewissen Mindestwert, also in dem schraffierten Teil gibt 6 wohldefinierte Phasen der ganzen Periode, innerhalb deren die Übertragung ähnlich wie bei der Halbwellenmethode gezeigt, vor sich gehen kann.

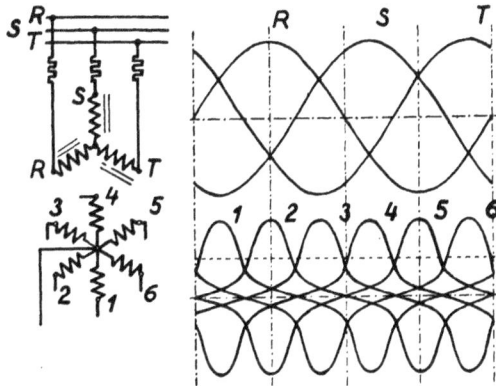

Abb. 106. Verzerrte Spannungskurven für Mehrwellenverkehr.

Die Übertragung kann bei Halb- und bei Mehrwellenbetrieb grundsätzlich in derselben Richtung wie in Abb. 105 gezeichnet oder auch mit einem Teil der Übertragungen in der einen Richtung, mit dem anderen Teil in der anderen Richtung erfolgen. Sie setzen wie gesagt eine synchrone und phasenrichtige Netzspannung in beiden Stationen voraus. Soll der Betrieb auch bei asynchronen Netzspannungen aufrecht erhalten werden, so ist die Verwendung von künstlich erzeugten, durch besondere Einrichtungen synchronisierten und auf richtige Phase kontrollierten Spannungen notwendig, wofür ähnliche Einrichtungen erforderlich sind, wie sie für mechanische Verteiler beschrieben werden.

Es sei noch erwähnt, daß man prinzipiell auch nichtperiodische Spannungen als Verteilerspannungen benutzen kann. Man kann z. B. in beiden Stationen dafür sorgen, daß die Entladung eines Kondensators auf ein besonderes Startkommando hin mit derselben Zeitkonstante hin erfolgt und abhängig von der Höhe der erreichten Spannung gewisse

Wege durchgeschaltet werden oder daß ein solcher Kondensator beim Erreichen einer bestimmten Spannung auf den nächsten weiterschaltet, der sich seinerseits entlädt und auch wieder weiterschaltet, so daß man damit eine in beiden Stationen gleichmäßig verlaufende Durchschaltung der verschiedenen Wege erhält, die zur Impulsübertragung benutzt werden kann. Das Verfahren kann als eine rein elektrische Start-Stop-Methode bezeichnet werden, es wird hier nur des Interesses halber erwähnt, hat aber praktisch noch keine Bedeutung erlangt, wie überhaupt die Verfahren zur Mehrfachübertragung mit Phasenunterscheidung noch nicht sehr viel angewendet werden, in der Zukunft aber mehr Bedeutung erlangen dürften.

Bei den Verfahren mit synchroner Wechselspannung müssen natürlich bestimmte Bedingungen eingehalten werden, damit keine Überlappungen und Impulsverstümmelungen auftreten. Nimmt man z. B. eine Zwölfphasenübertragung an, so ist der Abstand zweier Übertragungsphasen 30 elektrische Grade. Nimmt man ferner an, daß eine Verschiebung von einem Sechstel dieses Wertes nach jeder Seite noch zulässig ist, so muß die Phase der synchronen Spannung in beiden Stationen auf $\pm 5^0$ gehalten werden, was bei größeren Leitungslängen und stark schwankender Belastung des Starkstromnetzes durchaus nicht leicht ist und eine sehr scharfe Bedingung darstellt. Rein elektrische, unmittelbar mit der Netzfrequenz arbeitende Mehrfachübertragungsverfahren sind daher nicht so anpassungsfähig und empfindlicher als mechanische Verfahren, bei denen man wegen der Möglichkeit der Untersetzung diese Bedingung viel günstiger gestalten kann. Ein mechanischer, durch Synchronmotor angetriebener Verteiler mit 10 Umläufen in der Sekunde läßt z. B. die fünffache Phasenverschiebung im 50-Periodennetz zu.

2. Mechanische Verfahren.

Bei den mechanischen Verteilern ist auf beiden Seiten eine umlaufend Verteileranordnung vorhanden, deren Kontakte natürlich außer materiellen Kontakten auch durch körperlose Kontaktgaben ersetzt sein können, z. B. gesteuerte Lichtstrahlen, Kondensatorbelege usw. Diese Kontaktanordnungen stellen die Verbindung für jeden Weg eine bestimmte kurze Zeit her. Der Antrieb erfolgt durch Motoren, die im Gleichlauf gehalten werden müssen. In der einen Station kann der Antriebsmotor mit beliebiger, aber fester Drehzahl laufen, der in der anderen Station muß darauf synchronisiert werden, sofern nicht die Verwendung derselben synchronen Wechselspannung zur Speisung von Synchronmotoren eine bequeme Möglichkeit zur Herstellung des Gleichlaufes ergibt. Die Synchronisierung kann auch durch Übertragung der Wechselspannung mit nachfolgender Verstärkung oder aus den einlaufenden Zeichen selbst erfolgen. Die richtige Phasenlage der Verteiler muß kontrolliert und bei Abweichung selbsttätig richtiggestellt werden. Dazu ist die Übertragung eines besonderen Phasenzeichens nötig, das entweder auf getrenntem Kanal oder in einer Weise übertragen werden muß, daß es durch kein normales Zeichen irgendeines Kanals oder eine Kombination aus mehreren nachgebildet und verfälscht werden kann.

Ein Beispiel für eine solche Synchronverteileranlage zeigt Abb. 107*), die in schematischer Darstellung die wesentlichen Teile einer solchen Mehrfachübertragung zeigt. Es werden 10 Übertragungskanäle gebildet, von denen die ersten 5 von der Station A nach B, die zweiten 5 in umgekehrter Richtung arbeiten. Die Übertragung benutzt eine Leitung, über die zwei Frequenzen geleitet werden, die eine für die Übertragung der Zeichen, die andere für die Synchronisierung. Bei Hochfrequenzübertragung ist die Schaltung ähnlich.

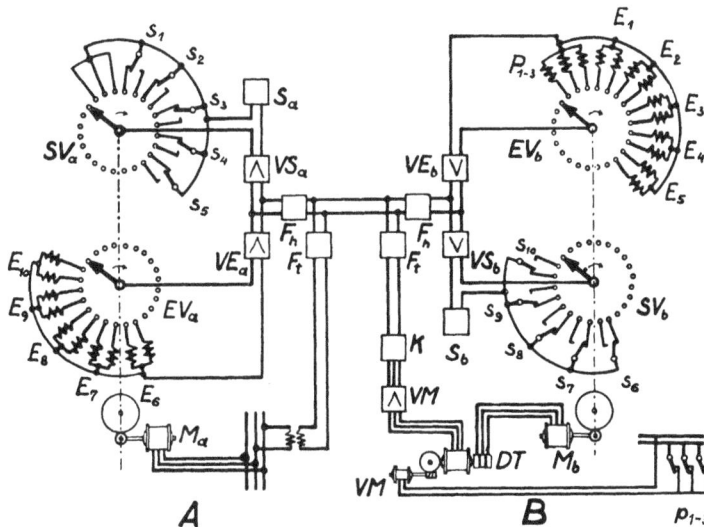

Abb. 107. Mehrfachübertragung mit Synchronverteilern.

Jeder Verteiler hat zwei Bahnen, die Sendebahn SV und die Empfangsbahn EV, die durch starr miteinander gekuppelte Fahrarme bestrichen werden. Der Antrieb erfolgt durch die Motoren M. Die Synchronisierung geschieht durch eine von A nach B übertragene besondere Frequenz, die Phasenrichtigstellung durch besondere, auf der Sendebahn von A gegebene, auf der Empfangsbahn von B empfangene Phasenzeichen.

Lassen wir Synchronisierung und Phasenrichtigstellung zunächst außer Betracht, sondern nehmen an, daß beide Verteiler synchron und phasenrichtig laufen. Dann nehmen die Verteilerarme bei ihrem Umlauf in beiden Stationen jederzeit die gleiche Lage ein und laufen gleichmäßig um, als ob sie miteinander gekuppelt wären, berühren also gleich-

*) Ausführung Allg. El. Ges. Berlin.

zeitig die entsprechenden Lamellen, so daß in rascher Folge von Sendekontakt *1* zu Empfangskontakt *1* usw. durchgeschaltet wird. In beiden
Stationen ist je ein Tonfrequenzsender S_a bzw. S_b vorhanden, die dauernd
eine Tonfrequenzspannung von verhältnismäßig hoher Frequenz erzeugen. Diese wird durch die Sendekontakte $s_{1\ldots10}$ an die Lamellen der
Sendebahnen SV_a bzw. SV_b gelegt, von wo sie durch den Fahrarm beim
Berühren abgenommen und auf den Verstärker VS_a bzw. VS_b gegeben
werden, der sie verstärkt und auf die Leitung gibt. Sie werden in beiden
Stationen von den Empfangsverstärkern VE_a bzw. VE_b verstärkt und auf
den Kontaktarm der Empfangsbahn EV_a bzw. EV_b gegeben. Da aber
die Lamellen der eigenen Empfangsbahn unbesetzt sind, werden die von
den Lamellen der Sendebahn abgenommenen Zeichen nur in der Gegenstation wirksam.

Die Zeichen werden durch Doppelübertragung auf zwei Kanälen
gegeben, Impuls und Impulspause also getrennt übertragen. Die Sendekontakte *s* legen mit ihren Ruhekontakten die Spannung der Tonfrequenzsender *S* z. B. an die ungeradzahligen, mit ihren Arbeitskontakten
an die geradzahligen Lamellen der Sendebahn *SV*. Die Zeichen werden
entsprechend von der an eine ungeradzahlige oder eine geradzahlige
Lamelle der Empfangsbahn *EV* in der Gegenstation angeschlossenen
Spule des betreffenden Empfangsrelais E_{1-10} aufgenommen, die z. B.
einem polarisierten Relais oder sonst einer Relaiseinrichtung mit zwei
Stellungen angehören, bei denen das Umlegen in die andere Stellung nur
beim Erregen der anderen Spule erfolgt. Die Kontakte dieser Empfangsrelais machen also die Bewegung der Sendekontakte *s* mit und legen mit
diesen im Takte der Impulse von der Ruhe- in die Arbeitslage und umgekehrt um.

Die Synchronisierung der Motoren *M* wird erreicht durch die Übertragung einer besonderen Synchronisierspannung, und zwar der 50-
Periodenspannung, die an dem selbstanlaufenden Synchronmotor M_a
in der Station *A* liegt, nach der Station *B*, wo sie zur Speisung des An-
triebmotors M_b benutzt wird. Sie wird, da sie nur einphasig übertragen
werden kann, in der aus einer passenden Anordnung von Ohmschen
Widerständen, Drosselspulen und Kondensatoren bestehenden Kunst-
schaltung in drei symmetrische Drehstromspannungen aufgespalten, die
getrennt verstärkt werden in dem Kraftverstärker V_m, von wo sie über
den Drehtransformator *DT* dem Motor zugeleitet werden, der ebenfalls
ein selbstanlaufender Synchronmotor ist. Bei der Inbetriebnahme laufen
beide Motoren also selbsttätig in Gleichlauf, in dem sie bleiben, solange
die Übertragung aufrechterhalten bleibt. Zur Trennung der beiden auf
der Leitung vorhandenen Wechselspannungen verschiedener Frequenz
sind Filteranordnungen vorgesehen, von denen die sog. Hochpässe F_h
nur die hohe Zeichenfrequenz, nicht aber die niedere Synchronisierungs-
frequenz durchlassen, während die sog. Tiefpässe F_t nur die tiefe, nicht

aber die hohe Frequenz durchlassen, so daß also eine Unterlagerung zustandekommt, wie wir sie früher kennen gelernt haben.

Um die Übereinstimmung der Stellung oder Phase der Verteiler herbeizuführen, sind drei Lamellen des Sendeverteilers SV_a fest an die Spannung gelegt, so daß also beim Durchlaufen dieser aufeinanderfolgenden Lamellen in drei Phasen Zeichen gegeben wird, was durch die normalen Übertragungszeichen nicht erreicht werden kann, da dort höchstens in zwei aufeinanderfolgenden Phasen Zeichen gegeben werden kann, dann aber eine Lücke folgen muß. Auf diese unverwechselbare Phasenzeichenzusammenstellung sprechen die an den Empfangsverteiler EV_b in der Station B an die entsprechenden Lamellen angeschlossenen Prüfrelais $P_{1\ 3}$ an, die mit so viel Abfallverzögerung ausgeführt sind, daß sie sich über einen Umlauf des Verteilers hinweg halten und erst abfallen, wenn sie über zwei oder mehrere Umläufe hinweg kein Zeichen erhalten. Ihre Ruhekontakte p_{1-3} schalten den an einer Hilfsspannung liegenden Verstellmotor VM für den Drehtransformator DT ein, so daß über diesen die Phase der dem Motor M_b zugeführten Spannung so lange gedreht wird, bis die Übereinstimmung herbeigeführt ist und alle drei Prüfrelais angezogen sind. Die Drehung erfolgt immer in demselben Sinn und kann natürlich auch auf eine andere Weise, z. B. durch Verdrehen des Ständers des Antriebsmotors M_b bewerkstelligt werden, was die Verluste in dem Drehtransformator erspart, die ja von dem Kraftverstärker VM aufgebracht werden müssen.

Über die Prüfrelais können auch die an die Verteiler gelegten Sende- und Empfangsvorrichtungen in der Station B abgetrennt werden, wenn nicht die richtige Phasenlage vorhanden ist, so daß Fehlübertragungen vermieden werden.

Das Bild zeigt den Aufbau einer solchen Mehrfachübertragung mit raschlaufenden Verteilern nur in den Grundzügen. In Wirklichkeit können die Anordnungen nicht so einfacher Natur sein, z. B. ist eine mehrstufige Verstärkung notwendig. Bei den außerordentlich kurzen Stromstößen, die die Empfangsvorrichtungen bekommen, müssen sie sehr empfindlich sein. Man kann, wenn man die der Empfangsbahn zugeleiteten Ströme vorher gleichrichtet, mit empfindlichen polarisierten Relais auskommen, macht aber zweckmäßig von Röhrenschaltungen Gebrauch, wobei man z. B. einen am Gitter liegenden Kondensator durch den kurzen Stoß aufladen und dann langsamer entladen lassen kann und so eine sehr erwünschte Verlängerung der Wirkung bekommt. Jedenfalls aber muß man in der gezeichneten Anordnung eine Kippschaltung benutzen, die abwechselnd auf der einen oder der anderen Seite erregt wird.

Auch hier ist es zur Erzielung eines einwandfreien Arbeitens nötig, gewisse Arbeitsbedingungen einzuhalten, insbesondere müssen Überlappungen vermieden werden. Die Leistungsfähigkeit solcher Verteiler

ist sehr groß. Bei 10 Umläufen in der Sekunde und 24 Lamellen können
z. B. 10 unabhängige Fernmeßübertragungen mit einer Impulshäufigkeit
von 5 Impulsen in der Sekunde durchgeführt werden. Natürlich können
die geschaffenen Kanäle auch für andere Zwecke, z. B. Fernmeldung,
benutzt werden. Der besondere Vorteil der Methode liegt darin, daß sie
an die Übertragung bei Hin- und Rückverkehr weniger Ansprüche stellt
als eine Übertragung mit Frequenzunterscheidung. Die Zeichenüber-
tragung erfolgt in Wirklichkeit nacheinander und ineinander verschachtelt, so daß Hin- und Rückverkehr mit derselben Frequenz durchgeführt
werden kann. Auch ein Verkehr mehrerer Stationen untereinander auf
derselben Frequenz ist möglich, was sich insbesondere bei leitungs-
gerichteter Hochfrequenzübertragung angenehm bemerkbar macht, da
man dabei mit Trägerwellen möglichst sparen muß.

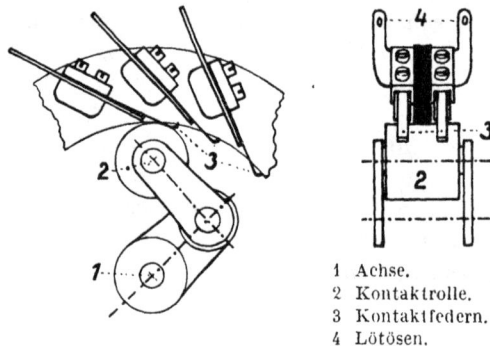

1 Achse.
2 Kontaktrolle.
3 Kontaktfedern.
4 Lötösen.

Abb. 108. Kontaktkonstruktion bei raschlaufenden Verteilern.

Die Konstruktion solcher mechanischer Verteiler muß natürlich
sehr sorgfältig durchgebildet sein, wenn sie den sehr hohen Beanspruchungen im Dauerbetrieb standhalten soll. Dies gilt besonders für
mechanische Kontaktvorrichtungen. Wenn auch wegen der Notwendigkeit sowieso Röhren zu verwenden, die elektrische Beanspruchung der
Kontakte klein gehalten werden kann, so ist doch die mechanische Beanspruchung sehr groß. Wegen der sehr kurzen Schaltzeiten dürfen
diese nicht irgendwie gestört werden. Eine praktisch bewährte Konstruktion zeigt Abb. 108. Der Kontakt wird dadurch gemacht, daß eine
auf einer festen Bahn umlaufende Rolle kurzzeitig zwei übereinander
angeordnete Kontaktfedern gleichzeitig berührt. Die Federn müssen
richtig dimensioniert sein, damit sie durch die beim Auflaufen der Rolle
erteilte Massenbeschleunigung nicht in Schwingungen kommen und dabei
Unterbrechungen hervorrufen. Dies wird dann vermieden, wenn die
Periode ihrer Eigenschwingung kurz ist gegenüber den Schalt- und Be-
rührungszeiten der Rolle. Um einen Begriff von den vorkommenden
Zeiten zu geben, sei erwähnt, daß bei den früher angenommenen Ver-

hältnissen, 10 Umläufe in der Minute und 24 Lamellen, die Zeit, die die Rolle braucht um von der einen Feder auf die nächste zu kommen, $^1/_{240}$ Sekunde, die Kontaktzeit etwa die Hälfte davon beträgt. Die Tastung der für die Übertragung verwendeten Tonfrequenz erfolgt also mit einer Tastfrequenz von 240. Die gezeigte Konstruktion ist dieser Beanspruchung im Dauerbetrieb gut gewachsen.

Abbildungen von Apparaten und Einrichtungen.

Die nachfolgend gebrachten Abbildungen wurden von den Firmen

> Allgemeine Elektricitäts-Gesellschaft, Berlin,
> Brown, Boveri & Cie., Mannheim,
> C. Lorenz A.-G., Berlin,
> Deutsche Telephonwerke und Kabelindustrie, Berlin,
> Hartmann & Braun, Frankfurt a. M.,
> Heliowattwerke, Berlin,
> Paul Firchow, Nachf. Landis & Gyr, Berlin,
> Siemens & Halske A.-G., Berlin,
> Siemens-Schuckertwerke, Berlin,
> Telefunken G. m. b. H., Berlin

freundlichst zur Verfügung gestellt. Sie sollen die praktische Ausführung der im Hauptteil behandelten Apparate und Einrichtungen der Fernwirkanlagen-Technik zeigen. Bei einzelnen Ausführungen, insbesondere der Apparate, ist auf die Behandlung im Hauptteil, wo das Prinzip beschrieben wird, hingewiesen. Bei den gezeigten Anlagen ist die im einzelnen Falle getroffene Lösung teilweise von mehr oder weniger zufälligen Gründen abhängig — Platzfrage, besondere Wünsche des Betriebes und dgl. — so daß die Ausführungen nicht einheitlich sind. Aus diesem Grunde ist auf eine eingehendere Beschreibung verzichtet, die Bilder sollen vielmehr nur einen Überblick geben über die Möglichkeiten, die für die Ausgestaltung von Fernwirkanlagen im praktischen Betrieb bestehen.

Die Einteilung hält sich an die im Hauptteil benutzte. Die Abbildungen bringen neben modernen Apparaten und Apparaturen auch solche, die heute nicht mehr in der Weise ausgeführt werden. Solche Abbildungen sind großenteils durch Beifügung einer Jahreszahl gekennzeichnet.

Abb. 107. Fernmeßgeber für Drehstrom-Wirkleistung nach dem Generatorverfahren. (Heliowattwerke, Berlin „Telewatt".) Vgl. S. 16.

Abb. 108. „Telewattgeber" zur gesamten Betriebsüberwachung eines Elektrizitätswerkes. (Heliowattwerke, Berlin.)

Abb. 109. Empfangsfeld mit mehreren Mehrfarbenpunktschreibern zur Einzel- und Summenregistrierung nach dem „Telewatt"-Verfahren. (Heliowattwerke, Berlin.)

Abb. 110. Gasmengenmesser mit angebautem
Fernmeßgeber nach dem Widerstandsver-
fahren. (Hartmann & Braun. Frankfurt a. M.)
Vgl. S. 19.

Abb. 111. Vergrößerung des Widerstands-Doppelsenders nach Abb. 110.

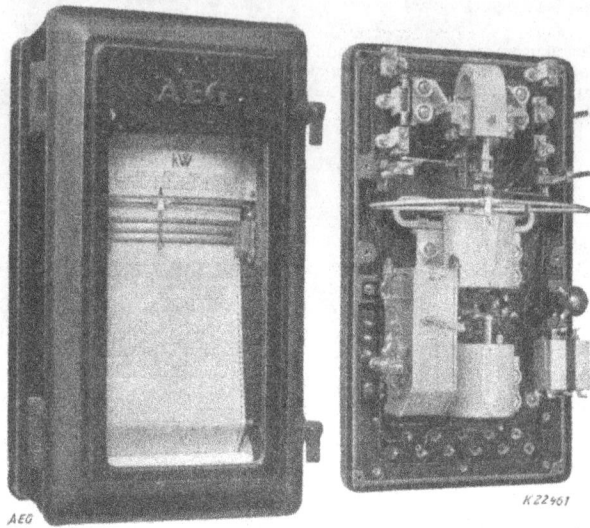

Abb. 112. Fernmeßgeber für Drehstromwirkleistung
nach dem Kompensationsverfahren in registrierender Ausführung.
(Allgemeine Elektricitäts-Gesellschaft, Berlin.) Vgl. S. 30.

Abb. 113. Einzelanzeige und Summenregistrierung nach dem Kompensationsverfahren.
(Allgemeine Elektricitäts-Gesellschaft, Berlin.)

Abb. 114. Kompensations-Fernmeßgeber für die
Stromüberwachung mehrerer Kabelabzweige.
(Allgemeine Elektricitäts-Gesellschaft. Berlin.)

Abb. 115. Fernmeßgeber nach dem
Impuls - Zeit - Verfahren. (Deutsche
Telephonwerke und Kabelindustrie,
„DTW“, Berlin.) Vgl. S. 36. (1928)

Abb. 116.
Synchronverteiler (Schaltwalze) zur Mehrfachübertragung nach dem Impuls-Zeit-
Fernmeßverfahren. (Allgemeine Elektricitäts-Gesellschaft, Berlin.) Vgl. S. 39.
(1929)

Abb. 117. Registrierender Fernmeßempfänger nach dem Impuls-Zeit-
Fernmeßverfahren.
(Deutsche Telephonwerke und Kabelindustrie. „DTW", Berlin.) Vgl. S. 39.
(1928)

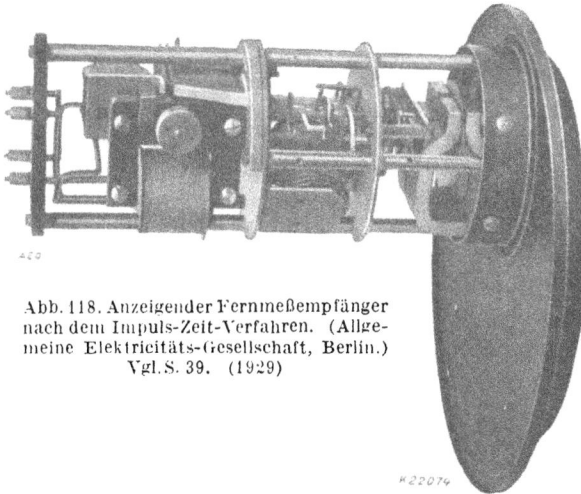

Abb. 118. Anzeigender Fernmeßempfänger
nach dem Impuls-Zeit-Verfahren. (Allgemeine Elektricitäts-Gesellschaft, Berlin.)
Vgl. S. 39. (1929)

— 248 —

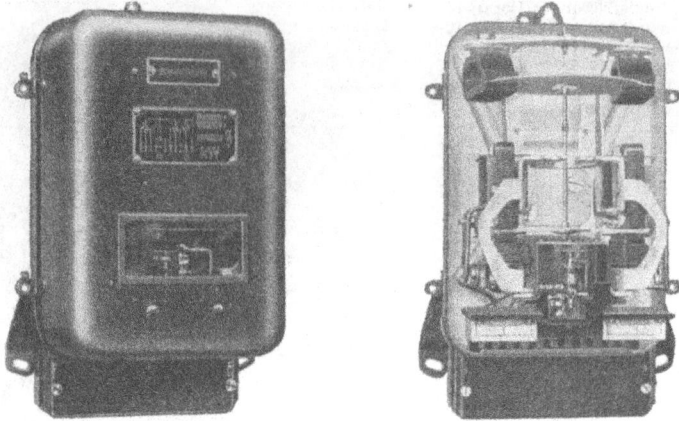

Abb. 119. Fernmeßgeber für Drehstromwirkleistung mit Kontaktvorrichtung für das Impuls-Frequenz-Verfahren. (Siemens & Halske, Berlin.) Vgl. S. 45.

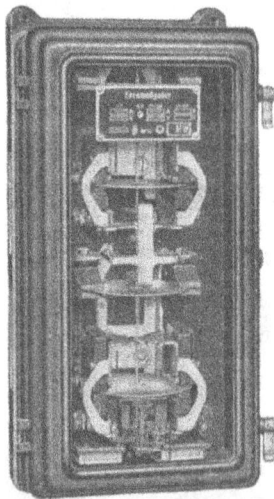

Abb. 120. Fernmeßgeber zur mechanischen Summierung mehrerer Leistungen, mit Kontaktvorrichtung für das Impuls-Frequenz-Verfahren. (Siemens & Halske, Berlin.)

Abb. 121. Fernmeßgeber mit Kontaktvorrichtung für das Impuls-Frequenz-Verfahren, ausgeführt als spannungsunabhängiger Gleichstrom-Zwischengeber zur Weitergabe eines Summenwertes. (Siemens & Halske, Berlin.) Vgl. S. 11.

Abb. 122. Fernmeßgeber zur Übertragung der Meßwerte einer Unter-
station nach dem Impuls-Frequenz-
Verfahren.
(Siemens & Halske, Berlin.)

Abb. 123. Registrierende Fernmeß-
empfänger nach dem Impuls-
Frequenz-Verfahren für ein großes
Netz.
(Siemens & Halske, Berlin.)

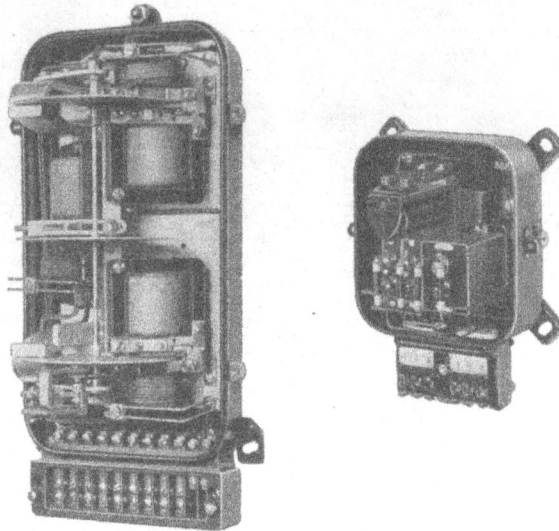

Abb. 124. Fernmeßgeber zur mechanischen Summierung von drei Einphasenleistungen mit Kontaktvorrichtung und Senderelais für das Impuls-Kompensations-Verfahren. (Allgemeine Elektricitäts-Gesellschaft, Berlin.) Vgl. S. 49.

Abb. 125. Impulskompensator, Empfangsapparat für das Impuls-Kompensations-Fernmeßverfahren. (Allgemeine Elektricitäts-Gesellschaft, Berlin.) Vgl. S. 50.

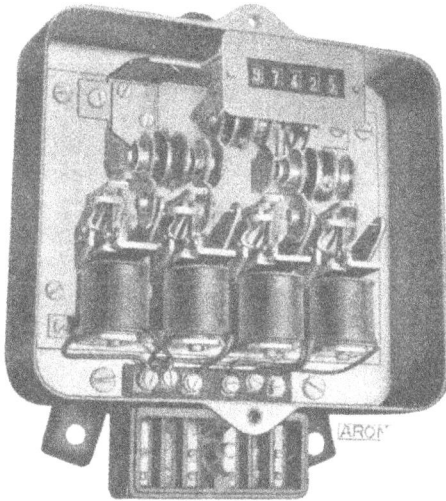

Abb. 126. Summenzählwerk mit mechanischem Summationsgetriebe.
(Heliowattwerke, Berlin.) Vgl. S. 74.

Abb. 127. Druckendes Maximumzählwerk. (Heliowattwerke, Berlin.)

Abb. 128. Summenzählwerk mit mechanischem Summationsgetriebe.
(Siemens-Schuckertwerke, Berlin.) Vgl. S. 74.

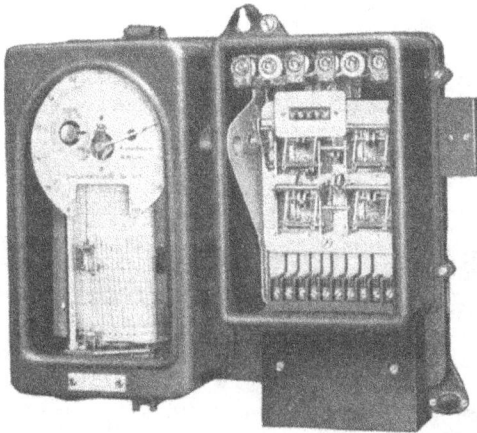

Abb. 129. Summenzählwerk mit Maximum-
Registrierung.
(Siemens-Schuckertwerke, Berlin.)

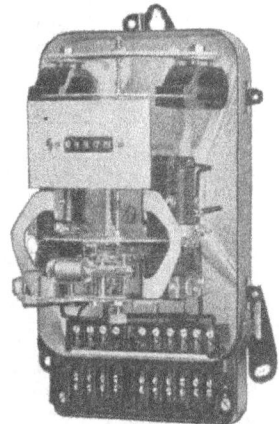

Abb. 130. Zähler für Summenzählung mit Vakuumkontaktvor-
richtung.
(Siemens-Schuckertwerke, Berlin.)

Abb. 132. Summenzählwerk mit Maxi-
mum-Registrierung.
(Paul Firchow Nachf. Landis & Gyr,
Berlin.)

Abb. 131. Summenzählwerk mit mecha-
nischer Impulsspeicherung.
(Paul Firchow Nachf. Landis & Gyr,
Berlin.) Vgl. S. 75.

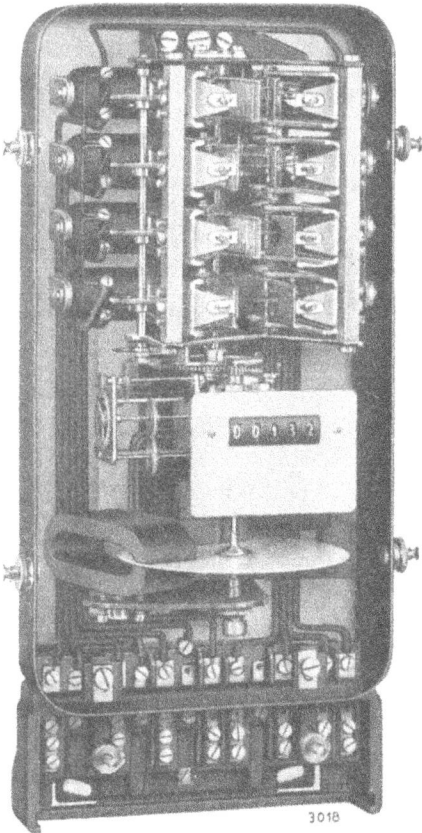

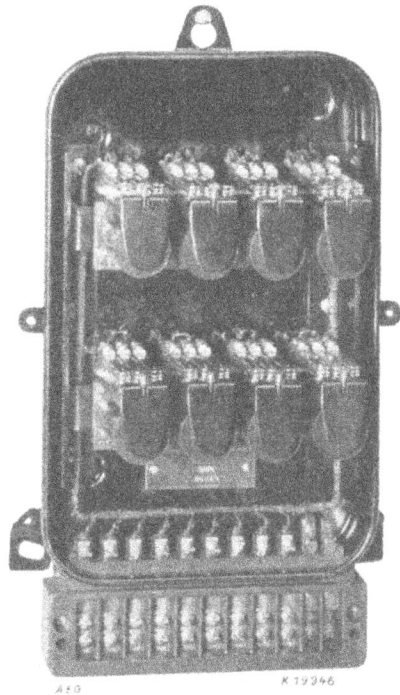

Abb. 133. Relaiskette zur Speicherung
und Weitergabe der Impulse an das
Summenzählwerk.
(Allgemeine Elektricitäts-Gesellschaft,
Berlin.) Vgl. S. 78.

Abb. 134. Drehspul-Regulierrelais mit progressiver Impulsgabe für Fernregelung.
(Allgemeine Elektricitäts-Gesellschaft, Berlin.)
Vgl. S. 113.

Abb. 135. Halbselbsttätiger Fahrplangeber für Fernregulierung.
(Allgemeine Elektricitäts-Gesellschaft, Berlin.)
Vgl. S. 118.

Abb. 136. Vergleichsrelais für Fernregelung im Anschluß an
Fernmessung nach dem Impuls-Frequenz-Verfahren.
(Siemens & Halske, Berlin.) Vgl. S. 116.

Abb. 137. Apparatur zur Fernregulierung
im Anschluß an das Impuls-Frequenz-
Fernmeßverfahren, mit selbsttätigem Fahrplangeber in der Mitte der Tafel.
(Siemens & Halske, Berlin.) Vgl. S. 116.

Abb. 138. Fernregelapparatur zur selbsttätigen Regelung eines großen Wasserkraftwerkes nach dem fernübertragenen Meßwert einer Kuppelleistung.
(Allgemeine Elektricitäts-Gesellschaft, Berlin.)
Vgl. S. 114. (1931)

Abb. 139. Bedienungspult mit Anzeigeinstrument für die Übergabeleistung und Sollwerteinstellung für die Apparatur nach Abb. 138.
(Allgemeine Elektricitäts-Gesellschaft, Berlin.)

Abb. 140. Regelapparatur zur kombinierten Leistungs- und Frequenzregelung von zwei Maschinen eines Dampfkraftwerkes im Anschluß an eine Kompensationsfernmessung einer Bahnbelastung. deren Schwankungen auf diese Weise zur Entlastung des übrigen Netzes vorzugsweise von den geregelten Maschinen übernommen werden. (Allgemeine Elektricitäts-Gesellschaft, Berlin.) Vgl. S. 121.

Abb. 141. Drehwähler einer üblichen Bauart für Fernsteuer- und Fernmelde-Einrichtungen. Vgl. S. 139.

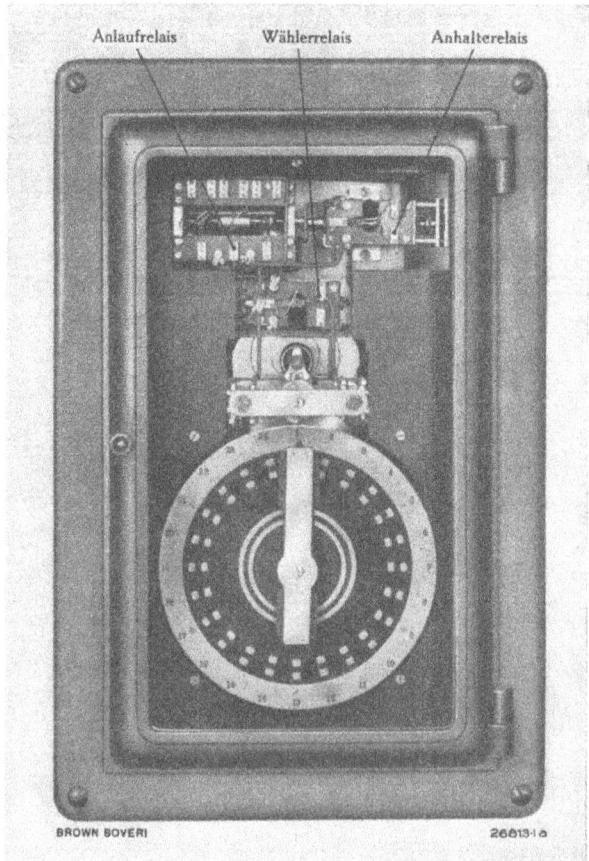

Abb. 142. Fernsteuer- und Meldeapparatur mit ruhenden, motorisch angetriebenen Synchronwählern. (Brown, Boveri & Cie., Mannheim.) Vgl. S. 150.

Abb. 143. Fernsteuerung für eine Gleichrichteranlage unter Verwendung von Apparaten nach Abb. 142.

Abb. 144. Fernsteuer- und Meldeapparatur mit dauernd laufendem, motorisch angetriebenen Synchronverteiler. (Siemens & Halske, Berlin.) Vgl. S. 150. (1927)

Abb. 145. Relaisgestell mit Synchronverteiler nach
Abb. 144. (Siemens & Halske, Berlin.) (1928)

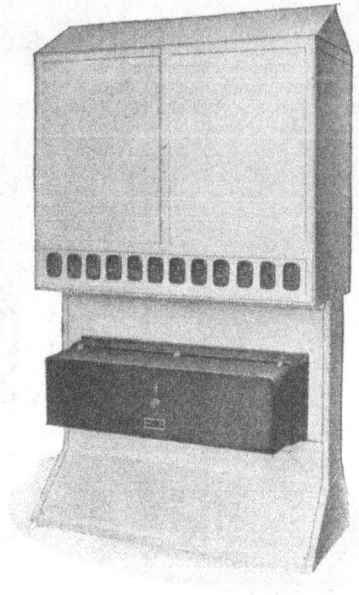

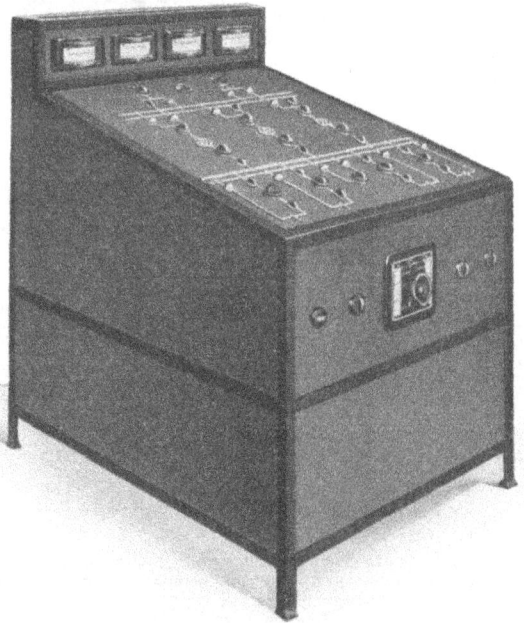

Abb. 146. Steuerpult mit Fern-
meß-Empfangsinstrumenten zur
Fernsteuerung eines Bahnunter-
werks. (Siemens & Halske,
Berlin.) (1927)

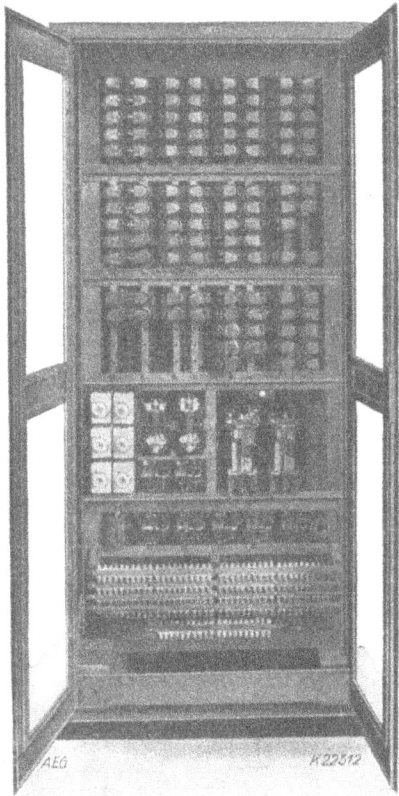

Abb. 147. Fernsteuer-Relaisschrank für eine
Wählerfernsteuerung. (Allgemeine Elektricitäts-Gesellschaft, Berlin.) Vgl. S. 167. (1929)

Abb. 148. Relaisschrank für eine Wählerfernsteuerung. (Allgemeine Elektricitäts-
Gesellschaft, Berlin.) (1929)

Abb. 149. Einbau eines Relaisschrankes
für eine Hochfrequenz-Fernsteueranlage
mit den zugehörigen Hochfrequenz-
apparaten und einer über dieselbe An-
kopplung angeschlossenen Hochfre-
quenz-Telefoniestation in ein Hoch-
spannungs-Schalthaus.
(Allgemeine Elektricitäts-Gesellschaft,
Berlin.) Vgl. S. 213.

Abb. 150. Relais- und Wählergestelle
für Fernsteuerung und Fernmeldung,
nach Art der Telefonieanlagen in einem
besonderen abgeschlossenen Raum eingebaut.
(Allgemeine Elektricitäts-Gesellschaft,
Berlin.)

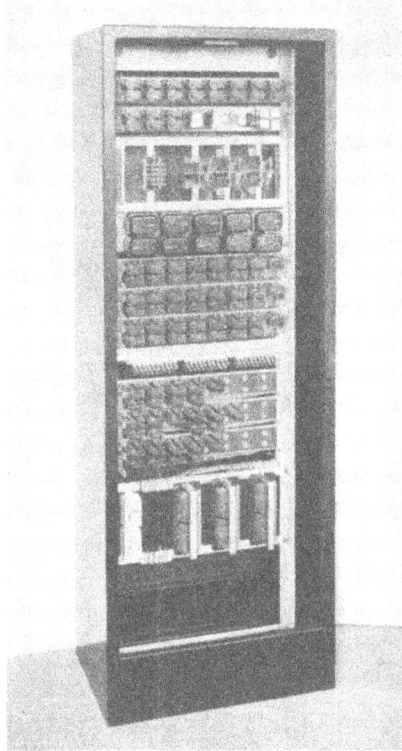

Abb. 151. Relais- und Wählerschrank für Fernsteuer- und Fernmeldeeinrichtung. (Siemens & Halske, Berlin.) Vgl. S. 162.

Abb. 152. Relais- und Wählerschrank für Fernsteuer- und Fernmelde-einrichtung mit Starkstrom-Zwischenrelais. (Siemens & Halske, Berlin.)

Abb. 153. Fernsteuer- und Meldeapparatur mit 50-teiligen Drehwählern, in verschließbarem Gehäuse auf schwenkbaren Wandrahmen montiert.
(Allgemeine Elektricitäts-Gesellschaft, Berlin.)

Abb. 154. Fernsteuer- und Meldeeinrichtung, Relaisgestell in Schrank mit zugehörigem Blindschaltbild.
(Allgemeine Elektricitäts-Gesellschaft, Berlin.) Vgl. S. 191.

Stäblein, Fernwirkanlagen. 18

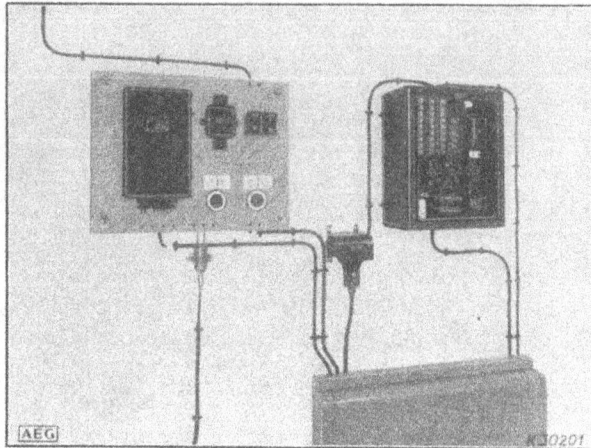

Abb. 155. Fernsteuer- und Fernmeldeapparatur mit Netzanschluß-
tafel und Trockengleichrichter für eine ferngesteuerte, unbediente
Station.
(Allgemeine Elektricitäts-Gesellschaft, Berlin.)

Abb. 156. Überwachungsstelle für die Steuerung von drei Stationen
nach Abb. 155.
(Allgemeine Elektricitäts-Gesellschaft, Berlin.)

Abb. 157. Steuerpult für eine Fernsteuer-
und Meldeapparatur.
(Allgemeine Elektricitäts-Gesellschaft,
Berlin.) (1930)

Abb. 158. Steuer- und Meldeschalt-
bild für eine ferngesteuerte, automatische Wasserkraftanlage mit den
zur Fernüberwachung erforderlichen
Fernmeßempfängern.
(Allgemeine Elektricitäts-Gesellschaft, Berlin.) Vgl. S. 191.

Abb. 159. Steuerquittungsschalter.
(Allgemeine Elektricitäts-Gesellschaft, Berlin.) Vgl. S. 189.

Abb. 160. Steuerquittungsschalter in Schalttafel eingebaut.
(Siemens & Halske, Berlin.) Vgl. S. 189.

18*

Abb. 161. Blindschaltbild für eine nah- und eine fernbediente Station mit Steuerquittungs-schaltern.
(Allgemeine Elektricitäts-Gesellschaft, Berlin.)

Abb. 162. Blindschaltbild für drei fern-gesteuerte Stationen.
(Allgemeine Elektricitäts-Gesellschaft, Berlin.)

Abb. 163. Leuchtschaltbild mit Steuerquittungsschaltern und Fernmeßempfängern.
(Siemens & Halske, Berlin.) Vgl. S. 192.

Abb. 164. Lastverteilerwarte mit Leuchtschaltbild und Fernmeßempfängern.
(Siemens & Halske, Berlin.)

Abb. 165. Leuchtschaltbild für ein Umspannwerk. (Brown, Boveri & Cie., Mannheim.)
Vgl. S. 192.

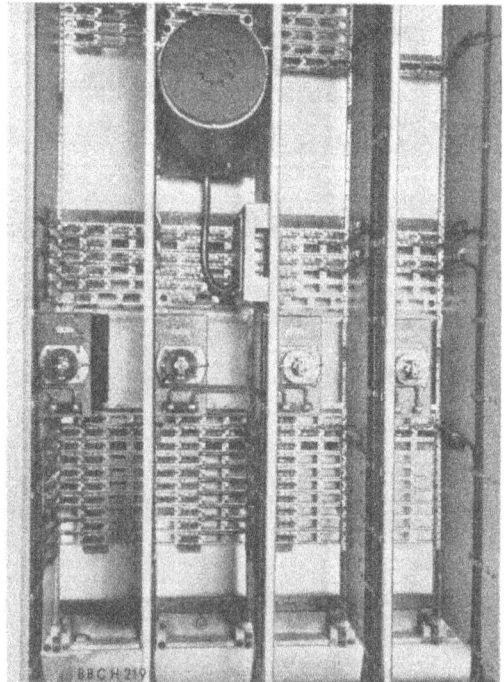

Abb. 166. Teilansicht der Rückseite
des Leuchtschaltbildes nach Abb. 165.
(Brown, Boveri & Cie., Mannheim.)

Abb. 167. Relaistafel und Zubehör für
das Leuchtschaltbild nach Abb. 165.
(Brown, Boveri & Cie., Mannheim.)

Abb. 168. Lastverteilerwarte mit Leucht-
schaltbild.
(Allgemeine Elektricitäts-Gesellschaft,
Berlin, und A. Zettler, München.)

Abb. 169. Fernschreibmaschinen für den Verkehr des Lastverteilers mit den einzelnen Werken.
(C. Lorenz, Berlin.)

Abb. 170. Kopplungskondensatoren und Sperren für leitungsgerichtete Hochfrequenzübertragung in einem Schaltraum montiert.
(Allgemeine Elektricitäts-Gesellschaft, Siemens & Halske, Telefunken, Berlin.)

Abb. 171. Kopplungskondensator und Hochfrequenzsperren
für leitungsgerichtete Hochfrequenzübertragung in Freiluft-
ausführung.
(Allgemeine Elektricitäts-Gesellschaft, Siemens & Halske,
Telefunken, Berlin.)

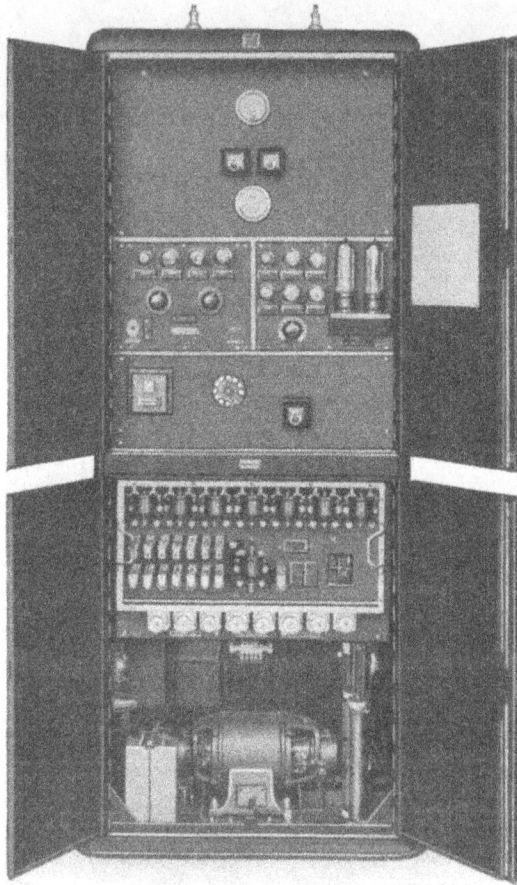

Abb. 172. Hochfrequenz-Telephonieschrank für Elektrizitäts-
werke.
(Allgemeine Elektricitäts-Gesellschaft, Siemens & Halske,
Telefunken, Berlin.) (1928)

Literatur-Übersicht.

Die nachfolgende Literatur-Übersicht umfaßt möglichst vollständig alle Buch-
und Zeitschriften- Veröffentlichungen über das im vorliegenden Buch behandelte
Gebiet in einer Einteilung, die sich an die Einteilung des Stoffes im Buch anschließt. Nicht aufgenommen werden konnten die Druckschriften der verschiedenen
Firmen und die gerade auf diesem Gebiet außerordentlich umfangreiche Patent-
literatur, die einige tausend Patente in allen Staaten umfaßt.

Die wesentlichsten verwendeten Abkürzungen sind die folgenden:

AEG-Mitt.	= Mitteilungen der Allgemeinen Elektrizitäts-Gesellschaft. Berlin.
Arch. f. El.	= Archiv für Elektrotechnik, Berlin.
ATM	= Archiv für Technisches Messen, München.
BBC-Nachr.	= Brown-Boveri & Co.-Nachrichten, Mannheim.
BTH	= British-Thompson-Houston-Company, England
Bull. SEV	= Bulletin des Schweizer Elektrotechnischen Vereins
Bull. Soc. Franc. des El.	= Bulletin de la Société Française des Electriciens, Paris.
Electrician, London.	
El. Engg.	= Electrical Engineering, Journal of the American Institute of Electrical Engineers (seit 1931).
El. Nachr. Technik	= Elektrische Nachrichtentechnik, Berlin.
El. Railw. Journ.	= Electric Railway Journal, Amerika.
El. Rev.	= Electrical Review, London.
El. Wirtsch.	= Elektrizitätswirtschaft, Mitt. d. Vereinigung der Elektrizitätswerke, Berlin.
El. World	= Electrical World, Amerika.
ETZ	= Elektrotechnische Zeitschrift. Berlin.
E. u. M.	= Elektrotechnik und Maschinenbau, Wien.
Gen. El. Rev.	= General Electric Review, Amerika.
Journ. A. I. E. E.	= Journal of the American Institute of Electrical Engineers, Amerika.
Journ. Inst. El. Eng.	= Journal of the Institute of Electrical Engineers, London.
L'En. El.	= L'Energia Elettrica, Italien.
Metro-Vickers-Gaz.	= Metropolitan-Vickers-Gazette, England.
NELA	= National Electric Light Association, Amerika.
Rev. Gén. de l'El.	= Revue Génerale de l'Electricite, Paris.
Siem.-Ztschr.	= Siemens-Zeitschrift, Berlin.
Tel. u. Fernspr. Technik	= Telegraphen- und Fernsprech-Technik, München.
The El. Journ.	= The Electric Journal, Amerika.
VDE	= Verband Deutscher Elektrotechniker, Berlin.
VDI	= Verein Deutscher Ingenieure, Berlin.

Allgemeine Veröffentlichungen.

Bärnholdt, Die Zentralbefehlstelle Smestad des El.Werkes Oslo. Siem.-Ztschr. 1930, S. 450.

Beck, Die 3. Pariser Konferenz über Großkraftversorgung (Bericht). ETZ 1926, S. 1318.

Bjerknes, Zusammenarbeiten der elektrischen Kraft-Zentralen in Südostnorwegen. Weltkraftkonferenz Stockholm 1933, Bd. 2, Ber. 110.

Draeger, Die Energieversorgung der Berliner Stadtschnellbahn. ETZ 1932, S. 329, 455.

Feiner, Die 7. Internationale Hochspannungskonferenz Paris 1933. ETZ 1933, S. 1013.

Feyerabend, Breisig, Heidecker u. Kruckow, Handwörterbuch des elektrischen Fernmeldewesens. Springer, Berlin 1929.

Fleischer, Lastverteilung bei der Berl. Städt. El. Werke A.G. El. Wirtsch. 1929, S. 502, 554.

—, Die Tätigkeit der Kommandostelle der Berl. Städt. El.Werke. A.G. ETZ 1933, S. 49 u. 76.

— u. Menny, Die technischen Einrichtungen der Lastverteilerstelle der Bewag. El. Wirtsch. 1930, S. 330, 454.

Goetsch, Taschenbuch für Fernmeldetechniker. Oldenbourg, München 1933.

Menge u. Mitarb., Die technische und wirtschaftliche Beherrschung des Energieflusses in einfach und mehrfach gekuppelten Netzen. 2. Weltkraftkonf. Berlin 1930. Sekt. 20, Ber. 36.

Orlich, Die Frühjahrsausstellung im Haus der Elektrotechnik. ETZ 1929, S. 738, 1930, S. 593; 1932, S. 425; 1933 S. 441.

Petersen, Generalbericht: Energieübertragung und Energiefluß in einfach und mehrfach gekuppelten Netzen. 2. Weltkraftkonf. Berlin 1930, Sekt. 20.

Petrich, Der Lastverteiler der Wiener Städt. El. Werke. E. u. M. 1933, S. 445, 460.

Piloty, Wirkung des Zusammenschlusses großer Netze auf ihren Betrieb. ETZ 1929, S. 985.

—, Wesen und Bedeutung der Fernwirkanlagen im Kraftwerksbetrieb. ETZ 1931, S. 1157, 1221.

Probst, Generalbericht: Schaltanlagen einschl. automatischer Steuerung von Kraftwerken sowie Fernmessung und Nachrichtenübermittlung. 2. Weltkraftkonf. Berlin 1930, Sekt. 19.

Rehmer, Der Ausbau und die Betriebsführung der Bewag seit dem Jahre 1924. VDI-Zeitschr. 1934, S, 539.

Rühle, Meine Amerikareise und ihre Anwendung auf den Ausbau der Netze der Berliner Städt. El. Werke A. G. E. u. M. 1926, S. 405.

Schleicher, Die Lastverteileranlage und die Fernbedienung von Kraftwerken und Unterstationen. ETZ 1929, S. 257, 379.

—, Die Zusammenfassung des elektrischen Betriebes in Großstadtnetzen. E. u. M. 1930, S. 1137. Brf. v. Wilde 1931, S. 455.

—, Rückschau auf die Ausstellung der Siemens & Halske A.G. und der Siemens-Schuckertwerke im Ehrenhof des Verwaltungsgebäudes. Siem.-Ztschr. 1931, S. 277.

—, Die elektrische Fernüberwachung und Fernbedienung für Starkstromanlagen und Kraftbetriebe. Springer, Berlin 1932.

— u. Mitarb., Selbsttätige und ferngesteuerte Kraft- und Nebenwerke sowie Einrichtungen und Anordnungen der Nachrichtenübermittlung, der Fernmessung und der Fernsteuerung in Elektrizitätsversorgungsbetrieben. 2. Weltkraftkonf. Berlin 1930, Sekt. 19, Ber. 40.

Schleicher u. Mitarb. Die Nachrichtentechnik in Industriebetrieben und ihr Einfluß auf die Betriebsführung und Betriebsgestaltung. Weltkraftkonferenz Stockholm 1933, Bd. 2, Ber. 103.

Schunck, Die Großwasserkraftanlagen der Mittleren Isar AG. ETZ 1926, S. 521, 639, 752, 796.

Strecker, Hilfsbuch für die Elektrotechnik, Schwachstromausgabe. Springer, Berlin 1928.

** Die 7. Tagung der Hochspannungskonferenz in Paris, Sektion 3, Betrieb, Schutz und Zusammenschluß von Netzen. Ref. E. u. M. 1933, S. 655.

A. I. E. E. Committee on Automatic Stations: Annual Report. Journ. A. I. E. E. 1928, S. 910, 1929, S. 596; 1930, S. 612; 1931, S. 542.

—, Committee on Instruments and Measurements and Committee on Automatic Stations: A report on telemetering, supervisory control and associated communication circuits. El. Engg. 1932, S. 613.

Lichtenberg u. Zogbaum, Remote operating, supervision and control of electric power stations and substations in the United States. Weltkraftkonf. Tokio 1929, Bd. 23, S. 177.

— u. Wensley, Automatic stations and their remote supervision. 2. Weltkraftkonf. Berlin 1930, Sekt. 19, Ber. 261.

Liston, (Jahresbericht der General Electric Co.). Gen. El. Rev. 1923, S. 128; 1926, S. 42; 1927, S. 36, 49; 1928, S. 31, 44, 55; 1929, S. 41, 51; 1930, S. 42, 58; 1931, S. 55, 70.

Peattie, (Die Energieversorgung Londons). Electrician 1932, S. 629; ref. E. u. M. 1932, S. 717.

Sanderson, Electric System Handbook. McGraw-Hill, New York 1930.

Vassiliére-Arlhac u. Nierenberger, Contrôle et commande électrique à distance dans les réseaux de distribution de transport d'énergie électriques. Bull. Soc. Franc. d. El. 1932, H. 17.

** Supervisory control and indication. El. World 1925, Bd. 85, S. 857.

** (Zentrallastverteiler für das südöstliche und östliche englische Netz) Electrician 1934, S. 95.

Fernmessung. Summierung.

Berkowitz, Eine neue Fernmeßmethode. Elektro-Journ. 1928, S. 61. Ref. E. u. M. 1928, S. 800.

Blamberg, Einiges über Summierung mit Kreuzspul-Ohmmetern. Arch. f. El. Bd. 24 S. 21.

Brückel, Die Systemwahl in der Fernmessung. VDE-Fachber. 1931.

— u. Stäblein, Neuere Fortschritte in der Fernmeßtechnik. AEG-Mitt. 1930, S. 185, u. E. u. M. 1930, S. 191.

Dallmann, Fernmessung nach dem Impuls-Kompensations-Verfahren. AEG-Mitt. 1932, S. 80. Ref. E. u. M. 1932, S. 173.

—, Neue elektrische Übertragungs- und Zähleinrichtung für wärmetechnische Meßgeräte. AEG-Mitt. 1934, S. 155.

—, Die Anpassung von Quotientenmessgeräten. Arch. f. El. 1934, Bd. 28, S. 265.

Geyger, Messung von Drehgeschwindigkeiten mit ohmmetrischen Anzeige- und Schreibgeräten. Arch. f. El. Bd. 27, S. 505.

—, Differentialschaltungen zur elektrischen Integrierung wärmetechnischer Meßgrößen mit Widerstandsfernsendern und spannungsunabhängigen Induktionszählern. Arch. f. El. Bd. 25, S. 769.

—, Elektrische Fernmessung physikalischer Vorgänge. Zeitschr. VDI 1932, S. 298.

—, Summen- und Differenzmessung mit Widerstandsfernsendern und Quotientenmessern. ATM 1932, Bd. 1, H. 9, T. 40.

Geyger, Elektrische Integrierung wärmetechnischer Meßgrößen mit Widerstands- sendern und spannungsunabhängigen Induktionszählern. Arch. f. El. Bd. 26, S. 94.

—, Ein neues Kompensations-Verfahren zur elektrischen Fernübertragung von Zeigerstellungen. ETZ 1933, S. 1187.

Groß, Grundzüge und Anwendungsgebiete der Fernmessungen mit besonderer Be- rücksichtigung der Bedürfnisse der Wärmewirtsch. Stahl u. Eisen 1928, S. 297.

Heusser, Fernanzeige von Wechselstromgrößen. Bull. SEV 1927, S. 503.

Hollmann u. Schultes, Fernablesungen von Zeigerstellungen mittels Hochfrequenz El. Nachr. Techn. 1928, S. 217. Ref. ETZ 1929, S. 165, u. E. u. M. 1929, S. 18.

Hudec, Über die Messung sehr kleiner Frequenzen und ihre Anwendung für Fern- messungen. ETZ 1931, S. 380.

Imhof, Neuere elektrostatische Hochspannungsmeßgeräte. Schweiz. Techn. Zeitschr. 1926, H. 503, 504.

—, Die elektrische Fernmessung. Bull. SEV 1928, S. 180.

—, Fortschritte der Meßinstrumententechnik in den letzten Jahren. Bull. SEV 1929, S. 149.

—, Elektrische Fernmessungen mit besonderer Berücksichtigung des Induktions- systems von Trüb-Taeuber & Co. E. u. M. 1929, S. 189.

Janicki, Fernmessung und Summenfernmessung im Betrieb der Elektrizitätswerke. Bull. SEV 1930, S. 117.

—, Die elektrische Fernmessung unter besonderer Berücksichtigung der Summen- fernmessung und ihre Bedeutung für die Elektrizitätswirtschaft. 2. Weltkraft- konf. Berlin 1930, Sekt. 19, Ber. 209.

John, Ein neues polarisiertes Starkstromrelais. Siem.-Zeitschr. 1933, S. 221.

Keinath, Die Technik der elektrischen Meßgeräte. 3. Aufl., 2. Bd. Oldenbourg, München 1928.

—, Fortschritte der Meßtechnik. ETZ 1928, S. 1.

—, Einiges über elektrische Fernmessung. E. u. M. 1928, S. 1058.

—, Die Entwicklung der elektrischen Fernmessung. ETZ 1929, S. 1509. Disk. S. 1536.

—, Aufgaben der Fernmessung. ATM 1932, V 380, T 5.

—, Wasserstandsfernmessung. ATM 1932, V 389, T 17.

—, Fernmessung mit Meßdynamo. ATM 1932, V 3833, T 6.

—, Meßgeräte für die Energiekontrolle in Großbetrieben. Weltkraftkonferenz Stock- holm 1933, Bd. 2, Ber. 107

Leonhardt, Die Pegelfernübertragung. Wasserkr. u. Wasserwirtsch. Bd. 26, S. 287. Ref. ETZ 1932, S. 1090.

Lohmann u. Sieber, El. Ringrohrübertragung. Siem.-Ztschr. 1928, S. 726.

—, Orts-, Fern- und Summenzählung strömender Mengen industrieller Stoffe mittels mechanischer Zählwerke. Wärme 1932, S. 381.

Möller, Das Kreuzspul-Ohmmeter in der Fernmeßtechnik. Die Meßtechnik 1930, S. 149.

—, Die Stromversorgung von Fernmeßanlagen. El. i. Bergbau 1932, S. 37.

Palm, Hochspannungs- und Fernmessungen. E. u. M. 1928, S. 857.

Paschen, Neue Zähler für Summen- und Fernmessung elektrischer Arbeit. Siem.- Ztschr. 1930, S. 110.

Pflier, Induktive Geber für Flüssigkeitsstände. Siem-Ztschr. 1927, S. 493.

Rauschelbach, Elektrische Pegelfernübertragung. Annalen d. Hydrogr. 1924, H. 7, 8. Ref. ETZ 1927, S. 1044.

Ruegg, Bericht über die Diskussionsversammlung: Das Problem der Fernmessung elektrischer Betriebsgrößen. Bull. SEV 1931, S. 137.

v. Sothen, Fernmessen auf Eisenhüttenwerken. Arch. f. Eisenhüttenwesen 1931, H. 1.

Schäfer, Kompensations-Fernmeßsystem der AEG und seine Verwendungsmöglichkeiten. AEG-Mitt. 1930, H. 6.
Schleicher, Die elektrische Fernmessung. Siem.-Ztschr. 1927, S. 422.
—, Die Fernmessung über hochspannungsseitig beeinflußte Schwachstromleitungen. VDE-Fachber. 1928.
—, Die elektrische Fernmeßübertragung für den Elektrizitätsbetrieb. Siem.-Jahrb. 1929, S. 409.
—, Fernübertragung von Meßwerten auf Leitungen beliebiger Art und Länge. Siem.-Ztschr. 1929, S. 157.
—, Das Baukastensystem für Fernmeßanlagen. Siem.-Ztschr. 1933, H. 9.
Schuepp, Die elektrische Fernmessung. Bull. SEV 1928, S. 100.
Stäblein, Über Verfahren zur Summenmessung mit den Hilfsmitteln der elektrischen Fernmeßtechnik und ihre prinzipiellen Fehler. E. u. M. 1932, S. 69.
Stern, Die Fernmessung elektr. Einzel- und Summenwerte. ETZ 1928, S. 282.
—, Fernmeßanlagen für die städtische Stromversorgung. El. Wirtsch. 1928, S. 263.
—, Neuerungen von Fernmeßanlagen. ETZ 1928, S. 1326.
—, Ein neuer Frequenzmesser. El. Wirtsch. 1929, S. 99.
—, Neue Ausführung von Fernmeßanlagen. ETZ 1929, S. 351.
—, Neue Anzeige- und Registriermethoden in der Fernmeßtechnik. ETZ 1930, S. 77.
—, Neue Anwendung von Fernmeßeinrichtungen. ETZ 1931, S. 268.
Taeuber-Gretler, Das Induktions-Dynamometer. Bull. SEV Bd. 17, S. 545.
—, Ein Beitrag zur elektrischen Fernmessung. Schweiz. Techn. Ztschr. 1928, S. 273, 281.
—, Elektrische Fernmessung und Summenmessung, System Trüb-Taeuber & Co. Bull. SEV 1930, S. 144.
Trautwein, Die Elektronenröhre in der elektrischen Meßtechnik. Tel. u. Fernspr.-Techn. 1920, H. 7, 8; 1921, H. 6, 7.
Vahl, Summation durch Summenstromwandler. El. Wirtsch. 1931, S. 257.
Weber, Fernmessung und Summierung der Straßenbahnleistung bei den Städt. El. Werken Frankfurt a. M. ETZ 1931, S. 821.
Wilde, Eine neue Fernmeßmethode für Überlagerung auf bestehenden Kraft- und Nachrichtenleitungen. E. u. M. 1928, S. 1060.
—, Ein neues Fernmeßsystem für Elektrizitätswerksbetriebe. El. Wirtsch. 1928, S. 81.
Wittig, Die Fernmeßanlage der Friedr.-Alfred-Hütte in Rheinhausen. Stahl u. Eisen Bd. 51, S. 1161.
Wunsch, Die elektrische Fernmessung im Dienste der Gasfernversorgung. Ztschr. VDI 1933, S. 658.
** Ausstellung der Physical and Optical Society (Fernanzeiger). ETZ 1927, S. 735.
** Elektrische Kontrolle von Flüssigkeitsständen, ref. aus E. Rev. Bd. 98, S. 1053. ETZ 1927, S. 1307. Brf. v. Bloch, ETZ 1927, S. 1469.
** Die Bedeutung der Fernmessung und ihr Ziel. (Sächs. Werke.) El. Wirtsch. 1928, S. 12.
** Der heutige Stand der Fernmeßtechnik. E. u. M. 1930, S. 773.
** Elektr. Fernmessen. Die Meßtechnik 1932, S. 178.

A. I. E. E. Committee on Instruments and Measurements. Annual Report. Journ. A. I. E. E. 1928, S. 602.
Amsler, Long distant water level recorder. Journ. of Scient. Instr. 1928, S. 293.
Bailey, Meter readings and signal transmissions by Selsyn motors. Power 1928 S. 434.
—, Selsyn devices and their applications. Combustion 1931, Bd. 3. S. 21, 39, 46.

Baker, H. S., Totalizing and remote metering methods. El News, June 15, 1928, S. 81.

Becker, Remote measuring by the Impulse Frequency Method. Engg. Progr. 1930, S. 178.

Brandenburger, (Elektrische Fernmessung). Electrichestwo 1931, H. 17.

Campos u. Usigli, Transmettittore di registrazioni o di comandi a distanza. L'Elettrotecnica 1923, S. 638.

Carr, Recent developments in electricity meters, summation meterings. Journ. Inst. El. Eng. 1929, S. 868.

Clark, »Selsyns« and some applications. BTH-Activities 1932, S. 57.

Clough, Remote Metering. 2. Weltkraftkonf. Berlin 1930, Sekt. 19, Ber. 91.

Colonna, (Fernübertragung von Meßwerten). L'Elettrotecnica 1931, S. 32.

Corley, Versability of application of Selsyn equipment. Gen. El. Rev. 1930, S. 706.

De Florez, Application of Selsyn remote control in the oil refining industry. Gen. El. Rev. 1930, S. 378.

Drake, Synchronized mechanical motion without mechanical connections. Maintenance Engg. 1932, S. 441.

Fawsett (Fernleistungsmesser). Electrician Bd. 88, S. 871. Ref. ETZ 1924, S. 630.

Fitzgerald, An electron tube telemetering system. Journ. A. I. E. E. Bd. 49, S. 513. Ref. ETZ 1931, S. 47; E. u. M. 1931, S. 152.

—, Remote reading of watthour meters. El. Engg. 1931, S. 942.

Gray, Summation metering. Metrop.-Vickers-Gaz. 1931, S. 371, 397.

Hallo, Het meten op apstand. Verremeting. Elektrotechniek 1929, S. 13, 31.

Holder, Principles of Selsyn equipments and their operation. Gen. El. Rev. 1930, S. 500. Ref. E. u. M. 1931, S. 94.

Imhof, La transmission électrique à distance des indications de mesures et le systéme à induction Taeuber-Gretler. Rev. Gén. de l'El. 1929, S. 217.

Janicki, La transmission électrique à distance des indications de mesure et en particulier la totalisation à distance et leur importance pour les systémes de distribution électrique. Bull. de la Soc. Franc. des El. 1931, S. 341.

Johnston, The torque balance telemeter. A. I. E. E. Paper 32—88.

—, Telemeter uses tubes and standard instrument parts. El. World June 25, 1932, S. 1089.

Keinath, Misura della gandezza electriche a distanza. L'En. El. 1927, S. 726.

Komprda, Mereni na dalkû (Fernmessung) im Handbuch «Technicky Pruvodce», 4. Bd. S. 325 ff. Nakladem Ceske matice technicki. Prag 1934.

Lapierre, The Photoelectric Recorder. A. I. E. E. Paper 32—15. Journ. A. I. E. E. 1932, S. 41. Ref. ATM 1932, J 034, T 56.

—, Photoelectric Recorder has high sensitivity. El. Engg. 1932, S. 144.

Lenchan u. McGahan, A vacuum-tube device for current-balance telemeters— El. Engg. 1931, S. 510.

Lincoln, Totalizing of electric system loads. Journ. A. I. E. E. 1929, S. 129.

Linder, Stewart, Rex, Fitzgerald, Telemetering. Journ. A. I. E. E. 1929, S. 183, ref. ETZ 1930, S. 680.

Marshall, Metering arrangements for the »Grid« transmission system in Great Britain. Journ. Inst. El. Engl. 1930, S. 1497.

Nowacki, Induktion motors as Selsyn drive. El. Engg. 1933, S. 849.

Oman (Maximum-Fernzähler nach dem Impulsverfahren). Instruments Bd. 1, S. 237. Ref. ETZ 1930, S. 613.

Reding. Synchronized drives without mechanical connections El. Illumination 1933, S. 277.

Roberts, Selsyn control for paper machines. Paper Trade Ill. 1932 vol. 95, S. 18.

Rogers, Safeguarding and controlling sequence operations. El. World 1932. Bd. 99, S. 372.

Selmo, (Die Summierung des Stromverbrauches). Energia elettr. Bd. 10, S. 121.
Smith, The transmission of meter readings by the impulse method. The El. Journ. 1924, S. 219.
—, Remote metering by the impulse and condensator method. The El. Journ. 1924. S. 355.
— u. Pierce, Automatic transmission of power readings. Transact. A. I. E. E. 1924, S. 303, Journ. A. I. E. E. 1924, S. 101.
Snyder, Synchronizing conveyor by photocells and Selsyns. El. World 13. Febr. 1933, S. 327.
Stokes u. Nelson, Demand metering equipment, its applications in recent developments. Journ. A. I. E. E. 1928, S. 262. Ref. ETZ 1929, S. 938.
Strowger, Water level gage of the long-distance recording type. Mech. Engg. 1928, S. 365.
Terven, Remote metering over telephone lines. El. World, Bd. 94, 1929, S. 1025.
Trüb-Taeuber & Co., La réduction de la tension pour le comptage et les mesures sur les réseaux à très haute tension. Rev. Gén. de l'El. 1928, S. 834.
Usener, Remote registration in hydraulic plants. Eng. Progr. 1929, S. 130.
Usigli, (Übertragung auf Fernsprechleitungen). L'En. El. 1927, S. 185.
—, Moderni instrumenti elettrichi registratori e loro impiego. L'Elettrotecnica 1928, S. 901.
Waite, Metering customers having multiple feed. El. World, Bd. 90, 1927, S. 553.
Wensley, Selective remote metering equipment. The El. Journ. 1929, S. 329. Ref. ETZ 1930, S. 1464.
Wright, The application of the synchronous tie to modern control problems. Iron and Steel Engg. 1933, S. 123.
Zukkermann, (Fernmessungen für Kraftübertragungen und das Photoimpuls-System). Electritchestwo 1931, H. 21.
** New telemetering equipment. Gen. El. Rev. 1929, S. 465.
** Distant metering, the Midworth Distant Repeater. World Power 1930, S. 228.
** Distant reading hydraulic gauges. Engg. (London) 1931, S. 92.
** Integrating meters. World Power 1931, S. 322.

Regelung.

Bardach, Frequenzüberwachung durch Periodenkontrolluhren. AEG-Mitt. 1932, S. 175.
Boll, Automatische Fahrplansteuerung von Kraftwerken. VDE-Fachber. 1929.
—, Automatische Leistungsregelung in elektrischen Netzen. BBC-Nachr. 1929, S. 167.
—, Selbsttätige Leistungsregelung in elektrischen Netzen. ETZ 1931, S. 305.
Buchally u. Leopold, Einregelung von Wirklast mit und ohne Fahrplanregler beim Parallelbetrieb großer Kraftwerke. ETZ 1932, S. 665, 738.
Eigl, Die automatische Fernleistungs-Regeleinrichtung der Steyerischen Wasserkr.- u. El.-Ges. (Steweag). E. u. M. 1934, S. 109, 114.
Fehr, Ein Meßgerät mit vorgezeichnetem Steuerdiagramm. Bull. SEV 1933, S. 29. Ref. E. u. M. 1933, S. 354.
Grieb, Betrachtung einiger durch den Zusammenschluß elektrischer Netze bedingter Probleme. Bull. SEV 1930, S. 485.
Groß, Über Ringnetze und die Beeinflussung ihrer Stromverteilung. E. u. M. 1931, S. 513.
Juillard, (übers. v. Ollendorff). Die selbsttätige Regelung elektrischer Maschinen. J. Springer, Berlin 1931.
Keller, Die Regulierprobleme beim praktischen Betrieb mit Frequenzumformern. Bull. SEV. 1934, S. 33.

Kieser, Über die Regelung von Spitzenlast- und Grundlastmaschinen. El. Wirtsch. Bd. 30, S. 164. Ref. ETZ 1932, S. 63.

—, Leistungsregelung bei gleichbleibender Drehzahl. El. Wirtsch. 1932, S. 479. Ref. E. u. M. 1933, S. 257.

— u. Mitarb., Technische Regelprobleme bei Industriekraftanlagen mit besonderer Berücksichtigung des Energiefremdbezuges. Weltkraftkonferenz Stockholm 1933, Bd. 2, Ber. 57.

Langrehr, Versuche über Leistungs- und Frequenzregelung im Kraftwerk Kiel. VDE-Fachber. 1931, S. 133.

—, Kraftwerksregelung. ETZ 1932, S. 622.

Latzko u. Plechl, Die automatische Fernregulierung der Wasserkraftmaschinen im Achenseekraftwerk der Tiroler Wasserkraftwerke. E. u. M. 1929, S. 791.

Leonpacher, Die Lastverteilung in und zwischen Elektrizitäts-Großversorgungsnetzen. ETZ 1929, S. 887.

Meiners, Ein Regulierverfahren für gittergesteuerte Glas- und Eisengleichrichteranlagen. E. u. M. 1933, S. 502, 511.

Ott, Frequenz- und Leistungsregelung zusammengeschlossener Großkraftwerke. VDE-Fachber. 1931.

Piloty, Frequenz- und Leistungsregelung in größeren gekuppelten Netzen. VDE-Fachber. 1931.

Rachel, Sachsens Elektrizitätswirtschaft nach dem Krieg im Licht der Technik. El. Wirtsch. 1930, S. 570.

—, Regelung der Kraftwerke beim Zusammenschluß: in Rüdenberg, »Elektrische Hochleistungsübertragung auf weite Entfernung«. J. Springer, Berlin 1932.

Rohrlach, Neuer selbsttätiger Leistungsregler für verkoppelte Elektrizitätsversorgungsnetze. Siem.-Ztschr. 1929, S. 437.

Schäff, Aufgaben für die Leistungsregelung beim Parallelbetrieb in großen Netzen. VDE-Fachber. 1931.

—, Frequenz- und Leistungsregelung. AEG-Mitt. 1932, S. 74.

—, Frequenz- und Leistungsregelung in großen Netzen. ETZ 1933, S. 1212.

Schleicher, Neuzeitliche Hilfsmittel zur Beherrschung des Energieaustausches. Siem.-Ztschr. 1930, S. 352.

—, Beitrag zur wirtschaftlichen Energiebenutzung in Fabrikbetrieben. ETZ 1932, S. 194.

Schmidt, Der Quertransformator als Leistungsregler in Leitungsringen. Siem.-Ztschr. 1932, S. 257.

Schmolz, Betrieb von vermaschten Höchstspannungsdrehstromnetzen zur einheitlichen Versorgung von großen Gebieten. Dissert. Braunschweig 1933.

Stäblein, Fernregelung von Leistungen, insbesondere an den Kuppelstellen großer Netze. VDE-Fachber. 1931, S. 127.

—, Regelung von Leistungen, insbesondere von Kuppelleistungen im Betrieb großer Netze. E. u. M. 1932, S. 513 u. 531.

Tolle, Regelung der Kraftmaschinen, 3. Aufl.

** Frequenzregelung. ETZ 1929, S. 318.

** Frequenzregelung durch Isodromvorrichtung. AEG-Mitt. 1932, S. 56.

Barrère, Problèmes techniques de l'interconnexion des réseaux de transport. Conf. Int. des grands réseaux, Paris 1933, Ber. 70.

Benziger u. Johnson, Automatic Frequency Control. El. World 1929, Bd. 93, S. 1332.

Brandenburger, (Automatische Fernregelung). Electritchestwo 1931, H. 17.

Brandt, Automatic frequency control. El. World 1929, Bd. 93, S. 385.

—, Trend continues toward automatic regulation of frequency. El. World, Jan. 28, 1933, S. 136.

Dryar, Is frequency regulation the fundamental problem? El. World 1932, Sept. 10, S. 341.

Fies, Photo-cell control executes predetermined hydro operation. El. World, Sept. 23, 1933, S. 396.

Geiselman, Automatic frequency and load control. The El. Journ. 1930, S. 579.

Hawkins u. Eberhardt, Method of handling interconnected operation. El. World, Bd. 92, 1928, S. 725.

Hubbard, System frequency control. El. World Bd. 91, 1928, S. 957.

Jones, Controlling load, maintaining frequency. El. World, May 31, 1930, S. 1072.

Kaschinsky, (Lastverteilung in gekuppelten Netzen). Electrichestvo 1926, S. 464.

Keenan u. Middleton, Handling problems of interconnected systems. El. World, Bd. 94, 1929, S. 335.

Kerr, Frequency and load control on electric systems. Power Plant. Engg. 1930, S. 682.

McCrea, Automatic control of frequency and load. Gen. El. Rev. 1929, S. 309.

McDowell, Interconnection load control. El. World, Bd. 92, 1928, S. 159.

Mjelstadt, (Automatische Frequenzregelung in Kraftanlagen). Elektro Tidskr. 1929, S. 429.

Nash, »Automatic Operator« a success. El. World, Aug. 23, 1930, S. 342.

NELA, Hydraulic turbine governors and frequency control. Nela Publ. 13, 1930.

Oliver, The Control of Generating Station Loads and Regulation of Frequency and Voltage on an Interconnected System. 2. Weltkraftkonf. Berlin 1930, Sekt. 20, Ber. 268.

Purcell u. Powel, The line control of interconnected networks. A. I. E. E. Paper, 31—127. Ref. El. Engg. 1931, S. 745.

Reardon u. Langstaff, Frequency control mounted to minimize vibration. El. World 1931, July 18, S. 113.

Robertson, Automatic frequency control. El. World 1929, Bd. 94. S. 267, Ref. ETZ 1930, S. 1370.

—, Semi-automatic operation obtained at low cost. El. World, Oct. 7, 1933, S. 468.

Sporn u. Marquis, Frequency, time and load control on interconnected systems. El. World March 12, 1932, S. 495.

Thomas, Automatic frequency regulation. El. World 1928, Bd. 92, S. 1192. Ref. ETZ 1930, S. 180.

Warren, Synchronous electric time service. A. I. E. E. Paper, 32—40. El. Engg. 1932, S. 228.

** Nela Committee considers problems of governing hydroelectric units and of applying automatic frequency control. Power 1930, S. 486.

** Whose method is best for frequency control? El. World, Aug. 15, 1931, S. 273.

** Results of attempts to regulate frequency and tie-line loads. El. World, May 21, 1932, S. 893.

** Improving service with automatic control. El. World, Aug. 5, 1933, S. 182.

Fernsteuerung. Fernüberwachung.

Aßler, Die Fernüberwachungs- und Fernbetätigungseinrichtungen des Umformer-werks einer Straßenbahn. Verkehrstechnik 1928, H. 2. Ref. E. u. M. 1928, S. 388.

Bernische Kraftwerke, Fernsteuerungs- und Rückmeldeanlage unter Benützung des Staatstelephons, System Gfeller. Bull. SEV 1931, S. 333.

Besson, Leuchtbilder für Industrieanlagen. BBC-Mitt. 1933, S. 83.

Brückel, Fernüberwachungs- und Fernbetriebseinrichtungen in elektrischen Kraft-netzen. AEG-Mitt. 1929, S. 115.

Dietze, AEG-Synchronisator. AEG-Mitt. 1931, S. 144.

Doummerque, Fernsteuerung durch Tonfrequenz. El. Nachr. Techn. 1928, S. 129.

Dreßler, Fernsteuerung und Fernschaltung. El. Wirtsch. 1928, S. 141.

Fleck, Ferngesteuerte Kleinwasserkraftanlagen in Südafrika. AEG-Mitt. 1929, H. 7.

Grunwald, Leuchtschaltbilder zur Darstellung des Wärmestromlaufs in Dampf-
kraftwerken. Die Wärme 1930, S. 556.

Heide, Neuzeitliche Fernsteuer- und Meßeinrichtung. Ztschr. f. Fernmeldetechnik
1928, S. 129.

Hüllmann, Bedienungslose Wasserkraftanlagen. El. Wirtsch. 1928, S. 399, 432.

Keller, Die Fernbedienungsanlage der Kraftwerke Oberhasli. Siem.-Ztschr. 1932,
S. 85. Ref. E. u. M. 1932, S. 461.

Keßler, Die ferngesteuerte und fernüberwachte elektrische Straßen- und Verkehrs-
beleuchtung der Stadt Essen. El. Wirtsch. 1928, S. 327.

Kießling, Die Bedeutung der Automatisierung von Wasserkraftwerken für die
schwedische elektrische Energieerzeugung. 2. Weltkraftkonf. Berlin 1930, Sekt.
17, Bericht 364.

Köberich, Neuere Fortschritte auf dem Gebiete der Fernschaltung und Fernmeldung. AEG-Mitt. 1930, H. 8. E. u. M. 1930, S. 728.

—, Neuzeitliche Methoden zur Sicherstellung gegen Fehlschaltung und Fehlmeldung
bei Verwendung von leitungssparenden Schwachstromvermittlungseinrichtungen.
VDE-Fachber. 1931.

Kotschubey, Rückmeldeeinrichtungen für Kleinanlagen. BBC-Mitt. 1930, S. 188.

Kröll, Fernsteuerung elektrischer Anlagen. VDE-Fachber. 1928.

Landsmann, Die Fernsteuerung von Glasgleichrichteranlagen mit wenigen
Steuerleitungen. BBC-Nachr. 1929, S. 245.

Latzko u. Plechl, Der Einfluß des Aufbaues und der Betriebsführung von Schaltanlagen auf die Projektierung ihrer Kommandoräume. E. u. M. 1931, S. 789.

Lebrecht, Gittergesteuerte Stromrichteranlagen. AEG-Mitt. 1939, S. 36.

Lenz, Die Fernsteueranlage des Umspannwerkes Osthafen in Frankfurt a. M. ETZ
1931, S. 809.

Lindenstruth, Leuchtschaltbilder. ETZ 1930, S. 313.

Lommel, Selbststeuerung oder Fernsteuerung, VDE-Fachber. 1929.

zur Megede, Die Überlagerung größerer Hochspannungsnetze mittels des Telenerg-
Systems. Siem.-Ztschr. 1933, S. 165.

Meiners, Neuzeitliche automatische Schaltanlagen. VDE-Fachber. 1928.

—, Wann Automatisierung und wann Fernsteuerung von Schaltanlagen? VDE-
Fachber. 1929.

—, Entstehung und Verwendung des Schaltfolgendiagramms. AEG-Mitt. f. Bahnbetriebe 1929, H. 6.

—, Automatisierung in der Starkstromtechnik. AEG-Mitt. 1930, S. 699.

—, Wann Automatisierung und wann Fernsteuerung von Schaltanlagen? AEG-
Mitt. f. Bahnbetr. 1930, H. 10.

—, Grundsätzliche Betrachtungen über Bedeutung, Aufgaben und Wirkungsweise
der Fernsteuerung von Bahnunterwerken. AEG-Mitt. f. Bahnbetr. 1930, H. 10.

v. Mülinen, Brown-Boveri-Fernsteuersystem mit ruhendem Wähler. BBC-Mitt.
1930, S. 285.

Piche, Die Automatisierung von Wasserkraftwerken. E. u. M. 1931, S. 213.

Piloty, Überwachung des Kompensationszustandes in Netzen mit kompensiertem
Erdschlußstrom. In Petersen: »Forschung und Technik«. J. Springer, Berlin
1930.

Puppikofer, Überwachungseinrichtungen moderner Kraft- und Unterwerke. Bull.
SEV 1928, S. 694.

—, Das selbsttätige Anlassen und Parallelschalten der Generatoren in automatischen Kraftwerken. Bull. SEV 1929, S. 361.

Reinach, Die fernbetätigte Kupplung von Gleichstromnetzen. ETZ 1928, S. 53.
Riedel, Die Fernsteuerungsanlage der Berliner Stadt- und Ringbahn. Siem.-Ztschr. 1930, S. 386.
—, Technische Einzelheiten der Fernsteuerungsanlage der Berliner Stadt- und Ringbahn. Siem.-Ztschr. 1930, S. 592.
Rose, Ferngesteuerte Kupplung von Gleichstromnetzen mit selbsttätiger Rückmeldung von einer Zentralstelle aus. Siem.-Ztschr. 1928, S. 281, 320.
— u. Reinach, Leitungsparende Schaltungen für Fernsteuerung und Rückmeldung. ETZ 1927, S. 1099.
Schleicher, Die elektrische Fernbedienung von Unterstationen. Siem.-Ztschr. 1928, S. 281, 320.
—, Die speziellen Anordnungen der Fernsteuerung und Fernüberwachung bei der Stadt- und Ringbahn. VDE-Fachber. 1928, S. 78.
—, Das Steuer- und Quittungsschaltersystem für Anlagenschaltbilder. Siem.-Ztschr. 1927, S. 509.
—, Ein einfaches Überwachungssystem für unbesetzte Unterstationen. Siem.-Ztschr. 1928, H. 1.
—, Leuchtschaltbilder zur Sicherung des Betriebes. Siem.-Ztschr. 1928, S. 74.
—, Die elektrische Fernbedienung von Unterstationen. Siem.-Jahrb. 1929, S. 75.
—, Grundsätze der Fernbedienungstechnik. Ztschr. f. Fernmeldetechn. 1933, H. 6.
—, Denkende Fernbedienungseinrichtungen. Siem.-Ztschr. 1933, S. 88.
Schneider, Fernsteuerung von Straßenbahn-Gleichrichterwerken. AEG-Mitt. f. Bahnbetriebe 1932, H. 14.
Steinfeld, Die Überwachung von Schalterstellungen. AEG-Mitt. 1931, S. 527.
Tobias, Die Fernsteuerung bei der Budapester Straßenbahn. Verkehrstechnik 1932, S. 351.
Venzke, Fernschaltung nach dem Eindrahtverfahren. AEG-Mitt. 1933, H. 4, 5.

** Einfache Schaltung für ein ferngesteuertes Kraftwerk (nach El. World 1922, S. 1201). ETZ 1923, S. 643.
** Selbsttätiges Umformerwerk mit Fernüberwachung (nach El. Railw. Journ., Bd. 64, S. 795). ETZ 1925, S. 664.
** Drahtlose Regelung eines Umformerwerkes. ETZ 1925, S. 1275.
** Zwei Konstruktionselemente für selbsttätige Kraft- und Umformerwerke (nach Aseas Tidning, Bd. 16, S. 200). ETZ 1925, S. 1594.
** Drahtlose Kontrolle von Umformerstationen. El. Wirtsch. 1926, S. 47.
** Die Entwicklung der selbsttätigen Schaltanlagen in Amerika. ETZ 1926, S. 1487.
** Ferngesteuertes Umformerwerk in Sèvres (nach Gén. Civ., Bd. 87, S. 509); ETZ 1928, S. 1274.
** Verringerung der Ausmaße von Betätigungsanlagen (nach El. World, Bd. 89, H. 9). El. Wirtsch. 1928, S. 125.
** Betrieb einer Fernsteuerung und Überwachung (nach El. World, Bd. 90, H. 15). El. Wirtsch. 1928, S. 125.
** Leuchtschaltbilder mit Fehlschaltungsschutz für Warten von Hochspannungsschaltanlagen. ETZ 1930, S. 1173.
** Fernsteuerung bedienungsloser Kraftwerke. Helios 1932, S. 334.
** Fernbedienungsanlagen für Starkstrom nach dem Wählersystem. ETZ 1933, S. 1171.

Ambuhl, Automatic and supervisory control of substations. El. Engg. 1931, S. 890.
Baker, Automatic substations in transportation service. Gen. El. Rev. 1931, S. 280.
Bale, Cleveland Railway extends the use of automatic substantions. El. Railw. Journ. Bd. 68, S. 455. Ref. ETZ 1927, S. 1425.
Banhus, Remote control high-tension station. El. World 1927, Bd. 89, S. 854.

Benton, Victorian Railways, Elwood, Melbourne substation. Metro. Vickers Gaz. 1928, S. 332.

Bettis u. Ellyson, Nine years' operation of automatically controlled substations. Gen. El. Rev. 1931, S. 362.

Blackwood, Remote-controlled substations of the New York and Queens Electric Light and Power Comp. Journ. A. I. E. E. 1926, S. 531.

Boddie, Resonant control for street lights. The El. Journ. 1927, S. 72.

—, The use of high-frequency currents for control. Journ. A. I. E. E. 1927, S. 763. Ref. v. Dreßler, El. Wirtsch. 1928, S. 141.

Boekenoogen, Supervisory control for industrial substation. El. World, Bd. 93, 1929, S. 1287.

Bouillet, (Fernüberwachung mit Hertzschen Wellen). Rev. Gén. de l'El. 1925, S. 828.

Brackinreid, Automatic and remote control for substations. El. Traction 1930, S. 483.

Brandenburger (Automatische Fernsteuerung). Electritchestwo 1931, H. 17.

Bryan Gouger, Supervisory for San Antonio. El. World Dec. 27, 1930, S. 1166.

Butcher, Supervisory system supplements automatic substation control. El. Railw. Journ. 1925, S. 53.

Carlini (Elektrische Fernüberwachung). Bull. Soc. Franc. des El. 1926, S. 590.

Chirol, Système d'action à distance pour la commande, sans fil pilote, sur les réseaux de distribution d'énergie électrique, des appareils de tarification et d'utilisation. Rev. Gén. de l'El. 1931, S. 795.

Cissna, Miniature remote control switchboards. The El. Journ. 1930, S. 689.

—, Visicode supervisory system. The El. Journ. 1930, Juliheft.

Cook, Automatic hydro-electric stations in Australia. 2. Weltkraftkonf. Berlin 1930, Sekt. 17, Ber. 94.

Cowles, Carrier current control for street lighting. El. World, Bd. 91, 1928, S. 863.

Cronin u. Davis, Telltale Load Dispatcher Board. El. World, Bd. 92, 1928, S. 213.

Curtis, Springfield's carrier current street-lighting control succeeds. El. World, Dec. 26, 1931, S. 1130.

Dake u. Jones, Supervisory system for Pittsburgh. El. World 1927, Bd. 90, S. 105.

Davies, (Fernsteuerung bei der Great Indian Peninsula Railway). El. Comm. 1931, S. 174. Ref. E. u. M. 1932, S. 32.

Davis, Rebuilt meters save space on dispatchers board. El. World 1931, Aug. 31, S. 332.

Dessus, La centralisation des commandes. 2. Weltkraftkonf. Berlin 1930, Sekt. 17, Bericht 202.

Doolittle, Remote alarms by carrier currents over distribution circuits. El. World, Febr. 4, 1933, S. 172.

Doub, Tie stations and supervisory control for Illinois Central Electrification. Gen. El. Rev. 1927, S. 183.

Dreyer u. Jones, Supervisory control for oilp umping. El. World May 16, 1931, S. 905.

Durepaire u. Perlat, (Neue Fernüberwachungsverfahren ohne Übertragungs-leitung, auf Hoch- oder Niederspannungs-Wechselstromleitungen.) Rev. Gén. de l'El. 1928, S. 525.

Edson, Resonant control adopted to multiple street lamps. El. World Bd. 92, 1928, S. 929.

Edwards, Supervisory control of substations. El. Transact. 1925, S. 119.

—, Modern devices speed operation and assure safety, automatic substation control-led by telephone. Coal Age 1926, S. 457.

Farmer, Miniature control meets need in switchboard design. El. World 1931, Sept. 12, S. 462.

Garrard, Control room layout. Electrician 1931, S. 646.

Garrett, Supervisory control sets a record. The El. Journ. 1930, S. 319.

Garvin, Miniature remote control extends the maximum economical distance between generating plant and substation. The El. Journ. 1930, S. 327.

Gillette, Control of multiple street lighting. El. World, Bd. 94, 1929, S. 419.

Goodale, Attractiveness and reliability. El. World Bd. 92, 1928, S. 65.

Grothe, (Betriebserfahrungen mit selbsttätigen Umformerwerken). El. Railw. Journ., Bd. 61, H. 9, 10, 11. Ref. ETZ 1923, S. 894.

Guastalla, (Fernsteuerung im Netz der Edison, Mailand) Energia Elettr. Bd. 10, S. 201.

Hamill, System operator sees the System. El. World Sept. 24, 1932, S. 406.

Hart, Remote control made possible economical development of small water power. Power 1923, S. 162.

Hatch, Remote control station for auxiliary service. El. World 1922, S. 490.

Helpbringer, Transmission and distribution supervisory control. El. Light and Power 1927, S. 108.

Hough u. Rotty, Automatic substations of the Union Electric Light and Power Company. Gen. El. Rev. 1931, S. 369.

Jaquay, Automatic operation at the Cleveland Union Terminals. Gen. El. Rev. 1931, S. 350.

— u. White, World's largest supervisory system for New York Subway. El. World, Aug. 13, 1932, S. 204.

Jenkins, Experience with supervisory system. El. World, Bd. 90, 1927, S. 613.

Johnson, Pilot-wire street lamp control. El. Review, March 29, 1929.

Juhlin, Supervisory control system. Journ. Inst. El. Eng. Bd. 62, S. 121.

Juhnke, Communication in a metropolitan system. El. Engg. 1931, S. 908.

— u. Moore, Budget-plant load dispatching. El. World, Bd. 89, 1927, S. 1317.

Junken, Carrier current control of street lighthing. Gen. El. Rev. 1926, S. 368.

Lawrence, (Führerschalttafel und Lastverteilungsanlage der New York Edison Company). Gen. El. Rev. 1923, S. 128. Ref. ETZ 1924, S. 101.

Lawson, Centralised control of system operation. Journ. A. I. E. E. 1930, S. 425. Ref. ETZ 1931, S. 116.

Lehnan, Supervisory control at the Panama Canal. The El. Journ. 1933, S. 371.

Leinbach, Dispatchers' facilities for supervisory operation of widespread system. El. World, Bd. 90, 1927, S. 555.

Lichtenberg, Supervisory systems for electric power apparatus. Journ. A. I. E. E. 1926, S. 116.

—, The principles of automatic switching equipments. Gen. El. Rev. 1926, S. 346.

—, What will be to morrow's engineering? Automatic stations multiplicity of devices being reduced. El. World, June 7, 1930, S. 1138.

Linebough, Power limiting and indicating system of the Chicago Milwaukee and Saint Paul Railway. Gen. El. Rev. 1920, H. 4.

Longwell, (Ferngesteuertes Umformerwerk der Stadtbahn in New York). The El. Journ. Bd. 23, S. 503. Ref. ETZ 1928, S. 137.

MacKenzie, Control of multiple street lighting. El. World, Bd. 92, 1928, S. 1292.

Marti, An A.-C. supervisory control system. A. I. E. E.-Paper 31—91. El. Engg. 1932, S. 329.

Mc Coy, Remote supervisory control. The El. Journ. 1923, S. 69.

— u. Sowish, Supervisory control. The El. Journ. 1926, S. 311.

NELA, El. App. Committee, Automatic and remotely controlled substations. NELA-Proc. 1928, S. 670.

Nelzen, Supervisory control of hydro-electric power stations. El. Light and Power, April 1927, S. 26.

Noertker, Automatic power distribution on the Cincinnati Street Railway System. Gen. El. Rev. 1931, S. 343.
Oliver, Developments in two-wire supervisory systems. A. I. E. E.-Paper, 32—13. El. Engg. 1932, S. 412.
Parsons, Remotely controlled generating stations. Journ. El. West. Ind. 1922, S. 203.
Pastoret, Operating experience with supervisory control on the Reading-Philadelphia Suburban Electrification. A. I. E. E.-Paper, 32—14. El. Engg. 1932, S. 776.
Pearson u. Lewis, Automatic signaling over ordinary telephons. El. World, Bd. 89, 1927, S. 365.
Peters, Cincinnati Street Railway Company leads in Power System Rehabilitation. Gen. El. Rev. 1928, S. 249.
Publow, Ontario Power plant with remote control. El. News 1924, Bd. 33, S. 56.
Reagan, Supervisory control of automatic hydro-electric generating stations. El. Light and Power, Oct. 1923, S. 28.
—, Remotely operated pipe line pumping station. El. World, Febr. 13, 1932, S. 321.
—, Direct selection supervisory system. El. Engg. 1933, S. 81.
Reinbold, Load dispatching remote control board. El. World, Bd. 90, 1927, S. 449.
Rowney, History of automatic stations for various applications. Gen. El. Rev. 1926, S. 190.
Samuels, Supervisory control succeeds. El. World, Bd. 92, 1928, S. 1143.
—, Switchboard evolution. El. World, Bd. 93, 1929, S. 1234.
Sarjeant u. Riley, Supervisory systems for remote control of unattended substations. El. Review , July 4, 1924, Bd. 95, S. 8.
Setter, Long lift bridge raised by new drive. El. World, July 23, 1932, S. 108.
Shettel, Substation construction of Los Angeles Gas and Electric Corporation. West. Constr. News, Dec. 25, 1927, S. 54.
Shimazu, A system of supervisory control. Weltkraftkonf. Tokio 1929, Bd. 23, Ber. 125, S. 155.
—, Supervisory control systems. Inst. E. E. Japan. Journ. 1928, S. 1213.
Siegfried, Dispatchers board uses electrically operated targets. El. World, May 17, 1930, S. 981.
Smith, Supervisory controlled substation on Chicago Elevated. El. Railw. Journ. 1924, S. 795.
—, Automatic and supervisory control of hydroelectric generating stations. Journ. A. I. E. E. 1926, S. 967.
Sornein, La jonction électrique »Siemens« et ses applications aux télécommandes. Rev. Gén. de l'El. 1933, S. 651.
Spaugh u. Allen, Carrier current control of street lighting circuits. Gen. El. Rev. 1928, S. 459.
Sporn, Miniature switchboards: a new type of control switchboard for electric power stations and substations. Gen. El. Rev. 1931, S. 336. A. I. E. E. Quart. Transact. 1930, S. 1363.
— u. Müller, Carrier current relaying proves its effectiveness. El. World 1932, Sept. 10, S. 332.
Stamper, Operating experiences with automatic and supervisory control. El. Engg. 1931, S. 888.
Stanley, Supervisory automatic control of a generating station. El. Engg. 1931, S. 892.
—, Miniature supervisory control gives creditable performance. El. World, July 4, 1931, S. 22.
—, Three years' operating experience with miniature switchboard supervisory automatic control. A. I. E. E.-Paper 1931, Summer Conv. Asheville.

Stanley u. Wood, Control groups simplify operation. El. Engg. 1931, S. 128.
Stewart, Supervisory systems. Gen. El. Rev. 1925, S. 448.
— u. Whitney, Carrier current selctor supervisory equipment. Journ. A. I. E. E. 1927, S. 588.
Sutherland, Forty-five thousand kVA station with supervisory control. El. News, Nov. 1, 1926, S. 29.
—, Favors supervisory control for substations. El. World, Bd. 92, 1928, S. 251.
—, Another Toronto hydro supervisory controlled substation. El. News, May 1, 1928, S. 31.
Swift, Cincinnati adopts supervisory control for power system. El. Railw. Journ. 1928, S. 117.
—, Automatic substations successfull in Cincinnati. El. Railw. Journ. 1928, S. 597.
—, Cincinnati installs full-automatic supervisory-controlled distribution systems. El. Railw. Journ. 1928, S. 117, 688.
Taylor, Control of hydro-electric plants. Electrician 1926, Dec. 3.
Vandwater, Port Arthurs new substation under complets supervisory control. El. News, Bd. 39, Jan. 15, 1929, S. 27.
Wall (Anzeigetafel für Lastverteilung). El. World, Bd. 83, S. 1137. Ref. ETZ 1925, S. 590.
Wallau, Clevelands 132/11,5 kV substation. El. World, Bd. 89, S. 753.
Ward, Supervisory system saves transformer. El. World, Bd. 90, S. 1034.
Webb, Remote control conserves water. El. World, Bd. 92, S. 1239.
Wensley, Control and checking system for automatic stations. El. World 1923, S. 1062.
—, Centralized supervision of automatic substation system. El. World 1925, S. 1259.
—, The development of the Televox. The El. Journ., Dec. 1927.
—, Economics of supervisory control. El. News 1928, Aug. 15, S. 34.
— u. Donovan, Development of a two-wire supervisory control system with remote metering. A. I. E. E. Quart. Transact. 1030, S. 1339, Journ. A. I. E. E. 1930, S. 460. El. World, Bd. 96, S. 30.
West u. Griffith, Supervisory control for A.-C. electrofied railroads A. I. E. E. Paper 31—92. El. Engg. 1932, S. 323.
Wilder, Laconia Avenue distribution station of the Bronx Gas and Electric Company. Gen. El. Rev. 1931, S. 374.
Wilson, Remote control by radio. The El. Journ. 1921, S. 147.
—, Peak load control. El. Review, Nov. 16, 1928.
Woodcock u. Robinson, Carrier current and supervisory control, Alabama Power Company. Journ. A. I. E. E. 1929, S. 215.
Wright, Power supply and distribution system for Illinois Central Electrification. Gen. El. Rev. 1927, S. 178.
—, Supervisory control for Reading electrification. El. World, March 5, 1932, S. 454.
Wulfing, Remote controlled alternating current distribution substations. El. Light and Power, Febr. 1923, S. 21, 58.
Zannini, (Leuchtender Anzeiger für die Schalterstellung an Schalttafeln). L'En. El. 1929, S. 32. Ref. E. u. M. 1929, S. 426.

** Automatic station with an adaption of printing telegraph apparatus as supervisory control system. El. World 1922, S. 435.
** First radio controlled substation. El. World 1924, S. 479.
** Demonstration of supervisory control apparatus. Metro. Vickers Gaz. 1925, S. 102.
** Supervisory controlled automatic substation for Wellington, N. Z., Engg. (London) 1925, S. 494.
** Automatic substations. Electrician, Aug. 5, 1927.

** Supervisory control of substations. Engg. (London) 1927, Bd. 123, S. 4.
** Radio-frequency equipment used for remote control. Elect. West. 1927, S. 334.
** Operation of supervisory control. El. World, Bd. 90, 1927, S. 741.
** Automatic remote control. Electrician 1930, S. 169.
** Supervisory control equipment for the Auckland Electric Power Board, New Zealand. Electrician 1930, S. 556.
** Controlling remote electric equipment by audio-frequency impulses. Power 1930. S. 907.
** Supervisory control of substations, Central Argentine Railway. El. Rev. 1930, S. 1104. Railw. Gaz. 1930, S. 336.
** Remote control transport system saves labor and power. Engg. and Min. Journ. 1931, S. 10.
** Remote-controlled hydro-station. El. World, July 25, 1931, S. 154.
** Mosaic system map shows every physical change. El. World, Oct. 24, 1931, S. 719.
** Centralized control boards for a 30000 kW station. El. World, Dec. 5, 1931, S. 999.
** Dialing control signals on power supervisory's board. El. World, March 12, 1932, S. 507.
** Voltage and switch control. Application of automatic methods to distribution systems. Supervisory gear for remote control of substations. Electrician 1933, S. 718.

Übertragung.

Clausing, Stand der Tonfrequenz-Mehrfach-Telegraphie. ETZ 1926, S. 500.
Dreßler, Fortschritte der Hochfrequenztelephonie auf Starkstromleitungen. El. Wirtsch. 1926, S. 29.
—, Stand der Hochfrequenztelephonie auf Starkstromleitungen in Europa und USA. El. Wirtsch. 1928, S. 1.
—, Bemerkungen zur neueren Entwicklung der amerikanischen Hochfrequenztelephonie auf Hochspannungsleitungen. El. Wirtsch. 1929, S. 217.
—, Trägerwellentelephonie auf Hochspannungsleitungen. El. Wirtsch. 1933, S. 103.
Faßbender, Hochfrequenztelephonie mit und ohne Draht. Mon.-Blätt. Berl. Bez.-Ver. Dtsch. Ing. 1920, S. 41.
Fischer, Über Verständigungsmittel zwischen Kraftwerken. Siem.-Ztschr. 1930, S. 380.
Habann, Hochfrequenztelephonie auf Starkstromleitungen. Jahrb. Drahtl. Telegraphie 1923, S. 142. Ref. ETZ 1924, S. 1447.
—, Die Hochfrequenztelephonie und ihre Drosseleinrichtungen. El. Wirtsch. 1928. S. 499.
—, Die neuere Entwicklung der Hochfrequenztelephonie und Telegraphie auf Leitungen. Vieweg, Braunschweig 1929.
Immendörfer, Die Anlage für leitungsgerichtete Hochfrequenztelephonie der Gemeinde Wien. E. u. M. 1928, S. 421.
Kleebinder, Die Hochfrequenztelephonie für Elektrizitätswerke. E. u. M. 1929, S. 798.
Lubberger u. Schleicher, Die Nachrichtenträger der Fernmeldetechnik. Zeitschr. VDI 1931, S. 1527.
Lüschen, Tonfrequenz-Wechselstrom-Telegraphie. ETZ 1923, S. 1.
—, Die Mehrfachausnützung der Leitungen. ETZ 1930, S. 140.
Passavant, Das Nachrichtenwesen in Überlandwerken. Mitt. Ver. d. El. W. 1924, S. 25.

Regerbis, Telefunken-Hochspannungs-Porzellan-Kondensatoren für leitungsgerichtete Hochfrequenz-Telephonie und Fernwirkanlagen. Telefunken-Ztg., H. 54.

Schmidt, Der betriebssichere Fernsprecher im Dienst der Überland-Kraftwerke. ETZ 1926, S. 1337.

Stahl, Unterlagerungstelegraphie. El. Nachr. Techn. 1927, S. 267.

Tätz, Die Einphasenkopplung als Mittel zur Erhöhung der Betriebssicherheit der Hochfrequenztelephonie. ETZ 1928, S. 669. Brf. v. Dreßler, ETZ 1928, S. 1101.

VDE, Vorschriften und Regeln für die Errichtung elektrischer Fernmeldeanlagen. VDE, Berlin 1933.

Wedler, Vielfach-Trägerstrom-Telegraphie mit Sprachfrequenzen für Fernsprechkabel. Tel. u. Fernspr. Techn., Bd. 18, S. 159. Ref. ETZ 1930, S. 1497.

—, Das Wechselstromtelegraphie-System für 85 Baud bei einem Trägerfrequenzabstand von f = 85 Hertz. ETZ 1931, S. 103.

** Drahtlose Telephonie in Kraftanlagen. ETZ 1924, S. 853.

** Der Kampf zwischen der Verteiler-Vielfach-Telegraphie und der Wechselstromtelegraphie. (Nach Murray.) ETZ 1927, S. 1014.

** Hochfrequenztelephonie auf Leitungen. E. u. M. 1929, S. 159.

** Der gegenwärtige Stand der Hochfrequenz-Telephonie längs Hochspannungsleitungen. Helios 1933, S. 268.

Ashbrook u. Henry, 220-kV-carrier telephony. El. World, 1928, Bd. 91, S. 495.

Beck, Lightning arresters for supervisory control systems. The El. Journ. 1927, S. 388.

—, Protection of supervisory control lines. Journ. A. I. E. E. 1928, S. 332.

Carter, Carrier current communication over transmission lines. Gen. El. Rev. 1926, S. 833.

Colpitts u. Blackwell, Carrier-current telephony and telegraphy. Journ. A.I.E.E. 1921, S. 301.

Cruickshank, (Die Tonfrequenz-Wechselstrom-Telegraphie.) Journ. Inst. El. Eng. 1929, S. 176, ref. E. u. M. 1929, S. 444.

Cummings, Carrier-current communication. Gen. El. Rev. 1926, S. 365.

Fallou, Propagation des courants de haute fréquence poliphasés le long des lignes aériennes des transport d'énergie affectées de courts-circuits ou de défauts d'isolements. Bull. Soc. franc. des El. 1932, S. 787.

Fitzgerald, Carrier current protection for transmission lines. El. World, Bd. 90, 1927, S. 889.

Fuller u. Tolson, Power-line carrier telephony. Journ. Inst. El. Eng., Oct. 1928.

Landis u. McLaughlin, Guarding remote control against ground faults. El. World, Jan. 14, 1933, S. 76.

Ludwig, Superimposed high-frequency currents for circuit breaker control. Journ. A. I. E. E. 1928, June 28.

Lybrook, Carrier works, when wires fail. El. World, May 10, 1930, S. 926.

Sporn u. Welford, Experience with carrier current communication. Journ. A. I. E. E. 1929, S. 162.

Stauffacher u. Doolittle, Carrier current replaces relay pilot wire. El. World, March 22, 1930, S. 581.

Stewart, Carrier communication economical for long distances. El. Engg. 1931, S. 810.

Wilkins u. Lawson, Single side-band carrier for interstation communication. El. World, Bd. 92, 1928, S. 877.

Stichwortverzeichnis.

Allgemeines, Lehr- und Hilfsbücher

Taschenbuch für Monteure elektrischer Starkstromanlagen von Frhr. **von Gaisberg.** Neu bearbeitet unter Beteiligung von Frhr. von Gaisberg von Ehrenfried Pfeiffer. 89. Aufl. 386 S., 194 Abb. Kl.-8⁰. 1931   Lwd. M. 5.20

7 Formeln genügen. Vorbereitung zur Gesellen- und Meisterprüfung **im Elektrohandwerk.** Von Ing. Bened. **Gruber.** 348 S., 300 Abb. Kl.-8⁰. 1931. Kart. M. 4.50

Die Krankheiten des Blei-Akkumulators, ihre Entstehung, Feststellung, Beseitigung, Verhütung. Von Ing. E. F. **Kretzschmar.** 3. Auflage. 188 S., 98 Abb. 8⁰. 1928   Brosch. M. 8.10. Lwd. M. 9.40

Elekromagnetische Grundbegriffe. Ihre Entwicklung und ihre einfachsten technischen Anwendungen. Von Prof. W. O. **Schumann.** 220 S., 197 Abb. Gr.-8⁰. 1931
     Brosch. M. 11.—

Elektromaschinen, Elektrische Bahnen, Kraftwerke, Kraftübertragung

Die Bekämpfung des Erd- und Kurzschlusses in Höchstspannungsnetzen. Von Dr.-Ing. Paul **Bernett.** 53 S., 5 Abb. Gr.-8⁰. 1927   Brosch. M. 3.60

Das Bürstenproblem im Elektromaschinenbau. Von Obering. Dr. W. **Heinrich.** 194 S., 114 Abb. Gr.-8⁰. 1930   Brosch. M. 9.—, Lwd. M. 10.80

Freileitungsbau mit Schleuderbetonmasten. Von Dr.-Ing. Ludwig **Heuser** und Obering. Robert **Burget.** 184 S., 148 Abb. Gr.-8⁰. 1932   Brosch. M. 10.—

Fahrleitungsanlagen für elektrische Bahnen. Von Fr. W. **Jacobs.** 296 S., 400 Abb. Gr.-8⁰. 1925   Brosch. M. 8.10, geb. M. 9.40

Freileitungsbau, Ortsnetzbau. Von F. **Kapper.** 4. umgearbeitete Auflage. 395 S., 374 Abb., 2 Taf., 55 Tab. Gr.-8⁰. 1923   Brosch. M. 10.80, geb. M. 12.10

Ortsnetze für Kabel und Freileitung. Von El.-Ing. Karl **Kinzinger.** 122 S., 35 Abb., 2 Tab. 8ᶜ. 1932   Brosch. M. 5.—

Elektro-Wärmeverwertung als ein Mittel zur Erhöhung des Stromverbrauches. Von Ing. R. **Kratochwil.** 2., umgearbeitete Auflage. 703 S., 431 Abb., zahlreiche Tabellen. Gr.-8⁰. 1927   Brosch. M. 34.60, Lwd. M. 36.—

Stromrichter unter besonderer Berücksichtigung der Quecksilberdampf-Großgleichrichter. Von D. K. **Marti** und H. **Winograd.** Bearbeitet von Dr.-Ing. O. Gramisch. 405 S., 279 Abb. Gr.-8⁰. 1933   Lwd. M. 22.—

Berechnung der Gleich- und Wechselstromnetze. Von Ing. K. **Muttersbach.** 124 S., 88 Abb. Gr.-8⁰. 1925   Brosch. M. 5.—

Quecksilberdampf-Gleichrichter, Wirkungsweise, Konstruktion und Schaltung. Von D. C. **Prince** und F. B. **Vogdes.** Deutsche Ausgabe, bearbeitet von Dr.-Ing. O. Gramisch. 199 S., 172 Abb. Gr.-8⁰. 1931   Brosch. M. 11.70, Lwd. M. 13.50

Die Phasenkompensation in Drehstromanlagen. Ein Hilfsbuch für praktische Leistungsfaktor-Verbesserung. Von Ing. H. **Rengert.** 106 S., 98 Abb. 8⁰. 1931
     Brosch. M. 5.—

Die elektrische Warmbehandlung in der Industrie. Von Obering. E. Fr. **Ruß.** 264 S., 240 Abb. Gr.-8⁰. 1933   Lwd. M. 14.—

Landes-Elektrizitätswerke. Von Dipl.-Ing. A. **Schönberg** und Dipl.-Ing. E. **Glunk.** 409 S., 148 Abb., 4 Taf., 56 Listen. Lex.-8⁰. 1926. Brosch. M. 20.70, Lwd. M. 22.50

Hochspannungsleitungen. Von Prof. Dr.-Ing. A. **Schwaiger.** 148 S., 75 Abb., 4 Zahlentaf. 8⁰. 1931   Brosch. M. 6.30

Wirtschaftliche Energieverteilung in Drehstromkabelnetzen. Von Dr.-Ing. Willy **Speidel.** 124 S., 17 Abb. Gr.-8⁰. 1932   Brosch. M. 7.—

Lehrgang der Schaltungsschemata elektrischer Starkstromanlagen. Von Prof. Dipl.-Ing. J. **Teichmüller.**

    I. Band: Schaltungsschemata für Gleichstromanlagen. 2., umgearb. Aufl. 139 S.,
       9 Abb. Als Beilage: 27 Taf., 3 Deckblätter. 4⁰. 1921   Lwd. M. 10.—

    II. Band: Schaltungsschemata für Wechselstromanlagen. 2., umgearb. Aufl. 178 S.,
       20 Abb. Als Beilage: 29 Taf., 4 Deckblätter. 4⁰. 1926   Lwd. M. 10.—

Der Einphasen-Bahnmotor. Kritik und Ersatz seines Vektor-Diagramms. Von Dr.-Ing. Karl **Töfflinger.** 55 S., 26 Abb. Gr.-8⁰. 1930   Brosch. M. 3.70

Selektivschutzeinrichtungen für Hochspannungsanlagen mit Anleitung zu ihrer Projektierung. Von Obering. F. **Walter.** 134 S., 77 Abb. 8⁰. 1929   Brosch. M. 6.30

Der Selektivschutz nach dem Widerstandsprinzip. Von Obering. W. **Walter.** 172 S., 144 Abb. Gr.-8⁰. 1933   Brosch. M. 8.50

Elektrizitätswirtschaft

Die Stromtarife der Elektrizitätswerke. Theorie und Praxis. Von H. E. **Eisenmenger.** Autorisierte deutsche Bearbeitung von G. A. **Arnold.** 254 S., 67 Abb. Gr.-8⁰. 1929   Brosch. M. 11.70, Lwd. M. 13.50

Der internationale elektrische Energieverkehr in Europa. Von Dipl.-Volkswirt Dr. Werner **Kittler.** 174 S., 11 zweifarb. Länderkarten. Gr.-8⁰. 1933   Brosch. M. 10.—

Selbstkostenberechnung elektrischer Arbeit, ihr Aufbau und ihre Durchführung. Von Dipl.-Ing. Dr.-Ing. Hermann **Rückwardt.** 148 S., 37 Abb., 29 Zahlentaf. Gr.-8⁰. 1933   Brosch. M. 9.50

Die elektrische Warmbehandlung in der Industrie. Von Obering. E. Fr. **Ruß.** 264 S., 240 Abb. Gr.-8⁰. 1933   Lwd. M. 14.—

Kochen mit Elektrizität oder Gas. Von Dr. Rudolf **Tautenhahn.** 114 S., 31 Abb. Gr.-8ᶜ. 1933   Brosch. M. 6.—

Meßtechnik

ATM Archiv für Technisches Messen. Ein Sammelwerk für die gesamte Meßtechnik. Herausgegeben von Prof. Dr.-Ing. Georg **Keinath.** Monatlich je eine Lieferung zu je M. 1.50. Prospekt kostenlos.

Die Technik elektrischer Meßgeräte. Von Dr.-Ing. Georg **Keinath.** 3., umgearbeitete Auflage.
Bd. 1: Meßgeräte und Zubehör. 620 S., 561 Abb. Gr.-8⁰. 1928
                                Brosch. M. 29.70, Lwd. M. 31.50
Bd. 2: Meßverfahren. 424 S., 374 Abb. Gr.-8⁰. 1928. Brosch. M. 20.20, Lwd. M. 22.—

Elektrische Temperaturmeßgeräte. Von Dr.-Ing. Georg **Keinath.** 284 S., 219 Abb. Gr.-8⁰. 1923   Brosch. M. 8.20, geb. M. 9.90

R. Oldenbourg / München 1 und Berlin